电厂锅炉设备及运行

主　编　陈丽霞　谢　新
副主编　马　岩　田智敏　梁　倩
参　编　姜秀华　王统彬　胡振辉

机械工业出版社

本书主要介绍电厂锅炉设备的原理及运行调节，包括燃料特性分析，燃烧反应分析及锅炉热平衡，煤粉特性及制粉系统，煤粉炉燃烧设备，风烟系统构成及运行，汽水系统构成、原理及安全性分析，自然循环锅炉、直流锅炉给水预热及蒸发系统，过热及再热设备系统，汽水品质，锅炉受热面整体布置，吹灰除尘、除灰除渣系统，锅炉的运行调节等。本书配有丰富的数字化资源，是一本可操作性强、实用性强的百科全书式新形态一体化教材。

本书可作为高等职业院校热能动力工程技术等热能与发电工程类及电力技术类专业的教材，也可供火电厂及相关岗位的工作人员参考及培训使用。

图书在版编目（CIP）数据

电厂锅炉设备及运行/陈丽霞，谢新主编．—北京：机械工业出版社，2021.9（2024.8 重印）

ISBN 978-7-111-69076-4

Ⅰ.①电…　Ⅱ.①陈…　②谢…　Ⅲ.①火电厂-锅炉运行-高等职业教育-教材　Ⅳ.①TM621.2

中国版本图书馆 CIP 数据核字（2021）第 184353 号

机械工业出版社（北京市百万庄大街 22 号　邮政编码 100037）

策划编辑：高亚云　责任编辑：高亚云　戴　琳

责任校对：张　薇　封面设计：王　旭

责任印制：单爱军

北京虎彩文化传播有限公司印刷

2024 年 8 月第 1 版第 5 次印刷

184mm×260mm · 16.25 印张 · 389 千字

标准书号：ISBN 978-7-111-69076-4

定价：49.80 元

电话服务　　网络服务

客服电话：010-88361066　机　工　官　网：www.cmpbook.com

010-88379833　机　工　官　博：weibo.com/cmp1952

010-68326294　金　书　网：www.golden-book.com

封底无防伪标均为盗版　机工教育服务网：www.cmpedu.com

前言

为适应近年来我国火力发电设备与技术的巨大变化，迎接高等职业技术教育改革创新带来的挑战，我们组织部分高等职业院校从事热能动力工程技术相关专业教学的教师和火力发电企业生产一线的工程师，依据高职院校热能动力工程技术专业“电厂锅炉设备”课程标准，编写了本书。

本书在内容编写上具有四个特点。

一是紧跟行业新发展，倡导环保新理念。本书关注传统大型煤粉炉，突出行业发展的最新动态，基于经济、安全、环保等新理念，涉及实用的燃煤混配、生物质燃料等领域，关注中速磨煤机、直流锅炉等相关新发展。

二是汇聚丰富资源，凸显数字化融合特色。本书配有大量的电子资源，包括图片、视频、动画、拓展阅读、测验、作业、实训指导、PPT和微课等，与纸质教材结合，呈现全方位的一体化教学形式，极大地丰富了学习的层次和视角，能激发学生的学习兴趣，提高学生的学习效率，既便于传统课堂教学，也便于线上教学，同时教学内容能得到及时更新维护，实现翻转课堂。

三是突出职业教育教学理念。本书依托案例介绍、危险点分析等，强化纪律意识、安全危机意识、效率效益意识、团队协作意识等，在教学中将学生素质培养与职业素养教育融合。

四是理实一体多元化。本书突破传统教材理论叙述模式的制约，强化理论与实践的结合。既有系统理论阐述，又有实际设备辨识；既有运行规则学习，又有仿真模拟操作；既有燃煤成分的工业分析试验，又有燃煤特性案例分析等，做到内容与形式、理论与实践多元融合。

本书在形式上进行了四点创新。

一是逻辑结构更加优化。本书以实际工作中的锅炉系统作为主线，将锅炉设备原理学习与运行操作实践结合，将零散内容系统化、复杂理论立体化、操作实践直观化，使学生不仅“知其然”，还“知其所以然”。

二是模块组合更加合理。锅炉系统原本十分庞杂，各种子系统相互纠缠，本书依据设备及其运行的关联度，将锅炉系统分割为相对简明的几大系统，采用项目任务方式划分模块，这样在内容编排上更加合理，在教学上也更为实用便利。

三是重点和难点更加明晰。本书结合生产实际，以学生“能用”“够用”为出发点，通过双色印刷和精美装帧等方式，提示重点、突出难点。

四是教学拓展更加便利。本书在纸质教材的基础上提供了形式丰富的电子资源，以扫描二维码的方式将课堂延伸至课外和网络。

本书项目一，项目二中任务一，项目五中任务一、任务二、任务五由武汉电力职业技术学院陈丽霞编写；项目二中任务二、项目六由武汉电力职业技术学院谢新、梁倩编写；项目三由武汉电力职业技术学院梁倩编写；项目四中任务一、项目五中任务四由哈尔滨电力职业技术学院马岩编写；项目四中任务二由保定电力职业技术学院田智敏编写；项目四中任务三由保定电力职业技术学院姜秀华编写；项目五中任务三由保定电力职业技术学院王统彬编写。全书中“危险点分析”内容由三峡集团湖北能源鄂州发电公司胡振辉编写。与本书配套的图片、动画、视频等电子资源由陈丽霞、田智敏、胡振辉、马岩提供。全书由陈丽霞统稿。

本书在编写过程中得到了各兄弟院校、有关发电厂的大力支持和帮助，在此表示衷心的谢意。

由于水平所限，书中错误及不当之处在所难免，恳请读者批评指正。

编　者

二维码索引

（续）

名称	二维码	页码	名称	二维码	页码
锅炉上水指导书		121	锅炉整体布置辨识任务工单		212
平行管流量不均任务工单		151	锅炉启动		217
锅炉升温升压过程的运行调节指导书		151	过热再热蒸汽温度调节指导书		227
汽包内部结构辨识任务工单		179	锅炉燃烧调节指导书		227

目　录

项目一

锅炉认知

项目描述： 通过观看视频、参观模型等，了解电厂锅炉的构成及工作过程。

项目目标： 能描述锅炉的构成及工作过程；能识读锅炉构成图；能说出锅炉主要系统的流程及作用；能辨析锅炉特性、种类及型号；能说出锅炉的发展概况。

教学条件： 多媒体课件、锅炉视频、锅炉模型、锅炉实训室。

知识点一　电厂锅炉的构成及工作过程

一、火电厂生产过程概述

电能是现代社会使用最广泛的二次能源，具有清洁、高效、使用方便、转换容易等特点。电能多由电力企业生产。电力工业是国民经济的基础工业和发展动力。

电力生产的方法很多，如火力发电、水力发电、核能发电、风力发电、太阳能和潮汐发电等，其中以火力、水力和核能发电为主。目前，世界上大多数国家中火力发电仍占主导地位。我国发电种类正朝着多元化发展，但由于能源结构特点，在未来一段时间内仍将以火力发电为主。

图片资料
火力发电厂外观及电厂锅炉外观

火力发电厂（简称火电厂）的生产过程，就是将一次能源（煤、油、气体燃料、生物质等）经过转换得到二次能源——电能的过程。图1-1-1所示为火电机组热力系统示意。燃料送入锅炉后燃烧，将给水加热成过热蒸汽，蒸汽送往汽轮机后冲转汽轮机转子，并通过转轴带动发电机的转子旋转，使发电机定子绕组在转子产生的磁场中切割磁力线，从而产生电能。为提高循环效率，高参数发电机组普遍采用再热蒸汽经汽轮机高压缸做功后返回锅炉再次加热，然后送入汽轮机中的低压缸继续做功。

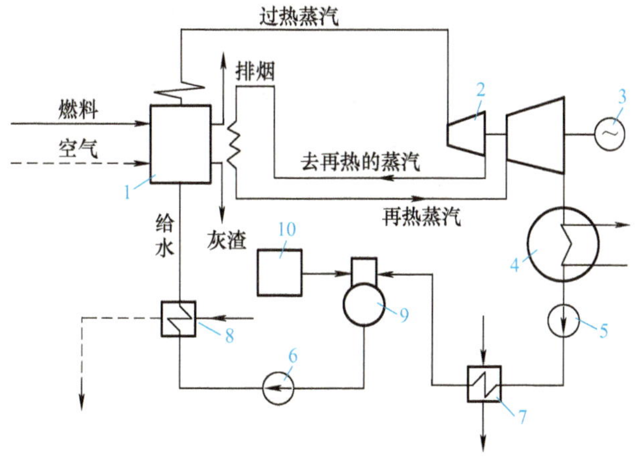

图1-1-1　火电机组热力系统示意

1—锅炉　2—汽轮机　3—发电机　4—凝汽器　5—凝结水泵　6—给水泵　7—低压加热器　8—高压加热器　9—除氧器　10—水处理设备

完成做功的蒸汽从汽轮机低压缸排往凝汽器凝结成水，经凝结水泵升压，经过低压加热器、除氧器、给水泵及高压加热器送入锅炉加热，继续汽水过程的循环。

视频资料 火电厂发电过程

动画资料 火电厂流程等

电厂锅炉也称为电站锅炉，它的主要作用是生产蒸汽，所以也被称为蒸汽发生器。在火电厂生产过程中，锅炉将燃料的化学能转换成蒸汽的热能，汽轮机将蒸汽的热能转换成转轴的动能，发电机将转轴的动能转换成电能。锅炉、汽轮机、发电机是火电厂的三大主要设备，也称为三大主机。另外，为完成电能生产，火电厂还配备很多相关的辅助设备，它们和主机一起组成的整体称为发电机组。

电厂锅炉是一次能源消费大户，电厂发电成本的75%以上是燃料的成本，所以提高燃料的综合利用效率，提高锅炉运行的经济性，才能节约能源、提高效益。同时，对燃料进行适当处理，实现洁净燃烧，尽量减少污染物的生成和排放，这样才利于环保。

火力发电厂事故中60%~70%是锅炉事故，锅炉运行的安全、稳定，既关系到电厂的安全运行，也关系着社会生产生活的各个方面，所以必须引起重视，防止事故的发生。

在目前电能尚不能大规模储存的情况下，电厂发电量应时刻和外界负荷保持一致。为了满足社会用电需求，适应外界负荷需要，要求机组及时调节燃料量、空气量、给水量等，同时使各项参数保持在规定范围之内，这样才能做到安全、经济、环保运行。

二、电厂锅炉的构成

燃煤发电厂煤粉锅炉机组示意如图 1-1-2 所示。

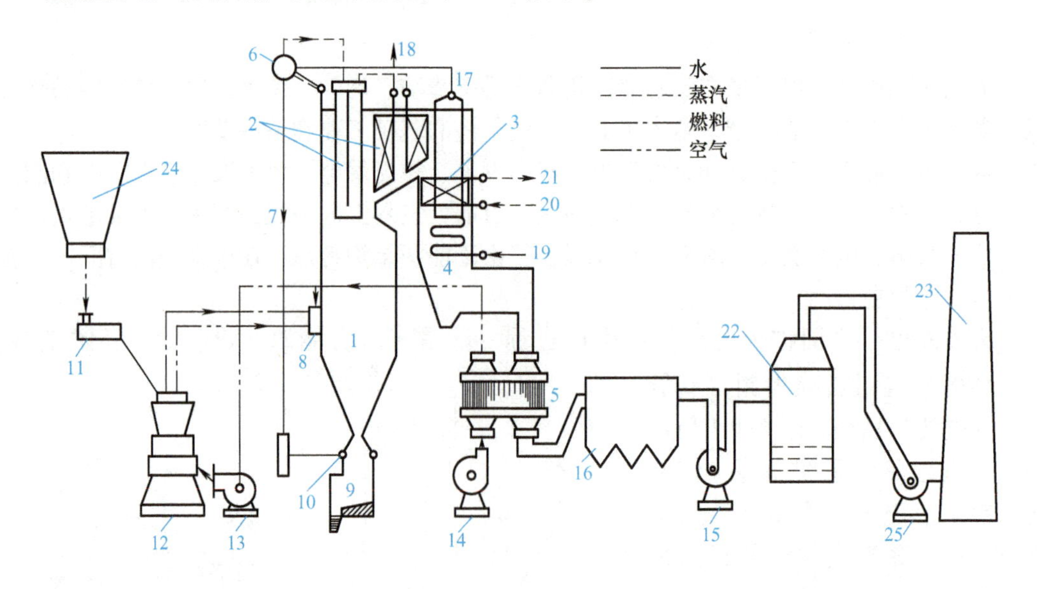

图 1-1-2　煤粉锅炉机组示意

1—炉膛及水冷壁　2—过热器　3—再热器　4—省煤器　5—空气预热器　6—汽包　7—下降管　8—燃烧器　9—排渣装置　10—下联箱　11—给煤机　12—磨煤机　13—送粉风机　14—送风机　15—引风机　16—除尘器　17—省煤器出口联箱　18—过热蒸汽　19—给水　20—再热蒸汽进口　21—再热蒸汽出口　22—脱硫装置　23—烟囱　24—煤仓　25—增压风机

电厂锅炉构成一般有两种划分方法：一是按照组成设备的功能主次划分，二是按照生产过程中因功能作用连接成的系统划分。

1. 按照设备的功能主次划分

电厂锅炉设备主要由两大部分组成，即锅炉本体和辅助设备。电厂锅炉设备的安装检修多用此划分方法。

（1）锅炉本体　锅炉本体是指构成锅炉燃烧换热的主体部分，主要是包含在炉墙内的设备与设施，由炉墙、炉膛、燃烧器、汽包、受热面、构架等组成，包括“锅”本体和“炉”本体。

“锅”本体的主要任务是吸收燃料燃烧放出的热量，将锅炉给水加热成一定品质的过热蒸汽，也称之为汽水系统。一般自然循环锅炉的锅炉汽水系统主要由省煤器、汽包、下降管、水冷壁、过热器、再热器、联箱及连接管道等组成。

“炉”是与煤、风、烟等燃烧有关的设备与设施，它的主要任务是使燃料在炉内良好燃烧，放出热量，也称之为燃烧系统。燃烧系统由燃烧设备（炉膛、燃烧器和点火装置）、空气预热器、烟风管道等组成。

（2）锅炉辅助设备　除本体设备外，锅炉还需要配备一些辅助设备，以保证生产过程的正常进行。一般辅助设备主要有风烟设备、制粉设备、给水设备、除尘和除渣设备以及必需的锅炉附件。

图片资料
锅炉辅助设备

2. 按照生产过程中因功能作用连接成的系统划分

电厂锅炉是由锅炉本体及烟、风道和管路等辅助设备组成的设备系统的组合，因此也称为锅炉机组。锅炉运行多用此方法对系统进行划分。

根据锅炉设备功能构成，可将锅炉机组划分为若干系统，主要有制粉系统、燃烧系统、汽水系统以及与之相关的输煤系统、除灰除尘系统等。

不同参数等级或不同厂家生产的锅炉，其受热面结构布置、连接方式可能不同，但它们的主辅系统、设备大体相似。

图片资料
锅炉机组组成

动画资料
锅炉汽水系统设备

三、电厂锅炉的工作过程

燃煤锅炉的工作过程如下：

1）燃料制备与燃烧：原煤由燃料车间筛选破碎后，经制粉系统磨制为干燥煤粉，送入炉膛进行燃烧。

2）空气预热：空气由外界大气经风机升压后送入空气预热器加热，作为燃料燃烧的配风送入炉膛。

3）给水：给水经省煤器预热、水冷壁蒸发，再由过热器加热成过热蒸汽。

4）燃烧产物处理：燃烧产物主要为烟气和灰渣，烟气经脱硫脱硝后排放，灰渣经除灰、除渣后可综合利用。

视频资料
锅炉生产过程、冷却塔工作过程

知识点二　电厂锅炉的特性参数、分类及型号

自主测验
锅炉构成

一、电厂锅炉特性参数

锅炉特性参数是表征锅炉设备基本特性的物理量，主要有锅炉容量和蒸汽参数。

1. 锅炉容量

锅炉容量即锅炉蒸发量，它是表示锅炉生产能力大小的基本特性数据。常用符号 D 表示，单位为 t/h 或 kg/s。习惯上，电厂锅炉容量也用与之配套的汽轮发电机组的电功率

来表示，如300MW、600MW、1000MW等。

在大型锅炉中，常用的锅炉容量有额定蒸发量和最大连续蒸发量。

额定蒸发量（Boiler Economical Continuous Rating，BECR）是指在额定蒸汽参数、额定给水温度、使用设计燃料并保证热效率时所规定的蒸汽量。它是国产锅炉的容量参数、铭牌出力。

最大连续蒸汽量（Boiler Maximum Continuous Rating，BMCR）是指在额定蒸汽参数、额定给水温度、使用设计燃料以及长期连续运行时所能达到的最大蒸汽量。一般BMCR = 1.03 ~ 1.2 BECR。BMCR应满足汽轮机调节阀全开时所需的蒸汽流量。BMCR也是欧美、日本等国家生产锅炉的容量参数、铭牌出力，因此，对于从这些国家进口的锅炉，在BMCR运行条件下，还应该保证锅炉的热效率。

2. 锅炉蒸汽参数

锅炉蒸汽参数一般指锅炉过热器出口处的蒸汽压力（表压力）和蒸汽温度，分别用符号 p、t 表示，单位分别为MPa、℃。

锅炉设计时所规定的蒸汽压力和温度分别称为额定蒸汽压力和额定蒸汽温度。

额定蒸汽压力是指锅炉在规定的给水压力和负荷范围内，长期连续运行时应予保证的蒸汽压力。

额定蒸汽温度是指锅炉在规定的负荷范围、额定蒸汽压力和额定给水温度下长期连续运行所必须保证的出口蒸汽温度。

对于具有再热器的锅炉，蒸汽参数还应包括再热蒸汽压力和温度。在大多数情况下，再热蒸汽温度与主蒸汽温度的设计值相同。

其他参数还包括锅炉的给水温度，即进入省煤器的给水的温度。

二、锅炉的分类

锅炉的分类方法很多，一般有如下几种：

1. 按锅炉容量分类

按容量大小，锅炉可分为大型、中型、小型锅炉，但容量大小只是相对的。随着我国电力工业的发展，电厂锅炉容量不断增大，大、中、小型锅炉的分界也在不断变化。

根据目前情况，$D < 400$t/h 的锅炉是小型锅炉，D 为 400 ~ 1000t/h 的锅炉是中型锅炉，$D > 1000$t/h 的锅炉是大型锅炉，即电功率大于300MW的锅炉才算是大型锅炉。

2. 按锅炉蒸汽参数分类

通常按锅炉出口蒸汽压力，锅炉可分为低压锅炉（$p < 2.45$MPa，表压）、中压锅炉（$p = 2.94 \sim 4.90$MPa）、高压锅炉（$p = 7.84 \sim 10.8$MPa）、超高压锅炉（$p = 11.80 \sim 14.87$MPa）、亚临界压力锅炉（$p = 15.70 \sim 19.60$MPa，$t = 540$℃）、超临界压力锅炉（$p > 22.129$MPa，540℃ $< t <$ 600℃）、超超临界压力锅炉（$p > 25.4$MPa，$t > 600$℃）。

目前，蒸汽压力参数在高压以下的锅炉主要用于工业。亚临界及以上压力参数的锅炉主要用于现代大型电厂。

锅炉参数、容量及电功率的对应关系可参见表1-1-1。

表 1-1-1　国产电厂锅炉的参数、容量及电功率的对应关系

压力等级	主蒸汽压力/MPa	蒸汽温度(主/再)/℃	给水温度/℃	蒸发量/(t/h)	配套机组功率/MW	循环方式
超高压	13.7	540/540	240	420 670	125（135） 200（210）	自然循环 自然循环
亚临界	16.7～17.5 17.5～18.3	540/540 540/540	260 278	1025 2008	300（330） 600（650）	自然循环 控制循环
超临界	25.4 25.4	543/569 571/569	289 282	1950 1910	600（650） 600（650）	直流 直流
超超临界	26.25	603/605	296	2950	1000	直流

3. 按燃烧方式分类

按燃烧方式，锅炉一般分为层燃炉、室燃炉、旋风炉和流化床炉。

4. 按锅炉水循环方式分类

按蒸发受热面内工质的流动方式，锅炉一般分为自然循环锅炉、强制循环锅炉、直流锅炉和复合循环锅炉。

5. 按煤粉锅炉排渣的方式分类

按煤粉锅炉排渣的方式，锅炉一般分为固态排渣锅炉和液态排渣锅炉。

6. 按锅炉炉膛压力分类

按锅炉炉膛压力，锅炉一般分为：负压燃烧锅炉，炉膛处于负压（－100～－50Pa）状态；微正压锅炉，微正压（2～4kPa）锅炉炉壳密封要求高，多为燃油、燃气锅炉；增压锅炉，烟气压力高达1～1.5MPa，多为燃气－蒸汽联合循环锅炉。

7. 按使用的燃料种类分类

按使用的燃料种类，锅炉一般分为燃煤炉、燃油炉、燃气炉和生物质锅炉。

上述分类方式中，**按锅炉水循环方式和锅炉蒸汽参数分类最为常用**。

三、锅炉型号

锅炉型号是指锅炉的容量、参数、性能和规格，常用一组规定的符号和数字来表示。我国电厂锅炉型号一般表达形式为△△—×××/×××—×××/×××—△×，其中，△为符号，×为数字，如图1-1-3所示。

例如，HG1025/18.3—540/540—PM7表示该锅炉为哈尔滨锅炉厂制造，蒸发量为1025t/h，过热蒸汽压力为18.3MPa，过热蒸汽温度为540℃，再热蒸汽温度为540℃，设计燃料为贫煤，设计序号为7（该型号锅炉为第7次设计）。

锅炉制造厂代号见表1-1-2，设计燃料代号见表1-1-3，燃料种类的代号见表1-1-4。

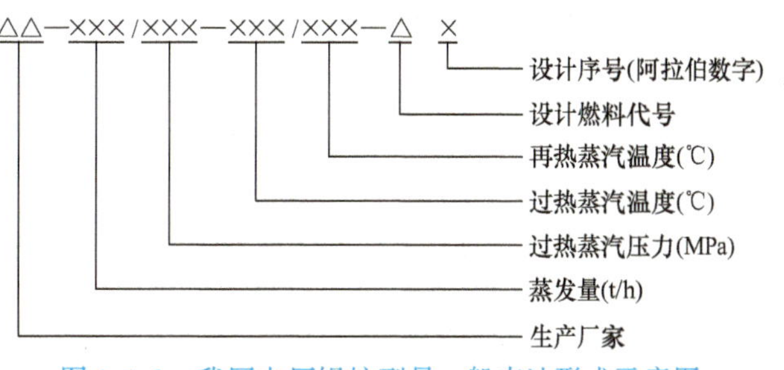

图1-1-3　我国电厂锅炉型号一般表达形式示意图

注：①第一组生产厂家是锅炉制造厂名称的汉语拼音缩写；
②如果机组无再热器，第三组可省略。

表 1-1-2 锅炉制造厂代号

锅炉制造厂名	代号	锅炉制造厂名	代号
北京巴布科克·威尔科克斯有限公司	B&WBC	武汉锅炉厂	WG
东方锅炉厂	DG	杭州锅炉厂	NG
哈尔滨锅炉厂	HG	无锡锅炉厂	UG
上海锅炉厂	SG	济南锅炉厂	YG

表 1-1-3 设计燃料代号

设计燃料	代号	设计燃料	代号
燃煤	M	其他燃料	T
燃油	Y	可燃煤和油	MY
燃气	Q	可燃油和气	YQ

表 1-1-4 燃料种类的代号

燃料种类	代号	燃料种类	代号
无烟煤	W（无）	气	Q（气）
贫煤	P（贫）	木柴	M（木）
烟煤	A（烟）	稻壳	D（稻）
劣质烟煤	L（劣）	甘蔗渣	G（甘）
褐煤	H（褐）	煤矸石	S（石）
油	Y（油）		

图片资料
锅炉铭牌

自主测验
锅炉特性参数分类型号

知识点三 电厂锅炉的安全、经济、环保指标

电厂锅炉对安全、经济、环保的要求高，因此锅炉的设计、制造、安装、运行及检修要做到安全可靠、经济节能、环保。通常用以下三方面的性能指标来衡量锅炉的效率和质量。

一、锅炉运行的经济性指标

1. 锅炉热效率

锅炉热效率是锅炉有效利用热量 Q_1 与燃料的输入热量 Q_r 的百分比，常用符号 η 表示，即

$$\eta=\frac{\text{有效利用热量}}{\text{输入热量}}\times100\%=\frac{Q_1}{Q_r}\times100\% \tag{1-1}$$

目前，电厂大型锅炉效率都在 90% 以上，超临界和超超临界压力锅炉的效率已达 93%~94%。

2. 锅炉净效率

锅炉净效率是指扣除了锅炉机组运行时的自用能耗（热能和电能）后的锅炉效率，常用符号 η_j 表示。计算公式如下：

$$\eta_j = \frac{\eta Q_1}{Q_r + \sum Q_{zy} + 29\,310 \frac{B_b}{B} \sum P} \times 100\% \tag{1-2}$$

式中 B——锅炉燃料消耗量（kg/h）；

Q_{zy}——锅炉自用热量（kJ/kg）；

$\sum P$——锅炉辅助设备实际消耗功率（kW）；

B_b——电厂发电标准煤耗率 [kg/(kW·h)]；

29 310——标准煤的收到基低位发热量（kJ/kg）。

二、锅炉运行的安全性指标

1. 锅炉连续运行小时数

锅炉连续运行小时数为锅炉两次被迫停炉（检修）之间的运行小时数。

2. 锅炉可用率

$$可用率 = \frac{运行总小时数 + 备用小时数}{统计期间总小时数} \times 100\% \tag{1-3}$$

3. 锅炉事故率

$$事故率 = \frac{事故停炉总小时数}{总运行小时数 + 事故停炉总小时数} \times 100\% \tag{1-4}$$

锅炉可用率和事故率的统计区间可用一个适当长的周期来计算。我国大型电厂锅炉在正常运行情况下，一般两年安排一次大修和若干次小修。因此，在统计时，可以将一年或两年作为一个统计区间。目前，我国大、中型电厂锅炉的连续运行小时数在 5000 以上，事故率为 1%，平均可用率为 90%。我国大型火电机组的平均可用率仍较低，如电功率为 300MW、600MW 锅炉机组的可用率为 75%~80%。

火电机组可用率低的直接原因是事故率高，即事故停运时间长。

三、锅炉运行的环保性能指标

燃煤电厂耗煤量占国内煤炭消耗量的 50% ~60%，是有害气体和粉尘排放的重要污染源。一台功率为 100 万 kW（1000MW）的燃煤锅炉，每年消耗中等偏高质量原煤 350 万 ~400 万 t，产生 CO_2 750 万 ~900 万 t、SO_2 3.5 万 ~7.0 万 t、NO_x 1.5 万 ~2.0 万 t、粉尘 80 万 ~90 万 t。全火电行业产生的污染物若都排放至大气，会对环境造成致命影响，必须在排放前做严格的处理，以减少煤燃烧后产生的有害污染物向大气排放。

燃煤锅炉产生的粉尘、SO_x 和 NO_x，可分别通过高效除尘装置、脱硫设备、低 NO_x 和超低 NO_x 燃烧技术或同时辅以脱硝设备等措施得到有效控制。高效除尘设备的除尘效率可达 99%，脱硫设备的脱硫效率可达 95%，脱硝设备的 NO_x 脱除率依据设备的复杂性可达 50% ~80% 和 80% ~90%。我国制定了严格的电厂锅炉污染物排放标准。

知识点四 电厂锅炉的发展概况

一、我国电厂锅炉技术的发展

我国电厂锅炉从 1949 年起步，在引进吸收世界各国先进电力技术和经验的基础上，自主开发适合我国国情的各类型机组，已在设计、制造、运行和维护等方面积累了许多成功的经验。目前，我国已投运、在建、拟建的超超临界机组数量已达世界首位，并正在努力开发700℃以上参数的机组。我国电厂锅炉技术的发展以提高火力发电的各项技术经济指标、节约能源并改善环境为目的。

二、电厂锅炉技术的发展方向

1. 增大锅炉容量，提高蒸汽参数

随着计算机技术的应用和耐高温金属材料的开发，电厂锅炉逐步向高参数、大容量、自动化方向发展。美国于1972年已投入运行与1300MW机组电功率配套的4400t/h超临界压力锅炉，日本目前超临界机组占总装机容量的60%以上。我国第一台1000MW超临界压力锅炉于2007年在浙江玉环电厂投入运行。在其他条件相同时，锅炉容量增大1倍，钢材使用率可减少5%~20%，所需管理人员也可相应减少。单机容量增加能使发电容量迅速增长，这样既可满足生产发展的需要，同时还能降低单位容量的造价及运行费用。

2. 发展变压运行机组，提高负荷适应性

目前，发电机组运行趋向于带中间负荷，这要求其具有更大的灵活性，以适应负荷的变化。因此，发展变压运行机组将是未来趋势。

3. 节能环保

减少劣质煤的燃用，降低发电煤耗、水耗，采用先进的燃烧技术，减少直至消除污染物的形成，使生态环境更为友好。

复习思考题

1. 火力发电厂生产过程中存在哪几种形式的能量转换?
2. 锅炉本体由哪些主要部件组成? 锅炉辅助设备主要有哪些?
3. 简述锅炉机组的工作过程。
4. 什么是电厂锅炉容量和蒸汽参数? 举例说明电厂锅炉型号的表示方法。

项目二 燃料分析

项目描述： 了解燃料成分特性对锅炉工作的影响，确定燃烧需要的空气量、产生的烟气量，分析锅炉热效率的影响因素。

项目目标： 能分析进出锅炉的相关物质能量，包括锅炉的燃料特性、燃烧的空气量、烟气量的确定方法以及锅炉燃烧的热量去向。

教学条件： 多媒体课件、锅炉视频、锅炉实训室、电厂锅炉燃料特性资料、锅炉模型。

任务一 燃料特性分析

任务描述： 了解燃料成分及特性，熟悉煤的工业成分测定方法。

教学目标：

知识目标	了解煤的组成成分及其对锅炉工作的影响 了解煤的主要特性，如发热量、灰熔点等 了解煤的分类及特点 了解液体、气体燃料的特点
能力目标	能辨识煤的元素分析和工业分析成分符号 能判断煤的种类 能利用公式进行煤的成分基准换算 能完成煤的工业分析成分测定操作
素养目标	培养获取信息的能力 培养理论与实践相结合的能力 养成安全节能环保意识 树立团队意识，培养协作精神 培养良好的表达和沟通能力

任务组织： 利用多媒体课件学习，分小组进行燃料特性案例分析及煤的工业分析成分的测定。

燃料特性案例分析实训及煤工业分析成分的测定实训请学习配套资源后开展。

燃料特性案例分析

电厂锅炉使用的燃料也称为动力燃料，它是锅炉选型和运行调节的基

础及依据，同时对安全、经济、环保有直接影响。我国电厂燃料以煤为主，还有少部分液体燃料、气体燃料和生物质燃料等。

煤工业分析成分的测定

知识点一 煤的成分及分析基准

煤是一种化石燃料，它的成分和形成过程、地质年代有关。对于电厂燃煤，通常使用元素分析法和工业分析法来展示煤与燃烧有关的成分，以满足锅炉燃烧技术和热力计算等方面的要求。

一、元素分析法

煤由有机化合物和无机矿物质等组成。全面测定煤化学成分的分析方法称为元素分析法。煤中所含元素达几十种，一般将不可燃物质归入灰分。煤中有机物由碳（C）、氢（H）、硫（S）、氧（O）、氮（N）五种元素组成，无机物由水分（M）和灰分（A）组成。其中，碳、氢、硫是可燃成分，其余都是不可燃成分。这些成分不是单纯的机械混合，而是以复杂的化合物形式存在于煤中。

煤中各种成分的基本性质如下：

1. 碳（C）

碳是煤中的主要可燃元素，其质量分数一般为50%～90%。煤中碳元素有单质存在形式，也有和其他元素组成化合物的化合态存在形式，其中，单质的碳元素称为固定碳。年代越久远的煤，固定碳的含量越多。固定碳的燃烧特点是不易着火，燃烧缓慢，火苗短。所以，一般含固定碳越多的煤，其着火和燃烧就越困难。

2. 氢（H）

氢是煤中可燃元素之一，其质量分数为3%～6%，但氢元素单位质量发热量是碳元素的5倍。氢的燃烧特点是极易着火，燃烧迅速，火苗长。因此，含氢越多的煤越容易着火燃烧。

3. 硫（S）

煤中的硫元素有三种存在形式：有机硫（与C、H、O等元素组成复杂的化合物）、黄铁矿中的硫（FeS_2）和硫酸盐中的硫（与Ca、Mg、Fe等元素组成各种盐类）。前两种硫可以燃烧，统称为可燃硫（Sr），第三种硫不能燃烧而并入灰分中。我国煤中硫酸盐硫含量很少，常将全硫当作可燃硫。

硫是煤中的有害元素。硫含量极少，其质量分数一般只有0.5%～3%，个别煤中可达8%～10%。硫的发热量较低，仅为9040kJ/kg，但它燃烧生成产物二氧化硫（SO_2）、三氧化硫（SO_3），与烟气中的水蒸气结合成亚硫酸（H_2SO_3）或硫酸（H_2SO_4）蒸气，会造成受热面低温腐蚀。此外，硫的氧化物排入大气还会污染环境。故当前电厂锅炉都要求安装脱硫装置或采取燃料预先脱硫的措施。同时，煤中的硫化铁质地坚硬，容易造成磨煤部件的磨损。因此，应在煤进入磨煤机之前或在煤粉制备过程中，利用其密度大的特点将其分离出去。

4. 氧（O）和氮（N）

氧和氮是煤中的不可燃元素，称为内部杂质。

煤中氧的质量分数随煤的地质年代深浅差异很大，地质年代深的煤中氧的质量分数仅有1%~2%，地质年代浅的煤中可达40%左右。煤中的氧由两部分组成：一部分为游离存在的氧，能助燃；另一部分为化合物（如CO_2、H_2O等）中存在的氧，不能助燃。此外，氧的存在还会使煤中的可燃元素含量相对减少，发热量降低。

煤中氮的含量较少，其质量分数只有0.5%~2%，对锅炉工作没有影响。但在氧气供应充分、高温和氮含量高的燃烧过程中易生成氮氧化合物（NO_x），污染大气，对人和动植物都十分有害。

5. 水分（M）

水分是煤中的主要不可燃成分。各种煤的水分含量差别很大，其质量分数小的仅有2%左右，大的可达50%~60%。煤中水分由表面水分和固有水分组成。表面水分也称为外在水分（M_f），它是在开采、储运过程中受雨露冰雪影响而进入煤中的，依靠自然干燥可以除去；固有水分也称为内在水分（M_{inh}），靠自然干燥不能除去，必须把煤加热到105℃左右，并保持一定的时间，才能除去。外在水分和内在水分的总和称为全水分（M_t）。

水分使煤中可燃元素的含量相对减少，而且水分蒸发还要吸收汽化潜热，所以，水分会使煤的实际发热量降低。水分多对煤的着火、燃烧十分不利，会增加不完全燃烧热损失。煤中水分多会使燃烧生成的烟气容积增大，造成排烟热损失及引风机耗电量增加。煤中水分多还会影响煤的磨制，堵塞煤粉管道。水分多还会引起低温受热面的堵灰与积灰，加剧低温腐蚀。

6. 灰分（A）

煤中的各种矿物杂质在煤燃烧后形成的不可燃产物称为灰分。燃烧后的灰分与燃烧前煤中的矿物质在性质和数量上都是不相同的。

灰分是煤中的另一主要不可燃成分。各种燃煤中灰分含量变化很大，其质量分数大的可达50%，小的只有不到10%。灰分与煤的形成及开采、运输、储存等条件有关。

灰分使煤中可燃元素的含量相对减少，发热量降低，同时影响燃烧与燃尽。灰分使受热面积灰、结渣，影响传热。灰分会污染环境，增加除灰、除尘、除渣费用。灰分大，开采运输费用、制粉系统的电耗都会增加。

二、工业分析法

煤的元素分析是锅炉燃烧计算的依据，同时也是煤的分类和研究煤特性的依据。但煤的元素分析相当繁杂，需要复杂的设备及技术和较长的分析时间，所以，电厂从运行角度考虑一般采用较简单的工业分析法。

煤的工业分析包括煤中的水分（M）、挥发分（V）、固定碳（FC）和灰分（A）。

煤的工业分析是按煤的燃烧过程来分析煤成分的。煤的燃烧过程中，各种元素大多不是单质燃烧，而是可燃质与其他元素组成复杂的高分子化合物参与燃烧。煤从着火到燃烧过程中生成四种成分，即水分、挥发分、固定碳和灰分。

根据工业分析的数据，可以了解煤在燃烧方面的某些特性，以便正确进行燃烧调整，改善燃烧工况，提高运行经济性。

通过元素分析，可以了解水分、灰分和固定碳的性质，而通过工业分析则可以了解挥发分和焦炭的性质以及对各成分进行测定。

1. 挥发分（V）

一定温度时，煤中有机物质会分解成各种气体成分逸出，这些逸出的气体成分统称为挥发分。在工业测定时，把失去水分的煤放入马弗炉，在（900±10）℃时，隔绝空气加热7min后，取出放入干燥器内，冷却至室温后称重，失去的质量百分数即为该煤的挥发分含量。

图片资料
马弗炉
煤分析天平
干燥器

挥发分主要由可燃气体组成，如氢气（H_2）、一氧化碳（CO）、甲烷（CH_4）、硫化氢（H_2S）及其他碳氢化合物等，此外，还有少量不可燃气体，如氧气（O_2）、氮气（N_2）、二氧化碳（CO_2）等。

挥发分含量高，有利于煤的着火燃烧。含挥发分多的煤易着火，燃烧快，火焰长。这是因为挥发分主要是可燃气体，燃点低，容易着火。挥发分着火后会对焦炭进行强烈的加热，促使其迅速着火燃烧。挥发分逸出后，焦炭变得疏松，呈**多孔性**，与空气接触的面积增大，加速了煤的燃烧过程。所以，挥发分对燃煤的特性有重要影响，是燃煤分类的主要依据。

在设计锅炉时，炉膛结构、燃烧器型式、受热面的布置均与挥发分含量有关。在锅炉运行时，燃烧过程的调整也与挥发分含量有密切关系。

2. 焦炭

煤失去水分和挥发分后剩下的成分称为焦炭，它包括固定碳和灰分。将原煤置于电炉内，在空气供应充分的条件下加热到（815±10）℃，灼烧约2h，所失去的部分即为固定碳，剩余部分则为灰分。将原煤样中水分、灰分、挥发分扣除后即为固定碳。

各种煤的焦炭物理性质差别很大，有的比较松脆，有的则结成不同硬度的焦块。焦炭的不同黏结程度称为煤的焦结性。焦结性是煤的一个重要特性，它对锅炉工作有一定影响。例如，在煤粉炉中，烧强焦结性煤时，易引起炉内结渣，且形成坚硬的焦粒，焦粒内部很难与空气接触，使燃烧产生困难。

焦炭对于层燃炉的燃烧过程影响较大。例如：粉末状的焦炭易被风吹走或从炉箅落下，使燃烧损失增加；烧强焦结性煤时，焦炭成块状，使空气阻力增加，甚至阻碍空气通过，影响煤的燃烧，同样增加燃烧损失。

煤的元素分析与工业分析之间的关系如图2-1-1所示。

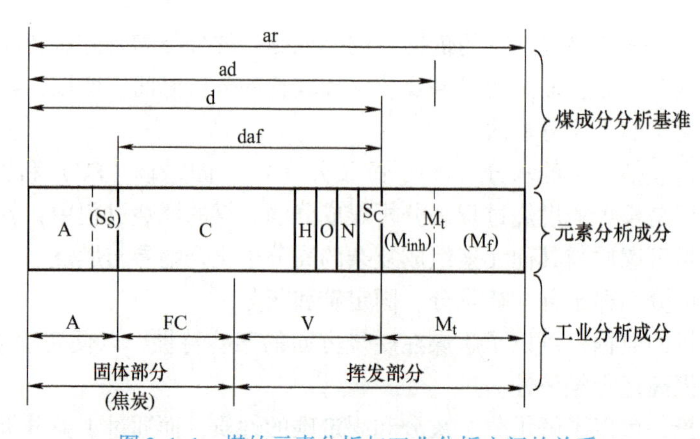

图2-1-1 煤的元素分析与工业分析之间的关系

三、煤的成分分析基准及其换算

1. 煤的成分分析基准

煤中的水分、灰分的含量常受外界影响发生变化，其他成分的质量分数也会随之而变。为此，要确切地反映煤的特性以及使各种煤的分析结果具有可比性，不仅需要知道煤的各种成分含量，还需要知道各成分所处状态和条件（即分析基准）。为了满足实际应用和理论研究的需要，通常采用的基准有以下几种：

(1) 收到基　收到基是以实际工作煤（即入炉煤）为基准，用下角标“ar”表示，即

元素分析　$C_{ar}+H_{ar}+O_{ar}+N_{ar}+S_{ar}+A_{ar}+M_{ar}=100\quad(\%)$⊖　(2-1-1)

工业分析　$FC_{ar}+V_{ar}+A_{ar}+M_{ar}=100\quad(\%)$⊖　(2-1-2)

式中　C_{ar}、H_{ar}等——煤中各成分的收到基质量分数。

在锅炉设计计算和运行中采用收到基。

(2) 空气干燥基　空气干燥基是以经自然干燥除去外在水分的煤为基准，用下角标“ad”表示，即

元素分析　$C_{ad}+H_{ad}+O_{ad}+N_{ad}+S_{ad}+A_{ad}+M_{ad}=100\quad(\%)$　(2-1-3)

工业分析　$FC_{ad}+V_{ad}+A_{ad}+M_{ad}=100\quad(\%)$　(2-1-4)

式中　C_{ad}、H_{ad}等——煤中各成分的空气干燥基质量分数。

空气干燥基用来确定煤的真实内在水分。在实验室中常用该基准对煤进行分析。

(3) 干燥基　干燥基是以除去全部水分的煤为基准，用下角标“d”表示，即

元素分析　$C_{d}+H_{d}+O_{d}+N_{d}+S_{d}+A_{d}=100\quad(\%)$　(2-1-5)

工业分析　$FC_{d}+V_{d}+A_{d}=100\quad(\%)$　(2-1-6)

式中　C_{d}、H_{d} 等——煤中各成分的干燥基质量分数。

干燥基用来表示煤的灰分含量。

(4) 干燥无灰基　干燥无灰基是以除去全部水分和灰分的煤为基准，用下角标“daf”表示，即

元素分析　$C_{daf}+H_{daf}+O_{daf}+N_{daf}+S_{daf}=100\quad(\%)$　(2-1-7)

工业分析　$FC_{daf}+V_{daf}=100\quad(\%)$　(2-1-8)

式中　C_{daf}、H_{daf}等——煤中各成分的干燥无灰基质量分数。

由于干燥无灰基成分不受水分含量和灰分含量的影响，比较稳定，因此，干燥无灰基能更准确地反映煤的燃烧特性。特别是干燥无灰基挥发分的含量，能确切反映煤燃烧的难易程度，是煤分类的一个重要指标。

同一种煤各种基准之间的关系如图 2-1-1 所示。

2. 各种成分不同基准之间的换算

各种基准的成分之间可以相互换算，其换算系数列于表 2-1-1 中。

$$欲求基准成分 = 已知基准成分 \times 换算系数$$

⊖ 本项目中，各成分质量分数参与计算时仅取百分号前的数值代入，后同，特此说明。

表 2-1-1 煤的各种基准成分之间的换算系数

已知基准成分	欲求基准成分			
	收到基 ar	空气干燥基 ad	干燥基 d	干燥无灰基 daf
收到基 ar	1	$\frac{100-M_{ad}}{100-M_{ar}}$	$\frac{100}{100-M_{ar}}$	$\frac{100}{100-M_{ar}-A_{ar}}$
空气干燥基 ad	$\frac{100-M_{ar}}{100-M_{ad}}$	1	$\frac{100}{100-M_{ad}}$	$\frac{100}{100-M_{ad}-A_{ad}}$
干燥基 d	$\frac{100-M_{ar}}{100}$	$\frac{100-M_{ad}}{100}$	1	$\frac{100}{100-A_{d}}$
干燥无灰基 daf	$\frac{100-M_{ar}-A_{ar}}{100}$	$\frac{100-M_{ad}-A_{ad}}{100}$	$\frac{100-A_{d}}{100}$	1

表 2-1-1 中的换算系数既可用于各基准成分质量之间的换算，也可用于各基准发热量之间的换算，但是，对于水分质量的换算除外。水分质量换算公式如下：

$$M_{ar}=M_f+M_{ad}\frac{100-M_f}{100} \qquad (2\text{-}1\text{-}9)$$

式中 M_f——外在水分的质量分数。

自主测验 煤的成分及分析基准

知识点二 煤的主要特性指标

煤的主要特性指标包括煤的发热量、灰的熔融性、煤的可磨性等，它们对锅炉及其辅助设备工作有较大影响。这里先介绍对燃烧过程影响较大的煤的发热量和灰的熔融性。

一、煤灰的性质

煤灰的性质主要是指它的熔融性和烧结性。熔融性影响炉膛内的运行工况，烧结性则影响对流受热面，特别是过热器的积灰特性。

（一）灰的熔融性

当燃料在炉膛内燃烧时，在高温的火焰中心，灰分一般处于熔化或软化状态，这种具有黏性的熔化灰粒，如果接触到受热面管子或炉墙，就会粘结上去，形成结渣，影响固态排渣炉的正常运行。而对于液态排渣炉的燃烧室（或炉膛的熔渣段），却希望灰渣保持熔化的流动状态，以便能顺利地从炉底排渣口排出。

关于灰分的熔融性质，目前都用试验方法确定。把灰制成其底部为等边三角形的锥体，底部边长 7mm，锥体高 20mm，然后逐渐加热，根据灰锥的状态变化确定特征温度来表示灰的熔融性质，如图 2-1-2 所示，其中：

图 2-1-2 灰锥熔融特征示意图

1）变形温度 DT（或 t_1）是指锥顶变圆或开始倾斜时的温度。

2）软化温度 ST（或 t_2）是指锥顶弯至锥底或萎缩成球形时的温度。

3）半球温度 HT 是指灰锥形变至近似半球形，即高约等于底长的一半时的温度。

4）流化温度 FT（或 t_3）是指锥体呈流体状态、能沿平面流动时的温度。

实践表明，对固态排渣炉，当灰的软化温度 ST > 1350℃时，造成炉内结渣的可能性不大。为了避免炉膛出口处结渣，炉膛出口温度应该至少比 ST 低 50～100℃。

实际上，现代大型锅炉由于容量大、炉温高，再加上煤质普遍不够好，为了增强运行的安全可靠性，设计锅炉时就规定炉膛出口烟温比灰的变形温度 DT 低 100℃以上。

灰中含有多种成分，故没有固定熔点，其形态变化是逐步过渡的。DT、ST、FT 是液相和固相共存的三个温度，不是固相向液相转化的界限温度，仅表示煤灰形态变化过程中的温度间隔。DT、ST、FT 的温度间隔对锅炉工作有较大影响。如果温度间隔很大，那就意味着固相和液相共存的温度区域很宽，煤灰的黏结随温度变化很慢，这样的灰渣称为长渣，在冷却时可长时间保持一定的黏度，故在锅炉中易于结渣；反之，如果温度间隔很小，那么灰渣的黏度就随温度急剧变化，这样的灰渣称为短渣，在冷却时其黏度增加很快，只会在很短时间内造成结渣。一般认为，DT、ST 的差值在 200～400℃时为长渣，在 100～200℃时为短渣。

灰熔点的主要影响因素如下：

（1）灰的成分　一般情况下，灰中酸性成分增加，会使灰熔点升高。灰中碱性金属氧化物，特别是碱土金属氧化物含量增加，则使灰熔点下降。灰中铁含量增加，灰熔点降低。但是这些物质在纯净状态下本身熔点都较高，当煤灰成分结合为共晶体或共晶体混合物时，会使灰熔点降低。

灰中各种成分的熔点见表 2-1-2。

表 2-1-2　灰中各种成分的熔点

名　称	熔点/℃	名　称	熔点/℃
SiO_2	2230	Fe_3O_4	1420
Al_2O_3	2050	K_2O、Na_2O	800～1000
MgO	2800	$3Al_2O_3 \cdot 2SiO_2$	1850
CaO	2570	$CaO \cdot Al_2O_3$	1500
FeO	1540	$CaO \cdot FeO + CaO \cdot Al_2O_3$	1200
Fe_2O_3	1550		

（2）灰周围烟气的气氛　还原性气氛使灰熔点降低，所以当燃烧不好时，锅炉容易结渣。氧化性气氛使灰熔点提高。所以，采用前后墙对冲燃烧方式的锅炉一般在后墙水冷壁处通以少量的空气（贴壁风），使其呈现氧化性气氛，从而提高灰熔点，防止后墙水冷壁结渣。

（3）煤灰的含量　当煤灰的组成成分、外在环境介质的性质一定，而煤中灰分含量不同时，灰的软化温度也会发生变化。灰含量越多，灰中各成分在加热过程中相互接触碰撞频繁，则结合成低熔点共晶体的机会也越大，灰的软化温度降低的可能性越大。因此，锅炉燃用高灰分的煤更容易结渣。

（二）灰的烧结性

灰的烧结性是指灰分在高温对流受热面（如过热器）生成高温烧结性积灰的能力。

灰的烧结性与许多因素有关，首先与煤灰的成分有关。灰中所含碱性物质（主要是 Na_2O 和 K_2O）越多，灰的烧结性越强，过热器上就越容易形成烧结性积灰。烟气中所含的二氧化硫是过热器生成烧结性积灰的重要条件。温度、烧结时间也会影响灰的烧结性。灰的烧结性与灰的熔融性没有直接关系。

二、燃料的发热量

单位质量或体积的燃料完全燃烧时所放出的热量，称为燃料的发热量（或称热值）。燃料的发热量有高位和低位之分。

图片资料
燃煤按发热量分区存放

高位发热量包括燃烧产物中水蒸气全部凝结成水所放出的汽化潜热。

在一般的锅炉排烟温度（110～160℃）下，烟气中的水蒸气通常不会凝结，这种燃烧产物中水蒸气未凝结时，燃料所放出的热量称为低位发热量。两者的关系为

$$Q_{net,ar}=Q_{gr,ar}-r\left(\frac{9H_{ar}}{100}+\frac{M_{ar}}{100}\right) \tag{2-1-10}$$

式中　$Q_{net,ar}$、$Q_{gr,ar}$——燃料收到基的低位、高位发热量（kJ/kg）；

H_{ar}、M_{ar}——燃料收到基的氢和水分的质量分数；

r——水的汽化潜热，通常取2500kJ/kg。

固体、液体燃料的发热量一般用氧弹测热仪测出。没有测量数据时，可用经验公式（2-11）来估算。

$$Q_{gr,ar}=339C_{ar}+1256H_{ar}+109S_{ar}-109O_{ar} \tag{2-1-11}$$

燃料的成分有不同的基准，因此，不同基准成分的燃料就有不同的发热量。同一基准的高、低位发热量之差是该基准燃料的燃烧产物中水蒸气的汽化潜热；不同基准的高位发热量之间可以直接按表2-1-1中的换算系数进行换算，但不同基准的低位发热量之间不能直接用换算系数进行换算。以下是不同发热量之间进行换算的示例：

$$Q_{net,daf}=Q_{gr,daf}-r\frac{9H_{ar}}{100} \tag{2-1-12}$$

$$Q_{net,ar}=Q_{net,daf}\frac{100-(M_{ar}+A_{ar})}{100}-r\frac{M_{ar}}{100} \tag{2-1-13}$$

式中　$Q_{net,daf}$、$Q_{gr,daf}$——干燥无灰基燃料的低位、高位发热量（kJ/kg）。

三、燃料的折算成分

如前所述，燃料成分的含量是以质量分数来表示的。但是锅炉所需的燃料量与该燃料的发热量有关，因此，对某些成分来说，把它们折算到统一的发热量下来表示其含量，更能反映燃料中这些成分对锅炉工作的影响。所谓折算成分，就是相对于4187kJ/kg（1000kcal/kg）发热量的成分。

$$M_{ar,zs}=4187\frac{M_{ar}}{Q_{net,ar}} \tag{2-1-14}$$

$$S_{ar,zs}=4187\frac{S_{ar}}{Q_{net,ar}} \tag{2-1-15}$$

$$A_{ar,zs}=4187\frac{A_{ar}}{Q_{net,ar}} \tag{2-1-16}$$

式中　$M_{ar,zs}$、$S_{ar,zs}$、$A_{ar,zs}$——燃料的折算水分、折算硫分和折算灰分。

当燃料的折算成分 $M_{ar,zs}>8\%$、$S_{ar,zs}>0.2\%$、$A_{ar,zs}>4\%$ 时，分别称为高水分、高硫分、高灰分燃料。

四、标准煤

各种煤的发热量差别很大，为了便于对锅炉煤耗计算的统一和比较，规定以 $Q_{net,ar}$ 为

29310kJ/kg（7000kcal/kg）的煤作为标准煤。电厂煤耗通常以标准煤计算。

例如，对于 $Q_{net,ar}$ 为14655kJ/kg的煤，其2kg的煤量只能折合为1kg的标准煤。其计算公式为

$$B_b = \frac{BQ_{net,ar}}{29310} \tag{2-1-17}$$

式中 B——实际煤的消耗量（kg/h）；

B_b——标准煤的消耗量（kg/h）；

$Q_{net,ar}$——实际煤的低位发热量（kJ/kg）。

自主测验 煤的特性参数

知识点三 发电用煤的分类

一、燃煤的分类

不同种类的煤，其性质差别很大。电厂锅炉用煤又称动力用煤，考虑挥发分对煤燃烧性质的直接影响，依据煤的干燥无灰基挥发分 V_{daf}，将煤划分为四大类：无烟煤——$V_{daf} \leqslant 10\%$，贫煤——$V_{daf} = 10\% \sim 19\%$，烟煤——$V_{daf} = 20\% \sim 40\%$，褐煤——$V_{daf} > 40\%$。

1. 无烟煤

无烟煤俗称白煤。它具有明亮的黑色光泽，机械强度一般较高，不易研磨，焦结性差。无烟煤碳含量很高，杂质又很少，所以发热量较高，为21000~25000kJ/kg。但无烟煤挥发分很少，所以难以点燃，燃烧时火焰很短，燃尽也比较困难。无烟煤储存时不会自燃。

2. 贫煤

贫煤也称作变质程度最高的烟煤。作为动力燃料，它的性质介于无烟煤和烟煤之间，而且与挥发分含量有关。V_{daf}较低的贫煤，在燃烧性能方面比较接近无烟煤。

3. 烟煤

烟煤的挥发分含量较多，水分和灰分含量较少，所以发热量较高。某些烟煤由于氢含量较多，其发热量甚至超过无烟煤。但也有部分烟煤，因灰分较多使其发热量较低，烟煤容易着火和燃烧。对于挥发分 V_{daf}超过25%的烟煤及其煤粉，要防止储存时发生自燃，制粉系统要考虑防爆措施。对于多灰的劣质烟煤，还要考虑受热面的积灰、结渣和磨损等问题。

4. 褐煤

褐煤的外表呈棕褐色，似木质。挥发分 V_{daf}在40%以上，有利于着火。但褐煤的水分和灰分都较高，所以发热量较低，一般小于16750kJ/kg。对于褐煤，也应注意储存中自燃的问题。

作为电厂锅炉及其辅助系统的通用设计运行和技术管理的依据，以上分类方法还不够全面。长期运行实践表明，对锅炉热力工作影响较大的指标，除煤的干燥无灰基挥发分外，还有收到基低位发热量 $Q_{ar,net,p}$、收到基水分 M_{ar}、干燥基灰分 A_d，干燥基硫分 S_d 及灰的熔融特性 ST，因此又以这六个指标将电厂锅炉用煤进一步细分为五大类十小类，见表2-1-3。

表 2-1-3　电厂煤粉锅炉用煤分类

大类别	小类别	分类指标					
		挥发分 V_{daf}（%）	灰　分 A_d（%）	水　分 M_{ar}（%）	硫　分 S_d（%）	发热量 $Q_{ar,net,p}$ /(MJ/kg)	灰熔融性 ST /℃
无烟煤	超低挥发分煤	>6.5~10				>21.0	
贫煤	低挥发分煤	>10~19				>18.5	
烟煤	中挥发分煤	>19~27				>16.5	
	高挥发分煤	>27~40				>15.5	
褐煤	超高挥发分煤	>40				>11.5	
低质煤	低发热量煤	≤10				<21.0	
		>10~19				<18.5	
		>19~27				<16.5	
		>27~40				<15.5	
		>40				<11.5	
	超高灰分煤		>46				
	超高水分煤	>40		>40			
		≤40		$M_{ar(f)}$ >12			
	高硫煤				>3		
	易结渣煤					>12.5	<1350

在目前的技术条件下，单独燃烧有困难、燃烧不稳、燃烧不经济，或煤中有害杂质较多、对环境污染严重的煤称为劣质煤，也称低质煤。按照其对锅炉工作影响的不同，又可细分为低发热量煤、超高灰分煤、超高水分煤、高硫煤、易结渣煤五小类。这些煤不可单独燃用，常常通过掺烧来加以利用。

此外，在固体动力燃料中，还有泥煤、油页岩和煤矸石等。泥煤是比褐煤地质年代更浅的一种低级煤。油页岩是一种淡灰色或暗褐色的含油矿石，它的灰分极高（60%~80%），发热量很低（4200kJ/kg 左右），干燥无灰基的成分与石油相似。油页岩的灰分中含有大量的碳酸盐，它在高温下会分解出 CO_2，在燃烧计算中应予考虑。煤矸石是采煤时的下脚料，发热量低，难燃烧，但弃之可惜。表 2-1-4 所列为我国部分煤矿煤质分析参考数据。

表 2-1-4　我国部分煤矿煤质分析参考数据

序号	煤　种	元素成分（质量分数,%）							干燥无灰基挥发分 V_{daf}（质量分数,%）	收到基低位发热量 $Q_{net,ar}$/(kJ/kg)	空气干燥基水分 M_{ad}（质量分数,%）	BTH 法可磨性系数 K_{km}	灰熔融特征温度/℃		
		碳	氢	氧	氮	硫	灰分	水分					变形温度	软化温度	流化温度
		C_{ar}	H_{ar}	O_{ar}	N_{ar}	S_{ar}	A_{ar}	M_{ar}					DT	ST	FT
1	京西无烟煤	67.87	1.73	1.95	0.43	0.22	22.80	5.00	6.00	23040	0.8	1260	1370	1430	1430
2	开滦洗中煤	46.48	3.07	5.81	0.73	0.91	35.00	8.00	35.00	17180	0.9	>1500			

（续）

序号	煤种	元素成分（质量分数,%）							干燥无灰基挥发分 V_{daf}（质量分数,%）	收到基低位发热量 $Q_{net,ar}$/(kJ/kg)	空气干燥基水分 M_{ad}（质量分数,%）	BTH法可磨性系数 K_{km}	灰熔融特征温度/℃		
		碳	氢	氧	氮	硫	灰分	水分					变形温度	软化温度	流化温度
		C_{ar}	H_{ar}	O_{ar}	N_{ar}	S_{ar}	A_{ar}	M_{ar}					DT	ST	FT
3	阳泉无烟煤	69.01	2.89	2.36	0.98	0.76	19.00	5.00	9.00	26400	1.5	1400	1500	>1500	>1500
4	西山贫煤	67.55	2.64	1.78	0.89	1.37	19.74	6.03	15.00	24720	1.0	1190	1340	1450	1450
5	抚顺烟煤	56.90	4.41	9.10	1.23	0.57	14.79	13.00	46.00	22415	3.5	1190	>1500		
6	龙凤洗中煤	42.87	3.43	7.51	0.94	0.50	29.75	15.00	47.00	16760	2.0	1380	1400	>1400	>1400
7	阜新烟煤	48.34	3.29	8.63	0.81	0.98	22.95	15.00	41.00	18645	3.1	1230	1280	1340	1340
8	元宝山褐煤	39.40	2.68	11.16	0.55	0.93	21.28	24.00	44.00	14580	10.0	1150	1300	1360	1360
9	丰广褐煤	35.28	3.24	12.54	1.04	0.16	25.74	22.00	55.00	13410	8.5	1130	1380	1420	1420
10	鹤岗洗中煤	44.52	3.04	5.86	0.65	0.22	34.71	11.00	37.00	17390	1.6	1290	1430	1480	1480
11	神华煤	61.70	3.67	8.56	1.12	0.60	8.80	15.55	34.73	23442	8.4		1150	1190	1230
12	新汶烟煤	61.06	4.14	6.79	1.34	1.87	18.80	6.00	40.00	25140	2.0	1200	>1500		
13	徐州烟煤	62.96	4.13	6.73	1.46	1.22	13.50	10.00	37.00	24720	2.0	1100	1380	1450	1450
14	淮南烟煤	60.82	4.01	7.65	1.11	0.67	19.74	6.00	38.00	24300	2.3	1500	>1500		
15	神府东胜煤	57.33	3.62	9.94	0.70	0.41	15.00	13.00	33.64	21805		>1500	>1500	>1500	
16	义马烟煤	49.67	3.19	11.55	0.66	1.33	16.60	17.00	41.00	19690	10.0	1230	1250	1300	>1500
17	焦作无烟煤	66.88	2.25	2.03	1.02	0.36	20.46	7.00	7.00	22880	1.0	1310	1370	1420	1420
18	平顶山烟煤	58.90	3.76	4.17	0.97	0.55	26.45	5.20	24.60	22625	1.4	1260	>1500		
19	金竹山无烟煤	65.38	2.26	1.84	0.56	0.64	22.32	7.00	8.00	22210	2.0		>1500		
20	芙蓉贫煤	61.92	2.40	1.56	0.99	3.82	22.81	6.50	13.30	23090	0.7	1220	1300	1390	1390

二、燃煤特性分析的应用

表2-1-5所列为某电厂锅炉煤质特性。

表2-1-5 某电厂锅炉煤质特性

序号	项目名称	符号	单位符号或百分符号	设计煤种	校核煤种
1	全水分	M_t	%	11.8	11.6
2	空气干燥基水分	M_{ad}	%	6.90	6.72
3	收到基灰分	A_{ar}	%	14.57	25.80
4	干燥无灰基挥发分	V_{daf}	%	37.18	41.30
5	收到基碳	C_{ar}	%	59.06	48.03
6	收到基氢	H_{ar}	%	3.44	3.63
7	收到基氮	N_{ar}	%	0.83	0.87
8	收到基氧	O_{ar}	%	9.62	8.90
9	全硫	$S_{t,ar}$	%	0.68	1.17

（续）

序号	项目名称	符号	单位符号或百分符号	设计煤种	校核煤种
10	收到基高位发热量	$Q_{gr,v,ar}$	MJ/kg	22.99	19.96
11	收到基低位发热量	$Q_{net,v,ar}$	MJ/kg	22.01	18.90
12	哈氏可磨指数	HGI	—	49	46
13	煤灰熔融特征温度/变形温度	DT	$\times10^3$℃	1.15	1.28
14	煤灰熔融特征温度/软化温度	ST	$\times10^3$℃	1.16	1.29
15	煤灰熔融特征温度/半球温度	HT	$\times10^3$℃	1.17	1.30
16	煤灰熔融特征温度/流化温度	FT	$\times10^3$℃	1.18	1.31
17	煤灰中二氧化硅	SiO_2	%	46.76	46.78
18	煤灰中三氧化二铝	Al_2O_3	%	20.85	23.90
19	煤灰中三氧化二铁	Fe_2O_3	%	10.85	9.67
20	煤灰中氧化钙	CaO	%	9.70	8.67
21	煤灰中氧化镁	MgO	%	2.44	1.97
22	煤灰中氧化钠	Na_2O	%	0.64	0.67
23	煤灰中氧化钾	K_2O	%	1.39	1.33
24	煤灰中二氧化钛	TiO_2	%	0.92	0.94
25	煤灰中三氧化硫	SO_3	%	5.43	5.15
26	煤灰中二氧化锰	MnO_2	%	0.081	0.042
27	冲刷磨损指数			2.7	3.9

电厂锅炉燃煤一半以上为烟煤，30%左右为贫煤，无烟煤在10%以下。每个机组都有其设计煤种，锅炉设计参数与之对应，当煤质变化时，运行参数也会变动。煤质对锅炉安全经济会产生很大影响。

实际生产过程中，电厂来煤煤种变化很大，习惯上把从矿方购买进入厂区的原煤称为入厂煤，把从储煤场运输加工后进入锅炉燃烧的原煤称为入炉煤。为了确保燃煤质量均衡化，稳定入炉煤与入厂煤热值差，对入炉煤的煤质进行更好的稳定调控，普遍采取混配掺烧的方法。这样做既经济环保，又利于燃烧安全，同时还可以通过调节灰分、硫分、发热量、挥发分更好地调节燃煤的品质。另外，配煤掺烧还有以下作用：

1）提高劣质煤的利用率，降低燃料成本，减少发电成本。

2）减少污染排放。

3）改变煤质，解决和改善锅炉受热面结渣、腐蚀、磨损等问题。

4）扩大购煤主动权，拓宽煤源管道，使锅炉对煤质范围有更宽的选择，使电厂不再完全依赖于某一种或一类煤。

随着我国电力事业的发展，大容量燃煤发电机组已逐渐成为火电生产中的主力机组。以装机容量2×1000MW的燃煤电厂为例，年耗煤量达到400万t左右，当采用劣质煤时耗煤量会更大。如果只按单一煤种考虑，对于远离煤矿的电厂而言，许多煤源的供应难以确保达到这个数量。随着燃煤电厂规模的不断扩大，不少燃用单一煤种的电厂已改烧多种煤，大容量的燃煤电厂用煤多煤种化的趋势明显。燃煤掺混燃烧技术符合大容量燃煤电厂用煤的发展趋势。

知识拓展：危险点分析

关于火力发电用煤，要综合考虑其中的成分，例如：挥发分高了，制粉系统容易发生爆炸，而挥发分低了则影响锅炉燃烧；灰熔点低了，容易造成锅炉结焦，结焦严重导致垮焦，会砸坏受热面和底部捞渣机；灰分高了，会造成电除尘及输灰系统超出力运行；硫分高了，会造成烟气排放超标，以致脱硫运行负担加重，发电成本升高。

煤的分类

知识点四 液体及气体燃料

一、液体燃料

我国电厂锅炉以燃煤为主，但在点火及低负荷运行时，也会使用液体燃料。我国还有少量的燃油锅炉，但大多集中在石油化工部门。

(一) 燃料油的种类及物理特性

锅炉所用的燃料油均为石油炼制的产品。重油和轻柴油常作为燃煤锅炉点火和稳燃用油。

重油是由裂化重油、减压重油、常压重油等按不同比例调制而成的。重油的特点是黏度大，需加热到一定温度方可保证运输便利和雾化良好。它较轻柴油闪点低，不易挥发，安全性稍好。重油价格便宜，使用重油点火和稳燃经济性较好。

轻柴油为电厂常用点火用油，其价格较重油贵。

由于目前重油采购比轻柴油采购困难，并且重油油品质量难以得到保障，因此现在绝大多数电厂点火和稳燃都采用轻柴油为单一油源。采用单一轻柴油油源的方案，虽然运行费用较高，但系统简单、储运方便、生产管理简单、环境卫生好、投资和占地都较少，而且采购方便。因此，该方案在国内大型电厂得到广泛应用。

燃料油的元素分析成分和煤一样，也由碳、氢、氧、氮、硫、灰分和水分组成，各成分含量用质量分数表示，各种基准及换算也与煤相同。燃料油中**含量最高的成分是碳和氢**，其中碳的质量分数为84%～87%，氢的质量分数为11%～14%。燃料油低位发热量为37700～44000kJ/kg，一般变化不大。燃料油中的**水分和灰分**主要来源于生产和运输过程中混入的杂质，故含量极少。例如，某牌号重油的成分和发热量为：$C_{ar}=83.9\%$，$H_{ar}=12.23\%$，$O_{ar}=0.20\%$，$N_{ar}=1.00\%$，$S_{ar}=0.5\%$，$A_{ar}=0.03\%$，$M_{ar}=2.00\%$，$Q_{net,ar}=41880kJ/kg$。

重油中氢的含量很高，杂质含量又很少，所以很容易着火、燃烧，同时几乎不存在炉内结渣和受热面磨损的问题。重油加热到一定程度就能流动，故输送和控制都比较方便。然而，重油中的硫分和灰分对受热面的腐蚀和积灰的影响较大。此外，易发生火险。

燃料油有以下几个特性指标：

1. 黏度

黏度是流体流动阻力的量度，对燃料油的流动性能和雾化性能有较大影响。黏度越小，流动性就越好。国内电厂一般采用恩氏黏度（单位为°E）。当燃油中含胶状、沥青状物质多时，黏度就大；当压力升高时，黏度随之变大；**当温度升高时，黏度降低**。

对燃用黏度较大的重油，输送应加热。为保证其雾化质量，重油的温度应在100℃以上。但油预热不宜超过110℃，以防止产生“残炭”而堵塞雾化喷嘴。

2. 凝固点

燃料油凝固点的高低与石蜡的含量有关，石蜡含量越多，其凝固点越高。

凝固点对燃料油的输送和管理有影响。油品的温度高于凝固点时才能在管路中输送。我国重油的凝固点一般为15～36℃。

3. 闪点及燃点

在常压下，随着油温升高，油面上蒸发出的油气增多，当油气和空气的混合物与明火接触而发生短促闪光时的油温称为燃油的闪点。闪点可在开口或闭口的仪器中测定，分别称为开口闪点、闭口闪点。闭口闪点通常较开口闪点高20～40℃。重油不含容易蒸馏的轻质成分，闪点较高，通常为80～130℃，原油的闪点只有40℃左右。

燃点是油面上的油气和空气的混合物遇到明火能着火燃烧并持续5s以上的最低油温。

闪点和燃点是重油运输、储存和燃用时需要重视的主要指标。燃料油的闪点和燃点越高，储存、运输时着火的危险性越小。储运油时，敞口容器中的温度必须低于开口闪点10℃以上，压力容器和管道内没有自由液面，可不受此限制。

4. 硫含量

与固体燃料一样，燃料油中的硫分也会引起锅炉受热面的腐蚀、积灰。因此，燃料油中硫的含量越少越好。石油中的硫以硫化氢、单质硫和各种硫化物的形式存在。根据油中硫含量的多少，燃料油可分为低硫油（$S_{ar}<0.5\%$）、中硫油（$S_{ar}=0.5\%\sim2\%$）和高硫油（$S_{ar}>2\%$）三种。当燃料油的硫含量（质量分数）高于0.3%时，就应注意低温腐蚀问题。在燃用中硫及以上的燃料油时，应采取措施来减轻锅炉低温受热面的腐蚀和积灰。

5. 灰分

燃料油中灰分很少，但含有钒、钠、钾、钙等元素的化合物。钒和钠在燃烧过程中生成钒酸钠，其熔点约为600℃，在壁温高于610℃的过热器受热面上会生成对各种钢有腐蚀作用的液膜，造成高温腐蚀。

6. 静电特性

油是不良导体，它与空气、钢铁、布等摩擦容易产生静电，电荷在油面积聚能产生很高的电压，一旦放电就会产生火花，使油发生燃烧甚至爆炸。产生静电的强弱与油的流动速度、管道材料和其表面粗糙度、空气湿度和油中杂质含量等因素有关，因此，输油、储油的设备及管线均应有良好的接地。

7. 残炭

残炭是指重油在隔离空气加热时，蒸发出油蒸气后所剩下的一些固体碳素。

工业炉使用的液体燃料中，残炭的存在能提高火焰的黑度，有利于强化火焰的辐射传热能力。同时，残炭产率高的燃料，在燃烧过程中，容易析出大量固体碳粒，较难燃烧。此外，当用温度为300～400℃的过热蒸汽或预热空气雾化，特别是对于某些经常停火的间歇生产锅炉，残炭的析出会造成喷嘴输油导管及喷嘴出口结焦，影响喷嘴的正常工作。

我国的重油残炭产率较高，一般为10%左右，所以应特别注意燃烧设备的维护和管理。

8. 掺混性

重油的性质与原油及其加工方法有关，不同来源的重油的化学稳定性也往往不同。当不同来源的重油掺混使用时，有时会出现沥青、含蜡物质等固体沉淀物或胶状半凝固体，它们会造成输送管路堵塞，引起事故。所以对于裂化重油，在混合使用前必须先做掺混性试验。此外，当改变重油品种，以及用重油管路输送焦油（或者相反）时，为了慎重起见，应先将输油管路及其全部设备用蒸汽吹洗干净。

（二）锅炉点火及助燃用油特性参数

锅炉点火及助燃用油特性参数见表2-1-6和表2-1-7。

表2-1-6 锅炉助燃用重油特性参数

项目	单位	20号	60号	100号	200号
恩氏黏度不大于	$°E_{80}$	5.0	11.0	15.5	—
恩氏黏度不大于	$°E_{100}$	—	—	—	5.5~9.5
闪点（开口）不低于	℃	80	100	120	130
凝固点不高于	℃	15	20	25	36
灰分（质量分数）不大于	%	0.3	0.3	0.3	0.3
水分（质量分数）不大于	%	1.0	1.5	2.0	2.0
含硫（质量分数）不大于	%	1.0	1.5	2.0	3.0
机械杂质（质量分数）不大于	%	1.5	2.0	2.5	2.5

表2-1-7 0号轻柴油特性参数

项目	单位	数据	项目	单位	数据
胶体	mg/100mL	<70	机械杂质	%	—
运动黏度	cSt	3.0~8.1	闪点（闭口）	℃	>65
硫	%	<1.0	凝点	℃	<0
水溶性酸	mgKOH/100mL	<10	低位发热量	kJ/kg	46 158
水分	%	痕迹			

不同的电厂采用特性不同的0号轻柴油作为辅助和备用燃料。

表2-1-8和表2-1-9分别为某电厂锅炉点火、启动和低负荷稳燃采用等离子点火，使用不同的0号轻柴油作为辅助和备用燃料的特性。

表2-1-8 燃油特性指标（0号轻柴油1）

项目	数据
恩氏黏度（20℃）/°E	1.2~1.67
运动黏度（20℃）/(mm^2/s)	3.0~8.0
机械杂质	无
灰分	不大于0.01%
硫含量	不大于0.2%
水分	痕迹

（续）

项目	数据
闭口闪点/℃	不低于55
凝固点/℃	不高于0
密度/(kg/m^3)	0.817
低位发热量/(kJ/kg)	41031～41870
10%蒸发物残炭	≤0.3%

表2-1-9　燃油特性指标（0号轻柴油2）

项目	数据
运动黏度（20℃）/(mm^2/s)	3.0～8.0
恩氏黏度（20℃）/°E	1.2～1.6
10%蒸发物残碳	<0.4%
酸度/(mgKOH/100ml)	<10
硫含量	<0.2%
凝固点/℃	≤0
闭口闪点/℃	≥65
低位发热量（kJ/kg）	41863

二、气体燃料

气体燃料分为天然气体燃料和人工气体燃料。天然气体燃料有气田煤气和油田伴生煤气两种。人工气体燃料的种类很多，有高炉煤气、焦炉煤气、发生炉煤气和液化石油气等。除液化石油气外，其余的发热量均较低，为低热值煤气。

气体燃料一般也含有碳、氢、氧、氮、硫、灰分和水分，成分含量以各组分气体的容积百分数来表示。

1. 天然气

气田煤气是从纯气田中开采出来的可燃气体，油田伴生煤气是在石油开采过程中获得的可燃气体。

天然气的主要成分是甲烷（CH_4），同时还含有少量的烷烃、烯烃、二氧化碳、硫化氢和氮气等。气田煤气的甲烷含量较高，可达75%～98%。油田伴生煤气的甲烷含量稍低，为30%～70%，但其一氧化碳含量较高，可达5%。天然气发热量较高，可达35000～54400kJ/m^3（标准状态下）。

天然气是重要的化工原料，仅在产区附近的少数锅炉中作为燃料使用。

2. 高炉煤气

高炉煤气是炼铁的副产品，是高炉中焦炭和铁矿石还原作用所产生的可燃煤气，其主要可燃成分是一氧化碳和氮气，其中，一氧化碳含量为20%～30%，氢气含量为5%～15%。氮气和二氧化碳的含量很高，其中，氮气含量为45%～55%，二氧化碳含量为5%～15%。所以，高炉煤气的发热量较低，只有3800～4200kJ/m^3（标准状态下）。同时，高炉煤气中含有大量熔点较低的灰粒（0～25g/m^3）和少量的水蒸气，因此品质较低，不单独使用，常与重油或煤粉混合使用，且使用前须经过净化处理。

3. 焦炉煤气

焦炉煤气是炼焦的副产品，是焦炭气化所得的煤气，其主要成分为氢气（55%~60%）、甲烷（22%~25%）以及少量的一氧化碳和其他杂质。焦炉煤气中氮气和二氧化碳等不可燃组分较少，所以，它的发热量比高炉煤气高两倍多，但它也属于低热值煤气。

高炉煤气和焦炉煤气通常作为化工原料和各种加热炉的燃料，只有少数就地作为锅炉燃料使用。而发生炉煤气和液化石油气一般不作为锅炉燃料使用。

将工业氧和空气送入地下煤层，使煤气化，引出可得到地下气化煤气，这是一项新技术。地下气化煤气成分取决于地下煤矿成分及气化程度，其发热量较低，使用受地域限制。我国部分燃气特性见表2-1-10。

表 2-1-10 我国部分燃气特性

燃气种类	燃气平均成分（体积分数,%）											定压发热量/(kJ/m³)	
	CH_4	C_mH_n				H_2	CO	CO_2	H_2S	N_2	O_2	高位	低位
		C_2H_6	C_3H_8	C_4H_{10}	其他								
气田煤气	97.42	0.94	0.16	0.03	0.06	0.08	—	0.52	0.03	0.76	—	39600	35600
油田伴生煤气	83.18	—	3.25	2.19	6.74	—	—	0.83	—	3.84	—	44300	38270
液化石油气	—	50	50	—	—	—	—	—	—	—	—	113000	104670
高炉煤气	—	—	—	—	—	2	27	11	—	60	—	3718	3678
发生炉煤气	1.8	—	—	—	0.4	8.4	30.4	2.2	—	56.4	0.2	5950	5650

知识点五 生物质燃料

自主测验
液体燃料

一、生物质燃料特点

生物质是指通过光合作用而形成的各种有机体，包括所有的动植物和微生物，生物质是一种广泛使用的燃料。

生物质燃料的能量简称生物质能，是蕴藏在生物质中的能量，如植物通过叶绿素将太阳能转化为化学能而储存在生物质内部的能量。目前广泛使用的化石能源，如煤、石油和天然气等，也是由生物质能转变而来的。

生物质燃料可转化为常规的固态、液态和气态燃料，取之不尽、用之不竭，是一种可再生能源，同时也是唯一一种可再生的碳源。生物质的原始能量来源于太阳，所以从广义上讲，生物质能是太阳能的一种表现形式。目前，很多国家都在积极研究和开发利用生物质能。

生物质燃料是近年来新能源的发展方向，它和煤相比，具有挥发分高、水分高、发热量低、灰分较低的特点。它燃烧容易、污染少、产生的灰分少，但热值及热效率低，直接燃烧生物质的热效率仅为10%~30%，体积大而且不易运输。

二、生物质燃料的分类及性质

1. 生物质燃料的分类

图片资料
生物质燃料

根据生物质燃料来源不同，可将其分为以下几种：森林能源及其废弃物、农作物及其副产物、禽畜粪便、生活垃圾、水生植物和油料植物。

2. 生物质燃料成分及性质

生物质燃料成分与煤的成分相似，也可用元素分析成分与工业分析成分来表示。与煤相比，生物质燃料的燃烧特性有较大不同，主要表现以下几个方面：

1）生物质燃料成分在不同季节有所不同，燃料量也随季节改变，这就要求锅炉有较好的适应性。

2）生物质燃料挥发分高、氧含量高、灰量偏少、燃料及灰分密度较低，燃烧时容易着火（300℃左右）、燃尽率低、CO 排放量较大，其燃烧特性总体劣于煤。同时，生物质燃料存在流化不稳定、循环物料量不足、易于积灰和堵灰的问题。

3）稻壳灰中的 SiO_2 含量高，床料易结团，锅炉尾部对流受热面磨损严重。

4）秸秆灰中 Na、K、Cl 离子含量高，锅炉受热面容易出现高、低温腐蚀。

三、生物质燃料案例

某电厂生物质燃料特性见表 2-1-11。

表 2-1-11 某电厂生物质燃料特性

项目	符号	单位	小麦秸秆	棉花秸秆	稻壳	稻草	玉米秸秆
灰熔点	DT	℃	940	1220	1180	990	1100
	ST	℃	1010	1260	1340	1100	1130
	FT	℃	1180	1280	1410	1250	1200
全水分	M_t	%	7.8	13.4	9.4	11.60	9.5
空气干燥基水分	M_{ad}	%	2.79	2.70	2.32	1.99	2.48
收到基灰分	A_{ar}	%	5.71	3.20	13.32	14.10	4.01
干燥无灰基挥发分	V_{daf}	%	69.11	65.17	61.27	59.50	70.31
收到基碳	C_{ar}	%	41.09	41.08	38.18	35.78	42.86
收到基氢	H_{ar}	%	5.13	5.01	4.69	4.66	5.27
收到基氮	N_{ar}	%	0.44	0.62	0.47	0.94	0.76
收到基氧	O_{ar}	%	39.63	36.59	33.85	32.78	37.49
全　硫	$S_{t,ar}$	%	0.21	0.09	0.07	0.14	0.11
收到基低位发热量	$Q_{net,ar}$	MJ/kg	13.87	13.51	14.58	13.12	14.35

1. 什么是燃料的元素分析和工业分析？煤的元素分析成分有哪些？哪些是可燃元素？
2. 燃料的硫分、水分、灰分、挥发分对锅炉运行有什么影响？
3. 煤中的固定碳、焦炭和煤中的碳含量是否相同？为什么？
4. 分析煤的成分时为什么要有不同的基准？有哪几种分析基准？
5. 什么是煤的发热量？高、低位发热量有什么不同？
6. 为何引入燃料折算成分的概念？

7. 什么是标准煤？标准煤是否真正存在？
8. 什么是灰的熔融性？哪些因素会影响灰的熔融性？
9. 动力煤分为哪几类？对燃煤进行分类的主要指标是什么？各类煤有哪些特性？
10. 燃油的闪点和燃点有何不同？
11. 什么是燃油的黏度？
12. 生物质燃料燃烧特性有哪些？

自主测验
燃料

任务二 锅炉热平衡分析

任务描述：通过燃烧化学反应式及测量器具，分析随燃料进出锅炉的相关物质能量，包括燃烧需要的空气量和产生的烟气量以及锅炉中各种热量的去向。

教学目标：

知识目标	能说出燃料所需空气量及过量空气系数的意义 能复述锅炉热平衡方程中各项热量的意义 能列举锅炉各项热损失影响因素，了解减少热损失的措施
能力目标	能进行燃烧需氧量及过量空气量的计算 能进行烟气成分及烟气容积计算 能使用烟气分析器分析烟气成分 能根据烟气成分分析结果确定过量空气系数及漏风系数 能进行锅炉有效利用热量、热效率、燃料消耗量的计算
素养目标	遵守安全操作规程，培养责任意识 树立团队意识，培养协作精神 养成理论与实践相结合的习惯，在完成任务的过程中发现问题、分析问题并解决问题 通过任务的训练，培养经济节能的意识

任务组织：利用多媒体课件、奥式烟气分析器等实验设备、锅炉模型进行学习，讨论分析燃料燃烧化学反应及锅炉热平衡，分小组进行煤的烟气成分分析。

烟气成分分析实训请扫码学习后开展。

烟气成分分析

知识点一 燃烧需氧量分析

对燃料进入锅炉燃烧过程中发生的化学反应进行分析计算，是锅炉机组设计计算和校核计算的基础，也是正确进行锅炉经济运行控制的基础。通过锅炉燃烧计算可以确定燃料完全燃烧所需的空气量，确定燃烧生成的烟气量和烟气焓，为相关设备选型及锅炉运行提供依据和参考。而通过锅炉热平衡计算，则可以进行锅炉热效率等方面的经济性分析。一般情况下，分析计算所涉及的气体（空气、烟气等）均假定为标准状态（1.01325×10^5Pa，0℃）下的理想气体（不含水蒸气），1kmol 理想气体的体积均为 22.4m^3（标准状态）。

一、燃烧的化学反应

燃烧是燃料中的可燃元素（C、H、S）与空气中的氧气（O_2）在高温条件下发生的强烈放热反应。当燃烧产物中不再含有可燃物时称为完全燃烧，否则称为不完全燃烧。

1. C 的燃烧反应

完全燃烧：　$C + O_2 \rightarrow CO_2$

不完全燃烧：　$2C + O_2 \rightarrow 2CO$，$2CO + O_2 \rightarrow 2CO_2$

2. H 的燃烧反应

$$2H_2 + O_2 \rightarrow 2H_2O$$

3. S 的燃烧反应

$$S + O_2 \rightarrow SO_2$$

高温下，氧量充足时：　$2SO_2 + O_2 \rightarrow 2SO_3$

二、燃料燃烧时的理论空气量

燃料燃烧时所需要的空气量可根据燃烧的化学反应式来计算。对于固体和液体燃料以1kg 为计算基础，对于气体燃料以 1m^3（标态）为计算基础。理论空气量是指 1kg（1m^3）收到基燃料完全燃烧且没有氧气剩余时所需要的空气量，用符号 V^0 表示，单位为 m^3/kg（m^3/m^3）。所计算的空气量均指不含蒸汽的干空气。

1kg 收到基燃料中的可燃元素 C、H、S 的含量分别为$\frac{C_{ar}}{100}$、$\frac{H_{ar}}{100}$、$\frac{S_{ar}}{100}$，根据完全燃烧的化学反应式，1kg 燃料完全燃烧需消耗的氧气为$\left(2.667\frac{C_{ar}}{100}+7.94\frac{H_{ar}}{100}+\frac{S_{ar}}{100}\right)$kg，扣除燃料本身含有的氧量$\frac{O_{ar}}{100}$，所以 1kg 收到基燃料完全燃烧需要的氧量为$\left(2.667\frac{C_{ar}}{100}+7.94\frac{H_{ar}}{100}+\frac{S_{ar}}{100}-\frac{O_{ar}}{100}\right)$kg。标准状态下干空气中氧气的容积百分数为 21%，密度为 1.429kg/m^3，因此，1kg 收到基燃料完全燃烧所需的理论空气量为

$$V^0 = \frac{1}{1.429 \times 0.21} \times \left(2.667\frac{C_{ar}}{100}+7.94\frac{H_{ar}}{100}+\frac{S_{ar}}{100}-\frac{O_{ar}}{100}\right) \tag{2-2-1}$$

$$=0.0889C_{ar}+0.265H_{ar}+0.0333(S_{ar}-O_{ar})$$

显然，V^0 只取决于燃料成分，当燃料特性一定时，V^0 即为一常数。

三、实际空气量和过量空气系数

为使燃料在炉内燃烧完全，减少不完全燃烧的热损失，实际送入炉内的空气量要比理论空气量大些，这一空气量称为实际供给空气量，用符号 V^k 表示，单位为 m^3/kg（或 m^3/m^3）。实际供给空气量与理论空气量之比称为过量空气系数，用字母 α 表示（在空气预热器计算时用 β 表示）。

$$\alpha = \frac{V^k}{V^0} \tag{2-2-2}$$

实际供给空气量 V^k 与理论空气量 V^0 之差称为过量空气量，用 ΔV 表示，即

$$\Delta V = (\alpha - 1) V^0 \tag{2-2-3}$$

由于燃烧过程主要集中在锅炉炉膛中下部，到炉膛出口处结束，因此，过量空气系数一般指炉膛出口处的过量空气系数，以 α_1''表示。过量空气系数是锅炉运行的重要指标，过大将增大烟气容积，使排烟损失增加，过小则不能保证燃料完全燃烧。它的最佳值与燃料种类、燃烧方式以及燃烧设备的完善程度有关，应通过试验确定。对于一般煤粉炉，$\alpha_1'' = 1.15 \sim 1.25$；对于燃油炉和燃气炉，$\alpha_1'' = 1.05 \sim 1.10$。

各种锅炉在燃用不同燃料时 α_1''推荐值参见表 2-2-1。

表 2-2-1 炉膛出口过量空气系数 α_1''推荐值

燃烧室型式		燃料	炉膛出口过量空气系数
煤粉炉	固态排渣	无烟煤、贫煤	1.20 ~ 1.25①
		烟煤、褐煤	1.20
	液态排渣（开式、半开式）	无烟煤、烟煤	1.20 ~ 1.25①
		烟煤、褐煤	1.20
重油、煤气炉		重油、焦炉煤气、天然气、高炉煤气	1.10②
层燃炉	链箅炉	无烟煤	1.5 ~ 1.6
		烟煤、褐煤	1.3
	播煤炉（包括播煤机、链箅炉）	烟煤、褐煤	1.3
	手烧炉	无烟煤	1.5
		烟煤、褐煤	1.4

① 在热风送粉时，取较大值。

② 在采用气密炉墙和正压送风时，烧煤气时可取炉膛出口过量空气系数为 1.05；燃油炉采用自动调节油量与空气量，且炉膛漏风系数小于 0.05 时，可取炉膛出口过量空气系数为 1.02 ~ 1.03。

【例 2-2-1】 已知煤的分析数据如下：$C_{ar} = 56.83\%$，$H_{ar} = 4.08\%$，$O_{ar} = 9.63\%$，$N_{ar} = 0.73\%$，$S_{ar} = 0.63\%$，$A_{ar} = 19.12\%$，$M_{ar} = 8.89\%$，$V_{daf} = 34.28\%$，$Q_{ar,net,p} = 22263\text{kJ/kg}$。计算该煤在完全燃烧时的理论空气需要量 V^0 及在 $\alpha = 1.2$ 时的实际空气需要量 V^k。

解：根据式（2-2-1），有

$$\begin{aligned} V^0 &= 0.0889C_{ar} + 0.265H_{ar} + 0.0333(S_{ar} - O_{ar}) \\ &= [0.0889 \times 56.83 + 0.265 \times 4.08 + 0.0333(0.63 - 9.63)]\text{m}^3/\text{kg} \\ &= 5.834\text{Nm}^3/\text{kg} \end{aligned}$$

根据式（2-2-2），有

$$V^k = \alpha V^0 = 1.2 \times 5.834\text{m}^3/\text{kg} = 7.000\text{m}^3/\text{kg}$$

自主测验
燃烧反应

知识点二 燃烧烟气量分析

一、烟气组成

燃料燃烧后生成的产物是烟气和灰分。烟气是由多种气体成分组成的混合物，按实际

燃烧过程，根据燃料和空气成分以及燃烧反应可知：

1）当$\alpha=1$且完全燃烧时，烟气由CO_2、SO_2、N_2和H_2O四种气体成分组成，即

$$V_y = V_{CO_2} + V_{SO_2} + V_{N_2} + V_{H_2O}$$

2）当$\alpha>1$且完全燃烧时，烟气由CO_2、SO_2、N_2、O_2和H_2O五种气体成分组成，即

$$V_y = V_{CO_2} + V_{SO_2} + V_{N_2} + V_{O_2} + V_{H_2O}$$

3）当$\alpha>1$且不完全燃烧时，烟气中除上述五种气体成分外，还有CO、H_2及CH_4等可燃气体。通常，烟气中的H_2及CH_4等可燃气体的含量极少，可以忽略不计，而只考虑CO成分，所以可认为烟气由CO_2、CO、SO_2、N_2、O_2和H_2O六种气体成分组成，即

$$V_y = V_{CO_2} + V_{CO} + V_{SO_2} + V_{N_2} + V_{O_2} + V_{H_2O}$$

式中　V_y——烟气容积；

V_{CO_2}、V_{SO_2}、V_{N_2}、V_{H_2O}、V_{O_2}、V_{CO}——烟气中二氧化碳、二氧化硫、氮气、水蒸气、氧气及一氧化碳的分容积（m^3/kg）。

二、烟气容积的计算

烟气容积的计算方法有两种：一种是依据燃料的燃烧反应计算，另一种是依据烟气分析成分计算。烟气容积的计算均以1kg固体燃料或1m^3（标态）气体燃料为基础。

（一）根据燃烧反应计算烟气容积

在设计锅炉时，是根据$\alpha>1$且完全燃烧来计算烟气容积的，分别计算实际干烟气容积和实际水蒸气容积，两者求和即为实际烟气总容积。

（二）根据烟气分析成分计算烟气容积

根据燃料燃烧反应来计算烟气容积，是以给定的过量空气系数和燃料完全燃烧为条件的，因此，它可在设计锅炉时应用。

对于正在运行的锅炉，实际的过量空气系数往往与设计值有差异，而燃料的燃烧往往也是不完全的。在正常燃烧工况下，忽略干烟气中H_2、CH_4及$\sum C_mH_n$等可燃气体成分，只考虑不完全燃烧气体CO。为了较确切地估算锅炉运行时的烟气容积，可借助烟气分析。根据烟气分析不仅可以确定锅炉运行时的烟气容积，还能确定过量空气系数、漏风系数及烟气中CO含量等数据，从而了解燃烧工况，以便对燃烧进行调整和对燃烧设备进行改进。

1. 烟气分析

烟气分析是指以1kg燃料燃烧生成的干烟气容积为基础，测出烟气中各气体成分占干烟气的容积百分数。因为烟气中的水蒸气容易凝结，其数值难以测定，所以，烟气分析采用干烟气作为基准。一般以CO_2、SO_2、O_2、N_2和CO分别表示干烟气中二氧化碳、二氧化硫、氧气、氮气和一氧化碳的成分容积百分数，则：$CO_2=\frac{V_{CO_2}}{V_{gy}}\times100\%$；$SO_2=\frac{V_{SO_2}}{V_{gy}}\times100\%$；$O_2=\frac{V_{O_2}}{V_{gy}}\times100\%$；$CO=\frac{V_{CO}}{V_{gy}}\times100\%$；$N_2=\frac{V_{N_2}}{V_{gy}}\times100\%$。式中，$V_{CO_2}$、$V_{SO_2}$、$V_{O_2}$、$V_{CO}$、$V_{N_2}$为1kg燃料燃烧生成的烟气中的相应容积，单位为$m^3/kg$。则有

$$CO_2 + SO_2 + O_2 + CO + N_2 = 100(单位:\%) \tag{2-2-4}$$

碳和硫的燃烧产物 CO_2 和 SO_2 的热力性质和化学性质都十分接近，在烟气分析中总是一起被测定，通常以 RO_2 表示干烟气中二氧化碳与二氧化硫的成分容积之和，V_{RO_2}表示烟气中二氧化碳和二氧化硫容积之和。那么：

$$RO_2 + O_2 + CO + N_2 = 100(\text{单位：}\%) \tag{2-2-5}$$

对于正在运行的锅炉，可根据烟气分析结果计算烟气容积。

$$V_{gy} = \frac{V_{CO_2} + V_{SO_2} + V_{CO}}{CO_2 + SO_2 + CO} \times 100 = \frac{V_{CO_2} + V_{SO_2} + V_{CO}}{RO_2 + CO} \times 100$$

由燃烧化学反应得知，1kgC 不论完全燃烧时生成 CO_2 还是不完全燃烧生成 CO，容积均为 1.866m^3，1kgS 完全燃烧时生成 0.7m^3SO_2，因而

$$V_{CO_2} + V_{CO} = 1.866\frac{C_{ar}}{100} = 0.01886C_{ar} \qquad V_{SO_2} = 0.7\frac{S_{ar}}{100} = 0.007S_{ar}$$

所以，干烟气的容积为

$$V_{gy} = 1.866\frac{C_{ar} + 0.375S_{ar}}{RO_2 + CO} \tag{2-2-6}$$

令 $R_{ar} = C_{ar} + 0.375S_{ar}$，相当于 1kg 燃料中的“当量碳量”。

水蒸气的容积与燃烧是否完全无关，仍可按原式计算。

锅炉运行中 1kg 燃料燃烧后生成的烟气总容积 V_y 仍为干烟气容积 V_{gy} 与水蒸气容积 V_{H_2O}之和，即

$$V_y = 1.866\frac{C_{ar} + 0.375S_{ar}}{RO_2 + CO} + 0.111H_{ar} + 0.0124M_{ar} + 0.0161\alpha V^0 + 1.24G_{wh} \tag{2-2-7}$$

2. 烟气分析设备

烟气分析设备是用来测定烟气中各种气体成分含量的设备，最常用的是奥氏烟气分析器，此外还有色谱分析仪、红外线烟气分析仪等。

奥氏烟气分析器主要由三个化学吸收瓶组成，其工作原理是利用化学吸收法按容积测定气体成分。不同化学药剂对气体的选择性吸收特性是不一样的，用某种特定化学吸收剂和烟气接触，选择吸收烟气中的某种气体成分，根据其容积的减少，即可确定其容积百分数。

奥氏烟气分析器结构如图 2-2-1 所示，由量筒 10、水准瓶（平衡瓶）11、过滤器 8 及三个吸收瓶 1、2、3 等组成。在环境温度下，烟气中的过饱和蒸汽将结露成水，因此，在进入分析器前，烟气应先通过过滤器，使饱和蒸汽被吸收，故在吸收瓶中的烟气容积为干烟气容积。

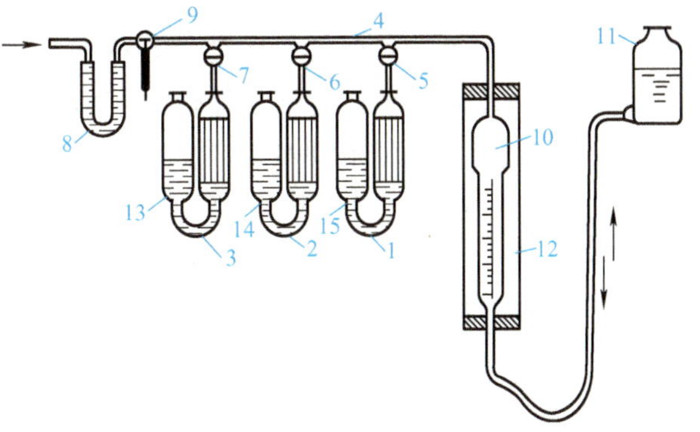

图 2-2-1 奥氏烟气分析器结构

1—RO_2 吸收瓶 2—O_2 吸收瓶 3—CO 吸收瓶 4—梳形管 5、6、7—旋塞 8—过滤器 9—三通旋塞 10—量筒 11—水准瓶（平衡瓶） 12—水套管 13、14、15—缓冲瓶

三个吸收瓶装有不同的化学溶液，用带有启闭旋阀的梳形管与量筒上端相互连接起来。量筒能读出气体的容积，其外有水套管，可减

少量筒内烟气容积受外界气温变化的影响。水准瓶用来吸入烟气与排出烟气，它与量筒相连。过滤器内装脱脂棉和无水氯化钙以过滤烟尘和吸收烟气中的水分。

吸收瓶1内装有氢氧化钾溶液（KOH），它可吸收烟气中的CO_2与SO_2气体。其反应式分别为

$$2KOH + CO_2 \rightarrow K_2CO_3 + H_2O$$
$$2KOH + SO_2 \rightarrow K_2SO_3 + H_2O$$

吸收瓶2内装有焦性没食子酸（$C_6H_3(OH)_3$）与KOH的碱性溶液，它可吸收烟气中的RO_2与O_2气体。当RO_2被吸收瓶1吸收后，吸收瓶2则吸收烟气中的O_2气体。它首先与氢氧化钾反应生成焦性没食子酸钾，然后焦性没食子酸钾被氧化生成六氧基联苯钾。

$$C_6H_3(OH)_3 + 3KOH \rightarrow C_6H_3(OK)_3 + 3H_2O$$
$$4C_6H_3(OK)_3 + O_2 \rightarrow 2[C_6H_2(OK)_3 - C_6H_2(OK)_3] + 2H_2O$$

吸收瓶3内装有氯化亚铜的氨溶液（$Cu(NH_3)_2Cl$），它可吸收烟气中的CO气体和O_2气体。故烟气应先通过吸收瓶2，使O_2被吸收，这样通过吸收瓶3吸收的烟气只剩下CO气体了。

$$Cu(NH_3)_2Cl + 2CO \rightarrow Cu(CO)_2Cl + 2NH_3$$

分析测定时，利用水准瓶抽取$100cm^3$烟气进入量筒，让这一定量的烟气依次进入吸收瓶1、吸收瓶2、吸收瓶3。烟气反复多次进入吸收瓶1后，烟气中的三原子气体RO_2被吸收尽，利用量筒上的刻度可以测出烟气减少的容积，这减少的容积即为干烟气中三原子气体容积百分数RO_2。按同样的方法使烟气反复多次进入吸收瓶2以测出O_2，用吸收瓶3测出CO，最后量筒中剩余的气体容积百分数即为N_2。

$$N_2 = 100 - CO_2 - O_2 - CO$$

注意 三个吸收瓶的测定程序切勿颠倒。每次读数时，需将水准瓶水位面与量筒中的水位面对齐。

不论吸进烟气分析器中的烟气是干烟气还是湿烟气，其分析结果均是干烟气成分的容积百分数。这是因为干烟气或湿烟气在吸入分析器后，在量筒中一直和水接触，烟气已是含水蒸气的饱和气体了。在定温、定压下，饱和气体中的水蒸气和干烟气的容积比例是一定的。因此在选择性吸收过程中，随着烟气中某一成分被吸收，水蒸气也成比例地被凝结，这样量筒上的读数就是干烟气各成分的容积百分数。

例如，假定在烟气中饱和水蒸气容积百分数是1%，那么$100cm^3$的烟气中有$99cm^3$干烟气和$1cm^3$水蒸气。如果氢氧化钾溶液吸收了$10cm^3$的气体，剩下$90cm^3$的烟气中就应含有$90cm^3 \times 0.99 = 89.1cm^3$的干烟气和$90cm^3 \times 0.01 = 0.9cm^3$的水蒸气，这时量筒上的读数和干烟气分析结果是$\frac{100-90}{100} \times 100\% = 10\%$，而干烟气实际所含的$RO_2$也是$\frac{99-89.1}{99} \times 100\% = 10\%$。这就证明了量筒上的读数就是干烟气各成分的容积百分数。

（三）过量空气系数和漏风系数的确定

如果RO_2含量过小，则表示烟气中O_2含量较大，或者供给燃烧的空气量过大，或者炉墙烟道等漏风严重。

在 $\alpha=1$ 且完全燃烧的情况下，$O_2=0$，$CO=0$，烟气中三原子气体含量达到最大值 RO_2^{max}。

1. 过量空气系数

过量空气系数直接影响炉内燃烧的好坏及热损失的大小，所以，运行中必须严格控制其大小。对于正在运行的锅炉，过量空气系数可根据烟气分析结果确定。

对燃煤锅炉可用式（2-2-8）计算：

$$\alpha=\frac{21}{21-O_2} \tag{2-2-8}$$

一般燃料中的 S 含量不多，燃烧生成的 SO_2 在烟气中的含量不大，所以 $RO_2\approx CO_2$。则：

$$\alpha=\frac{RO_2^{max}}{RO_2}\approx\frac{RO_2^{max}}{CO_2} \tag{2-2-9}$$

由式（2-2-8）可知，当完全燃烧时，α 随 O_2 增大而增大，所以，通过监视烟气中的 O_2 值，同样可达到监视和控制进入炉膛的实际空气量的目的。而烟气中的过量 O_2 与 α 的关系受到煤种变化的影响很小，因此，从 20 世纪 60 年代开始，电厂锅炉一般不采用 CO_2 表，而广泛采用磁性氧量表或氧化锆氧量表来测量烟气中的 O_2 含量。根据氧量表的指示值来监视和调整运行锅炉的过量空气系数 α。

由于过量空气系数直接影响到锅炉运行的经济性，在运行中准确、迅速地测定它，是监视锅炉经济运行的重要手段之一。由式（2-2-9）可知，当煤种一定且完全燃烧时，α 与 RO_2 呈反比关系，这样通过监视烟气中的 CO_2，就可达到监视进入炉膛的实际空气量的目的。同时，如果煤种一定，还可通过燃烧调整试验确定并在运行中保持对应于最佳过量空气系数 α 的 RO_2 含量，以保证锅炉在经济工况下运行。但当煤种改变时，特征值 RO_2^{max} 也随之变化，所以，α 与 RO_2 的关系将受到煤种的影响。

2. 漏风系数

目前，电厂锅炉大多采用微负压运行（炉膛及烟道压力略低于环境压力），因此运行过程中，外界冷空气会通过锅炉不严密处漏入炉膛及其后的烟道中，致使烟气中的过量空气增加，锅炉受热面布置如图 2-2-2 所示。相对于 1kg 燃料而言，漏入的空气量与理论空气量 V^0 之比称为漏风系数，以 $\Delta\alpha$ 表示，即

$$\Delta\alpha=\frac{\Delta V}{V^0}$$

对于任一级受热面来说，其漏风系数 $\Delta\alpha$ 与进出口的过量空气系数 α'、α'' 有如下关系：

$$\Delta\alpha=\alpha''-\alpha'$$

$$\Delta\alpha\approx\frac{21}{21-O_2''}-\frac{21}{21-O_2'} \tag{2-2-10}$$

$$\Delta\alpha\approx\frac{RO_2^{max}}{CO_2''}-\frac{RO_2^{max}}{CO_2'} \tag{2-2-11}$$

式中 α'、α''——某级受热面进口与出口的过量

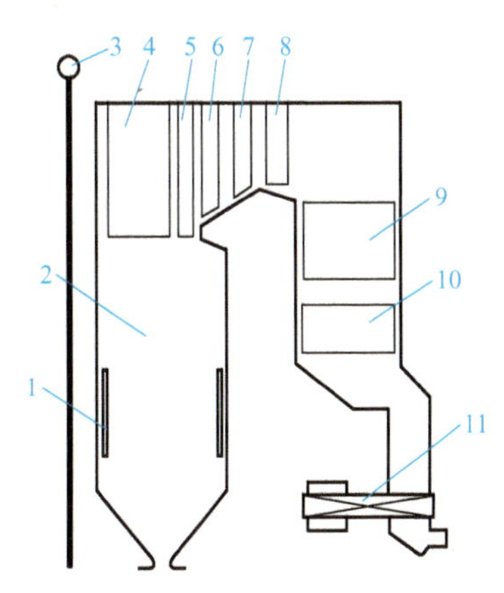

图 2-2-2 锅炉受热面布置简图

1—燃烧器 2—炉膛 3—汽包 4—大屏过热器 5—后屏过热器 6—中温再热器 7—高温再热器 8—高温过热器 9—低温过热器 10—省煤器 11—空气预热器

空气系数；

O_2'、O_2''——某级受热面进口与出口烟气中 O_2 的容积百分数；

CO_2'、CO_2''——某级受热面进口与出口烟气中 CO_2 的容积百分数。

由式（2-2-10）和式（2-2-11）可知，只要测出某级受热面进、出口烟气中的 O_2 量或 CO_2 量，即可确定漏风系数的大小。

由于漏风情况的存在，沿烟气的流程，烟道内的过量空气系数 α 不断增大。炉膛及各烟道漏风系数的一般经验数据见表2-2-2。各种制粉系统的漏风系数见表2-2-3。运用表中的数据可确定，烟道某处的过量空气系数可等于炉膛进口过量空气系数与前面各段烟道的漏风系数之和，即从炉膛开始，烟道内任意截面处的过量空气系数 α，可等于炉膛出口的过量空气系数 α_1''与前面各段烟道的漏风系数之和，即

$$\alpha = \alpha_1'' + \sum \Delta\alpha$$

式中　$\sum \Delta\alpha$——炉膛出口与计算烟道截面间各段烟道漏风系数的总和。

表 2-2-2　额定负荷下各烟道的漏风系数

烟道名称				漏风系数 $\Delta\alpha$
煤粉炉膛	固态排渣炉，屏式水冷壁			0.05
	固态排渣炉，钢架支承炉墙，有护板			0.07
	固态排渣炉，无护板			0.10
	液态排渣炉、油炉、煤气炉，有护板			0.05
	液态排渣炉、油炉、煤气炉，无护板			0.08
层燃炉	机械、半机械化加煤			0.10
	人工加煤			0.30
对流受热面烟道	凝渣管束、屏式过热器、第一对流蒸发管束，$D>50$t/h			0
	第一对流蒸发管束，$D\leqslant50$t/h			0.05
	过热器			0.03
	再热器			0.03
	省煤器	$D>50$t/h，每级		0.02
		$D\leqslant50$t/h	钢管	0.08
			铸铁，有护板	0.1
			铸铁，无护板	0.2
	空气预热器	管式	$D>50$t/h，每级	0.03
			$D\leqslant50$t/h，每级	0.06
		回转式	$D>50$t/h	0.20
			$D\leqslant50$t/h	0.25
除尘器	电气除尘器		$D>50$t/h	0.1
			$D\leqslant50$t/h	0.15
	多管旋风分离器，水膜除尘器			0.05
锅炉后烟道	钢制，每10m长			0.01
	砖砌，每10m长			0.05

表 2-2-3 各种制粉系统的漏风系数

制粉系统		$\Delta\alpha$
球磨机	储仓式，热空气做干燥剂	0.1
	储仓式，热空气和烟气做干燥剂	0.12
	直吹式	0.04
锤击机	负压式	0.04
	正压式	0
中速磨，负压式		0.04
风扇磨，具有干燥管		0.2～0.25①

① 高值用于多水分煤。

空气预热器中，空气侧压力比烟气侧高，所以会有部分空气漏入烟气中，该级的漏风系数 $\Delta\alpha_{ky}$ 要高些。在空气预热器中，以 β 表示空气侧过量空气系数，则有

$$\beta'_{ky}=\beta''_{ky}+\sum\Delta\alpha_{ky}$$

式中 β'_{ky}、β''_{ky}——空气预热器进口和出口的过量空气系数。

锅炉漏风会导致锅炉效率降低、引风机的电耗增大，直接影响到锅炉的安全经济运行，因此，必须尽可能减少漏风。漏风系数与锅炉结构、安装及检修质量、运行操作情况等有关。

【例 2-2-2】 已测得某运行中的燃煤锅炉空气预热器进口处烟气中的 $O'_2=5.53\%$，空气预热器出口处烟气中 $O''_2=6\%$，$CO=0$，求这级空气预热器的漏风系数 $\Delta\alpha_{ky}$。

解：首先计算空气预热器进、出口处的过量空气系数 β'_{ky}、β''_{ky}，即

$$\beta'_{ky}=\frac{21}{21-O'_2}=\frac{21}{21-5.53}=1.357$$

$$\beta''_{ky}=\frac{21}{21-O''_2}=\frac{21}{21-6}=1.4$$

然后计算漏风系数，即

$$\Delta\alpha_{ky}=\beta'_{ky}-\beta''_{ky}=1.4-1.357=0.043$$

三、空气和烟气焓的计算

在进行锅炉热力计算以及整理锅炉热平衡试验结果时，都需要知道空气焓和烟气焓。

由工程热力学可知，气体焓值是指气体在一定温度和压力下具有的能量，即内能与压力能的综合。气体的压力与温度增加，其焓值也升高。在锅炉热力计算中，无论空气焓还是烟气焓，其焓值都是以 1kg 燃料（气体燃料以 $1m^3$）为计算基础，同时规定 0℃时的焓值等于零，并用符号 I 表示。

自主测验 烟气分析及其应用

知识点三 锅炉热平衡分析

一、锅炉热平衡方程

锅炉稳定工况下，输入与输出热量应相等，锅炉的这种热量收、支平衡关系称为锅炉热平衡。锅炉热平衡用公式的形式表示，就是锅炉的热平衡方程。

锅炉输入热量是指随燃料送入锅炉的热量。锅炉输出热量可以分成两部分：有效利用

热量和各项热损失。燃料在锅炉中燃烧放出热量，被锅炉受热面内工质吸收的部分称为有效利用热量。同时，锅炉运行时可燃成分未燃烧造成的热量损失称为锅炉未完全燃烧热损失。此外，燃料燃烧放出的热量还有一部分被排烟、灰渣带走或透过炉墙散失到周围环境中，这些损失的热量称为锅炉热损失，它的大小决定了锅炉的热效率。

锅炉热平衡是以 1kg 固体或液体燃料（对气体燃料则是 $1m^3$）为基础进行计算的。在稳定工况下，锅炉热平衡方程式为

$$Q_r = Q_1 + Q_2 + Q_3 + Q_4 + Q_5 + Q_6 \tag{2-2-12}$$

式中 Q_r——锅炉输入热量（kJ/kg）；

Q_1——锅炉有效利用的热量（kJ/kg）；

Q_2——排烟损失的热量（kJ/kg）；

Q_3——气体未完全燃烧损失的热量（kJ/kg）；

Q_4——固体未完全燃烧损失的热量（kJ/kg）；

Q_5——散热损失的热量（kJ/kg）；

Q_6——灰渣物理热损失的热量（kJ/kg）。

将式（2-2-12）两边都除以 Q_r，并乘以 100%，则可建立以百分数表示的热平衡方程式，即

$$100 = q_1 + q_2 + q_3 + q_4 + q_5 + q_6 \tag{2-2-13}$$

式中 q_1——锅炉有效利用热量占输入热量的百分数，$q_1 = \frac{Q_1}{Q_r} \times 100\%$；

q_2——排烟损失的热量占输入热量的百分数，$q_2 = \frac{Q_2}{Q_r} \times 100\%$；

q_3——气体未完全燃烧损失的热量占输入热量的百分数，$q_3 = \frac{Q_3}{Q_r} \times 100\%$；

q_4——固体未完全燃烧损失的热量占输入热量的百分数，$q_4 = \frac{Q_4}{Q_r} \times 100\%$；

q_5——散热损失的热量占输入热量的百分数，$q_5 = \frac{Q_5}{Q_r} \times 100\%$；

q_6——灰渣物理热损失的热量占输入热量的百分数，$q_6 = \frac{Q_6}{Q_r} \times 100\%$。

1kg 燃料输入炉内的热量、锅炉有效利用热量和各项损失热量之间的平衡关系也可用图 2-2-3 表示。图中热空气带入炉内的热量来自锅炉自身，是一股循环热量，故在热平衡中不予考虑。

二、锅炉热效率的计算

锅炉热效率可以通过两种方法计算得出。

1. 正平衡法

测定输入热量 Q_r 和有效利用热量 Q_1，计算锅炉热效率，即

$$\eta = q_1 = \frac{Q_1}{Q_r} \times 100\% \tag{2-2-14}$$

2. 反平衡法

测定锅炉的各项热损失 q_2、q_3、q_4、q_5、q_6，计算锅炉热效率，即

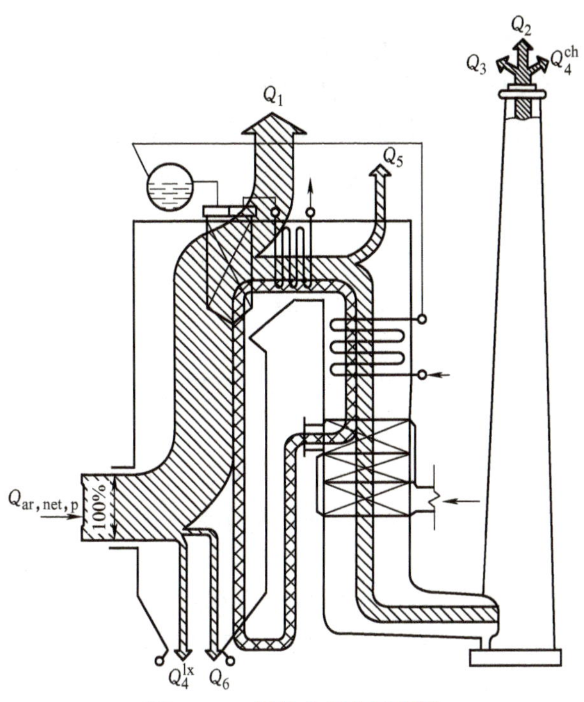

图 2-2-3 锅炉热平衡示意图

$$\eta = q_1 = 100 - (q_2 + q_3 + q_4 + q_5 + q_6) \tag{2-2-15}$$

目前，电厂锅炉常用反平衡法求锅炉热效率，一方面是因为大容量高效率锅炉机组燃料消耗量的测量相当困难，在有效利用热量的测定上常会产生较大的误差，而利用反平衡法求解反而更为方便和准确，同时正平衡法要求较长时间保持锅炉稳定工况，这是比较困难的；另一方面是正平衡法只求出锅炉的热效率，而未求锅炉的各项热损失，因而不利于对各项损失进行分析和寻求改进锅炉效率的途径。

三、锅炉的输入热量及有效利用热量

1. 锅炉输入热量

对应于1kg固体或液体燃料，输入锅炉的热量 Q_r 包括燃料收到基低位发热量、燃料的物理显热、外来热源加热空气时带入的热量和雾化燃油所用蒸汽带入的热量，即

$$Q_r = Q_{ar,net,p} + Q_{xr} + Q_{wl} + Q_{wh} \tag{2-2-16}$$

式中 $Q_{ar,net,p}$——燃料收到基低位发热量（kJ/kg）；

Q_{xr}——燃料的物理显热（kJ/kg）；

Q_{wl}——外来热源加热空气时带入的热量（kJ/kg）；

Q_{wh}——雾化燃油所用蒸汽带入的热量（kJ/kg）。

（1）燃料的物理显热（Q_{xr}） 燃料的物理显热一般都很小，在计算时可忽略不计。只有当外来热源加热燃料或固体燃料水分 $M_{ar} \geqslant \frac{Q_{ar,net,p}}{628}$时，才计入该项。

（2）外来热源加热空气时带入的热量（Q_{wl}） 当冷空气在进入锅炉之前采用外来热源进行加热时，如在暖风器中用汽轮机抽汽加热空气，带入锅炉的热量可按式（2-2-17）

计算：

$$Q_{wl}=\beta(H_{rk}^{0}-H_{lk}^{0}) \tag{2-2-17}$$

式中 β——暖风器（即空气预热器前）的过量空气系数；

H_{rk}^{0}、H_{lk}^{0}——暖风器出、入口处理论空气焓，其中，冷空气温度按30℃取值。

（3）雾化燃油所用蒸汽带入的热量（Q_{wh}） 用蒸汽雾化燃油带入的热量可按式（2-2-18）计算：

$$Q_{wh}=G_{wh}(h_{wh}-2510) \tag{2-2-18}$$

式中 G_{wh}——雾化燃油的汽耗量（kg蒸汽/kg油）；

h_{wh}——雾化用蒸汽的焓（kJ/kg）；

2510——雾化蒸汽随排烟离开锅炉时的焓，取其值为汽化潜热，即2510kJ/kg。

2. 锅炉有效利用热量

锅炉有效利用热量包括过热蒸汽的吸热、再热蒸汽的吸热、饱和蒸汽的吸热和排污水的吸热。当锅炉不对外供饱和蒸汽时，则锅炉每小时有效利用热量 Q 可用式（2-2-19）计算，即

$$Q=D_{gq}(h''_{gq}-h_{gs})+D_{zq}(h''_{zq}-h'_{zq})+D_{pw}(h_{pw}-h_{gs}) \tag{2-2-19}$$

式中 D_{gq}、D_{zq}、D_{pw}——过热蒸汽、再热蒸汽、排污水的流量（kg/h）；

h''_{gq}、h_{gs}——过热器出口蒸汽和锅炉给水的焓（kJ/kg）；

h''_{zq}、h'_{zq}——再热器出、入口蒸汽焓（kJ/kg）；

h_{pw}——排污水的焓，等于汽包压力下饱和水的焓（kJ/kg）。

而对于1kg燃料（对气体燃料为1m³），有效利用热量 Q_1 可用式（2-2-20）计算，即

$$Q_1=\frac{1}{B}[D_{gq}(h''_{gq}-h_{gs})+D_{zq}(h''_{zq}-h'_{zq})+D_{pw}(h_{pw}-h_{gs})] \tag{2-2-20}$$

式中 B——每小时燃料消耗量（kg/h）。

当锅炉排污量不超过蒸发量的2%时，排污水热量可略去不计。

四、锅炉各项热损失

1. 固体未完全燃烧热损失（q_4）

固体未完全燃烧热损失是指燃料中未燃烧或未燃尽碳造成的热损失，一般是指飞灰、炉渣、漏煤中的碳和中速磨排出的石子煤未能燃烧而造成的热损失，也称机械未完全燃烧热损失。电厂锅炉 q_4 的一般数据见表2-2-4。

固体未完全燃烧热损失是锅炉热损失中的主要部分，通常仅次于排烟热损失。它的影响因素如下：

1）燃料的物理化学特性。煤中灰分和水分越少，挥发分越多，煤粉越细，燃烧和燃尽就越容易，则 q_4 越小。

2）不同燃烧方式的 q_4 数值差别很大。层燃炉、沸腾炉这项损失较大，煤粉炉次之。旋风炉中燃料与空气的相对速度大，燃烧强烈，炉温高，q_4 比前两者均小。

3）炉膛容积小或高度不够以及燃烧器的结构性能不好或布置不合适，都会减少煤粉在炉内停留的时间并降低风粉混合的质量，使 q_4 增大。

表 2-2-4 电厂锅炉 q_4 的一般数据

锅炉型式	煤种	q_4（%）	备注
固态排渣煤粉炉	无烟煤	4～6	挥发分高者取小值
	贫煤	2	
	烟煤	1～1.5	挥发分高者取小值
	褐煤	0.5～1	挥发分高者取小值
液态排渣煤粉炉	无烟煤	3～4	挥发分高者取小值
	贫煤	1～1.5	挥发分高者取小值
	烟煤	0.5	
	褐煤	0.5	
卧式旋风炉	烟煤	1	
	褐煤	0.2	

4）锅炉负荷过高，会使煤粉停留时间过短，来不及烧透，而锅炉负荷过低，又会使炉温降低，燃烧反应减慢，都将使 q_4 增加。

5）炉内空气动力工况不良，火焰不能很好充满炉膛，将使 q_4 增加。此外，过量空气系数控制不当，一、二次风调整不合适，都会使 q_4 增加。

为了减小煤粉炉的 q_4，除了合理设计锅炉结构外，在运行中还应做好燃烧调整工作。

2. 气体未完全燃烧热损失（q_3）

气体未完全燃烧热损失是指排烟中含有未燃尽的 CO、H_2、CH_4 等可燃气体所造成的热损失，也称化学不完全燃烧热损失。

影响气体未完全燃烧热损失的主要因素是燃料的挥发分、炉内过量空气系数、炉膛温度、炉膛结构以及炉内空气动力工况等。

1）一般燃用挥发分较多的燃料，炉内可燃气体增多，易出现不完全燃烧。尤其是燃用挥发分较高的燃料，而炉膛温度低，燃料与空气混合又不良，必将使燃烧反应减弱，可燃气体得不到充足的氧气，从而使 q_3 大大增加。

2）当炉内空气动力工况不良，火焰不能很好充满炉膛时，会使 q_3 增大。

3）过量空气系数过小，氧气供应不足，会使 q_3 增大。过量空气系数过大，又会使炉温降低。若炉温低于900℃，则 CO 不易着火燃烧，q_3 也会增大。所以过量空气系数必须适当。

4）炉膛结构和燃烧器布置不合理，使烟气在炉膛内停留时间过短，使部分可燃气体未燃尽就离开炉膛，导致 q_3 增大。

5）当锅炉在低负荷下运行时，炉温降低，燃烧不稳定，会使 q_3 增加。

3. 排烟热损失（q_2）

排烟热损失是指烟气排出锅炉时温度高于外界空气温度所造成的热损失，也是锅炉热损失中最主要的一项。在室燃炉的各项热损失中，排烟热损失是最大的一项，为4%～8%。

图片资料
吹灰器

影响排烟热损失的主要因素是排烟容积和排烟温度。排烟容积越大，排烟温度越高，则排烟热损失越大。一般排烟温度每升高15～20℃，q_2 约增加1%。降低排烟温度，可以减小排烟热损失，但同时会使传热的平均温差减小，必须增加较多数量的尾部受热面，因而增大了锅炉的金属消耗量和引风机的电耗。另外，排烟温度的降低，还受到尾部受热面酸性腐蚀的限制。当燃料中的水分和硫分含量较高时，排烟温度也应保持得高一些，以减轻受热面的低温腐蚀。大型电厂锅炉的排烟温度为120～160℃。

排烟容积的大小取决于炉内过量空气系数及锅炉漏风量。过量空气系数越大，漏风量越大，则排烟容积越大。一般来说，随炉膛出口过量空气系数α_1''的增加，q_2升高，而q_3、q_4降低。对应于q_2、q_3、q_4之和为最小的α_1''称为最佳过量空气系数。最佳α_1''值与燃料种类、燃烧方式以及燃烧设备的结构完善程度等因素有关，可通过燃烧调整试验确定，即找出对应不同炉膛出口过量空气系数α_1''的q_2、q_3、q_4值，用图2-2-4所示的方法确定。最佳α_1''值的大致范围：对于固态排渣煤粉炉，当燃用无烟煤、贫煤及劣质烟煤时为1.20～1.25，当燃用烟煤、褐煤时为1.15～1.20；对于燃油炉为1.05～1.10。

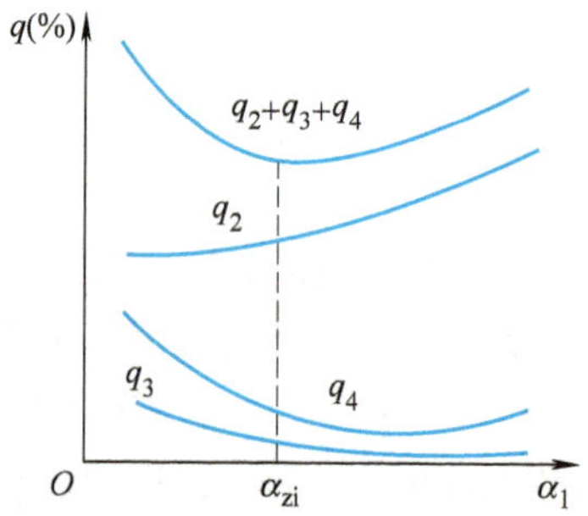

炉膛及烟道各处漏风，都将使排烟的过量空气系数增大，增加q_2和引风机电耗。并且漏入烟道的冷空气使漏风处的烟气温度降低，从而使漏风处以后各受热面的传热量减小，可能导致排烟温度升高。漏风点越靠近炉膛，影响就越大。

图2-2-4　最佳过量空气系数的确定

在锅炉运行中，受热面结渣、积灰和结垢都会使传热减弱，促使排烟温度升高，q_2增大。所以，运行中应定期吹灰清渣，并注意监视给水、锅水和蒸汽品质，以保持受热面内外清洁，降低排烟温度，提高锅炉效率。

4. 散热损失（q_5）

散热损失是指锅炉在运行中，由于汽包、联箱、汽水管道、炉墙等的温度均高于环境温度而散失的热量。

影响散热损失的主要因素有锅炉额定蒸发量（即锅炉容量）、锅炉实际蒸发量（即锅炉负荷）、外表面积、水冷壁和炉墙结构、管道保温以及周围环境情况等。随着锅炉容量的增加，燃料消耗量大致成正比地增加，而锅炉的外表面积和炉膛温度增加得慢些，这样对应单位燃料消耗量的锅炉外表面积是减少的，散热损失q_5就减少。当运行中锅炉负荷发生变化时，由于锅炉外表面积不变，同时散热表面的温度变化又不大，所以，锅炉散热量的绝对值变化很小。因此，负荷越小，相对的散热损失越大，即q_5与锅炉负荷近似呈反比关系。若水冷壁和炉墙等结构严密紧凑，炉墙及管道的保温良好，外界空气温度高且流动缓慢，则散热损失小。

由于通过试验来测定散热损失是非常困难的，通常是根据大量的经验数据绘制出锅炉额定蒸发量D与散热损失q_5的关系曲线，如图2-2-5所示。

5. 灰渣物理热损失（q_6）

锅炉炉渣排出炉外时带出的热量称为灰渣物理热损失。固态排渣时，灰渣温度可高达600～800℃，液态排渣时温度更高，可高出灰渣液化温度100℃。

影响灰渣物理热损失的因素有燃料灰分、炉渣份额以及炉渣温度。煤粉炉的炉渣份额大小和炉渣温度高低主要与排渣方式有关。固态排渣渣量较小，炉渣温度低；液态排渣渣量较大，炉渣温度高。所以，液态排渣煤粉炉的q_6必须考虑，而对于固态排渣煤粉炉，

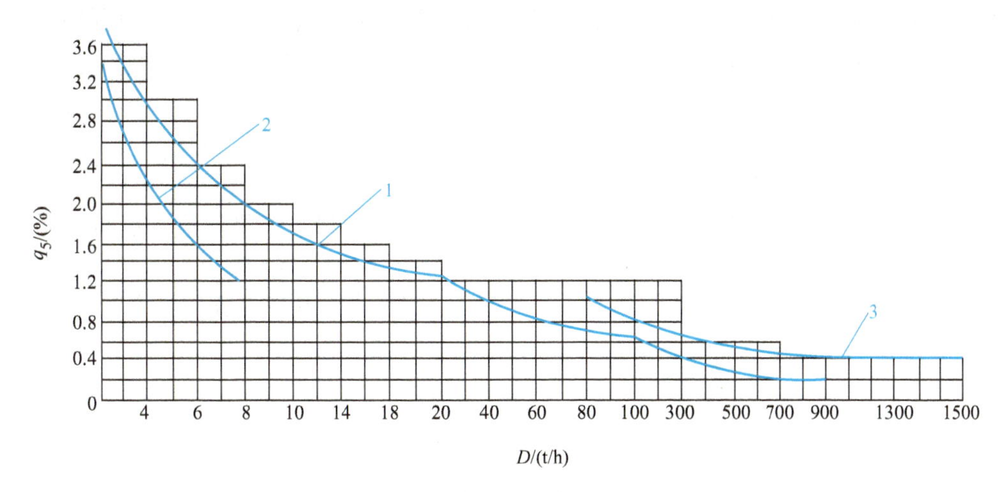

图 2-2-5　锅炉额定蒸发量与散热损失的关系曲线

1—锅炉整体（连同尾部受热面）　2—锅炉本身（无尾部受热面）

3—我国电厂锅炉性能验收规程中的曲线（连同尾部受热面）

只有当燃料灰分很高时，即 $A_{ar} \geqslant \dfrac{Q_{ar,net,p}}{418}$ 时，才考虑此项损失。燃油和燃气炉，$q_6=0$。

五、锅炉净效率

按锅炉正平衡或反平衡所确定的锅炉热效率称为锅炉的毛效率。锅炉毛效率能用来衡量蒸汽锅炉自身工作的完善程度，但不能用来衡量锅炉设备工作的经济性，这是因为锅炉维持运行要消耗部分电能和蒸汽。这些锅炉自身消耗的电能和蒸汽称为锅炉自用能量。为了衡量锅炉设备的经济性，就必须在考虑自用能量的基础上引出净效率概念。把锅炉机组自用能量折算成热损失并从锅炉热效率中扣除后的效率值称为锅炉净效率或净热效率，计算如下：

$$\eta_j = \frac{\eta Q_r}{Q_r + \sum Q_{zy} + 29270\dfrac{b_b}{B}\sum P_z} \times 100\% \tag{2-2-21}$$

式中　$\sum Q_{zy}$——锅炉自用热能，指驱动辅助设备和吹灰等所用外来蒸汽折算后的热量（kJ/kg）；

$\sum P_z$——锅炉自用电能，包括制粉系统设备、送引风机、除灰系统设备、烟气再循环风机、电除尘器、强制循环泵等辅助机械的实际功率（kW）；

b_b——生产 1kW·h 电能的标准煤耗量，也称为标准煤耗率［kg/(kW·h)］；

B——燃料消耗量（kg/h）。

由式（2-2-21）可以看出，锅炉的净效率取决于锅炉热效率和锅炉自用能量。如果锅炉本身的工作性能很好，热效率很高，但锅炉工作过程中本身消耗的热能和电能很多，那么仍然是不经济的。所以，净效率能够更全面反映锅炉运行的经济性。

六、锅炉燃料消耗量

1. 实际燃料消耗量

实际燃料消耗量是指锅炉每小时实际耗用的燃料量，一般简称为燃料消耗量，用符号

B 表示，单位为 kg/h（或 m^3/h）。在计算锅炉输入热量 Q_r、锅炉每小时有效利用热量 Q 以及用反平衡法求出锅炉热效率 η 的基础上，用式（2-2-22）求出燃料消耗量 B。

$$B=\frac{100}{\eta Q_r}[D_{gr}(h''_{gr}-h_{gs})+D_{zr}(h''_{zr}-h'_{zr})+D_{pw}(h_{pw}-h_{gs})] \tag{2-2-22}$$

2. 计算燃料消耗量

考虑到固体未完全燃烧热损失 q_4 的存在，在炉内实际参与燃烧反应的燃料消耗量称为计算燃料消耗量，用符号 B_j 表示。由于 1kg 入炉燃料中只有 $\left(1-\frac{q_4}{100}\right)$kg 燃料参与燃烧反应，所以它与实际燃料消耗量 B 存在如下关系：

$$B_j=B\left(1-\frac{q_4}{100}\right) \tag{2-2-23}$$

两种燃料消耗量各有不同的用途。在进行燃料输送系统和制粉系统计算时要用燃料消耗量 B 来计算，但在计算空气需要量及烟气容积等时，则需要用计算燃料消耗量 B_j 来计算。

3. 煤耗率

（1）原煤煤耗率　原煤煤耗率是指发电厂或机组生产 1kW · h 的电能所消耗的原煤量，用符号 b 表示，单位为 kg/(kW · h)，即

$$b=\frac{B}{N} \tag{2-2-24}$$

式中　N——发电厂或机组每小时生产的电能（kW · h/h）；

B——每小时所消耗的实际煤量（kg/h）。

（2）标准煤耗率　标准煤耗率是指发电厂或机组生产 1kW · h 的电能所消耗的标准煤量，用符号 b_b 表示，单位为 kg/(kW · h)，即

$$b_b=\frac{B_b}{N} \tag{2-2-25}$$

式中　B_b——每小时所消耗的标准煤量（kg/h）。

标准煤耗率与原煤煤耗率的关系：

$$b_b=\frac{bQ_{ar,net,p}}{29270} \tag{2-2-26}$$

标准煤耗率是全厂或整台发电机组的经济指标，它与锅炉、汽轮机、发电机等设备及其系统的运行经济性有关。蒸汽压力越高，机组容量越大，发电煤耗率越低。如高压电厂的发电煤耗率为 350～400g 标准煤/(kW · h)，超高压电厂的发电煤耗率在 350g 标准煤/(kW · h) 以下，亚临界压力电厂的发电煤耗率约为 320g 标准煤/(kW · h)，超临界压力电厂的发电煤耗率甚至低于 300g 标准煤/(kW · h)。

自主测验
锅炉热平衡

复习思考题

1. 什么是理论空气量、实际空气量、过量空气系数？它们的数值是怎么确定的？
2. 什么是实际烟气量？什么是干烟气量？它们之间的关系是怎么样的？
3. 烟气成分分析的原理是什么？测出的数值有什么实际意义？

4. 烟气的焓是怎样计算的？它的单位 kJ/kg 是什么含义？

5. 锅炉热平衡的意义是什么？电厂锅炉有哪些输入热量和输出热量？

6. 分析影响排烟热损失的主要因素及降低排烟热损失的措施。

7. 分析影响固体未完全燃烧热损失的主要因素，降低固体未完全燃烧热损失的措施。

8. 分析影响气体未完全燃烧热损失的主要因素，降低气体未完全燃烧热损失的措施。

9. 如何确定最佳过量空气系数？

10. 什么是锅炉的热效率？什么是净效率？当前，电厂锅炉常用什么方法求热效率？

11. 实际燃料消耗量、标准煤消耗量、计算燃料消耗量有什么关系？它们分别在什么情况下应用？

自主测验

燃料燃烧反应及锅炉热平衡

项目三

制粉系统设备及运维

项目描述：了解制粉系统的构成，熟悉制粉系统的运行及维护。

项目目标：能指出制粉系统组成设备，描述其功能特性，能读、画制粉系统图，会操作、维护制粉系统。

教学条件：锅炉模型、多媒体课件、锅炉视频、电厂锅炉制粉系统图册、电厂仿真运行实训室。

任务一　认识制粉系统设备

任务描述：借助制粉系统的图片、视频、模型、课件，了解制粉系统构成，通过仿真运行实训熟悉制粉系统的基本操作过程。

教学目标：

知识目标	了解制粉系统的种类及特点
能力目标	能对比识别、分析、背画制粉系统图
素养目标	遵守安全操作规程，培养责任意识 树立团队意识，培养协作精神 养成理论与实践相结合的习惯，在完成任务的过程中发现问题、分析问题并解决问题 通过任务的训练，培养经济节能的意识

任务组织：利用锅炉模型、多媒体课件、视频进行学习，读、画制粉系统图，辨识制粉系统设备。

制粉系统设备辨识实训请学习配套资源后开展。

制粉系统设备辨识任务工单

知识点一　煤粉性质

当前，燃煤电厂多采用煤粉燃烧方式，将原煤送入磨煤机磨制成煤粉，可增大燃料燃烧反应表面积，利于燃料和空气的混合，从而利于着火燃尽和提高燃烧效率。煤粉的性质对燃烧经济性、制粉系统、炉膛以及整个机组的安全运行有很大影响。煤粉性质主要表现在以下几个方面：

一、煤粉的尺寸和密度

磨制好的煤粉颗粒尺寸很小，一般小于500μm，其中以20～50μm的颗粒居多。煤粉颗粒的形状是不规则的，随着燃料的种类和制粉系统的型式不同而异。煤粉的堆积密度不是一个常数，刚磨制好的煤粉由于吸附了大量空气，其堆积密度很小，为0.45～0.5t/m³，堆积一段时间后，煤粉被压实，其堆积密度可达到0.8～0.9t/m³。

二、煤粉的流动性

干燥的煤粉颗粒能吸附大量空气，煤粉与空气混合后变得非常容易流动，具有水一样的流动性。根据煤粉这个性质，可利用管道对煤粉进行气力输送。但是，如果管道不严密，就会造成系统漏粉，影响锅炉的安全运行和环境卫生。因此，要求制粉及输粉系统具有足够的严密性。

三、煤粉的自燃和爆炸性

磨制好的煤粉表面积大，容易沉积，与空气混合后会发生缓慢的氧化反应释放出热量，如果通风不良，时间较长会引起自燃。煤粉气流混合物如果达到合适的浓度和温度，还可能发生爆炸。

煤粉的自燃和爆炸特性与许多因素有关，如煤的挥发分、水分、灰分，煤粉细度，气粉混合物的温度、含粉浓度和氧浓度。制粉设备中沉积的煤粉自燃往往是引发煤粉爆炸的火源。

煤的挥发分含量越高，越容易发生爆炸。煤的挥发分与煤的爆炸性的关系见表3-1-1。

表3-1-1　煤的挥发分与煤的爆炸性的关系

干燥无灰基挥发分 V_{daf}（%）	爆炸性	干燥无灰基挥发分 V_{daf}（%）	爆炸性
≤6.5	极难爆炸	>25～35	易爆炸
>6.5～10	难爆炸	>35	极易爆炸
>10～25	中等爆炸性		

煤粉发生爆炸的可能性随着水分和灰分增加而降低。但是在实际制粉系统的运行过程中，如果煤粉的水分高于正常储存和运输所允许的范围，会造成煤粉的黏结和输粉管堵塞，也会影响煤粉的着火和燃烧。

煤粉越细，越容易发生自燃和爆炸。过粗的煤粉发生爆炸的可能性很小，对于高挥发分的煤种，不允许磨得过细。在制粉系统的运行过程中应根据煤种及时调整煤粉细度。

气粉混合物温度越高，发生爆炸的可能性就越大。因此，在制粉系统运行中，要严格控制磨煤机出口气粉混合物的温度。表3-1-2列出了磨煤机出口的最高允许温度。

表3-1-2　磨煤机出口的最高允许温度　（单位：℃）

<table>
<tr><th rowspan="2">燃料</th><th colspan="2">储仓式</th><th colspan="2">直吹式</th></tr>
<tr><th>M_{ar}<25%</th><th>M_{ar}≥25%</th><th>非竖井磨</th><th>竖井磨</th></tr>
<tr><td>页岩</td><td rowspan="3">70</td><td rowspan="3">80</td><td rowspan="3">80</td><td>80</td></tr>
<tr><td>褐煤</td><td>100</td></tr>
<tr><td>烟煤</td><td>130</td></tr>
<tr><td>贫煤</td><td>130</td><td>130</td><td>130</td><td>—</td></tr>
<tr><td>无烟煤</td><td>不限制</td><td>不限制</td><td>不限制</td><td>—</td></tr>
</table>

气粉混合物的含粉浓度过高或过低都容易发生爆炸，最危险的浓度范围为1.2～2.0kg/m^3。各种煤都存在爆炸危险浓度，在实际运行中很难避免。为保证安全运行，制粉系统必须加装防爆装置。

煤粉气流中氧浓度越高，发生爆炸的可能性越大。对于挥发分较高的煤种，在输送煤粉的空气中掺入一定量的惰性气体，可有效降低煤粉气流的含氧浓度，防止爆炸事故的发生。

为保障制粉系统的安全运行，防止煤粉发生爆炸，应严格控制磨煤机出口气粉混合物的温度、水分，输粉管中应设法避免倾斜度小于45°的管道且不得有死角，防止设备局部煤粉沉积而自燃。对于高挥发分的煤种可在输送介质中掺入烟气，降低煤粉气流的含氧浓度。在制粉系统中还应按规定的数量和规格装设防爆门，设置可靠的灭火装置。

图片资料
制粉系统灭火装置

四、煤粉细度

煤粉细度是指煤粉颗粒的粗细程度。燃烧时，若煤粉过粗，则在炉膛中不易燃尽，固体不完全燃烧损失会增大；若煤粉过细，则制粉系统的电耗和金属的磨损量会增大。因此，应根据煤种和设备的运行状况，选择合适的煤粉细度。

（一）煤粉细度的表示方法

煤粉是由各种不同尺寸和形状、不规则的颗粒组成的混合物。煤粉细度测量的工具为一组由细金属丝编织的、带不同标准尺寸的正方形筛孔的筛子。取一定量的煤粉，用筛子进行筛分，筛孔的尺寸为x（单位为μm），筛分后有一部分煤粉a留在筛子上，剩余的部分b经筛孔落下，对两部分分别进行称重。我国用筛子上剩余的煤粉量a占煤粉总量（$a+b$）的百分比定义煤粉细度R_x。其数学表达式为

$$R_x=\frac{a}{a+b}\times 100\% \quad (3\text{-}1\text{-}1)$$

式中　R_x——煤粉细度；

a——筛子上剩余的煤粉量；

b——通过筛子的煤粉量。

a越大，留在筛子上的煤粉就越多，煤粉细度R_x越大，煤粉就越粗。筛分时应采用一定规格的筛子，世界各国筛子的标准很多，我国常用的筛子规格及煤粉细度的表示方法见表3-1-3。

表3-1-3　我国常用的筛子规格及煤粉细度的表示方法

筛号（每厘米长度的孔数）	6	8	12	30	40	60	70	80
孔径（筛孔的内边长，μm）	1000	750	500	200	150	100	90	75
煤粉细度	R_1	R_{750}	R_{500}	R_{200}	R_{150}	R_{100}	R_{90}	R_{75}

我国电厂表示煤粉细度时，对于无烟煤和烟煤，常用R_{200}和R_{90}；对于褐煤，常用R_{500}和R_{200}。若只用一个数值来表示，则用R_{90}。

（二）煤粉的经济细度

在锅炉运行过程中，煤粉越细，越易着火和完全燃烧，固体不完全燃烧损失q_4会减小，但磨煤电耗q_p和金属磨损量q_m会增大，制粉系统的经济性降低。因此，应选择适当

的煤粉细度，使固体不完全燃烧损失、磨煤电耗和金属磨损消耗之和［即（$q_4+q_p+q_m$）］为最小，此时的煤粉细度为煤粉的经济细度，如图3-1-1所示。

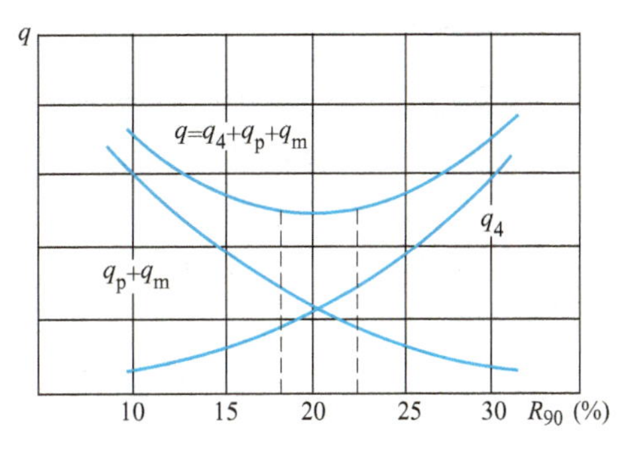

图3-1-1 煤粉的经济细度

应根据煤种和锅炉设备的实际情况，选择合适的煤粉细度，以保证锅炉的安全经济运行。高挥发性的煤种容易燃烧，可以磨得粗些，低挥发性的煤种不易着火，应磨得细些；锅炉高负荷时可以比低负荷时磨得粗些。

在电厂运行中，通过锅炉燃烧调整试验确定煤粉的经济细度。

五、煤粉的均匀性

煤粉由粗细不同的颗粒组成，煤粉中过大的颗粒对燃烧不利。在制粉系统中，采用煤粉分离器将磨制的煤粉进行分选，使适合燃烧的煤粉颗粒通过，过粗的煤粉返回至磨煤机重新碾磨。这样可以有效缩小煤粉的粒径范围，改善粒径分布的情况，提高锅炉运行的经济性。

煤粉颗粒分布均匀性用系数n表示。n值越大，过细和过粗的煤粉就越少，中间尺寸的颗粒越多，其煤粉颗粒的分布就越均匀；n值越小，过细和过粗的煤粉就越多，中间尺寸的颗粒越少，其煤粉颗粒的分布就越不均匀。n一般为0.8～1.2，通常要求接近1。

均匀性系数和磨煤机的类型、分离器的型式以及运行工况有关。如果$n>1$，煤粉颗粒分布的均匀性就比较好。各种制粉设备的n值范围见表3-1-4。

表3-1-4 各种制粉设备的n值范围

磨煤机型式	粗粉分离器型式	n值	磨煤机型式	粗粉分离器型式	n值
钢球磨煤机	离心式	0.80～1.20	风扇磨煤机	惯性式	0.7～0.8
	回转式	0.95～1.10			
中速磨煤机	离心式	0.86		离心式	0.8～1.3
	回转式	1.20～1.40		回转式	0.8～1.0

六、煤的可磨性

煤为脆性物质，在磨制破碎时得到相同的煤粉细度所消耗的能量与煤种有关。

一般用可磨性系数表示煤被磨成煤粉的难易程度。由于煤本身的结构特性不同，各种煤的机械强度、脆性有很大的区别，因此，可磨性就不同。

常用的煤的可磨性系数有两种：第一种称为BTN法，在苏联、东欧一些国家以及我国早期应用较多；第二种方法是世界上普遍采用的Hardgrove法（简称哈氏法）。

可磨性系数数值越大，表示该煤种越容易磨制，磨制单位质量煤粉耗能越少；反之，则表示该煤种越难以磨制，磨制单位质量煤粉耗能越多。

我国动力用煤的可磨性系数（HGI）一般为25～129，即$K_{km}=0.8\sim2.0$。通常认为，HGI大于86（$K_{km}>1.5$）的煤为易磨煤，HGI小于64（$K_{km}<1.2$）的煤为难磨煤。

煤的可磨性系数是选择磨煤机型式、计算磨煤出力和电能消耗的重要依据之一。

七、煤的磨损性

煤在磨制成粉的过程中，对磨煤机金属碾磨部件磨损的强弱程度称为煤的磨损性。煤的磨损性用煤的磨损指数 K_e 表示。煤对金属部件的磨损是由于煤在破碎过程中煤所含的硬质颗粒对金属表面产生的显微切削造成的。煤的磨损指数 K_e 的大小主要取决于煤中硬质颗粒的性质和含量，如煤中的石英（SiO_2）、黄铁矿（FeS_2）、菱铁矿（$FeCO_3$）含量较高，磨损指数 K_e 就较大。煤的磨损指数 K_e 还与硬质颗粒的形状、大小及存在形式有关。它直接关系到磨煤机金属碾磨部件的磨损率，是磨煤机选型的另一个重要因素。

煤的磨损指数 K_e 越大，表明煤对金属碾磨部件的磨损越强烈，煤的磨损性就越强；K_e 越小，煤的磨损性就越弱。

我国煤的磨损性分级见表 3-1-5。

表 3-1-5　我国煤的磨损性分级

磨损指数 K_e	≤1.0	>1.0～2.0	>2.0～3.5	>3.5～5.0	>5.0
磨损性	轻微	不强	较强	很强	极强

一般中速磨煤机适用于磨损指数 $K_e<0.2$ 的煤种。

煤的磨损性和可磨性是两个不同的概念，两者之间无直接的因果关系。容易磨制的煤不一定是弱磨损性的，不易磨制的煤也不一定是强磨损性的。

自主测验　煤粉性质

图片资料　磨煤机

知识点二　磨煤机

磨煤机是制粉系统的主要设备，它可对原煤进行磨制和干燥，以满足锅炉燃烧的需要。磨煤机磨制煤粉是以撞击、挤压和研磨等方式实现的。一种型式的磨煤机往往同时具有两种或三种磨制方式，但以其中一种为主。

根据转速不同，磨煤机可分为如下几种：

1）低速磨煤机：转速为 15～25r/min，最常见的如筒式钢球磨煤机。

2）中速磨煤机：转速为 50～300r/min，最常见的如中速平盘磨煤机（LM 型）、中速钢球磨煤机、中速碗式磨煤机（RP 型、HP 型）及轮式磨煤机（ZGM 型或 MPS 型）。

3）高速磨煤机：转速为 500～1500r/min，最常见的是风扇磨煤机。

一、低速磨煤机

最常见的低速磨煤机是筒式钢球磨煤机，简称球磨机。筒式钢球磨煤机可分为单进单出钢球磨煤机和双进双出钢球磨煤机。

（一）单进单出钢球磨煤机

1. 单进单出钢球磨煤机的结构及工作原理

球磨机的磨煤部件是一个由钢板卷制而成的圆筒，直径为 2～4m，长为 3～10m，圆筒内壁衬有波浪形锰钢护甲，护甲与筒体之间有一层绝热石棉垫，筒体外包有隔声毛毡，毛毡外用铁皮包裹，如图 3-1-2 所示。圆筒内装有大量直径为 25～60mm 的钢球，筒体的两端是两个锥形端盖封头，封头上装有空心轴颈，轴颈放在轴承上。空心轴颈的端部各连接着一个倾斜 45°的短管，一个是热风与原煤的进口管，另一个是磨制好的气粉混合物的出口管。

图片资料　球磨机

动画资料　球磨机工作原理

电动机通过减速机拖动筒体低速旋转，在离心力和摩擦力作用下，凹凸不平的护甲将钢球及煤提升到一定高度，然后借重力自由落下。煤被下落的钢球撞击破碎，同时还受到钢球与钢球之间、钢球与护甲之间的挤压、研磨作用。原煤与热空气从一端进入磨煤机，磨好的煤粉被气流从另一端带出。热空气不仅是输送煤粉的介质，同时还起到干燥原煤的作用。气粉混合物被热一次风带入煤粉分离器进行分离，不合格的煤粉送回磨煤机重新磨制，合格的煤粉送入细粉分离器进行进一步分离。运行中球磨机的磨煤出力大小一般不随锅炉负荷变动，调整给煤机的给煤量和干燥剂量可以调整磨煤出力。磨煤机的磨煤出力是指单位时间内，在保证一定煤粉细度的条件下，磨煤机所能磨制的原煤量，单位为t/h。

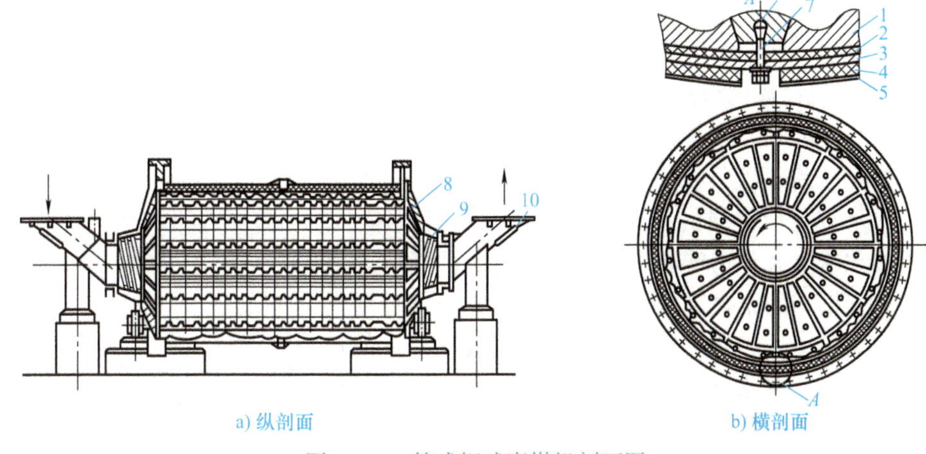

a) 纵剖面 b) 横剖面

图 3-1-2 筒式钢球磨煤机剖面图

1—波浪形护甲 2—绝热石棉垫层 3—筒身 4—隔音毛毡层 5—钢板外壳
6—压紧用楔形块 7—螺栓 8—封头 9—空心轴颈 10—短管

2. 影响单进单出钢球磨煤机工作的主要因素

影响球磨机工作的因素很多，主要有以下几个方面：

(1) 球磨机转速 球磨机转速是影响制粉系统经济性非常重要的因素之一。当筒体转速发生变化时，筒体内钢球和煤的运动状况也会发生相应的变化，如图 3-1-3 所示。

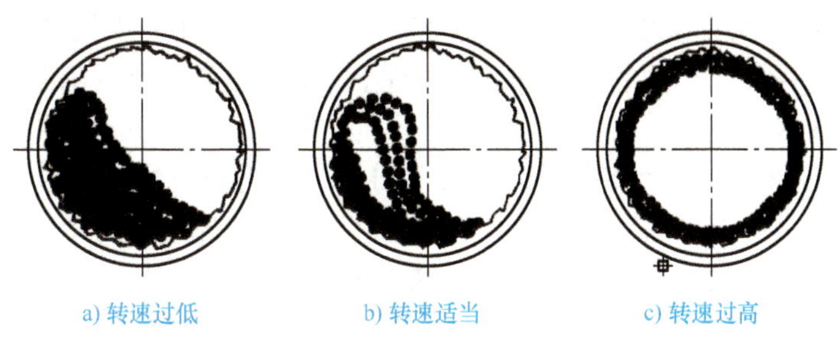

a) 转速过低 b) 转速适当 c) 转速过高

图 3-1-3 转速对钢球在筒内运动的影响

当筒体的转速很低时，钢球随筒体的转动上升至一定高度，在筒内形成一个倾斜面，当钢球的倾角大于或等于钢球的自然倾角时，钢球会顺着斜面滑落下来，如图 3-1-3a 所示。在这种情况下，磨煤的作用力非常小，煤粉被压在钢球下面被反复碾磨，使磨煤机出力下降。

如果筒体转速过高，作用在钢球上的离心力非常大，在离心力的作用下，钢球和煤随着筒体一起旋转，钢球的撞击效果几乎为零，磨煤效果自然很差，如图3-1-3c所示。产生这种状态的最低转速称为临界转速，临界转速（单位为r/min）计算公式为

$$N_{cr}=\frac{42.3}{\sqrt{D}} \tag{3-1-2}$$

式中 D——滚筒直径（m）。

当筒体转速在上述两种情况之间时，如图3-1-3b所示，钢球被筒体带到一定高度，然后沿抛物线轨迹落下，此时可产生最佳的撞击效果。使磨煤机磨煤能力最强时的筒体转速称为最佳转速。根据运行经验，最佳转速和临界转速之间的关系为

$$n=(0.75\sim0.78)N_{cr} \tag{3-1-3}$$

当筒体转动，钢球所形成的抛物线顶点所在的半径与筒体垂直中心所形成的夹角为55°时，在磨煤机筒体内形成了三个不同碾磨原理的工作区域，Ⅰ区为摩擦碾磨区，Ⅱ区为压力碾磨区，Ⅲ区为冲击碾磨区，这时为磨煤机磨煤效果最佳的工作状态。

（2）护甲完好程度　护甲完好程度对磨煤机的工作影响很大，应及时更换磨损的护甲。磨煤机在运行过程中，其筒体的转动速度大于钢球和煤的转动速度，两者的差值取决于筒体和钢球的摩擦系数。形状完好的护甲，可增大钢球与护甲的摩擦，有利于提高磨煤出力。磨损严重的护甲，摩擦系数小，钢球与护甲之间有较大的相对滑动，将有较多的能量消耗在钢球与护甲的摩擦上，磨煤出力明显下降。因此，决定球磨机工作状态的因素中，除了转速外，护甲的结构、形状和磨损程度也很重要。常用的护甲形状如图3-1-4所示。

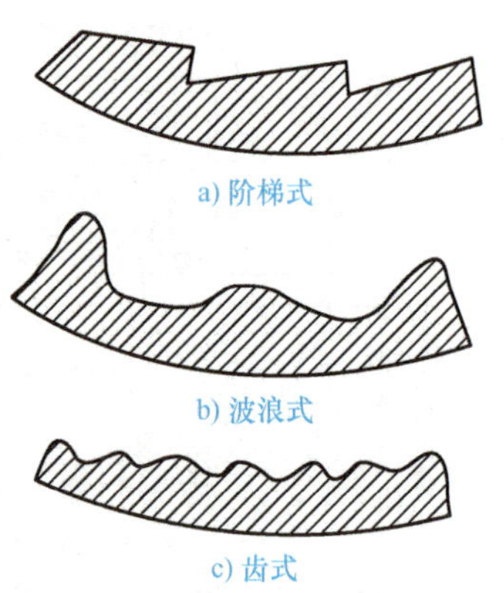

图3-1-4　钢球磨煤机的护甲形状

（3）钢球状况　钢球状况是指球磨机内钢球的数量、尺寸和磨损情况。

在一定范围内，随着筒体内钢球装载量的增多，磨煤出力增加，磨煤电耗有所下降。但当钢球装载量增加到一定程度后，由于充球容积的增大，钢球落下的有效工作高度减小，撞击作用减弱，磨煤出力的增加程度减缓，甚至下降，而磨煤机功率的增加并不减缓，磨煤电耗显著增加。相同的出力和运行条件下，磨煤电耗最小的工况所对应的装球量称为磨煤机的最佳装球量。

磨煤机所装钢球的尺寸及数量对磨煤机的出力、电耗和钢球的磨损量都有一定的影响。当钢球直径为20~60mm时，钢球的单位磨损量与钢球的直径成反比。对于同一台磨煤机而言，磨煤机的出力与钢球直径的二次方根成反比。当载球量一定时，钢球直径减小，撞击次数增多，作用面积增大，磨煤出力提高，但钢球的磨损加剧。随着球径减小，钢球的撞击力度减弱，不宜磨制硬煤和大块煤。因此，一般采用直径为30~40mm的钢球，在磨制质硬粒度较大的煤时，宜选用直径为50~60mm的钢球。在选择钢球直径时，还应考虑磨煤机筒体的直径。当筒体的直径小时，由于钢球下落的高度减小，钢球的直径应大些。另外，球磨机运行中，由于钢球不断磨损，钢球直径变小，为维持一定充球系数和磨煤出力，应定期把钢球倒出、称重，当钢球直径磨损到20mm以下时，应过筛更换，

及时补充新的钢球。

(4) 通风状况 磨煤机磨好的煤粉，需要一次风将磨制好的煤粉带出。球磨机的通风状况直接影响燃料沿筒体方向的分布和球磨机的出力。钢球沿筒体长度方向是均匀分布的。当通风量过小时，燃料大部分集中在筒体两端的进料口附近。在筒体的中间部位，由于缺少燃料，钢球的能量消耗在钢球间的空撞磨损和发热上。同时，由于通风量过小，只有少量的细粉能被带出磨煤机，磨煤机出力下降。随着通风量的增加，燃料在筒体长度方向上分布的均匀性增加，磨煤机出力升高，但与此同时，通风电耗随着通风量的增加而增加。当通风量过大时，部分不合格的煤粉也被带出，经粗粉分离器分离后又返回磨煤机重磨，在筒体内进行无效率的循环。当钢球装载量不变时，磨煤通风量与单位电耗及磨煤机出力的关系如图3-1-5所示，图中的制粉单位电耗最小值所对应的磨煤通风量称为最佳磨煤通风量 V_{tf}^{zj}。为了降低能耗，球磨机应在最佳磨煤通风量下进行工作。不同煤种、不同磨煤机及运行工况下，可通过试验确定 V_{tf}^{zj} 数值。

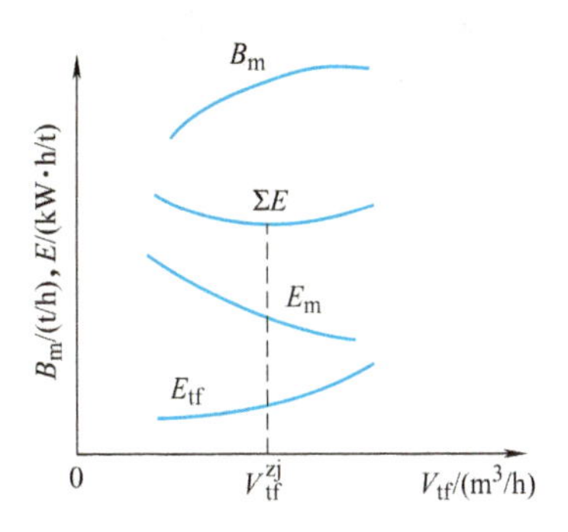

图3-1-5 通风量 V_{tf} 与单位电耗 E 及磨煤机出力 B_m 的关系

(5) 载煤量 磨煤机筒体内的载煤量直接影响磨煤出力。随着载煤量的减少，钢球下落的动能只有一部分用于磨煤，另一部分能量白白消耗在钢球的空撞磨损；随着载煤量的增加，钢球磨煤机能量增大，磨煤出力提高。但载煤量过大，钢球落下高度减小，也由于钢球间煤层加厚，部分能量消耗于煤层变形，钢球能量不能得到充分利用，磨煤出力反而减小，严重时将造成滚筒入口堵塞，磨煤机无法工作。因此，在磨煤机的钢球装载量一定时，磨煤出力达到最大值所对应的载煤量为最佳载煤量，其数值可通过试验确定。

(6) 燃煤性质 燃煤的性质对磨煤出力影响较大。原因在于：①煤的挥发分含量不同，对煤粉细度要求不同，低挥发分煤要求煤粉磨得细一些，消耗的能量增多，磨煤出力因此降低；②燃煤的可磨性系数越大，从相同粒度磨制成相同细度的煤粉所消耗的能量越小，磨煤出力就越高，即磨煤出力与可磨性系数成正比；③原煤水分含量增大，磨煤过程由脆性变形过渡到塑性变形，改变了煤的可磨性，额外增加了磨煤能量消耗，磨煤出力因而降低；④进入磨煤机的原煤粒度越大，磨制成相同细度的煤粉所消耗的能量也越多，磨煤出力则越低。

3. 单进单出钢球磨煤机的特点

球磨机的主要优点是可靠性高，能长期维持稳定的出力和煤粉细度，单机容量大。其优点具体表现为以下方面：

1）适应煤种广，能磨制任何煤种，特别是其他磨煤机不宜磨制的煤种，如硬度大、磨损性强的煤以及无烟煤、高灰分或高水分的劣质煤等。

2）球磨机对煤中混入的铁块、木屑和硬石块等杂物不敏感。

3）球磨机能在运行中补充钢球，延长了检修周期。

球磨机的主要缺点如下：

1）设备庞大笨重，金属消耗量大，初期投资、运行电耗及金属磨损量较高。

2）球磨机不适宜调节负荷，低负荷运行不经济。

3）运行噪声大，磨制煤粉不够均匀。

因此，球磨机的选用受到一定限制。一般而言，只有在其他类型磨煤机不能应用的场合才选用球磨机。

（二）双进双出钢球磨煤机

1. 双进双出钢球磨煤机的结构

20世纪80年代，辽宁清河发电厂100MW机组引进了双进双出钢球磨煤机。至今，国内已有多家电厂应用了双进双出钢球磨煤机，如山东邹城、甘肃靖远、江苏常熟等。

双进双出钢球磨煤机是在传统单进单出钢球磨煤机基础上研制的，是电厂直吹式制粉系统的主要设备。双进双出钢球磨煤机有对称的两个原煤入口和两个煤粉出口，这两对进、出口形成了对称的两个研磨回路。磨煤机的两端为中空轴（耳轴），分别支承在两个主轴承上。中间为磨煤机的筒体，如图3-1-6所示。

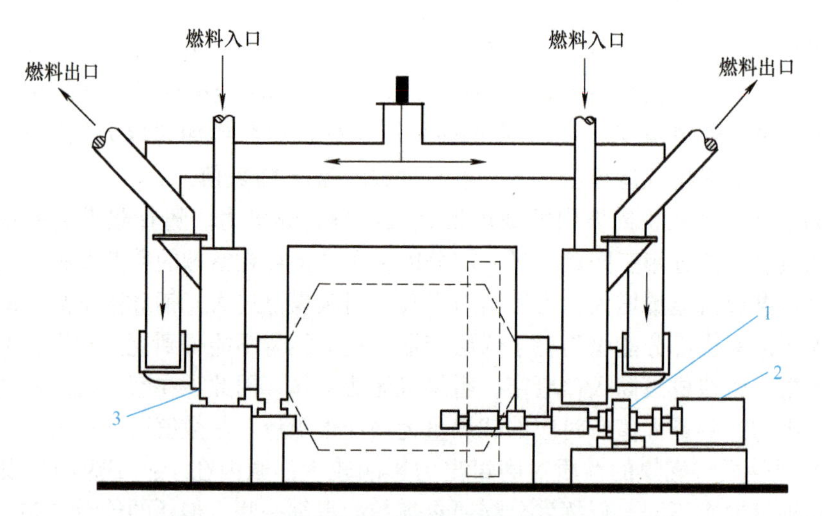

图3-1-6 双进双出钢球磨煤机整体式布置系统图

1—齿轮减速器 2—电动机 3—分离器

双进双出钢球磨煤机主要由筒体、绞龙、分离器、分配器、主轴承、传动部件、顶轴油及润滑油系统等组成，如图3-1-7所示。

2. 双进双出钢球磨煤机的工作原理

双进双出钢球磨煤机是低速磨煤机的一种，与单进单出钢球磨煤机工作原理相似。磨煤机由主电机经减速器及大齿轮传动带动筒体旋转，带动筒内的钢球运动，通过钢球对原煤的撞击、挤压和研磨作用实现煤块的破碎和磨制成粉。筒内用锰钢做护甲内衬，护甲与筒壁间有一层石棉，起隔声作用。在筒体内装有一定量不同尺寸的钢球，载球系数为20%~25%，钢球有三种尺寸，即30mm、40mm、50mm。筒体低速转动，筒内的钢球被筒体内表面凹凸不平的护甲带到一定的高度后落下，通过钢球对煤块的撞击及钢球之间、钢球与护甲之间的碾压，把煤磨碎。

磨煤机工作流程如图3-1-8所示。原煤由两个原煤斗经下部落煤挡板落入两台转速可调的电子称重式给煤机。两台给煤机将原煤经出口挡板送入位于给煤机下方磨煤机两侧的混料箱。在混料箱内，原煤被一次风旁路风预干燥，然后经磨煤机两端的中空轴（耳轴）

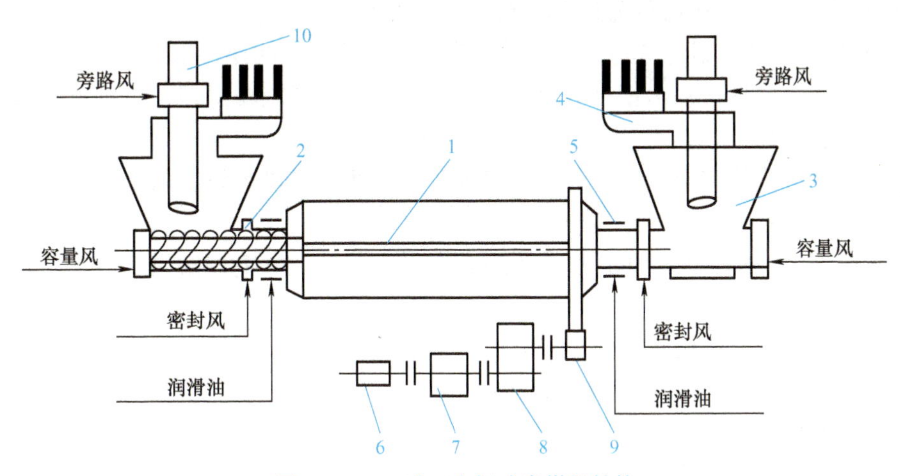

图 3-1-7 双进双出钢球磨煤机结构

1—筒体 2—绞龙 3—分离器 4—分配器 5—主轴承 6—慢减装置 7—主电动机 8—减速器 9—小牙轮 10—落煤管

内螺旋输送器的下半部空间，输送到磨煤机筒体内进行研磨。磨煤机筒体内的一次风将研磨后的煤粉经两侧耳轴内部的螺旋输送器上半部空间也就是进煤的反方向，分别送入两台煤粉分离器，因此称为双进双出钢球磨煤机。分离器内装有可调整煤粉细度的叶片，可根据燃烧要求调整煤粉细度，粗的不合格煤粉靠重力作用返回到原煤管，与原煤混合在一起重新碾磨。经分离器分离后，合格煤粉通过煤粉出口及送粉管道输送到燃烧器，然后喷入炉膛内燃烧。

双进双出磨煤机都是正压运行的，因此需配备密封风机，向中空轴的固定件与转动件之间提供密封风，防止煤粉向外泄露。

由于双进双出钢球磨煤机两个对称的碾磨回路是彼此独立的，运行时可使用其中一个

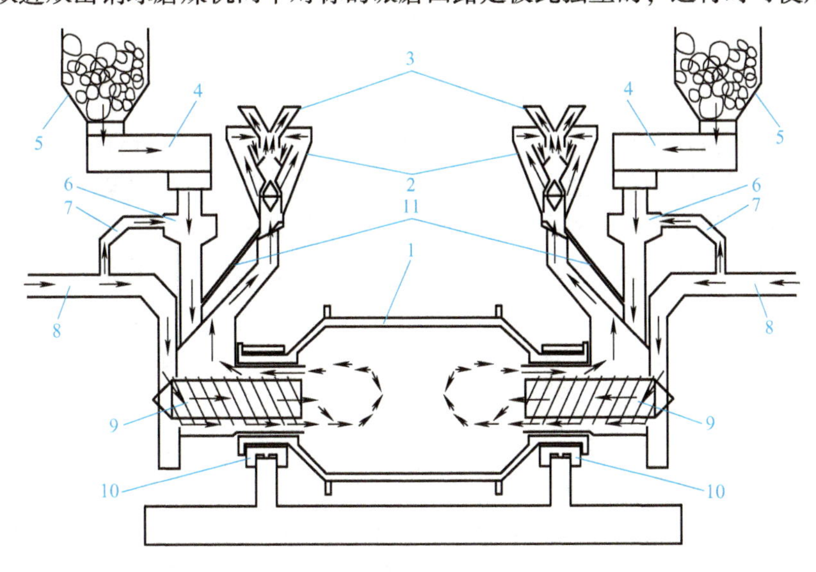

图 3-1-8 磨煤机工作流程示意图

1—磨煤机筒体 2—煤粉分离器 3—磨煤机出粉管道 4—电子称重式给煤机 5—原煤斗 6—混料箱 7—旁路风管 8—一次风总管 9—螺旋输送器 10—磨煤机中空轴轴承 11—回粉管

或两个回路同时运行。在低负荷运行状态下，可实现半磨运行。

双进双出钢球磨煤机与单进单出钢球磨煤机的主要区别体现在以下几方面：

1）在结构上，双进双出钢球磨煤机两端均有转动的螺旋输送器，单进单出钢球磨煤机不设螺旋输送器。

2）从风粉混合物流向看，运行时，双进双出钢球磨煤机进煤出粉在同一侧，单进单出钢球磨煤机是一端进煤、另一端出粉。

3）在磨煤出力相近时，单进单出钢球磨煤机比双进双出钢球磨煤机占地面积大，长度更长。

4）一般情况下，在磨煤出力相近时，单进单出钢球磨煤机的电动机比双进双出钢球磨煤机的电动机容量要大，单位磨煤电耗高。

5）双进双出钢球磨煤机的热风、原煤是分别从端部进入，在磨煤机内混合，而单进单出钢球磨煤机的热风、原煤在磨煤机的入口即混合。

6）从送粉管道布置上看，尤其在大容量锅炉上，双进双出钢球磨煤机是双出粉管，而单进单出钢球磨煤机是单出粉管，双进双出钢球磨的煤粉分配和管道阻力平衡更好一些。

3. 双进双出钢球磨煤机的特点

双进双出钢球磨煤机具有连续作业率高、维修方便、煤粉出力和细度稳定、储存能力强、响应迅速、运行灵活性大、风煤比低、适用煤种广、不受异物影响，以及无需备用等优点。它适合碾磨各种硬度和磨蚀性强的煤种，是电厂锅炉直吹式制粉系统中，除中速磨煤机、高速风扇磨煤机之外的又一种性能优越的磨煤机。

4. 双进双出钢球磨煤机运行调节

双进双出钢球磨煤机运行过程中主要调节磨煤出力、总一次风量、给煤量、煤粉分离器出口风粉混合物温度、一次风压力和煤粉细度。

二、中速磨煤机

中速磨煤机的工作原理与低速磨煤机基本相同：具有两组相对运动的碾磨部件；在液压力、弹簧力或其他外力的作用下，把原煤磨制成煤粉；通过碾磨部件的旋转作用，把磨碎的煤粉甩到周围的风环室；热风把这些煤粉带到中速磨煤机上部的煤粉分离器；在煤粉分离器中，不合格的粗粉被分离出来重新磨制，合格的煤粉由热风送往燃烧器；在磨粉过程中，热风对煤粉进行干燥；被甩出来的原煤中的石块和铁块等杂物落入石子煤排放箱，定期排出。

中速磨煤机具有质量小、占地少、制粉系统管路简单、投资省、电耗低、噪声小等一系列优点，因此在大中型机组中得到广泛应用。

（一）HP 碗式中速磨煤机

1. HP 碗式中速磨煤机的特点

HP 碗式中速磨煤机是 RP 碗式中速磨煤机的改进型，两者型式基本相同，区别在于传动装置，如图 3-1-9 所示。RP 碗式中速磨煤机的传动装置是蜗轮蜗杆，磨辊长度大、直径小。HP 碗式中速磨煤机的传动装置是锥齿轮，传动力矩大，磨辊长度小、直径大，磨煤出力大。

HP 碗式磨煤机除了具有结构新颖、运行可靠、维修方便、单位电耗小、金属磨损小、使用寿命长及应用广泛的优点之外，还有传动机构采用集中润滑、煤粉细度均匀性好且可进行线性调节，以及能对高含水量煤种进行高温空气干燥等特性。

2. HP 碗式中速磨煤机的工作原理

HP 碗式中速磨煤机的碾磨部分由转动的磨碗和安装在磨碗上部沿磨碗滚动且可自转的磨辊组成，三个磨辊由独立弹簧加载并相隔 120°。原煤从连接在给煤机中心的给煤管落下，被送到磨碗上，在离心力的作用下，向磨碗的周缘移动，在磨碗上形成一层煤床。磨辊与磨碗间不直接接触，保持一定的间隙，以保证磨煤机空载时，磨碗衬板和磨辊不直接接触，避免电能损耗，并且使启动平稳无噪声。磨辊利用弹簧加压装置施以相应的碾磨压力，煤通过磨碗和磨辊之间时，被磨制成煤粉。这种磨煤机主要利用磨辊和磨碗之间对煤的压碎和研磨两种作用实现磨煤。磨制出的煤粉由于离心力作用继续向外移动，最后沿磨碗周缘溢出，进入输送煤粉的通道。

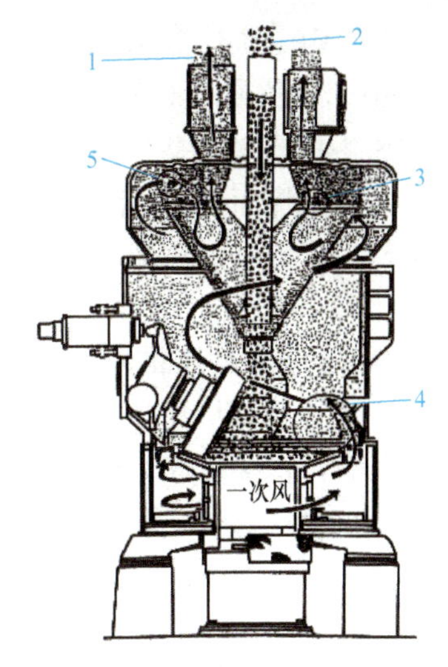

图 3-1-9 HP 碗式中速磨煤机内部风粉流程图

1—磨煤机出粉 2—原煤 3—第三级分离 4—第一级分离 5—第二级分离

3. HP 碗式中速磨煤机的结构

图 3-1-10 所示为 HP 碗式中速磨煤机结构。HP 碗式中速磨煤机由上部煤粉分离器和下部的磨煤机机体组成。磨煤机的机体部件主要有传动装置、磨碗、风环、磨辊和落煤管等，煤粉分离器的部件主要有分离器外壳、内锥体、折向门和出粉管及阀门等。

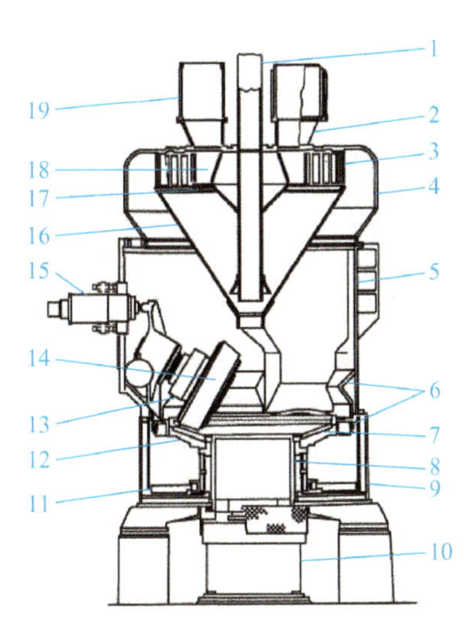

图 3-1-10 HP 碗式中速磨煤机结构

1—给煤管 2—多孔出口 3—折向门装置 4—分离器顶盖 5—分离器体 6—叶轮装置 7—磨碗衬板 8—磨碗壳 9—磨煤机侧机体 10—行星齿轮箱 11—刮板 12—磨碗 13—磨辊装置 14—磨辊 15—弹簧装置 16—内锥体 17—文丘里套 18—文丘里叶片 19—磨煤机排出阀

（二）MPS 中速磨煤机

1. MPS 中速磨煤机的特点

MPS 中速磨煤机是 20 世纪 80 年代发展起来的一种磨煤机，最先由德国 Babcock 公司为碾磨硬质烟煤而研制，因其具有良好的性能而在我国火电厂得到了广泛应用。MPS 中速磨煤机主要碾磨部件是三个凸形辊子和具有凹形槽道的磨环，因此又被称为辊 – 环式磨煤机。

2. MPS 中速磨煤机的工作原理

MPS 中速磨煤机具有三个如钟摆一样相对固定且相距 120°均布在磨盘滚道上的磨辊，磨盘是具有凹槽滚道的碗式结构。磨盘由电动机通过齿轮减速装置带动低速旋转，磨辊在固定的位置上绕自轴旋转。给煤机将煤从磨煤机中心送入，落到旋转的磨盘上，在离心力的作用下，煤向磨盘四周散开，进入磨盘凹槽滚道。磨辊在加载架的作用下向煤、磨辊盘施加压力，由压力产生的摩擦力使磨辊绕自轴心旋转，轴心固定在支架上，支架安装在加载架上，加载架可在磨煤机内上下浮动。煤被转动的磨辊碾碎向磨盘外侧溢出，同时一次风通过磨盘周围的喷嘴环进入磨煤机内，干燥和输送煤粉，把煤粉带到磨煤机外壳上部的煤粉分离器。在分离器内进行粗粉和细粉的分离，合格细粉由一次风送入炉膛内燃烧，粗粉落回磨盘上继续碾磨。图 3-1-11 所示为磨煤机的工作原理。

混杂在煤中的铁块、石子煤等杂物由于较重且难以粉碎无法被一次风吹走，在自身重力作用下，通过喷嘴落入磨煤机下部热风室，被刮板刮入排渣箱，由排渣装置排走或由人工清理。清渣过程可在磨煤机运行过程中进行。图 3-1-12 所示为磨煤机内部沸腾区示意图。

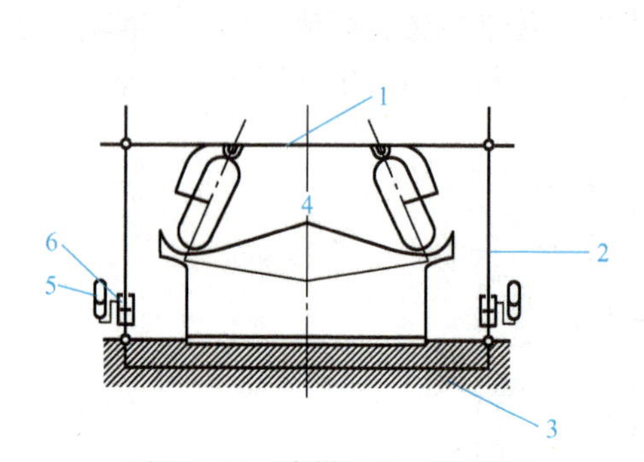

图 3-1-11　磨煤机的工作原理

1—加载架　2—拉杆　3—基础　4—磨辊　5—储能器　6—液压缸

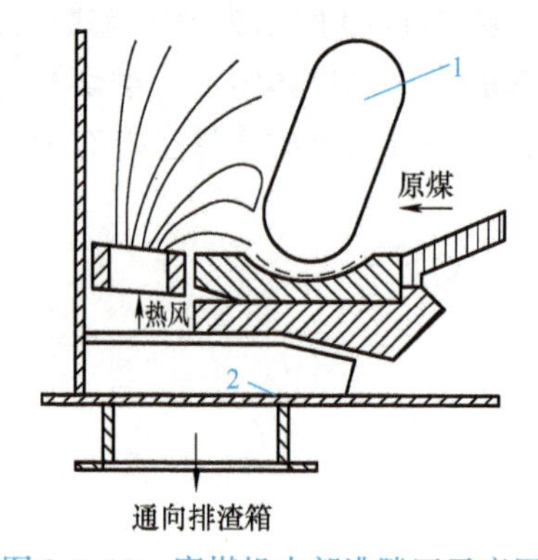

图 3-1-12　磨煤机内部沸腾区示意图

1—磨辊　2—刮板

磨煤机在检修时，电动机的尾部可连接盘车装置。

图片资料 中速磨

动画资料 中速磨组动画

3. MPS 中速磨煤机的结构

MPS 中速磨煤机主要由磨煤机本体、减速机、润滑油站、液压油站、密封风系统等部分组成，具体结构如图 3-1-13 所示。

（三）ZGM 中速磨煤机

ZGM 中速磨煤机是北京电力设备总厂在引进 MPS225 型中速磨煤机制造和设计核心技术基础上开发的自主产品，在国内得到了广泛应用。从技术原理和总体结构上看，ZGM 磨煤机和 MPS 磨煤机基本相同，最大的区别是 MPS 磨煤机每种型号都有一一对应的磨辊

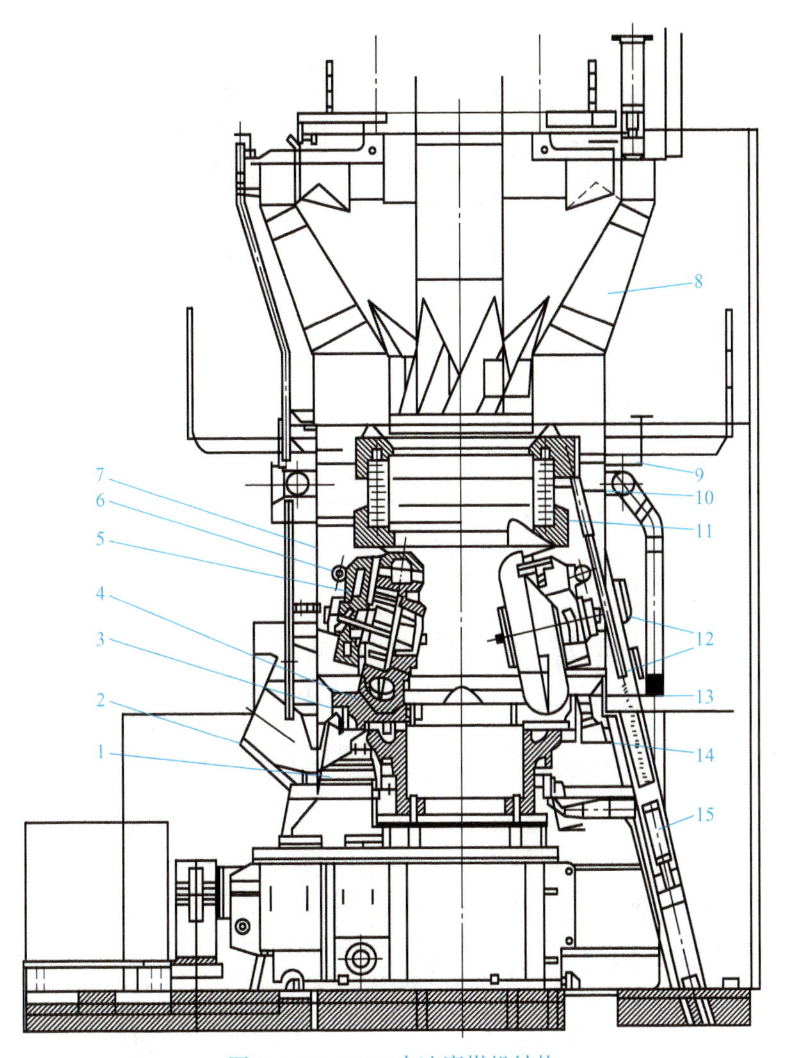

图 3-1-13　MPS 中速磨煤机结构

1—刮板　2—进风口　3—风环　4—磨盘护瓦　5—磨辊　6—护板　7—筒体　8—分离器
9—上压盖　10—弹簧　11—下压盖　12—密封空气管　13—拉绳　14—磨盘　15—液压缸

和磨环，而 ZGM 磨煤机是 2～3 个出力接近的型号采用相同直径的磨辊盘和同样的转速，通过配置不同规格的磨辊和加载力，形成同一规格下不同型号和出力的磨煤机。

上部带分离器的 ZGM 中速辊式磨煤机主要由下部磨煤机机体和上部煤粉分离器两部分组成。ZGM 中速辊式磨煤机机体零部件主要有立式弧齿锥齿轮、行星齿轮减速器、磨环及喷嘴环、磨辊、落煤管等。煤粉分离器的零部件主要有分离器壳体、折向门、内锥体、回粉挡板、折向门操作器、出粉口等。其结构如图 3-1-14 所示。

三、高速磨煤机

我国使用的高速磨煤机以风扇磨煤机居多。

1. 风扇磨煤机的结构

风扇磨煤机的结构与风机类似，由叶轮、蜗壳和轴承等组成，如图 3-1-15 所示，叶轮上装有 8～12 块由锰钢制成的冲击板，蜗壳内壁衬有可拆卸、更换的耐磨护甲。叶轮叶

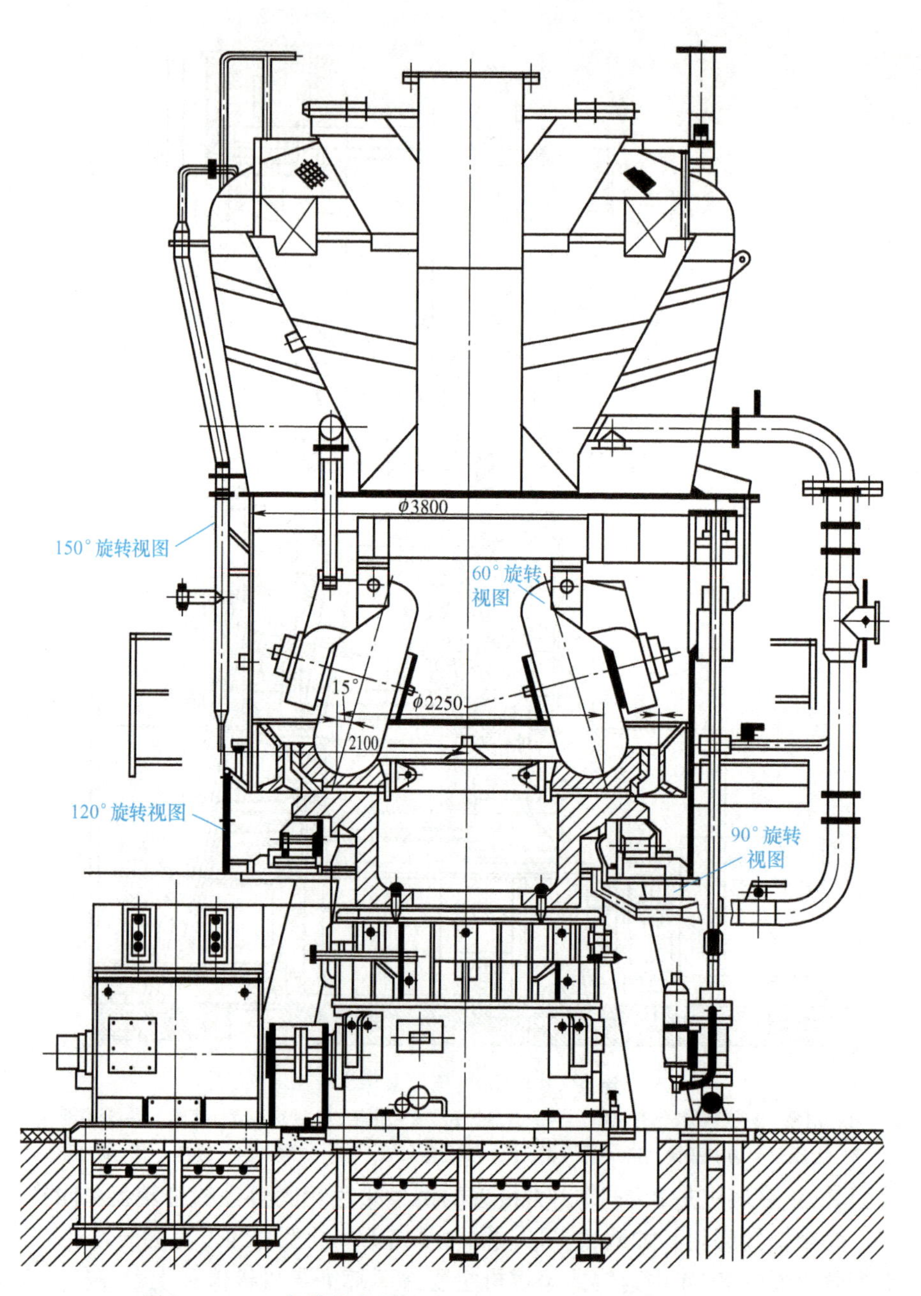

图 3-1-14 上部带分离器的 ZGM 中速辊式磨煤机结构示意图

片和护甲是主要的磨煤部件。煤粉分离器在叶轮上方，与外壳连接成一个整体，结构紧凑。风扇磨煤机本身也是排粉机，在对原煤进行粉碎的同时能产生 1500～3500Pa 的风压，用以克服系统阻力，完成干燥剂吸入、煤粉输送的任务。

2. 风扇磨煤机的工作原理

风扇磨煤机主要是利用锤击、风扇叶片撞击作用磨制煤粉。

在风扇磨煤机中，从风扇磨煤机入口进入的原煤与被吸入的高温干燥介质混合，在高速转动的叶轮带动下一起旋转，煤的破碎过程和干燥过程同时进行。叶片对煤粒的撞击、

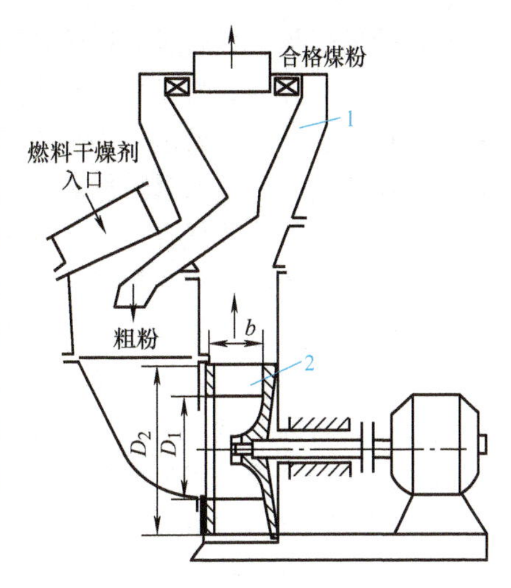

图 3-1-15 风扇磨煤机的结构

1—粗粉分离器 2—磨煤叶轮

叶轮与煤粒的摩擦、运动煤粒对蜗壳上护甲的撞击和煤粒互相之间的撞击等机械作用起主要的粉碎作用。同时，由于水分高而具有较强塑性的褐煤在被高温干燥剂加热后，塑性降低，脆性增加，易于破碎。部分含有较高水分的煤粒在干燥过程中会自动碎裂。随着破碎过程的进行，煤粒表面积增大，使干燥过程进一步深化，更有利于煤粒的破碎。煤粉干燥后被带入煤粉分离器分离，合格的细粉由一次风送入炉内燃烧，不合格的粗粉送回磨煤机重新碾磨。机壳下设有石子煤排放门，排放石子煤及金属等杂物。

3. 风扇磨煤机的特点

原煤的磨制和干燥、干燥介质的吸入以及煤粉的输送都由磨煤机完成，简化了制粉系统。风扇磨煤机具有结构简单、设备尺寸小、金属耗量少、占地面积小及初期投资少等优点。

煤粒在风扇磨中大多处于悬浮状态，热风与煤粒混合十分强烈，对煤粉的干燥能力很强，所以，风扇磨煤机与其他磨煤机相比，能磨制更高水分、$K_e<3.5$、$K_{km}>1.3$ 的褐煤和烟煤。若配合以高温炉烟做干燥剂，则可磨制水分大于35%的软褐煤和木质褐煤。

风扇磨煤机的主要缺点是：叶轮、叶片和护甲磨损严重，检修工作量大，磨制的煤粉也较粗，风扇磨煤机由于尺寸小，机内没有储煤空间，不能补偿给煤量的波动，会直接影响锅炉负荷，煤粉的细度、均匀性不能保证。所以，风扇磨不适易磨制硬煤、强磨损性煤及低挥发分的煤。

目前，燃用褐煤的锅炉都采用了具有不同结构型式的风扇磨制粉设备。一般转速在400r/min以上的磨煤机属于高速磨煤机。

四、磨煤机型式的选择

磨煤机型式的选择关键要考虑煤的性质，特别是煤的挥发分 V_{daf}、可磨性系数 K_{km} 或HGI、磨损指数 K_e、水分 M_{ar}、灰分 A_{ar} 等，同时还要考虑运行可靠性、初期投资、运行费用以及锅炉容量、负荷等，必要时还应进行技术经济性比较。一般情况下，低速磨煤机常用于中间储仓式制粉系统，中速磨煤机和高速磨煤机常用于直吹式制粉系统。通常情况下，每台锅炉安装6台磨煤机，5台运行、1台备用。磨制的煤种合适时，5台磨煤机的总出力不小于锅炉在BMCR工况下燃煤量的110%，磨煤机的使用寿命不小于30年。

知识拓展：危险点分析

磨煤机出口运行温度要根据挥发分来规定，若运行温度高了容易发生磨煤机爆炸，若运行温度低了会造成锅炉燃烧不好及排烟温度升高，不同型式磨煤机的使用区别很大。

自主测验
磨煤机

知识点三 制粉系统

制粉系统是锅炉设备的重要系统之一，其作用是将原煤碾磨、干燥、磨制成具有一定细度和水分的煤粉，然后送入锅炉炉膛燃烧。根据磨煤机磨出的煤粉是否直接送入锅炉燃烧，制粉系统可分为直吹式系统和中间储仓式系统两种。直吹式制粉系统是指利用空气直接将磨煤机磨制好的煤粉送入锅炉燃烧器。中间储仓式制粉系统是指将磨煤机磨制好的煤粉储存在煤粉仓中，根据锅炉燃烧需要，再将煤粉仓中的煤粉通过给粉机送入锅炉燃烧的系统。制粉系统的主要任务是对煤粉进行干燥、磨制和输送，对中间储仓式制粉系统而言，还承担煤粉的储存和调剂任务。在制粉系统中，把输送煤粉经燃烧器进入炉膛并满足挥发分燃烧需要的空气称为一次风，把从热风道直接引来经燃烧器二次风口进入炉膛起助燃和扰动作用的空气称为二次风。

视频资料 输煤及制粉系统

制粉系统的选择是由磨煤机的种类确定的。配置单进单出低速钢球磨煤机的系统选用中间储仓式制粉系统，其余类型的磨煤机一般都选用直吹式制粉系统。直吹式制粉系统又可分为正压直吹式制粉系统和负压直吹式制粉系统两种。

一、直吹式制粉系统

直吹式制粉系统中，磨煤机磨制的煤粉全部送入炉膛燃烧。因此，每台锅炉所有运行磨煤机制粉量的总和，在任何时候均等于锅炉燃料消耗量，即制粉量随锅炉负荷变化而变化。磨煤机干燥剂（磨煤通风量）既是输粉介质，又是进入炉膛的一次风，制粉系统与锅炉之间需随时保持燃料的供需平衡。由于单进单出钢球磨煤机低负荷或变负荷运行时是不经济的，因此，一般不适用直吹式制粉系统。直吹式制粉系统一般配置中速磨、双进双出钢球磨煤机和高速磨煤机。燃用褐煤可选配高速风扇磨煤机。

（一）中速磨直吹式制粉系统

中速磨直吹式制粉系统，根据一次风机（或排粉机）安装的位置不同，可分为正压和负压两种连接方式。若一次风机位于磨煤机之后，整个系统处于负压状态下工作，称为负压直吹式制粉系统；若一次风机布置在磨煤机之前，整个系统处于正压状态下工作，称为正压直吹式制粉系统。而正压直吹式制粉系统又分为冷一次风机系统和热一次风机系统，如图 3-1-16 所示。

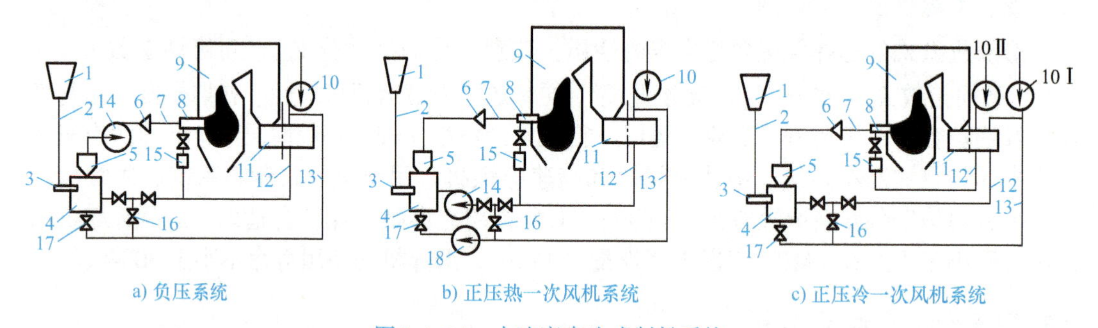

图 3-1-16　中速磨直吹式制粉系统

1—原煤仓　2—下煤管　3—给煤机　4—中速磨煤机　5—粗粉分离器　6—一次风箱　7—一次风管　8—燃烧　9—锅炉　10—风机　10Ⅰ—一次风机　10Ⅱ—二次风机　11—空气预热器　12—热风道　13—冷风道　14—排粉机　15—二次风箱　16—调温冷风门　17—密封冷风门　18—密封风机

负压直吹式制粉系统目前已很少采用。该系统中一次风机布置在磨煤机和粗粉分离器之后，故整个系统处于负压下运行，煤粉不会向外喷冒，工作环境比较干净。但是，由于燃烧所需的全部煤粉都通过一次风机，使一次风机叶片磨损严重，这不仅会降低一次风机效率，增加运行电耗，同时，经常更换叶片会使运行费用增加，系统工作的可靠性降低。此外，负压系统漏风量较大，为了维持一定的炉膛过量空气系数，势必要减少流经空气预热器的空气量，结果使排烟温度升高，排烟热损失增加，锅炉效率降低。漏入的冷空气还会降低制粉系统的干燥能力，减少磨煤出力，使制粉系统的经济性也降低。

正压直吹式制粉系统中，一次风机安装在磨煤机之前，如图 3-1-17 所示，整个系统在正压下工作。该系统的磨煤机干燥能力强，对于燃料的水分适应性较好，而且，一次风机装在磨煤机之前，不存在叶片的磨损问题，克服了负压系统的缺点。但是，在正压直吹式制粉系统中，由于磨煤机和煤粉管道都处在正压下工作，如果密封问题解决不好，系统会向外冒粉，造成环境污染，严重者会引起自燃。因此，必须在系统中加装密封风机。

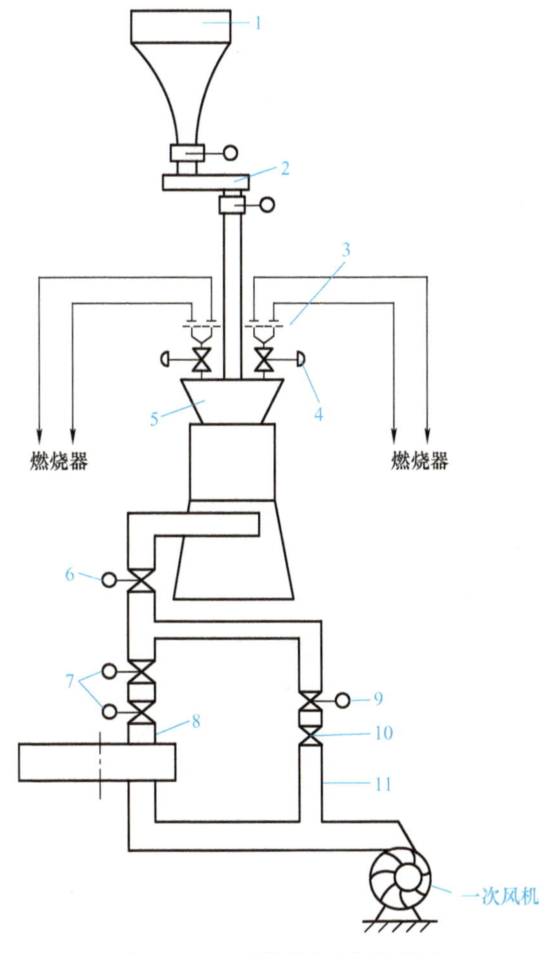

图 3-1-17　正压直吹式制粉系统

1—原煤仓　2—给煤机　3—可调槽孔磨煤机出口　4—气动快关门　5—磨煤机　6—一次风输风调整总门　7—一次风热风调整门　8—预热器出口一次热风　9—一次风冷风调整门　10—一次风冷风隔燃门　11—一次风机出口一次冷风

在正压直吹式制粉系统中，一次风机可布置在空气预热器之前，也可布置在空气预热器之后。布置在空气预热器之后的一次风机称为热一次风机，该种布置方式将使风机效率下降，可靠性也较低；布置在空气预热器之前的一次风机称为冷一次风机，该种布置由于进入冷一次风机的空气介质较为洁净且温度较低，因此可减少风机的磨损，并提高风机效率。

1. 负压直吹式制粉系统

在图3-1-16a所示负压直吹式系统中，热空气作为干燥剂与原煤一起进入磨煤机，原煤在磨煤机内完成干燥和磨制过程后，随气流进入粗粉分离器，合格的煤粉由干燥剂携带送入炉膛燃烧，不合格的煤粉返回磨煤机重新磨制。中速磨煤机内局部有正压，为此引入一股压力冷风起密封作用。

2. 正压冷一次风机直吹式制粉系统

600MW超临界机组目前普遍采用配备中速磨煤机的正压冷一次风机直吹式制粉系统，如图3-1-18所示。下面以该系统为例介绍制粉系统的设置和工质流程。

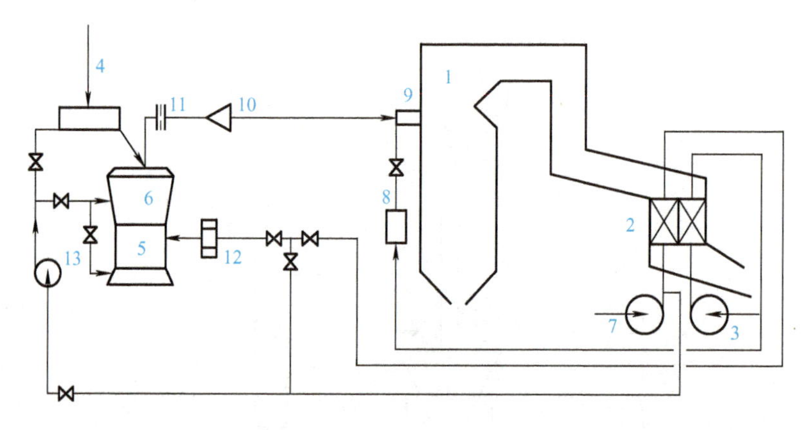

图3-1-18 中速磨煤机正压冷一次风机直吹式制粉系统

1—锅炉 2—空气预热器 3—送风机 4—给煤机 5—磨煤机 6—粗粉分离器 7—一次风机 8—二次风箱 9—燃烧器 10—煤粉分配器 11—隔绝门 12—风量测量装置 13—密封风机

（1）制粉系统的设置 在制粉间的运转层布置六台称重式给煤机，给煤机与输煤带之间通过六只原煤斗连接。系统布置了六台HP103型中速辊式磨煤机，原煤通过输煤带送到六只原煤斗中。六台给煤机将原煤斗中的原煤通过磨煤机中央的落煤管分别向对应的六台磨煤机供煤，通过调节给煤机电动机的转速可以控制供给磨煤机的煤量，磨煤机磨制好的煤粉由煤粉管道输送给锅炉燃烧器。

（2）制粉系统的工质流程

1）煤的流程。原煤由输煤带从煤场输送到原煤斗。根据锅炉负荷的要求，给煤机以一定的速率将原煤斗中的煤供给磨煤机，通过调节给煤机电动机转速来控制磨煤机的给煤量。

2）一次风流程。一次风的作用是向磨煤机提供适宜温度的热风，以干燥研磨过程中的原煤，并将磨制好的煤粉输送至燃烧器。该锅炉配备两台一次风机。空气经一次风机升压后在一次风机出口分为两路：一路为冷一次风；另一路去空气预热器，经空气预热器加热后成为热一次风。冷、热一次风在磨煤机进口处按一定比例混合，以控制进入磨煤机的一次风温。进入磨煤机的一次风温可以由冷、热一次风管道上的风门挡板调节。

3）风粉混合物流程。磨煤机磨制好的煤粉由磨煤机上部煤粉分离器分离，合格的煤粉由一次风携带，经磨煤机出粉管、煤粉管道向锅炉燃烧器输送风粉混合物，供炉膛燃烧。

4）密封风流程。密封风的作用是向磨煤机磨辊、磨煤机轴承、热一次风风门、磨煤机出粉管阀门以及给煤机等提供密封空气。该制粉系统配备两台密封风机，一台运行，另一台备用。从冷一次风管引出一路冷风，经滤网过滤后送往密封风机，再经密封风机升压后用作磨煤机磨辊、磨煤机轴承、热一次风风门、磨煤机出粉管阀门及给煤机的密封风。

3. 正压热一次风机直吹式制粉系统

图 3-1-16b 所示为正压热一次风机（即排粉机）系统。该系统中，热一次风机装在空气预热器和磨煤机之间，一次风机输送的是高温热风。由于空气温度高，比体积大，因此，轴承易损坏，运行可靠性差，风机效率也因此而下降。

（二）低速磨直吹式制粉系统

配置双进双出钢球磨煤机的机组，根据旁路风的不同，可分为冷风旁路系统和热风旁路系统，分别如图 3-1-19 和图 3-1-20 所示。

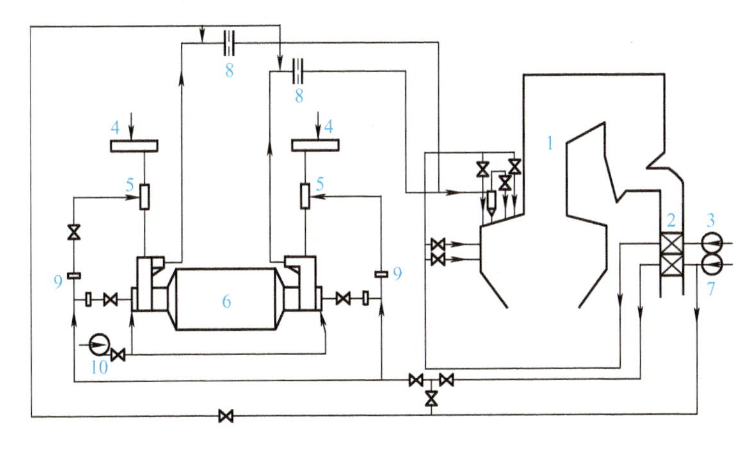

图 3-1-19 带冷风旁路的双进双出钢球磨煤机直吹式制粉系统

1—锅炉 2—空气预热器 3—送风机 4—给煤机 5—干燥下降管 6—磨煤机 7—一次风机 8—隔绝门 9—风量测量装置 10—密封风机

冷风旁路主要用于停磨煤机时对管路的吹扫。热风旁路用于磨煤机低负荷时，维持一次风管的流速或运行时增加锅炉的一次风量。但是热风旁路在用于烟煤时，要注意使磨煤机的出口温度维持在规定范围，运行时要定期对管路进行吹扫。

二、中间储仓式制粉系统

中间储仓式制粉系统一般均配置低速的单进单出钢球磨煤机，与直吹式制粉系统相比，增加了细粉分离器、煤粉仓、锁气器、螺旋输粉机等设备。中间储仓式制粉系统的工作原理如下：原煤在落煤管中与热空气混合，原煤被热风干燥，进入磨煤机；经磨煤机碾磨的煤粉，由干燥剂（热风）送至粗粉分离器；粗粉被分离出并落入磨煤机中继续碾磨，合格的煤粉被送至细粉分离器；在细粉分离器中，大部分细粉被分离出来，经锁气器和网筛落到煤粉仓，也可经螺旋输粉机送往其他锅炉的煤粉仓中；煤粉仓中的煤粉，根据锅炉

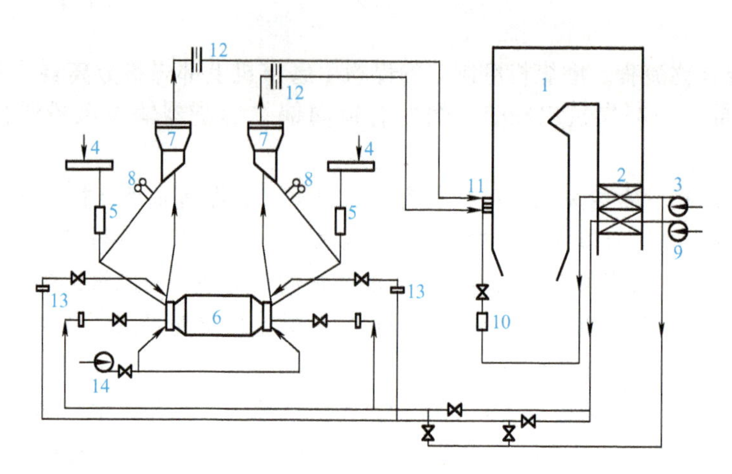

图 3-1-20　带热风旁路的双进双出钢球磨煤机直吹式制粉系统

1—锅炉　2—空气预热器　3—送风机　4—给煤机　5—干燥下降管　6—磨煤机　7—粗粉分离器　8—锁气器　9——次风机　10—二次风箱　11—燃烧器　12—隔绝门　13—风量测量装置　14—密封风机

燃烧需要，经给粉机送至一次风管，进入炉膛燃烧。

从细粉分离器上部引出的干燥剂含有大概 10% 的细粉，称为乏气。中间储仓式制粉系统又可按照送粉介质不同分为乏气送粉系统和热风送粉系统。

利用乏气作为一次风输送煤粉，经一次风机送入炉膛燃烧，即为乏气送粉系统，如图 3-1-21 所示。该系统一般用于易着火的烟煤。

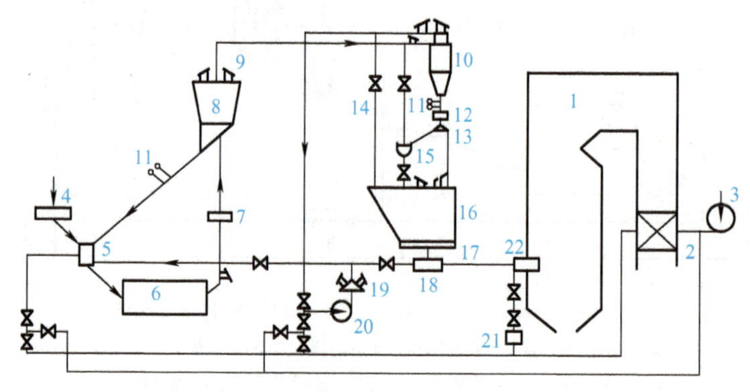

图 3-1-21　钢球磨煤机储仓式乏气送粉系统

1—锅炉　2—空气预热器　3—送风机　4—给煤机　5—干燥下降管　6—磨煤机　7—木块分离器　8—粗粉分离器　9—防爆门　10—细粉分离器　11—锁气器　12—木屑分离器　13—换向器　14—吸潮管　15—螺旋输粉机　16—煤粉仓　17—给粉机　18—风粉混合器　19——次风箱　20—排粉机　21—二次风箱　22—燃烧器

当燃用贫煤、无烟煤、劣质煤时，为稳定燃烧，常采用热空气作为一次风输送煤粉，称为热风送粉系统，如图 3-1-22 所示。由细粉分离器出来的磨煤乏气经燃烧器的专门喷嘴送入炉膛，称为三次风。

图片资料
中间储仓式制粉系统组成

三、直吹式和中间储仓式制粉系统的比较

直吹式制粉系统结构简单，设备部件少，布置紧凑，投资少，输粉管路阻力小，制粉系统电耗小。直吹式制粉系统中，锅炉的燃料量任何时候都等于磨煤机磨制的煤粉量，因此，制粉系统设备的稳定性直接影响到机组的可靠性。特别是在锅炉变负荷时，直吹式系

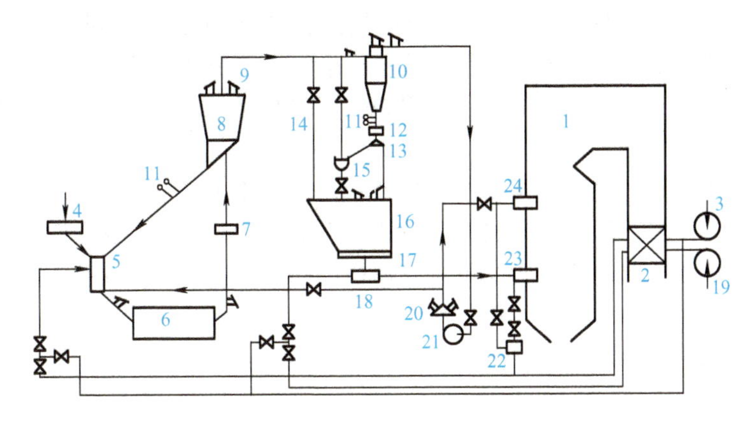

图 3-1-22 钢球磨煤机储仓式热风送粉系统

1—锅炉 2—空气预热器 3—送风机 4—给煤机 5—干燥下降管 6—磨煤机 7—木块分离器 8—粗粉分离器 9—防爆门 10—细粉分离器 11—锁气器 12—木屑分离器 13—换向器 14—吸潮管 15—螺旋输粉机 16—煤粉仓 17—给粉机 18—风粉混合器 19—一次风机 20—乏气风箱 21—排粉机 22—二次风箱 23—燃烧器 24—乏气喷嘴

统改变煤量要从改变给煤量开始，经过整个系统后才得以实现，因而变负荷时的迟缓性较大。

中间储仓式制粉系统设备多，管路长，投资大，而且占地面积大，随着机组容量的增加，其矛盾越发突出。中间储仓式制粉系统有煤粉仓，同时可通过螺旋输粉机在相邻制粉系统间调剂煤粉，可靠性更高。锅炉负荷变化时，只需要改变给粉机的给粉量即可，调节响应比直吹式系统灵敏得多，磨煤机则仍可以在经济状态下运行。另外，中间储仓式制粉系统可采用热风送粉，改善了无烟煤和贫煤的着火条件。

制粉系统的选择还与燃煤的着火温度有密切的联系。不同的着火温度影响煤粉细度、一次风温度、一次风比例等制粉系统的工艺参数的选取。制粉系统与燃煤着火温度的关系见表 3-1-6。

表 3-1-6 制粉系统与燃煤着火温度的关系

燃料着火温度/℃	燃料着火性	煤种	热风温度/℃	制粉系统
>900	极难燃	无烟煤型	>400	钢球磨储仓式热风送粉
>800～900	难燃	无烟煤型	>380～400	钢球磨储仓式热风送粉或双进双出钢球磨直吹式
>700～800	中等可燃	贫煤型	>340～380	钢球磨储仓式热风送粉或中速磨（双进双出钢球磨）直吹式
>600～700	易燃	烟煤型	>300～340	钢球磨储仓式乏气送粉或中速磨直吹式
≤600	极易燃	褐煤型	>260～300	中速磨直吹式或风扇磨直吹式

知识点四 制粉系统主要辅助设备

自主测验
制粉系统

一、给煤机

给煤机是制粉系统的重要辅助设备之一，其作用是将原煤连续、均匀地送往磨煤机。

对于大型锅炉，不仅要求保证其出力，而且要有良好的调节性能及供煤的连续性、均匀性，以保证锅炉稳定燃烧。直吹式制粉系统依靠给煤机控制进入磨煤机的原煤量。每台磨煤机配备一台给煤机，使磨煤机的出力与锅炉负荷相匹配，因此，对给煤量的精确性有更高的要求。

视频资料
制粉系统辅助设备

给煤机的种类较多，电厂中常用的有皮带式、皮带重力式、刮板式和电磁振动式等。其中，皮带重力式是按质量给煤，属于重力式给煤机，其他类型是按容积给煤，属于容积式给煤机。重力式给煤机以称量给煤质量来弥补堆积密度的偏差，虽然不能完全弥补单位质量煤种所含热量的变化，但比容积式给煤机优越。当煤的发热量越高、水分对煤的密度影响越大时，重力式给煤机的优越性就越明显。现在最常用的是电子称重皮带式给煤机和刮板式给煤机。

1. 电子称重皮带式给煤机

电子称重皮带式给煤机是一种带有电子称重及调速装置的皮带式给煤机，具有自动调节功能和控制功能，可根据磨煤机筒体内煤位，将原煤精确地从原煤斗输送到磨煤机。其具有连续、均匀输送的能力，在整个运行过程中，不仅可对原煤进行精确称量，显示给煤量瞬时值、累计量，而且能根据锅炉燃烧控制系统指令自动调节给煤量，控制给煤量与锅炉负荷匹配。

电子称重皮带式给煤机由机壳、给料皮带机构、链式清理刮板、称重机构、断煤及堵煤信号装置、电气管路及微机控制柜等组成，结构如图 3-1-23 所示。

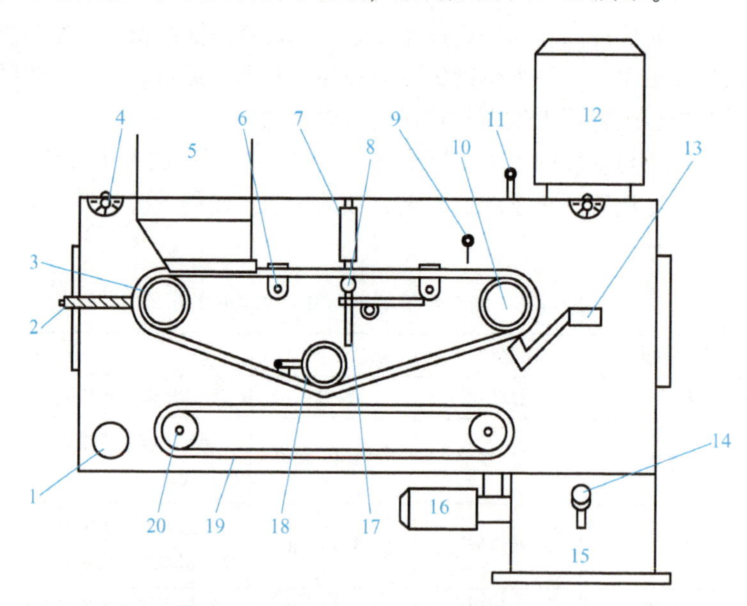

图 3-1-23 电子称重皮带式给煤机结构

1—密封空气进口 2—皮带张紧螺杆 3—张紧滚筒 4—机内照明 5—给煤机进口 6—支承跨距辊 7—负荷传感器 8—称重托辊 9—断煤信号装置挡板 10—驱动滚筒 11—机内超温报警 12—给煤机电动机 13—皮带清洁刮板 14—堵煤信号装置挡板 15—给煤机出口 16—清扫链电动机 17—承重校重块 18—张力滚筒 19—清洁刮板链 20—张紧链轮

机体上设有进煤口、出煤口、进煤端门、出煤端门、侧门和照明装置等。给煤皮带机构由驱动滚筒、张紧滚筒、张力滚筒、给煤皮带以及皮带支承装置组成。为保证给煤皮带在运行时不发生左右偏移，采用了带有边缘的且内侧中间有凸筋的皮带，并配置以表面有凹槽的滚筒，使皮带获得良好的导向而做正直移动。驱动滚筒与变频电动机相连，在驱动滚筒端装有皮带清洁刮板，用以刮除黏结在皮带表面的煤。皮带中部安装有张力滚筒，使皮带保持一定的张力以得到最佳的称重效果。皮带的张力随着温度和湿度的改变而改变，应注意经常观察，利用张紧螺杆在张紧筒侧调整皮带的张力。在机座侧门内装有指示板，张力滚筒中心应调整在指示板的中心刻线位置上。

为了能及时清除沉落在给煤机机壳底部的积煤，防止发生积煤自燃，在给煤机皮带机构下面设置了链式清理刮板机构。链式清理刮板机构由驱动链轮、张紧链轮、链条及刮板等组成。刮板链条由电动机通过减速机带动链轮而移动，链条上的刮板将给煤机底部积煤刮到给煤机出口排出。链式清理刮板的减速机为圆柱齿轮及涡轮减速，清理刮板机构除电动机采用电气过载保护外，在蜗轮和蜗杆之间还设有剪切机构，当机械过载时剪切销自动被剪断，使蜗轮与蜗杆脱开，同时带动限位开关使电动机停止，并向控制室发出信号。断煤信号装置安装在皮带上方，当皮带上无煤时，由于信号装置上挡板的摆动，使信号装置轴上的凸轮跟着转动，随即触动限位开关，从而停止皮带驱动电动机的运转，并向控制室发出“皮带无煤”信号，同时停止给煤量累计。堵煤信号装置安装在给煤机出口处，原理与断煤信号装置相同，当原煤堵塞至出煤口时，限位开关动作，停止给煤机的运转，并发出信号。

电子称重皮带式给煤机的工作原理：当煤落到给煤机皮带上时，皮带驱动机构转动，将煤运送到出口管。煤在皮带上传送时，由称重托辊来测量煤的质量，即规定给煤机皮带主动轮旋转一圈时，给煤量为一定值，当锅炉负荷变化时，可调整给煤机的转速来增减给煤量。

给煤机皮带由滚筒驱动，具有正、反转两种功能。原煤从煤斗到磨煤机的流程如下：煤仓→煤流检测器→煤斗闸门→落煤管→给煤机进口→给煤机皮带→称重传感组件→断煤信号组件→给煤机出口→磨煤机。

随着机组容量的增加和自动化水平的提高，对给煤机及其测量精度的要求也相应提高。电子称重皮带式给煤机既能实现精确计算，又便于自动调节，是当前直吹式制粉系统使用最广泛的给煤机。

2. 皮带式给煤机

皮带式给煤机属于容积式给煤机，结构简单、造价低廉、维修方便。其传动机构包括电动机、减速箱、滚筒、托辊等部件。给煤量的改变可通过控制煤闸门改变皮带上煤层的厚度或者改变电动机的转速来实现。

皮带式给煤机具有可将原煤进行较长距离输送的优点，便于原煤仓、磨煤机等设备的布置。其缺点是铁件、石块等杂物易对皮带造成损坏；由于无密封罩，煤层外露，当原煤干燥时容易造成粉尘飞扬，而原煤水分较高时，会粘结在皮带上而落到运转层地面，污染环境；运行中还会出现皮带跑偏现象。这种给煤系统漏风较大，特别是在磨煤机入口处，因此会影响制粉系统运行的经济性。

3. 刮板式给煤机

刮板式给煤机的结构如图 3-1-24 所示，主要由链轮、链条、刮板、上下台板、导向板、煤层厚度调节板及转动装置等组成。煤由进煤管落到上台板上，利用装在链条上的刮板移动，将煤带到左边，经过落煤通道落到下台板上，再将煤刮至右侧落入出煤管，送往磨煤机。刮板式给煤机可以用煤层厚度调节板来调节给煤量，调节板越高，煤层越厚，给煤量越大；调节板越低，给煤量越小。另外，也可用改变链轮转速来调节给煤量。

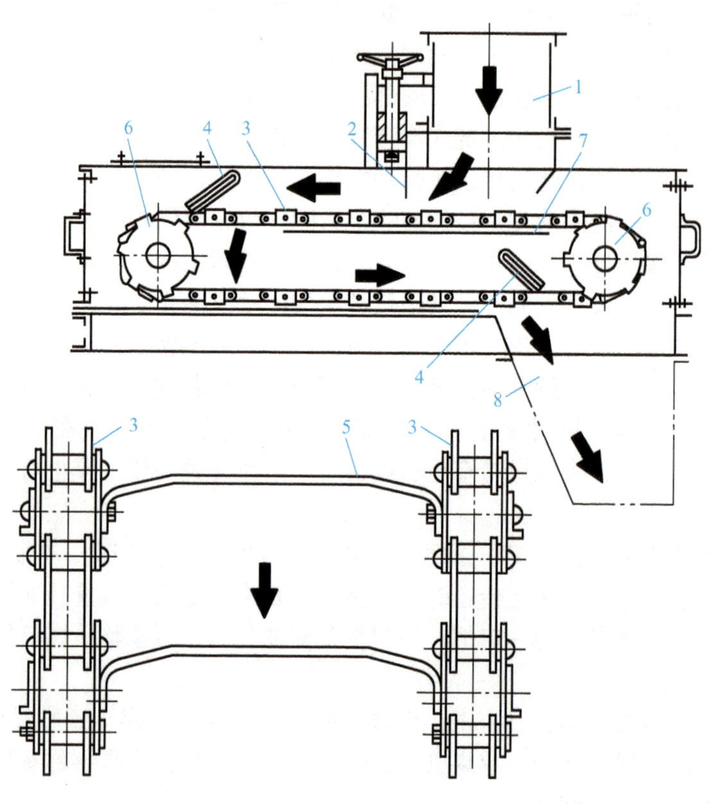

图 3-1-24　刮板式给煤机

1—进煤管　2—煤层厚度调节板　3—链条　4—挡板　5—刮板　6—链轮　7—平板　8—出煤管

刮板式给煤机调节范围大，适应煤种广，不易堵塞，密封性好，系统布置也比较方便，但当煤块过大或煤中有杂物时，易卡住。此外，刮板式给煤机占地面积较大。

二、粗粉分离器

任何一种磨煤机都不可能一次就将进入的煤全部磨制成符合燃烧要求细度的煤粉。干燥剂从磨煤机中带出的煤粉实际上是粗细不等且随干燥剂的流速不同而变化的，总会有一些大颗粒被干燥剂从磨煤机中带出，因此，在磨煤机后一般都装有粗粉分离器。在直吹式中速磨煤机制粉系统、直吹式双进双出钢球磨煤机制粉系统中，粗粉分离器基本都布置于磨煤机出粉口并与磨煤机成为一体。在单进单出钢球磨煤机中，粗粉分离器是单独布置的。粗粉分离器的作用是使较粗的颗粒被分离出来，送回磨煤机重磨，使通过分离器后的煤粉的细度达到锅炉燃烧的要求。粗粉分离器的另一个作用是调节煤粉细度，以便在运行中，当煤种改变或者磨煤出力改变时能保证所要求的煤粉细度。

粗粉分离器的分离原理是重力、惯性力和离心力或者其他的综合分离效应。依据主导作用力的形式，电厂磨煤机上配用的粗粉分离器主要有重力式、回转式、离心式和惯性式四种。粗粉分离器的选型与煤种特性、磨煤机类型及制粉系统的型式有关。对颗粒较粗的褐煤，一般采用惯性式粗粉分离器。下面对离心式和回转式粗粉分离器进行介绍。

1. 离心式粗粉分离器

在不同类型的制粉系统中，广泛采用了离心式粗粉分离器，如图 3-1-25a 所示，按照可调折向挡板的装置方向可分为径向型和轴向型。由于径向型粗粉分离器存在循环倍率高和阻力偏大的缺点，国内电厂大多选用轴向离心式粗粉分离器。

轴向离心式粗粉分离器是用轴向调节挡板取代径向挡板。轴向挡板布置在内外筒体之间的环形空间内，由于它具有较好的导流作用，更有利于气流旋转，在增加了磨煤机的出力的同时，还降低了分离器的阻力，提高了分离效率，节电效果明显。目前，国内的轴向离心式分离器已经形成系列产品，其结构如图 3-1-25b 所示。

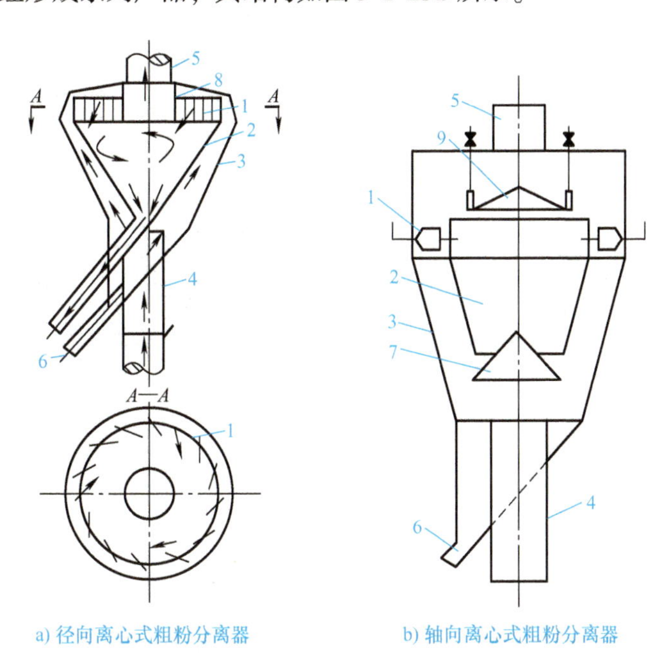

a) 径向离心式粗粉分离器　　b) 轴向离心式粗粉分离器

图 3-1-25　离心式粗粉分离器

1—折向挡板　2—内锥体　3—外锥体　4—进口管　5—出口管　6—回粉管　7—锁气器　8—活动环　9—圆锥帽

轴向离心式分离器的工作原理：输送煤粉的气流以 18 ~ 20m/s 的速度进入分离器的进口管，由于分离器内外壳之间流通截面增大，流速降低到 4 ~ 6m/s，重力的作用使最粗的煤粉从气流中分离出来，经回粉管返回磨煤机重磨。然后，由于轴向叶片的导向作用，气流自分离器叶片的出口到分离器上部的空间形成一个倒漏斗状旋转气流，而且越接近分离器中心气流旋转越强烈，使煤粉分离器中的大颗粒因离心力和惯性力而绝大部分集中在分离器外锥壳壁附近被分离下来，较细的煤粉趋向分离器中心范围。同时，因内锥体上方的圆锥帽起阻流作用，从而减弱了沿中心向下的螺旋运动，靠近分离器中间的较细的煤粉不易被分离，从而提高了分离的效能。最后，经分离后的煤粉气流以 18 ~ 20m/s 进入出口管流向细粉分离器。经粗粉分离器后的煤粉细度，在磨煤通风量一定的条件下，可通过改变轴向分离叶片角度和圆锥帽上下移动来进行调节。

在分离器内锥体的下部安装有篱片式结构的回粉装置，当锥体上堆积的煤粉到一定量时，锥体就向下运动，煤粉落入外锥体。当锥体上煤粉减少到一定程度时，锥体就会自动封住风粉混合物的出口。落到外锥体的煤粉遇到从磨煤机进入分离器的气流，把落下的煤粉中合格的细粉带走一部分，这样就减少了回粉中的细粉比例，提高了分离效率。

为保证安全运行，在粗粉分离器回粉管上装有防爆门，以排出内外锥体内的易爆气体。粗粉分离器的回粉管上还装有一个翻板式锁气器和一个草帽式锁气器，如图 3-1-26 所示。锁气器的作用是使回粉可以沿管道下落流入磨煤机，不容许磨煤机前的热风直接流向粗粉分离器，以保证分离器的正常工作。锁气器有翻板式和草帽式两种，都是利用杠杆原理进行工作。当翻板或活门上的煤粉超过一定数量时，翻板或活门自动打开，煤粉落下；当煤粉减少到一定程度时，翻板或活门又因平衡重锤的作用而关闭。翻板式锁气器可以装在垂直或倾斜的管段上，草帽式锁气器只能装在垂直管段上。翻板式锁气器不易卡住，工作可靠。草帽式锁气器动作灵活，煤粉下落均匀，而且严密性好。

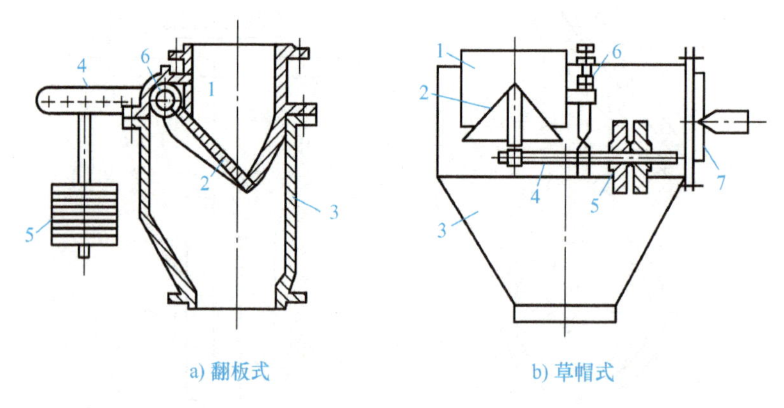

图 3-1-26 锁气器

1—煤粉管 2—翻板或活门 3—外壳 4—杠杆 5—平衡重锤 6—支点 7—手孔

2. 回转式粗粉分离器

双进双出钢球磨煤机配用的粗粉分离器还有回转式离心粗粉分离器，如图 3-1-27 所示。分离器上部有一个用角钢或扁钢做叶片的转子，并由电动机驱动做旋转运动。气粉混合物自下而上进入分离器，粗粉首先借助重力作用而分离出来。在分离器上部，煤粉气流随转子一起旋转，粗粉在离心力的作用下，再次分离出来。当气流沿叶片间隙穿过转子时，由于叶片的撞击又有部分粗粉被分离出来。转子的转速越高，气流带出的煤粉越粗。改变转子转速即可调节煤粉细度。有的回转式粗粉分离器加装了切向引入的二次风，将沿内壁下落的回粉吹扬，减少回粉中夹带的细粉，以提高磨煤机的磨煤出力，并降低其单位电耗。

与离心式粗粉分离器相比，回转式分离器具有结构紧凑、流动阻力小、分离效率高、煤粉细度均匀、调节幅度大且较为方便等优点。其缺点是结构复杂，维修工作量大。

三、细粉分离器

细粉分离器也称旋风分离器，是中间储仓式制粉系统不可缺少的辅助设备。其作用是将煤粉从粗粉分离器送来的气粉混合物中分离出来，以便于储存。常用的细粉分离器如图3-1-28所示，是一种小管径的细粉分离器，其工作原理与离心式粗粉分离器相同，主要依靠煤粉气流旋转运动产生离心力进行分离。细粉分离器要求将煤粉尽可能全部分离出来，需要强烈的旋转运动，故利用高速进入气流产生分离作用。

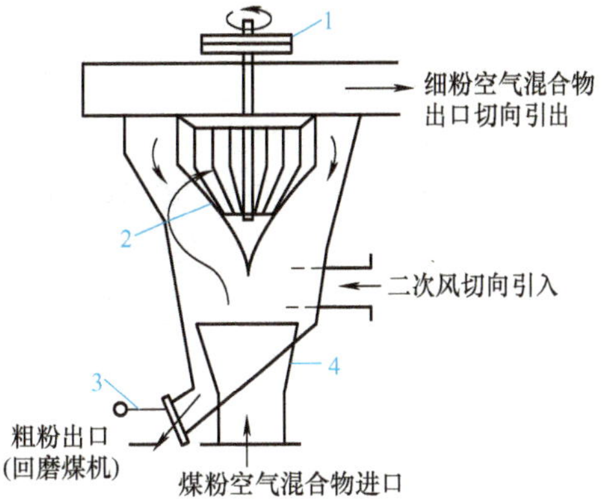

图3-1-27　回转式离心粗粉分离器

1—减速皮带轮　2—转子　3—锁气器　4—进口管

气粉混合物以16～22m/s的速度经舌形导向板切向引入，在分离器外圆筒与中心管之间高速旋转向下流动，在离心力的作用下煤粉被抛向筒壁，并沿壁下落至筒底出口，然后进入煤粉仓或螺旋输粉机。气流折转向上进入中心管，其中少量的煤粉借助惯性力作用再次分离出来，而气流则从中心管上部引往排粉机。这种细粉分离器的分离效率约90%。

四、给粉机

给粉机的作用是根据锅炉负荷需要的煤粉量，把煤粉仓中的煤粉均匀地送入一次风管中。常用的给粉机是叶轮式，其结构如图3-1-29所示。当电动机经减速器带动给粉机主轴转动时，固定在轴上的上、下叶轮也同时转动，煤粉仓下落的煤粉首先送到上叶轮右侧，转动的上叶轮将煤粉拨送到叶轮左侧，通过固定盘上的落粉孔落入下叶轮，然后，转动的下叶轮将煤粉拨送到下叶轮右侧的出口，落入一次风管中。改变电动机转速可调节给粉量，故叶轮式给粉机常用直流电动机拖动。

叶轮式给粉机供粉较均匀，调节方便，不易发生煤粉自流，又可以防止一次风冲入煤粉仓，故应用较广泛。其缺点是结构较为复杂，电耗较大，而且易被煤粉中的木屑等杂物堵塞，从而影响系统运行。

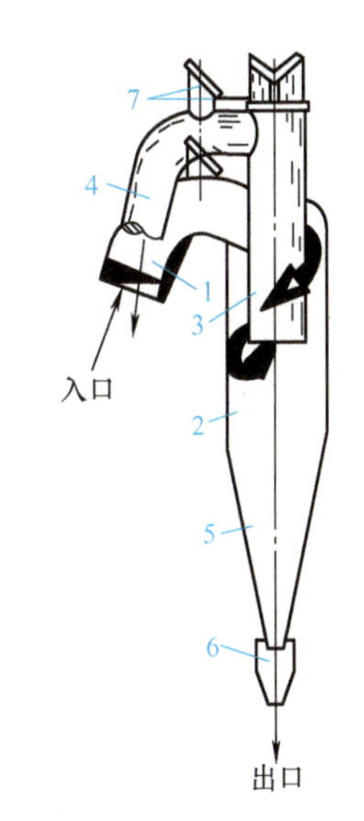

图3-1-28　细粉分离器

1—气粉混合物入口管　2—分离器筒体　3—内套筒　4—干燥剂出口管　5—分离器筒体圆锥部分　6—煤粉小斗　7—防爆门

五、螺旋输粉机

螺旋输粉机又称绞笼，其作用是将细粉分离器落下来的煤粉送往邻炉的煤粉仓。图3-1-30所示为装在两台锅炉之间的螺旋输粉机，电动机经减速器带动螺旋杆转动，螺旋杆上装有螺旋形的叶片，统称螺旋体。旋转的螺旋体将煤粉由入口端推向出口端，并由

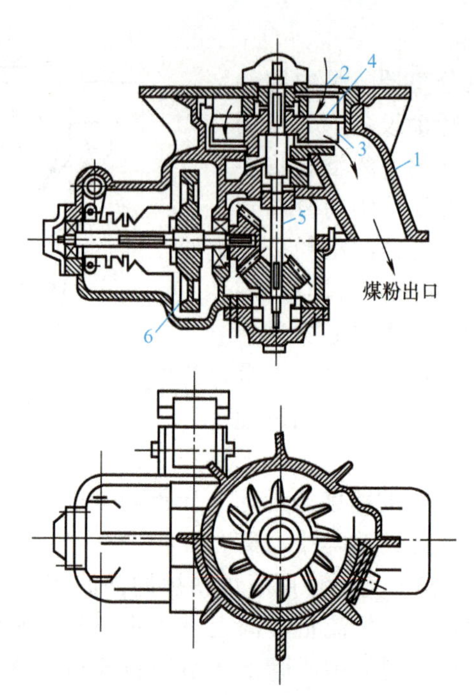

图 3-1-29 叶轮式给粉机

1—外壳 2—上叶轮 3—下叶轮 4—固定盘 5—轴 6—减速器

出口落入邻炉的煤粉仓。当螺旋体倒转时，输送煤粉的方向则相反，可将邻炉的煤粉送入本炉的煤粉仓，故又称其为可逆绞笼。螺旋输粉机的螺旋直径一般为 300 ~ 500mm，长度为 30 ~ 50m。

螺旋输粉机结构简单，操作方便，横截面尺寸小，机体密封好，工作安全可靠，因此，在中间储仓式制粉系统中得到广泛应用。

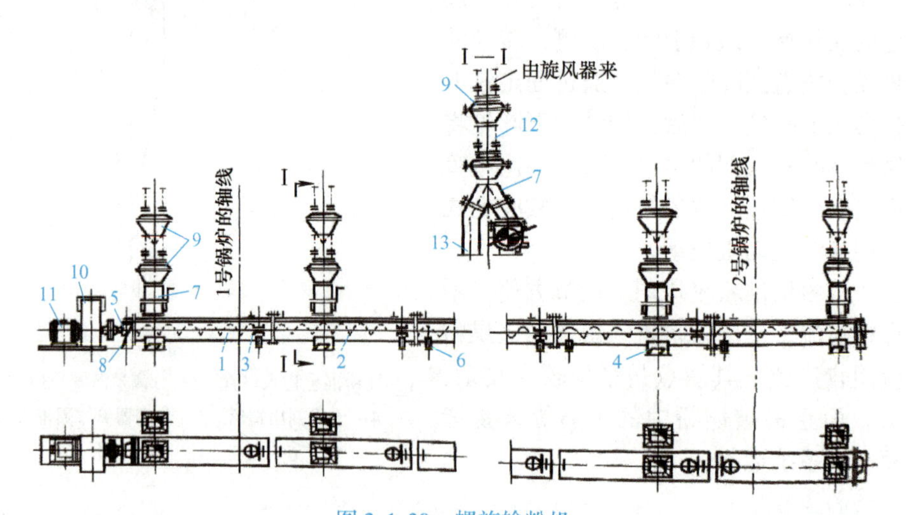

图 3-1-30 螺旋输粉机

1—外壳 2—螺旋杆 3—轴承 4—带挡板的煤粉落出管 5—推力轴承 6—支架 7—煤粉落入管 8—端头支座 9—锁气器 10—减速器 11—电动机 12—转换通道挡板 13—煤粉落入煤仓管路

动画资料

螺旋输粉机

任务二 制粉系统的运行

任务描述： 通过仿真运行实训熟悉制粉系统的基本操作。

教学目标：

知识目标	了解制粉系统启动运行步骤和参数调节原理
能力目标	会启动制粉系统 会增减负荷 会进行参数调节 能分析、判断、处理运行过程中出现的问题
素养目标	遵守安全操作规程，培养责任意识 树立团队意识，培养协作精神 养成理论与实践相结合的习惯，在完成任务的过程中发现问题、分析问题并解决问题 通过任务的训练，培养经济节能的意识

任务组织： 识读制粉系统图，分小组进行制粉系统仿真运行。

制粉系统运行仿真实训请学习配套资源后开展。

知识点 制粉系统的运行

中速磨煤机的正压冷一次风机直吹式制粉系统是当前大型电厂配备较为典型的制粉系统，为此对制粉系统运行时涉及的要点做简要介绍。

一、制粉系统启动前的检查和准备工作

1）在启动磨煤机之前，检查系统中的所有元件，确保清洁，检查所有必需的回路断路器是否处于闭合状态。检查磨煤机机壳及分离器是否无漏焊、破裂。确保各机械装置连接可靠，螺栓固定良好，密封完善。

2）根据制造厂说明书，检查润滑系统中油箱油位是否正常，确保油箱内清洁无杂物，各个阀门状态正确。清洗滤网。检查驱动齿轮润滑油系统并准备投运。检查齿轮有无充分润滑，系统是否有充足的润滑油，系统中有无适当的空气压力。

3）检查并吹扫磨煤机的控制管，检查取样煤管，确保旋塞开关处在全关位置，密封良好，检查观察孔是否清洁。

4）检查电动机、轴承是否有足够的润滑油。确保减速齿轮和轴承润滑恰当。检查一次风机轴承是否有足够的油润滑及可靠的冷却介质。

5）检查燃烧器、油枪、等离子系统，准备投运。

6）检查所有一次风的电动门和气动阀门、一次风隔离挡板、一次风流量调节、辅助

风及密封风挡板、燃烧器隔离阀门及所有的挡板是否启闭正常并处于合适的开度位置。检查给煤机密封风调节挡板同第一次整定时开度是否一致。

7）检查消防系统是否处在合适的位置，是否处在备用状态。

8）检查给煤机内部是否无杂物，调节确保挡板灵活，确保传动装置及各部件完整。确保皮带式给煤机的托辊完整，皮带无损坏，接头良好。检查原煤仓中是否有足够的煤，进煤管和落煤管阀门是否处在合适的位置。

9）检查监测仪表，确保报警、跳闸信号装置完好，试验正常。确认各部油压、油量、油位、油质正常，符合设计值。检查试运转一次风机、密封风机，经过8h试运转后确认各部件合格、无异常。检查试运转给煤机，并进行分步试运转。

10）检查确认一切正常后，按规定启动一次风机、密封风机，进行风压试验。检查各部件是否无漏风、无漏粉现象，符合要求。

11）检修后的制粉系统启动前，应做分合闸试验、故障按钮试验、联锁装置试验、各旋转部件试运行等试验。

二、制粉系统的启动

若制粉系统检查正常、试验完成、准备就绪，炉内燃烧稳定，锅炉带一定负荷，一般在炉膛出口烟温达500℃以上，空气预热器出口风温在150℃以上，可启动制粉系统，或投入磨煤机的等离子运行，正常后，启动磨煤机运行。具体步骤如下：

1）启动一次风机，打开风机的出口挡板，维持一次风的风箱压力正常。由于磨煤机积存煤粉，为防止煤粉爆炸，在一次风投入前应投入消防蒸汽吹扫6～10min。

2）将燃烧器辅助风挡板切换为自动，对所有煤管和燃烧器吹扫冷却至少5min。

3）启动密封风机，投入磨辊密封风。启动密封风机后，要使密封风压和一次风压差值达到规定值。

4）磨煤机启动条件合格。

5）启动磨煤机润滑油泵。当减速机油箱油温低于25℃时，使电加热器工作。

6）确认原煤仓内有足够的原煤供应，打开原煤仓至给煤机的闸板，打开给煤机出口阀。

7）在磨煤机启动检查完成后，检查对应的油枪，燃烧器挡板在点火位置。

8）启动动态分离器变频电动机，启动磨煤机。

9）磨煤机启动后应做下列检查：减速齿轮系统运转是否正常，润滑油位是否正常；轴承是否有足够的润滑，油在轴承表面分布是否均匀；监视轴承的温度；磨煤机的电动机工作是否正常；外端输煤管轴承运转是否正常。

10）打开冷热一次风风门，调节冷、热一次风风门的挡板，使磨煤机的出口温度达到规定值。

11）启动给煤机。操作给煤机控制界面，设置最低出力，给煤机以该速率自动向磨煤机供煤，当磨煤机出口温度达到其设定值时，再增加给煤机的给煤速率。

12）当给煤量满足机组要求后，给煤机投入自动运行。

制粉系统在运行过程中的检查和调整项目见表3-2-1。

表 3-2-1 制粉系统在运行过程中的检查和调整项目

序号	项目	要　　求
1	磨煤机振动	振幅小于 50μm
2	磨煤机噪声	<80dB，不应有杂声（测量点距磨煤机 1m）
3	磨损测量标尺	测量研磨的煤层厚度，确保其正常
4	排渣情况	定期排渣，渣量不得超过排渣箱口，要注意渣中有无磨煤机的零件掉落
5	机座密封装置	注意密封装置，检查有无渣粒漏出
6	拉杆	检查密封环是否灵活，有无漏粉现象
7	密封风机	检查噪声、振动、滤网，密封风压与一次风压的压差不小于规定值
8	润滑油站	定时检查，记录油温、油压、滤网压差，检查冷却器的冷却情况
9	减速机	定时检查噪声、油压、油温
10	主电动机	定时检查轴承温度

三、制粉系统的停止

磨煤机停机前，应先将自动控制改为手动控制，做好停运制粉系统的准备。在正常停机期间，要求将磨煤机冷却到正常运行温度以下，清空磨煤机内的存煤。停机前的冷却温度为 60℃。

1）将给煤机出力减小到最低值，以减小磨煤机负荷。通过对给煤机设置偏压控制或手动操作控制，使给煤量以 10% 的速率递减。在给煤量减少后，需进行下一次递减之前，应使磨煤机出口温度恢复到设定值，磨煤机一次风控制设为自动，防止磨煤机跳闸。

2）监测磨煤机出口温度，不允许其超过规定的范围。火焰着火能量的大小必须可调，以保证煤粉气流着火稳定。

3）当给煤量达到最小值时，关闭热一次风以降低磨煤机出口温度。冷一次风风门应自动打开，以维持所需的一次风量。

4）当磨煤机分离器出口温度降到 60℃时，停止给煤机运行。

5）给煤机停运后，磨煤机至少再运行 10min，以消除磨盘上的余煤。

6）停运磨煤机。

7）关闭磨煤机出口一次风门，开启燃烧器入口冷却风门，外界冷风在炉膛负压作用下，自然吸入冷却燃烧器喷口。

8）维持系统润滑油系统运行。如果冬天磨煤机停运时需要关闭润滑油系统，冷油器中的冷却水必须关闭。如果管道结冰，在系统启动前必须仔细检查，以确保管道没有破裂，润滑油没有被冷却水污染。

四、紧急停机

当锅炉发生下列情况时应紧急停机：锅炉安全保护动作，一次风量小于最低风量的 85%，磨煤机分离器出口温度低于 55℃或高于 120℃，磨辊油温高于 120℃，电动机停止转动。

紧急停机时，下列操作必须同时进行：紧急关闭磨煤机进口热风隔离门，关闭冷热风调节门，停运给煤机，停运磨煤机。磨煤机紧急停机后必须冷却至环境温度，并进行手工清扫。

如果紧急停机1h后，仍无法排除故障，要进行以下操作：

1）磨煤机空载运行，将磨盘上余煤燃尽，防止自燃。

2）关闭密封风、磨煤机润滑油。

五、紧急停机后的启动

紧急停机之后，磨煤机冷却至环境温度，并打开进行清扫。磨煤机的再次启动要进行以下操作：

1）检查磨煤机及辅助设备。

2）排渣。

3）按正常启动程序进行。

紧急停机后重新启动磨煤机时，出粉管阀门必须关闭，否则炉膛烟气会灌入煤粉管道而进入磨煤机。重新启动磨煤机时，尽可能一次启动一台，至少运行10min，以吹扫人工清理时未清理干净的煤粉。当磨煤机重新启动吹扫残余煤粉时，出粉管阀门必须打开以便气流通过。

六、设备在运行中的调整

1. 制粉系统在运行中的调整

制粉系统在运行中调整的主要任务：

1）使系统所磨制的煤粉量满足锅炉运行的需要。

2）保持合格的煤粉细度与水分。

3）维持正常的风温和风压，防止制粉系统发生堵塞和爆炸。

4）尽量降低制粉系统的耗电量。

为了降低电耗，制粉系统应在最大出力状况下运行，同时应连续均匀给煤，保持磨煤机内煤量合适，保持合适的风量，保持磨煤机出口气粉混合物温度正常。

运行中应适当调整给煤机转速，使给煤量与磨煤机出力相匹配，同时应注意防止原煤中大块煤矸石、铁块及木块等进入给煤机，卡坏机件。增加或减少给煤量时，应缓慢进行。可根据出入口压差、温度、磨煤机电流及制粉系统风压等对磨煤机的出力进行调整。

2. 煤粉细度的调整

煤粉细度和分离器折向门开度、磨辊研磨力、给煤量、一次风量大小等因素有关。煤粉细度的调整主要是通过改变分离器折向门叶片的开度来实现，折向门叶片开度从大到小，煤粉由粗变细。当折向门叶片开度最大（半径方向）时，如果煤粉还太细，就需要减小磨辊弹簧压力；反之，当折向门叶片开度最小时，煤粉仍然很粗，则需要加大磨辊弹簧的压力。同时，磨煤机的一次风量也会影响煤粉的细度。一次风量的大小取决于使炉内保持良好燃烧的一次风比例，不能将其作为调节煤粉细度的手段。

3. 风煤比的控制

磨煤机的给煤量和一次风量应根据一次风与煤粉出力变化曲线操作。中速辊式磨煤机的风量，可以在标准风量上下适当变动。应根据锅炉厂和设计院的要求来制定标准空气曲线，以确保磨煤机一次风量与系统要求相匹配。建立正确的给煤量和一次风量的比率非常重要，如果标定的一次风量、给煤量不准，不仅影响锅炉的负荷调节，而且影响磨煤机的运行。因此，在磨煤机初次运行前，应对照标准空气曲线校对给煤量和一次风量的比率，认真检查标定的给煤量和一次风量是否准确。运行期间应定期校对测量装置，防止测量装置出现问题而使标定的给煤量和一次风量失准。需要注意的是，在磨煤机运行初期，一次风量自动调节尚未投入，由运行人员手动调节磨煤机出力时，在增加磨煤出力时，应先加风量，后加煤量，降低出力时，要先减煤量，后减风量，以防止一次风量调节过快或风量过小造成石子煤量过多，甚至堵煤。

七、排渣

磨煤机排渣是通过液压控制关断门的开与关，由人工定时清理排渣箱内的石子煤。排渣箱内的石子煤必须在滑板关断门关闭时清理。清理间隔应根据运行情况来决定，运行初期应间隔 0.5h 检查一次排渣箱。每次启磨和停磨时必须检查或清理排渣箱，正常运行时应间隔 1 ~2h 检查一次排渣箱。在正常运行时石子煤很少，石子煤较多主要是出现在以下情况：

1）磨煤机启动后。

2）紧急停磨。

3）煤质较差。

4）运行后期磨辊、衬瓦、喷嘴磨损严重。

5）运行时磨煤出力增加过快，一次风量偏少。

启动磨煤机和紧急停磨引起的石子煤增多属于正常情况。对于由喷嘴喉口磨损引起石子煤增多的情况，应更换喷嘴。

排渣应注意以下问题：

1）初次运行时，排渣箱滑板关断门应先关闭。

2）排渣箱滑板关断门未完全关闭，不得打开排渣门，以防止人员烫伤。

3）清理排渣箱后，应及时关闭排渣门，打开滑板关断门，以避免一次风室积渣过多导致损坏刮板及使石子煤落入机座密封室内。

知识拓展：危险点分析

制粉系统容易发生爆炸，尤其是燃用高挥发分烟煤时，制粉系统中热一次风具有热量，空气与煤粉又有充分接触，所以具备爆炸条件。制粉系统制备出的煤粉颗粒非常细小，实际运行中系统若有煤粉外漏会很危险，容易发生自燃或爆炸。

制粉系统运行

复习思考题

1. 煤粉自燃和爆炸的影响因素及防止措施有哪些？
2. 煤粉细度是如何表示的？什么是煤粉的经济细度？
3. 煤粉的均匀性对锅炉运行有何影响？
4. 什么是煤的可磨性系数与磨损指数？它们对磨煤机的选择及工作有何影响？
5. 什么是磨煤出力？影响球磨机出力的因素有哪些？

6. 双进双出球磨机有哪些特点？

7. 比较直吹式与中间储仓式两类制粉系统的结构特点。

8. 画出中速磨冷一次风机正压直吹式制粉系统结构，并说明为什么目前大型锅炉普遍采用该系统。

9. 画出中间储仓式热风送粉系统结构。标出各主要部件的名称，用箭头标出其工作过程，并说明乏气再循环的目的。

项目四

燃烧风烟系统设备及运维

项目描述： 了解燃烧设备的特性，分析影响燃烧效率的因素，熟悉风烟系统的构成及运行，了解循环流化床层燃炉的燃烧设备及运行调节。

项目目标： 能分析高效燃烧的条件，熟悉燃烧设备的种类特点，熟悉风烟系统的运行操作。

教学条件： 多媒体课件，燃烧视频、图片，电厂仿真实训室，锅炉模型

任务一　煤粉炉燃烧设备及运行

任务描述： 了解燃烧效率影响因素，了解各种类燃烧设备的性能特点。

教学目标：

知识目标	能说出煤粉炉燃料良好燃烧的条件 能复述强化煤粉气流燃烧的措施 能说出燃烧设备——燃烧器、点火装置及炉膛的种类及特性
能力目标	能辨识不同种类的燃烧设备 能进行锅炉点火操作及燃烧调整
素养目标	培养理论与实践相结合的能力 培养经济节能环保的意识 树立团队意识，培养协作精神 培养良好的表达和沟通能力 培养生产责任意识

任务组织： 结合锅炉模型及多媒体课件了解燃烧设备的构成及原理，利用仿真实训熟悉运行操作。

燃烧设备辨识实训及锅炉点火仿真实训请学习配套资源后开展。

风烟系统设备辨识任务工单

锅炉点火操作指导书

相关知识点

知识点一　煤粉燃烧的基本原理和燃烧过程

一、燃烧速度

（一）燃烧

电厂锅炉中的燃烧是指燃料与氧的剧烈化学反应，是一个复杂的物理化学过程。炉内

燃烧过程的快慢，受各种因素的影响，尤其是煤粉这一固体燃料的燃烧属于多相燃烧，反应是在燃料固体表面进行的，更增加了燃烧过程的复杂性。发生在固相表面的多相燃烧由下列几个连续的阶段组成：

1）参加燃烧的氧气从周围环境扩散到燃料颗粒的反应表面。

2）氧气被燃料颗粒表面吸附。

3）在燃料颗粒表面进行燃烧化学反应。

4）燃烧产物由燃料颗粒解吸附。

5）燃烧产物离开燃料颗粒表面，扩散到周围环境中。

多相燃烧速度取决于上述过程中进行得最慢的过程。研究表明，吸附和解吸附是比较快的，因而燃烧速度的快慢就取决于氧向燃料表面的扩散和在表面上进行燃烧的化学反应两个过程。通常以炭粒燃烧为例，能更清楚地说明上述两个过程对多相燃烧的影响。

（二）化学反应速度及其影响因素

化学反应过程的快慢用化学反应速度 w_h 来表示，指单位时间内反应物浓度的减少或生成物浓度的增加。

化学反应速度不仅取决于参加反应的原始反应物的性质，同时还受反应进行时反应系统所处条件的影响。重要的条件有反应物的浓度、压力和温度。

1. 反应物的浓度对化学反应速度的影响

化学反应是在一定条件下，不同反应物的分子彼此碰撞而产生的，单位时间内碰撞次数越多，化学反应速度越快。分子碰撞次数取决于单位容积中反应物质的分子数，即反应物浓度。

对于均相反应，在一定温度下，化学反应速度与参加化学反应的各反应物的浓度成正比。

在一定温度下，反应容积不变时，增加反应物的浓度即增大反应物的分子数，分子间碰撞的机会增多，所以反应速度加快。

2. 压力对化学反应速度的影响

分子运动论认为，气体压力是气体分子碰撞容器壁面的结果，压力越高，单位容积内分子数越多。

在温度和容积不变的条件下，反应物压力越高，则反应物浓度越大，因此，化学反应速度越快。目前正在研究的正压燃烧技术，就是通过提高炉膛压力来强化燃烧的。

3. 温度对化学反应速度的影响

当反应物浓度不变时，化学反应速度与温度呈指数关系。随着温度升高，化学反应速度迅速加快。

在锅炉燃烧过程中，反应物浓度、炉膛压力可认为基本不变，因此，化学反应速度主要与温度有关，运行中常用提高炉温的方法来强化燃烧。

（三）氧的扩散速度及其影响因素

1. 氧的扩散速度

氧扩散过程的快慢用氧的扩散速度 w_{ks} 来反映。扩散速度 w_{ks} 表示单位时间向单位炭粒表面输送的氧量，即炭粒单位面积上的供氧速度。

2. 影响因素

氧的扩散速度不仅与氧浓度有关，还与炭粒直径及气流与炭粒的相对运动速度有关。

在炭粒燃烧过程中，气流与炭粒的相对速度越大，扰动越强烈，不仅氧向炭粒表面的供应速度越大，同时燃烧产物离开炭粒表面扩散出去的速度也越大，使氧的扩散速度越快。由于碳的燃烧是在炭粒表面进行的，炭粒直径越小，单位质量炭粒的表面积越大，与氧的反应面积也越大，化学反应消耗的氧越多，炭粒表面的氧浓度就越低。炭粒表面与周围环境的氧浓度差越大，氧的扩散速度越大。因此，供应燃烧足够的空气量、增大炭粒与气流的相对速度和减小炭粒直径都会加强炭粒燃烧，提高氧的扩散速度。

（四）燃烧速度和燃烧区域

1. 多相燃烧速度

炭粒的多相燃烧速度是指炭粒单位面积上的实际反应速度，一般用氧的消耗速度来表示。

当燃烧过程稳定时，炭粒表面氧的扩散速度与化学反应速度相等，并等于炭粒的多相燃烧速度。

2. 燃烧区域

温度对化学反应条件和气体扩散条件的影响不同，因此，按照氧的扩散速度与化学反应速度两者随温度的变化情况，可以明显区分出炭粒的燃烧有三个不同的区域，如图4-1-1所示。

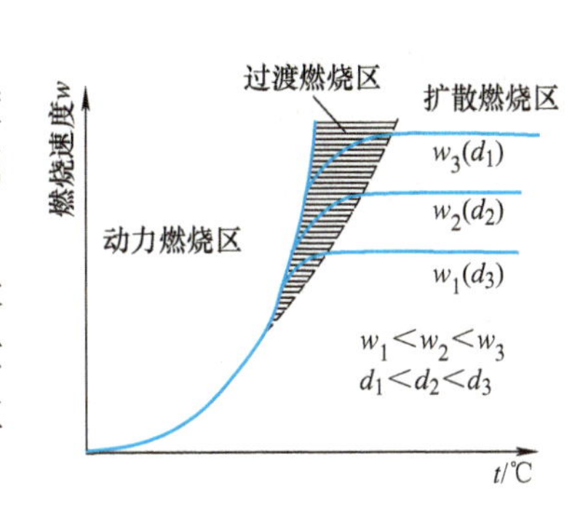

图4-1-1　多相燃烧速度的变化

d_1、d_2、d_3—炭粒直径

w_1、w_2、w_3—气流与炭粒的相对速度

（1）动力燃烧区　当温度较低时（<1000℃），炭粒表面的化学反应速度很慢，化学反应所需的耗氧量远远小于供应到炭粒表面的氧量。这说明燃烧速度主要取决于化学反应动力因素（温度和燃料反应特性），而氧的扩散过程影响很小，因而将这个反应温度区称为动力燃烧区。在该区域内，温度对燃烧过程起着决定性的作用，提高燃烧速度的有效措施是提高反应系统的温度。

（2）扩散燃烧区　当温度很高时（>1400℃），化学反应速度常数 k 随温度升高而急剧增大，炭粒表面化学反应的耗氧量远远超过氧的供应量。这说明扩散到炭粒表面的氧远不能满足化学反应的需要，氧的扩散速度已成为制约燃烧速度的主要因素，因而将这个反应温度区称为扩散燃烧区。在该区域内，提高燃烧速度的有效措施是增大气流与炭粒的相对速度或减小炭粒直径。

（3）过渡燃烧区　过渡燃烧区是介于上述两燃烧区的中间温度区，炭粒表面的化学反应速度与氧的扩散速度相差不多，这时化学反应速度和氧的扩散速度都对燃烧速度有影响，因而将这个反应温度区称为过渡燃烧区。在该区域内，要想提高燃烧速度，既要提高温度改善化学反应条件，又要改善炭粒与氧的扩散混合条件。

随着燃烧炭粒直径减小，或气流与粒子的相对速度增大，氧向炭粒表面的扩散加强，动力燃烧区温度范围加大，也就是说从动力燃烧区过渡到扩散燃烧区的温度将相应提高。在煤粉炉中，只有那些粗煤粉在炉膛的高温区才有可能接近扩散燃烧。在炉膛燃烧中心以外，煤粉是处于过渡燃烧区甚至动力燃烧区中燃烧的。因此，提高炉膛温度和改善氧的扩散速度都可以强化煤粉的燃烧。

二、煤粉迅速完全燃烧的条件

迅速完全燃烧是指燃烧的速度要快，燃烧的程度要高。

（一）燃烧程度

燃料燃烧后，生成产物中没有能再进行氧化的成分，称为完全燃烧。燃料燃烧后，生成产物中仍含有可燃成分，称为不完全燃烧。

燃烧的完全程度可用燃烧效率来表示。燃烧效率是指输入锅炉机组的热量扣除固体不完全燃烧热损失和气体不完全燃烧热损失后占输入热量的百分比，用符号 η_r 表示：

$$\eta_r = \frac{Q_r - Q_3 - Q_4}{Q_r} \times 100\% = [100 - (q_3 + q_4)]\% \tag{4-1-1}$$

燃烧效率越高，则燃烧产物（烟气和灰渣）中的可燃质就越少，即燃烧热损失（$q_3 + q_4$）越小，说明煤粉燃烧完全程度越高。

（二）迅速完全燃烧的条件

1. 相当高的炉内温度

燃烧速度和燃烧程度都与温度有关。较高的炉温可使燃烧速度加快，有利于可燃物在炉内迅速燃烧、完全燃尽，所以，应维持相当高的炉温。但对固态排渣煤粉炉而言，炉温也不宜过高，否则不仅会引起炉膛结渣、蒸发管传热恶化，同时还可能会导致较多燃烧产物发生还原反应生成可燃物，相当于燃烧不完全。通过试验证明，锅炉的炉温在中温区域（1000～2000℃）内比较适宜，一般锅炉内的燃烧在0.1MPa压力下进行，炉膛内最高温度为1500～1600℃。

2. 供应充足而又合适的空气量

炉内送入适量的空气，即保持适当的过量空气系数。空气是燃烧反应的必要氧化剂，供应充足的空气量，才能保证燃料的完全燃烧。炉内空气供应不足，会由于缺氧而造成不完全燃烧热损失。但空气供应过多，又会使炉内烟温降低，燃烧速度减慢，不完全燃烧热损失增加，同时也会引起排烟量增大，排烟热损失增加。因此，合适的空气量要根据炉膛出口最佳过量空气系数来确定。

3. 燃料与空气的良好扰动和混合

燃料和空气混合是否良好，对能否达到迅速完全燃烧起着很大作用。煤粉锅炉一般采用一、二次风组织燃烧。煤粉由一次风携带进入炉膛，煤粉着火后，一次风很快被消耗。二次风应以较高的速度喷入炉内与煤粉混合，补充燃烧所需的空气，同时形成强烈的扰动，冲破或减少炭粒表面的烟气层和灰壳，以强行扩散代替自然扩散，从而提高扩散混合速度，使燃烧速度加快并完全燃烧。

除此之外，还可在炉膛形状、燃烧器的结构和布置等方面采取相应措施，以促使气流与煤粉充分混合。

4. 足够的炉内停留时间

煤粉由着火到全部燃尽需要一定的时间。煤粉从喷燃器出口到炉膛出口一般需要2～3s。在这段时间内，煤粉必须完全烧掉，否则到了炉膛出口处，因受热面多，烟气温度很快下降，燃烧就会停止，从而造成不完全燃烧热损失。煤粉在炉内的停留时间主要取决于炉膛容积、炉膛高度及烟气在炉内的流动速度，这都与炉膛容积热负荷和炉膛断面热负荷有关，即要在锅炉设计中选择合适的数据，而在锅炉运行时切不可长期超负荷运行。

为了保证煤粉燃尽，除了保持炉内火焰充满程度并使炉膛有足够的空间和高度外，还应设法缩短着火与燃烧阶段所需要的时间。

总之，要保证燃料的良好燃烧，就必须满足以上四个条件，为此就要求燃烧设备具有合理的结构和布置，以及在运行中科学地组织整个燃烧过程。

三、煤粉气流的燃烧过程与强化

（一）煤粉气流的燃烧过程

煤粉随同空气以射流的形式经燃烧器喷入炉膛，在悬浮状态下燃烧形成煤粉火炬。从燃烧器出口至炉膛出口，煤粉的燃烧过程大致可分为三个阶段。

1. 着火前的准备阶段

煤粉气流喷入炉膛内至着火这一阶段为着火前的准备阶段。着火前的准备阶段是一个吸热阶段。在此阶段内，煤粉气流被炉膛中的烟气不断加热，温度逐渐升高。煤粒受热后，首先水分蒸发，接着干燥的煤粉进行热分解析出挥发分。挥发分析出的数量和成分取决于煤的特性、加热温度与速度。

2. 燃烧阶段

当煤粉气流温度升高至着火温度，且煤粉浓度适宜时，煤粉气流就开始着火燃烧，进入燃烧阶段。燃烧阶段是一个强烈的放热阶段。它包括挥发分和焦炭的燃烧。当达到一定温度时，从煤粉中析出的挥发分先着火燃烧，放出热量，并对焦炭进行加热，使焦炭的温度迅速升高，当炭粒温度达到着火温度，并有氧气补充到炭粒表面时，炭粒局部着火，然后扩散到整个表面。煤粉气流一旦着火燃烧，可燃质与氧发生高速的燃烧化学反应，放出大量的热量，放热量大于周围水冷壁的吸热量，烟气温度迅速升高达到最大值，氧浓度及飞灰碳含量则急剧下降。

3. 燃尽阶段

燃尽阶段是燃烧阶段的继续。煤粉经过燃烧后，大部分可燃质已燃尽，只剩少量残余炭粒继续燃烧。在此阶段，由于残余炭粒表面形成灰壳，空气很难与之接触，同时氧浓度相应降低，气流的扰动减弱，因而燃烧速度明显下降，燃烧放热量小于水冷壁的吸热量，烟温逐渐降低。所以，燃尽阶段需要的时间较长，且容易造成不完全燃烧热损失。

对应于煤粉燃烧的三个阶段，可以在炉膛中划分出三个区，即着火区、燃烧区与燃尽区。由于燃烧的三个阶段不是截然分开的，因而对应的三个区也没有明确的分界线。但是大致可以认为：燃烧器出口附近是着火区，与燃烧器处于同一水平的炉膛中部及稍高的区域是燃烧区，高于燃烧区直至炉膛出口的区域都是燃尽区。其中，着火区很短，燃烧区也不长，而燃尽区却较长。根据对 $R_{90}=5\%$ 的煤粉试验，其中97%的可燃质是在25%的时间内燃尽的，而其余3%的可燃质却要在剩余75%的时间内才燃尽。

必须指出，为了分析问题方便，以上将煤粉气流的燃烧分为三个阶段，是以一颗煤粒为模型研究的。对群集的煤粒群来说，实际上因为各煤粒的大小不同、受热情况不同，燃烧过程的三个阶段往往是交错进行的。例如，在燃烧阶段，仍不断有挥发分析出，只是数量逐渐减少，同时灰渣也开始形成。

（二）强化煤粉气流燃烧的措施

1. 煤粉气流的着火与强化

煤粉气流经燃烧器以射流方式喷入炉内，通过紊流扩散和回流，卷吸高温烟气进行对流换热以获得热量，同时又受到炉膛四壁及高温火焰的辐射热，被迅速加热，当加热到一定温度时，煤粉气流开始着火，该温度称为着火温度。煤粉气流从初始温度加热至着火温度的过程称为着火过程，该过程中吸收的热量称为着火热。它包括加热煤粉和一次风所需热量，以及煤粉中水分蒸发和过热所需热量。

煤粉气流的着火温度并不是一个物理常数，而是与燃烧过程所处的热力条件有关，即燃料的燃烧放热和炉内的散热。表4-1-1和表4-1-2所列为在一定测试条件下分别得出的煤的着火温度和煤粉气流中煤粉颗粒的着火温度。

表4-1-1 煤的着火温度 （单位：℃）

煤种	泥煤	褐煤	烟煤	无烟煤
着火温度	225	250～450	400～500	700～800

表4-1-2 煤粉气流中煤粉颗粒的着火温度 （单位：℃）

煤种	褐煤 $V_{daf}=50\%$	烟煤 $V_{daf}=40\%$	烟煤 $V_{daf}=30\%$	烟煤 $V_{daf}=20\%$	贫煤 $V_{daf}=14\%$	无烟煤 $V_{daf}=4\%$
着火温度	550	650	750	840	900	1000

由表4-1-1和表4-1-2可知，在相同的测试条件下，不同燃料的着火温度是不同的；而对于同一种燃料，不同的测试条件下也会得出不同的着火温度。对于煤而言，挥发分越高的煤着火温度就越低。在一定范围内，气粉混合物中含粉浓度越高，着火温度越低。

煤粉气流着火热的来源有两个方面，一方面是煤粉气流卷吸高温烟气进行对流换热，另一方面是炉内高温火焰和炉膛四壁的辐射热。两者之中，对流热是主要的。通过两种换热使进入炉膛的煤粉气流的温度迅速提高，达到着火温度并着火燃烧。

在煤粉炉中，理想的着火过程是迅速而又稳定。

着火迅速是指煤粉气流最好在离燃烧器喷口不远处（300～500mm）就能稳定地着火。若着火太早，可能会造成燃烧器周围结渣或烧坏燃烧器。若着火太迟，就会推迟整个燃烧过程，致使煤粉来不及烧完就离开炉膛，增大未完全燃烧热损失，同时还会使火焰中心上移，造成炉膛上部或炉膛出口部位受热面结渣及过热汽温偏高，严重时还会发生炉膛灭火。对于无烟煤、贫煤及劣质烟煤等难着火燃烧的煤，设计时要采取强化措施，以保证着火过程迅速稳定进行；对于挥发分高的烟煤和褐煤，则应避免因着火过早而烧坏燃烧器喷口或结渣，设计时常常采取措施推迟着火。

着火稳定是指煤粉气流能连续被引燃，有稳定的着火面而不会发生灭火。着火的稳定性是涉及锅炉运行安全可靠的重要问题，锅炉运行时应保证煤粉气流着火稳定，炉膛不应发生熄火、爆燃等现象。煤粉炉可用不投油能保证着火稳定的最低负荷作为判断稳定性的标准。目前，燃用优质烟煤的新型大容量锅炉不投油稳燃负荷可达额定负荷的30%，一般固态排渣煤粉锅炉都在额定负荷的30%～70%。

强化着火就是保证着火过程迅速、稳定进行。为此，一方面应减少着火热，另一方面应加强烟气的对流换热，提高着火区的温度水平，保证着火热的供应。影响煤粉气流着火的主要因素及强化着火的措施有以下几个方面：

（1）燃料性质　燃料性质中对着火过程影响最大的是挥发分。挥发分低的煤，着火温度高，所需的着火热多，着火困难。如无烟煤、贫煤和劣质烟煤，设计时就应采取一些强化着火的措施。

水分多的煤，着火需要的热量就多。同时，由于一部分燃烧热消耗在加热水分并使其汽化和过热上，导致炉内烟温降低，从而使煤粉气流卷吸的烟气温度以及火焰对煤粉气流的辐射热都降低，这对着火显然是不利的。

燃料中的灰分在燃烧过程中不但不能放热，而且要吸热。特别是当燃用高灰分的劣质煤时，由于燃料本身发热量低，燃料的消耗量增大，大量灰分在着火和燃烧过程中要吸收更多热量，因而使炉膛内烟气温度降低，煤粉气流的着火推迟，影响了着火的稳定性。而且灰壳对焦炭核的燃尽还会起阻碍作用，所以，煤粉不易烧透。

在同样的煤粉浓度下，煤粉气流的着火温度随煤粉变细而降低。煤粉越细，进行燃烧反应的表面积越大，加热升温越快，着火就越容易。由此可知，对于难着火的低挥发分无烟煤，将煤粉磨得细些，无疑会加速它的着火过程。

（2）一次风温　提高一次风温可以减少着火热，从而加快着火。试验表明，当煤粉气流的初温从20℃提高到300℃时，着火热可降低60%左右。为此，对于难着火的无烟煤、贫煤和劣质烟煤，应适当提高空气预热器出口的热风温度，同时，制粉系统采用热风送粉。

（3）一次风量和风速　煤粉空气混合物中一次风量增大，着火所需热量也会增多，从而使着火推迟。一次风量减小，会使着火热降低，在同样的卷吸烟气量下，可使煤粉气流更快加热到着火温度。但如果一次风量过低，会由于煤粉着火燃烧初期得不到足够的氧气而限制燃烧的发展。因此，一次风量的选择应以能满足挥发分燃烧为原则。一次风量的选择还要考虑制粉系统的要求，即应协调磨煤、干燥和输送煤粉的要求。通常，一次风量的大小是用一次风率来表示的，它是指一次风量占总风量的百分比。一次风率主要取决于燃煤种类和制粉系统形式，其推荐值见表4-1-3。

表4-1-3　一次风率的推荐范围（%）

制粉系统	无烟煤	贫煤	烟煤		褐煤
			V_{daf}≤30%	V_{daf}>30%	
乏气送粉 热风送粉	20~25	20~25 20~25	25~30 25~40	25~35	20~45

气粉混合物通过燃烧器一次风喷口截面的速度称为一次风速。一次风速过高，气粉混合物流经着火区的流量将过大，需要的着火热增多，使着火推迟，着火也不稳定。但一次风速过低，着火点离喷口太近，可能会烧坏燃烧器或引起燃烧器附近结渣、煤粉管道堵塞等故障。一次风速的推荐范围见表4-1-4。

表4-1-4　一、二、三次风速的推荐范围　（单位：m/s）

燃烧器型式		无烟煤	贫煤	烟煤	褐煤
旋流燃烧器	一次风	12~16	16~20	20~25	20~26
	二次风	15~22	20~25	30~40	25~35

（续）

燃烧器型式		无烟煤	贫煤	烟煤	褐煤
直流燃烧器	一次风	20 ~ 25	20 ~ 25	25 ~ 35	18 ~ 30
	二次风	45 ~ 55	45 ~ 55	40 ~ 55	40 ~ 60
三次风		50 ~ 60	50 ~ 60	—	—

（4）着火区的温度水平　煤粉气流在着火阶段温度较低，燃烧处于动力燃烧区，迅速提高着火区的炉温可加速着火。影响着火区炉温的因素较多，如炉膛热负荷、炉内散热条件、锅炉运行负荷等。设计中炉膛截面热负荷和燃烧器区域壁面热负荷选得较大，则燃烧器区域的炉温较高。运行时锅炉负荷降低，炉温降低，着火区温度也降低，低到一定程度时，就将危及着火稳定性，甚至造成灭火。对于固态排渣煤粉炉，在没有采取稳燃措施的条件下，其最低运行负荷一般高于70%额定负荷。在燃用低挥发分煤时，除采用热风送粉外，还常将燃烧器区域的水冷壁用铬矿砂等耐火材料覆盖，构成卫燃带，其目的是减少这部分水冷壁的吸热，提高着火区温度，改善煤粉气流的着火条件。

（5）高温烟气与煤粉的对流换热　煤粉气流着火热的主要来源是高温烟气与煤粉气流之间的对流换热。因此，应通过燃烧器的结构设计以及燃烧器在炉膛中的合理布置，来组织好炉内高温烟气的合理流动，使更多的烟气回流到煤粉气流的着火区，增大煤粉气流与高温烟气的接触周界，以增强煤粉气流与高温烟气之间的对流换热。这是改善着火性能的重要措施。

总之，要使燃烧迅速完全，必须强化着火过程。组织强烈的烟气回流和燃烧器出口附近一次风气流与烟气的激烈混合，是保证供给足够的着火热和稳定着火过程的首要条件；提高一次风温、采用适当的一次风量和风速是减少着火热的有效措施；提高煤粉细度和敷设卫燃带是使难燃煤稳定着火的常用方法。

2. 煤粉气流在燃烧区的燃烧与强化

煤粉气流一旦着火就进入燃烧中心区。在这里除少量粗煤粉接近扩散燃烧工况外，大部分煤粉处于过渡燃烧工况。因此，强化燃烧过程既要加强氧的扩散混合，又不得降低炉温。具体措施如下：

（1）合理送入二次风　煤粉气流着火后，放出大量的热，炉温迅速升高，火焰中心温度可达1500 ~ 1600℃，燃烧速度很快。一次风中的氧很快耗尽，煤粒表面缺氧将限制燃烧过程的发展。因此，及时供应二次风并加强一、二次风的混合是强化燃烧的基本途径。二次风应在煤粉气流着火后立即混入。二次风混入过早，相当于增加了一次风量，使着火热增加，着火推迟；二次风混入过迟，氧量供应不足，将使燃烧速度减慢，未完全燃烧热损失增加。二次风混入的时间与煤种和燃烧器型式有关。燃用低挥发分煤时，为了防止大量二次风的混入使炉温下降、影响燃烧，二次风应根据燃烧过程的需要分期分批送入。

（2）较高的二次风温和风速　为了加强氧的扩散和一、二次风的混合、扰动，二次风速一般高于一次风速。二次风以较高的速度喷入炉膛，可提高煤粉和空气的相对速度，增强混合，强化燃烧。但二次风速不能比一次风速大得过多，否则会迅速吸引一次风，使二次风与煤粉混合提前，影响煤粉气流的着火。二次风速应与一次风速保持一定的速度比，其最佳值取决于煤种和燃烧器型式，其推荐值列于表4-1-4中。

从燃烧角度看，二次风温越高，越能强化燃烧，并能在低负荷运行时增强着火的稳定性。但是二次风温的提高受到空气预热器传热面积的限制，传热面积越大，金属耗量就越多，不但增加投资，而且使预热器结构庞大，不便布置。二次风温度推荐值见表4-1-5。

表4-1-5　二次风温度推荐值

煤　种	无烟煤	贫煤劣质烟煤	烟煤	褐　煤	
				热风干燥	烟气干燥
二次风温/℃	380～450	330～380	280～350	350～380	300～350

(3) 合理组织炉内空气动力工况　炉膛中煤粉是在悬浮状态下燃烧，空气与煤粉的相对速度很小，混合条件不理想。为了能使煤粉与补充的二次风良好混合，除了二次风应具有较高的速度外，还应合理组织炉内空气动力工况，促进煤粉和空气混合，有效提高燃烧速度。炉内空气动力工况与炉膛、燃烧器的结构型式以及燃烧器在炉膛中的布置等有关。

(4) 保持较高的炉温　保持较高的炉温不仅是强化着火的措施，而且是强化煤粉燃烧和燃尽的有效措施。炉膛温度高，有利于对煤粉的加热，着火时间可提前，燃烧迅速，也容易燃烧完全。当然，炉膛温度也不能太高，要注意防止炉膛结渣和过多NO_x形成等问题。

图片资料
煤粉气流在燃烧区

3. 煤粉气流的燃尽与强化

大部分煤粉都在燃烧区内燃尽，只剩下少量粗炭粒在燃尽区继续燃烧。燃尽区的燃烧条件，不论可燃质浓度、氧浓度、温度水平，还是气流扰动都处于最不利的状态。因此，燃烧速度相当缓慢，燃尽过程延续很长，占据了炉膛空间很大部分。为了提高燃烧过程的完全程度，减少未完全燃烧热损失，强化燃尽过程是非常重要的。从煤粉迅速完全燃烧的条件来看，燃尽区的强化主要靠延长煤粉气流在炉内的停留时间来保证。具体措施如下：

1）选择适当的炉膛容积和高度，保证煤粉在炉内的停留时间。

2）强化着火与燃烧区的燃烧，使着火与燃烧区火炬行程缩短，在一定炉膛容积内相当于增加了燃尽区的行程，延长了煤粉在炉内的燃烧时间。

3）提高火焰在炉内的充满程度。火焰所占容积与炉膛的几何容积之比称为火焰充满程度。火焰充满程度越高，炉膛有效容积越大，可燃物在炉内的实际停留时间也越长。

4）保证煤粉细度，提高煤粉均匀度。造成固体未完全燃烧热损失的原因主要是煤粉中大颗粒的粗粉，因此细而均匀的煤粉可使煤粉完全燃烧所需时间缩短。

5）选择合适的炉膛出口过量空气系数。炉膛出口过量空气系数过小会造成燃尽困难。可根据不同的燃料和燃烧设备型式选择其最佳值。

在煤粉气流燃烧过程中，着火是良好燃烧的前提，燃烧是整个燃烧过程的主体，燃尽是完全燃烧的关键。燃烧过程的强化，在很大程度上依靠燃烧设备的合理结构和布置来实现。

自主测验
煤粉燃烧的基本原理和燃烧过程

知识点二 煤粉燃烧器

一、燃烧器的作用和分类

煤粉燃烧器是燃煤锅炉燃烧设备的主要部件。其作用是向炉内输送燃料和空气，并组织燃料和空气及时、充分混合，保证燃料进入炉膛后尽快、稳定着火，迅速、完全燃尽。

燃烧器的性能对燃烧的安全性、经济性和稳定性有很大的影响，一个性能良好的燃烧器应满足下列条件：①组织良好的空气动力场，使燃料及时着火，与空气适时混合，保证燃烧的稳定性和经济性；②有较好的燃料适应性，具有良好的调节性能和较大的调节范围，以适应煤种和负荷变化的需要；③能控制 NO_x 的生成在允许的范围内，以达到保护环境的要求；④运行可靠，不易烧坏和磨损，便于维修和更换部件；⑤易于实现远程或自动控制。

煤粉燃烧器根据出口气流的特征，可以分为直流煤粉燃烧器和旋流煤粉燃烧器两大类。出口气流为直流射流或直流射流组的燃烧器称为直流煤粉燃烧器，出口气流包含有旋转射流的燃烧器称为旋流煤粉燃烧器。直流煤粉燃烧器由于对煤种的适应性好，在我国电厂锅炉中应用非常多。旋流煤粉燃烧器在国外600MW及以上的超大容量锅炉上应用很普遍。受美国和一些欧洲国家锅炉制造技术的影响，旋流煤粉燃烧器在我国电厂锅炉中应用也越来越广泛，特别是对于燃用挥发分较高的煤种。

二、直流煤粉燃烧器

直流煤粉燃烧器的出口是由一组圆形、矩形或多边形喷口构成的。煤粉和燃烧所需空气分别由不同喷口以直流射流的形式喷入炉膛。根据流过介质的不同，喷口可分为一次风口、二次风口和三次风口。

（一）直流射流

1. 卷吸

煤粉气流以一定速度从直流燃烧器喷口射入充满炽热烟气的炉膛，由于炉膛空间相对较大，所射出的气流属于直流自由射流，当速度达到紊流状态时，则为直流紊流射流。如图4-1-2所示，射流刚从喷口喷出时，在整个截面上流速均匀并等于 w_0。射流离开喷口进入炉膛空间后，在射流与周围介质的分界面上，由于分子微团的紊流脉动而与周围介质发生了物质交换、动量交换和热量交换，这个过程称为卷吸。直流射流是从外边界卷吸高温烟气的，气流与周围静止的烟气不断碰撞，烟气被带入射流中随射流一起运动，射流截面逐渐扩大，流量逐渐增加。

直流射流从射流的外边界卷吸周围的高温烟气，而高温烟气恰好为煤粉气流提供了着火热，因此，射流卷吸能力的大小关系着着火过程的快慢。当喷口流通截面不变时，将一个大喷口分割为多个小喷口，由于射流周界面的增大，卷吸烟气量也增加。对于矩形截面的喷口，当射流的初速度与喷口的流通截面积不变时，随着喷口高宽比 h/b 的增大，射流周界面增大，卷吸能力也增大。

2. 衰减

射流速度的降低称为衰减。根据动量守恒定律，射流的任一截面上的动量不变，随着

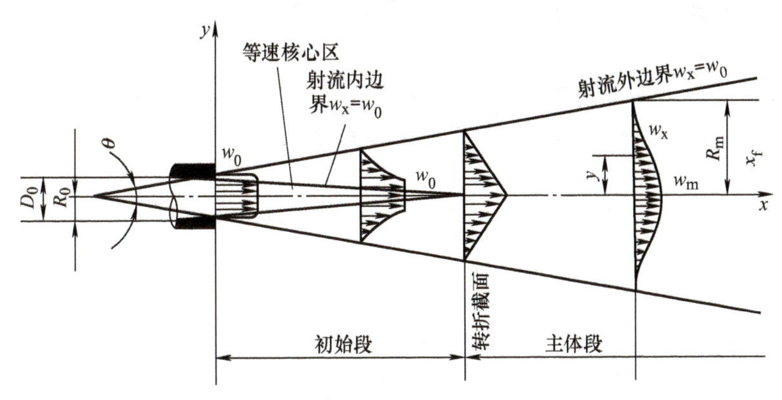

图 4-1-2 直流紊流自由射流示意图

射流流量的增加，射流速度逐渐减小。同时，由于高温烟气的不断混入，射流的温度逐渐升高，煤粉浓度却逐渐降低。

3. 扩展角

直流射流外边界形成的夹角称为扩展角。对圆形自由射流，扩展角为28°。

4. 射程

射流轴向速度 w_m 沿射流运动方向的衰减情况反映了射流在环境介质中的贯穿能力，通常用射程来表示。所谓射程，是指射流轴向速度 w_m 衰减至某一很小数值时所在截面与喷口间的距离。射程越长表示射流在烟气中的贯穿能力越强，对炉内后期混合越有利。

射程的大小与喷口截面尺寸和初速度 w_0 有关。喷口的尺寸越大，初速度 w_0 越高，则初始动量越大，射程越长。

射程大小还与喷口的高宽比 h/b 有关。当初速度与喷口截面积不变时，随着高宽比的增加，射流周界面增大，卷吸能力增强，射流衰减变快，射程变短。

5. 射流刚性

所谓刚性，是指射流在外界干扰下不改变自己流动方向的能力，即射流抗偏转的能力。

刚性大小与喷口形状和射流初速度有关。射流初速度越大，刚性越强，越不易发生偏斜。对矩形喷口，喷口高宽比 h/b 越小，刚性越好。在炉内几股射流同时存在时，刚性大的射流吸引刚性小的射流，使其偏转。

（二）直流煤粉燃烧器的布置及其炉内空气动力特性

1. 直流煤粉燃烧器的布置

目前，电厂锅炉的直流煤粉燃烧器广泛采用四角布置切圆燃烧方式。在这种燃烧方式中，直流煤粉燃烧器布置在炉膛的四个角上，四个燃烧器的几何轴线与炉膛中心的一个或两个假想圆相切，如图 4-1-3 所示。所谓切圆燃烧方式是指由燃烧器喷出的四股气流沿炉膛中心假想圆的切线方向进入炉膛后，在炉膛中心汇合形成稳定的强烈燃烧

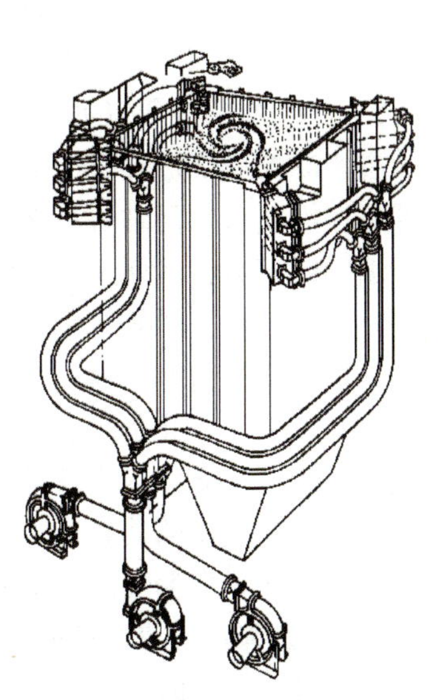

图 4-1-3 直流煤粉燃烧器的布置

的旋转火炬，同时在引风机的抽力作用下，迫使气流上升，在炉膛中形成一个螺旋上升的气流。

切圆燃烧多种布置方式

为了获得良好的炉内空气动力特性，改善煤粉气流的着火燃烧，防止火焰偏斜，很多电厂对四角切圆燃烧方式进行了改进。

视频资料 直流燃烧器

2. 切圆燃烧的炉内空气动力特性

切圆燃烧的炉内空气动力工况对煤粉的着火、燃烧和燃尽都有很大的影响，如图 4-1-4 所示。

从着火角度来看，由燃烧器喷入炉内的四股煤粉气流具有相互引燃作用，即煤粉气流向火的一侧受到上游邻角高温火焰的直接撞击而被点燃，这是煤粉气流着火的主要条件。另外，除每股煤粉气流本身还卷吸高温烟气和接收炉膛的辐射热外，气流旋转上升时由于离心力的作用向四周扩展，使炉膛中心形成负压，造成高温烟气由上到下回流到火焰根部。因此，直流煤粉燃烧器四角布置切圆燃烧的着火条件是十分理想的。

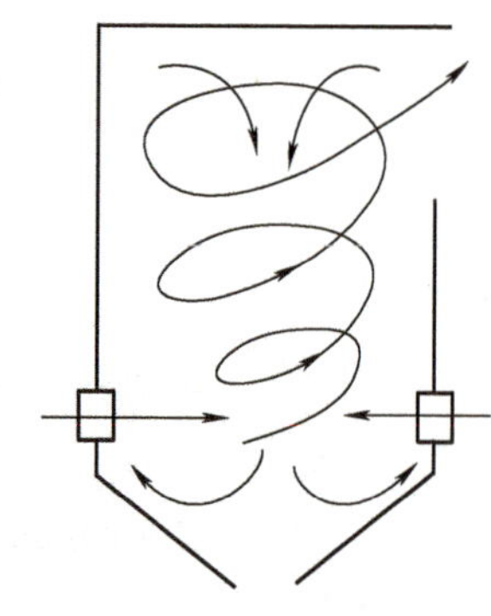

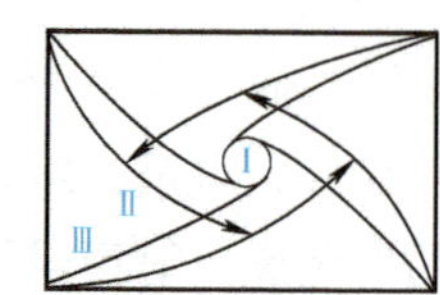

图 4-1-4　切圆燃烧的直流燃烧器空气动力特性

Ⅰ—无风区　Ⅱ—强风区

Ⅲ—弱风区

从燃烧角度来看，直流煤粉燃烧器喷入炉膛内的四股气流绕着中心的假想切圆旋转，并在炉膛中心形成一个高温旋转火球。强烈的旋转作用能增强炉膛内的扰动，加速煤粉与空气的混合，使煤粉气流的燃烧更加迅速完全。所以，煤粉气流的燃烧条件也是理想的。

从燃尽角度来看，由于在炉膛中心形成的气流是旋转扩散上升的，这大大提高了火焰在炉膛内的充满程度，使炉膛的有效容积增大，从而延长了可燃物在炉膛内的停留时间。因此，切圆燃烧也为煤粉的燃尽提供了非常有利的条件。

由于直流煤粉燃烧器切圆燃烧方式创造了良好的着火、燃烧、燃尽条件，因而对煤种具有很好的适应性，尤其能适应低挥发分煤种的燃烧。因此，这种方式在我国大中型煤粉锅炉中得到了普遍应用。

3. 一次风煤粉气流的偏斜

在实际的燃烧过程中，从燃烧器喷口出来的气流并不能保持沿喷口几何轴线方向前进，而会出现一定程度向炉墙侧的偏斜，从而使气流的实际切圆直径总是大于假想切圆直径，如图 4-1-5 所示。由于一次风煤粉气流动量最小、刚性最差，因此一次风煤粉气流偏斜也最厉害。另外，结渣往往是由于一次风煤粉气流贴壁冲墙而造成的，所以从避免水冷壁结渣的角度来看，应尽量减小一次风煤粉气流的偏斜。

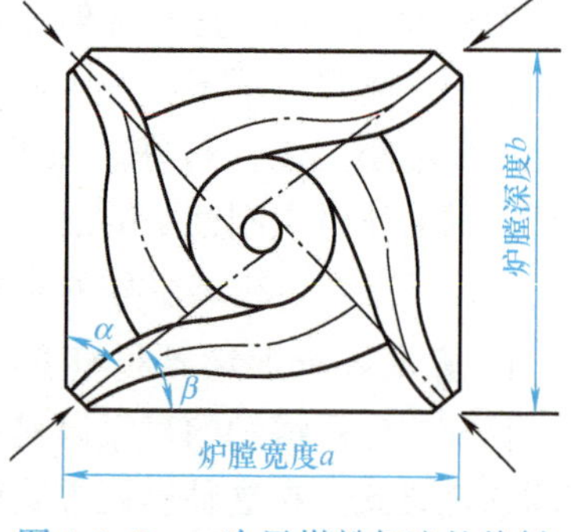

图 4-1-5　一次风煤粉气流的偏斜

影响一次风煤粉气流偏斜的主要因素如下：

1）上游邻角气流的横向推力和一次风射流的刚性。切圆燃烧的炉膛中，各组射流的旋转动量矩会对下游射流产生一定的横向推力，推动射流旋转，同时也迫使下游射流向炉墙一侧偏斜。推力的大小取决于上游射流的总动量，其中主要是二次风的动量。而一次风射流本身的动量或一次风射流的刚性是维持气流不偏斜的内在因素，一次风动量越大、刚性越强，它抗偏斜的能力越强，射流的偏斜也就越小。

因此，增加一次风的动量或减小二次风的动量，即降低二次风与一次风的动量比可减轻一次风的偏斜。然而，二次风动量的降低对燃烧不利，特别是对于大容量锅炉，为加强炉内气流的扰动和不使燃烧器高度过高，二次风速也相应加大，但一次风速受着火条件的限制不能相应提高。这样，一、二次风动量间的差距也随之加大，将使一次风煤粉气流的偏斜加剧。因此，对于大容量锅炉，一、二次风动量比的选择更应加以重视。

2）燃烧器的结构特性。燃烧器的高宽比或一次风喷口的高宽比越大，射流的卷吸能力就越强，其速度衰减也越快，整组射流的刚性及一次风射流的刚性就相应降低，一次风射流的偏斜也将越严重。随着机组容量增大，燃烧器的高宽比势必也将增大，就更易于造成气流偏斜。所以，对于大容量锅炉，一般将每个角上的燃烧器沿高度方向分成2~3组，各组之间留有空隙，空隙的高度不小于燃烧器喷口的宽度。空隙相当于压力平衡孔，以此来减小射流两侧因补气条件差异造成的压差，减轻气流的偏斜。由此可见，当衡量燃烧器结构对气流偏斜的影响时，除了燃烧器高宽比外，还应考虑燃烧器喷口的排列密度。显然，排列密度越小，气流偏离本身轴线方向的程度就越轻。

3）射流两侧的补气条件。由于喷入炉膛内的射流与两侧炉墙的夹角 α、β 不相等（图4-1-5），当射流从两侧卷吸烟气时，在周围形成负压区，炉膛中的烟气就向负压区补充。其中向火侧（α 侧）受到邻角气流的撞击，补气充裕，压力较高；而背火侧（β 侧）补气条件差，压力较低。因此造成 α 侧的静压高于 β 侧，在此压差作用下，迫使射流向 β 侧偏转。当炉膛宽深比 $a/b<1.1$ 时，补气条件的差异不大，造成的影响可以忽略；但当 $a/b>1.2$ 时，补气条件就会显著不同。因此，采用正方形炉膛或接近正方形的炉膛可减轻由于补气条件不同而造成的一次风煤粉气流的偏斜。

切圆燃烧是造成 α、β 不相等的另一个原因，炉膛内实际切圆直径远比设计值大。切圆直径越大，α、β 相差越多，一次风射流的偏斜也越大，严重时会引起气流贴壁冲墙，水冷壁结渣。切圆直径太小，又不利于煤粉气流的着火、燃烧和燃尽。因此，从防止结渣的角度来看，切圆直径宜小些为好，但若从有利于着火和燃尽方面考虑，则希望切圆直径大些。对于大容量锅炉，由于燃烧器高度较高，气流刚性变差，为使气流不产生贴壁冲墙，切圆直径倾向于取较小的数值。

（三）直流煤粉燃烧器的配风型式

根据燃烧器中一、二次风喷口的布置情况，直流煤粉燃烧器大致可分为两种，即均等配风直流煤粉燃烧器和分级配风直流煤粉燃烧器。

1. 均等配风直流煤粉燃烧器

均等配风方式是指一、二次风喷口上下相间布置或左右并排布置，即在两个一次风喷口之间均等布置一个或两个二次风喷口，或者在每个一次风喷口的背火侧均等布置二次风喷口。

在均等配风方式中，由于一、二次风喷口间距相对较近，一、二次风自喷口流出后能很快混合，使煤粉气流着火后能及时获得空气而不致影响燃烧，故一般适用于挥发分含量较高的烟煤和褐煤，所以又称为烟煤-褐煤型直流燃烧器。

典型的均等配风直流煤粉燃烧器喷口布置方式如图4-1-6所示。

图4-1-6a所示为燃烧烟煤的均等配风直流燃烧器。烟煤挥发分高，容易着火和燃烧，

所以，一次风煤粉气流着火后应尽快混合二次风，为进一步燃烧提供氧气。其次，一、二次风喷口间隔布置，喷口间距较小，有利于一、二次风较早混合。一、二次风喷口可以做成固定不动或者上下摆动，上下摆动范围为 ±20°。摆动式燃烧器可以通过改变一、二次风喷口的倾角来改变一、二次风混合的时机，以适应不同煤种的需求，还可以用来调整火焰中心位置。在二次风喷口内部装设油喷嘴，必要时可以烧油。

图 4-1-6b 所示为侧二次风均等配风，即在一次风喷口的外侧平行布置二次风喷口。一次风布置在向火侧，有利于煤粉气流卷吸高温烟气和接受邻角燃烧器火炬的加热，从而改善了煤粉着火。二次风布置在一次风的背火侧，可以在炉墙和一次风之间形成一层空气幕，防止煤粉火炬贴墙和粗粉离析，还可在水冷壁附近区域保持氧化气氛，不致使灰熔点降低，避免水冷壁结渣。此外，这种并排布置减小了整组燃烧器的高宽比，可以增加气流的穿透能力，有利于燃烧的稳定和完全。这种燃烧器适用于难着火、易结渣的贫煤和劣质烟煤。

图 4-1-6c、d 所示为适用于褐煤的直流燃烧器。褐煤挥发分高，灰分也高，灰熔点低，容易结渣，因此，燃烧褐煤时要控制炉内温度稍低一些。一次风喷口可适当拉开距离，大容量的燃烧器可采用分层布置，并且层与层之间也要拉开一定的距离，如图 4-1-6d 所示，使煤粉不过于集中喷入炉膛，分散火焰中心。在一次风口内部安装十字形排列的二次风管，称为十字风，不但可以冷却一次风喷口，还可以将一次风喷口一分为四，提高了煤粉和气流分布的均匀程度。

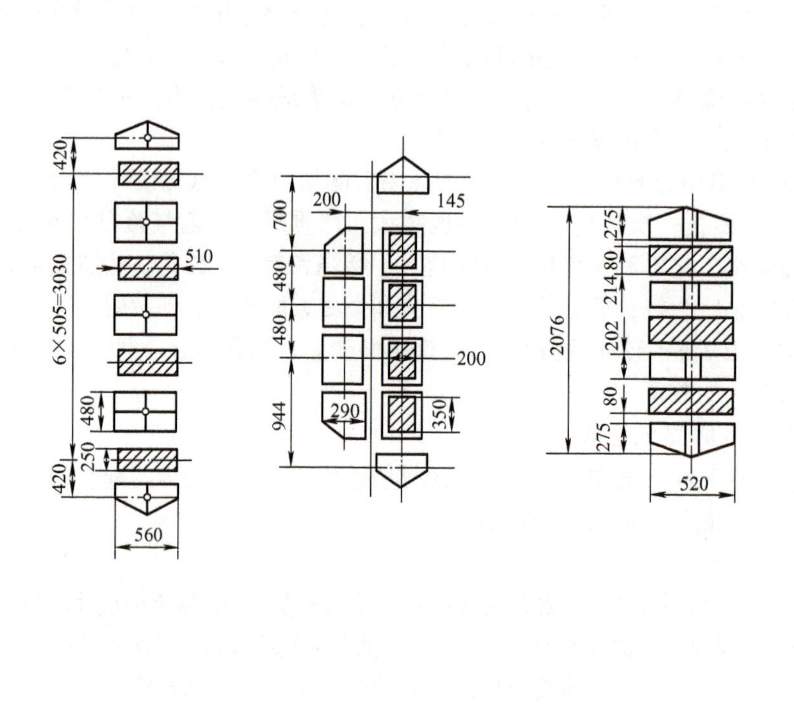

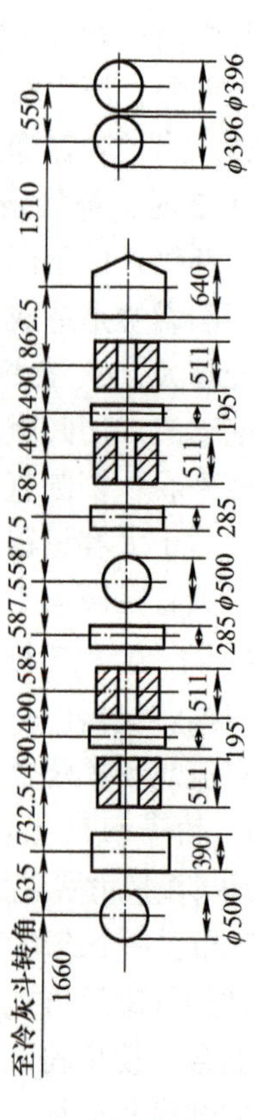

a) 适用于烟煤　b) 适用于贫煤和烟煤　c) 适用于褐煤　d) 适用于褐煤

图 4-1-6　均等配风直流煤粉燃烧器

2. 分级配风直流煤粉燃烧器

分级配风是指把燃烧所需的二次风分级、分阶段地送入燃烧的煤粉气流中，即将一次风喷口较集中地布置在一起，而二次风喷口分层布置，且一、二次风喷口之间保持较大的距离，以便控制一、二次风在炉内的混合点，使二次风不会过早、过多地混入一次风中，以提高一次风着火的稳定性。此种燃烧器适用于挥发分含量较低的无烟煤、贫煤和劣质烟煤，所以又称为无烟煤型直流燃烧器。

典型的分级配风直流煤粉燃烧器喷口布置方式如图 4-1-7 所示。

针对低挥发分煤种着火难的问题，分级配风直流煤粉燃烧器在设计和布置上具有以下特点：

1）一次风喷口呈高宽比较大的狭长形，这样可以增大煤粉气流与高温烟气的接触面，增强对高温烟气的卷吸能力，有利于煤粉气流的着火。但高宽比不宜过大，否则，过于狭长的射流刚性减弱，会在炉膛内发生贴墙流动而造成水冷壁结渣。

2）一次风喷口集中布置，可增强一次风气流的刚性和贯穿能力，从而减轻火焰偏斜，并加强煤粉气流的后期混合和扰动，同时，还可使煤粉燃烧放热集中，火焰中心温度提高，有利于煤粉迅速稳定地着火。

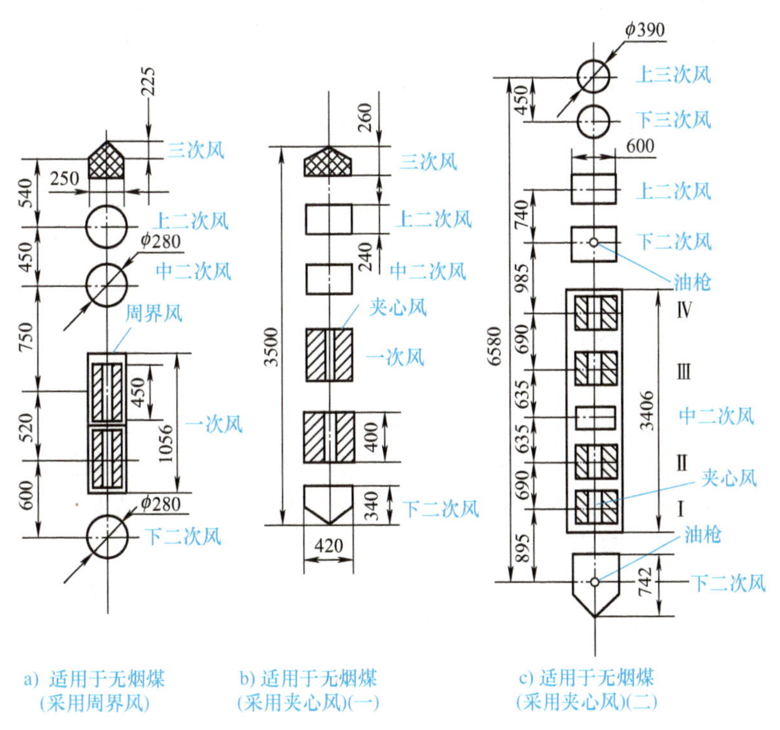

图 4-1-7　分级配风直流煤粉燃烧器

3）一、二次风喷口间距较大，这样可使二次风混入一次风的时间较晚，对无烟煤和劣质烟煤的着火有利。

4）二次风分层布置，按着火和燃烧的需要分级、分阶段地将二次风送入一次风中，这样既有利于煤粉气流的前期着火，又有利于煤粉气流的后期燃烧。

5）由于该型燃烧器主要适用于挥发分含量较少的无烟煤、贫煤、劣质烟煤，为了提高着火的稳定性，制粉系统大都采用热风送粉，即将细粉分离器分离出来的乏气作为三次风由单独的喷口送入炉膛，进行回收利用。由于乏气温度低（约100℃）、水分高、煤粉浓度小，为了不影响主煤粉气流的着火燃烧，将三次风喷口布置在燃烧器最上方，与一次风喷口拉开距离且有一定的下倾角度（7°~15°），以增加三次风在炉内的停留时间，有利于三次风中煤粉的燃尽。此外，三次风一般采用较高的风速（50~60m/s，见表4-1-4），使其能穿透高温烟气进入炉膛中心，加强炉内气流的扰动和混合，加速煤粉的燃尽。

3. 直流煤粉燃烧器各层二次风的作用

1）下二次风。下二次风的作用是托住煤粉气流中的粗粉，防止煤粉离析，减少固体不完全燃烧热损失，同时提供下排煤粉气流燃烧所用氧气。在固态排渣煤粉炉中它占的比重较小。

2）中二次风。中二次风的作用是提供燃烧阶段所需要的氧气和对煤粉气流进行湍流扰动。在均等配风方式中它占的比重较大。

3）上二次风。上二次风的作用是为上排煤粉气流及未燃尽的煤粉提供氧气。在分级配风中它所占的百分比最高，是煤粉燃烧和燃尽的主要风源。

4）燃尽风。大容量锅炉中，为减少炉内过多的NO_x的生成，将15%的理论空气量从燃尽风口送入燃烧器顶部。燃尽风口一般分两层布置于整组燃烧器的最上方（在三次风喷口之上），并且与主燃烧器区有一定的距离。燃尽风的作用主要有：给燃尽区中未燃尽的煤粉继续燃烧提供空气，因而称为燃尽风；炉膛内实现分级燃烧，以抑制NO_x的形成；运行中可以根据工况需要在0%~15%范围内调整燃尽风的量。燃尽风一般沿与主气流旋转方向相反的假想切圆喷入炉膛内，这样可降低炉膛出口处烟气的残余旋转，减轻由烟道两侧的烟温偏差形成的热偏差，所以又可称为偏转二次风或消旋二次风。

5）周界风和夹心风。在分级配风方式中，一次风喷口集中布置，着火区煤粉高度集中，可能造成着火区供氧不足，延缓燃烧进程；一次风喷嘴附近为高温区，喷嘴易变形，使喷嘴出口附近气流速度分布不均，容易出现空气、煤粉分层现象。为了消除这种现象，有时将一次风分割成多股小射流，使气流扰动增强，提高着火的稳定性。此时，在一次风喷口的周围或中间还布置有一股二次风，分别称为周界风和夹心风，如图4-1-7所示。

周界风的作用：冷却一次风喷口，防止燃烧器烧坏或变形；为煤粉火焰外边缘提供氧气，由于直流煤粉火焰的着火首先从外边缘开始，火焰外围易出现缺氧现象；周界风量较小时，有利于着火的稳定，周界风量太大，相当于二次风过早混入一次风，对着火不利；增强气流刚性，防止气流偏斜；高速周界风有利于卷吸高温烟气，促进着火。周界风量过大或风速过小时，会在煤粉气流和高温烟气之间形成“屏蔽”，反而阻碍加热煤粉气流。

夹心风的作用：补充火焰中心的氧气，降低着火区的温度，加速外缘火焰向火焰中心的传播；增强气流刚性，防止气流偏斜；夹心风速较大时，一次风射流扩展角减小，可以减轻或避免煤粉气流贴壁形成结渣；可作为变煤种、变负荷的燃烧调整手段之一。

周界风或夹心风主要是用来解决煤粉气流高度集中时着火初期的供氧问题，其风量占二次风量的10%~15%。实际运行中，由于漏风，周界风或夹心风的风率可达20%以上。在燃用无烟煤、贫煤或劣质煤时，周界风或夹心风的速度较高，为50~60m/s；在燃用烟煤时，周界风的速度为30~40m/s，主要是为了冷却一次风喷口。

对于燃烧褐煤的燃烧器，一次风喷口上一般还布置有十字风，其作用类似于夹心风。实践表明，周界风和夹心风使用不当，会对着火稳定产生不利的影响。

（四）典型直流煤粉燃烧器

燃煤锅炉在冷态启动、低负荷运行及燃用低挥发分的无烟煤、贫煤和劣质煤时，稳定煤粉气流的着火燃烧是突出问题。增强烟气回流和提高一次风煤粉浓度是稳定燃烧、节约燃油最易于实现的可行方案。为此，国内外研制开发了许多新型的煤粉燃烧器。

1. 浓淡型煤粉燃烧器

所谓浓淡型煤粉燃烧器，就是利用离心力或惯性力将一次风煤粉气流分成浓煤粉和淡煤粉两股气流，然后分别通过不同的喷口进入炉膛内燃烧。在直流煤粉燃烧器上，使煤粉浓缩的方式主要有管道转弯分离浓缩和百叶窗锥形轴向分离浓缩。

采用浓淡分离型煤粉燃烧器，对煤粉火焰的稳燃有许多积极作用。提高煤粉浓度相当于减少了这部分浓煤粉的一次风量，可降低煤粉气流的着火热。煤粉浓度提高后，析出的挥发分的浓度也较高。同时，煤粉浓度的提高可降低着火温度。因此，浓煤粉比淡煤粉容易着火。

图4-1-8所示是美国燃烧工程公司设计的WR（Wide Range）直流煤粉燃烧器的结构。该燃烧器是利用一次风入口弯头对煤粉进行浓淡分离。煤粉气流通过入口弯头转弯时，在离心力作用下形成浓淡两股，上部为含粉较多的浓煤粉气流，下部为含粉较少的淡煤粉气流。在一次风口内装有一个V形扩流锥（图4-1-8b）或波形扩流锥（图4-1-8c）。扩流锥的作用是使喷口外的一次风气流形成一个回流区，使高温烟气不断回流到煤粉火炬的根部。这些都有利于煤粉气流的着火和在低负荷下保持燃烧稳定。扩流锥装在煤粉管道内，有一次风煤粉气流连续流过，所以不易烧坏。此外，该燃烧器一次风喷口上下布置有边风，其风量在运行中可以调节。由于该燃烧器能在较大范围内适应煤种及负荷变化，所以称为直流式宽调节比摆动式燃烧器，目前已在我国大容量锅炉上广泛使用。

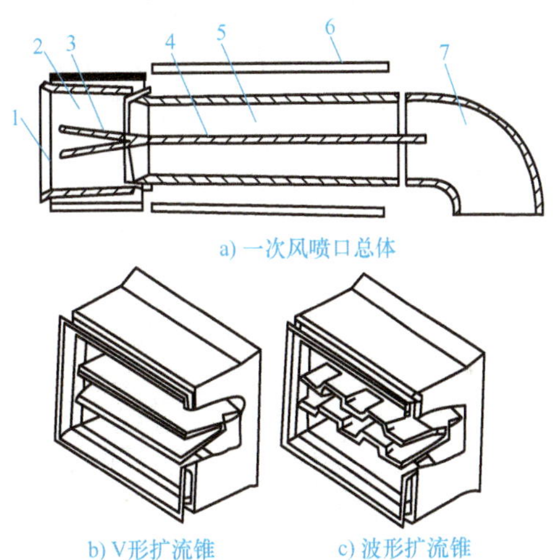

图4-1-8 WR直流煤粉燃烧器的结构

1—阻挡板 2—喷嘴头部 3—扩流锥 4—水平肋片 5—一次风管；6—燃烧器外壳 7—入口弯头

2. 稳燃腔煤粉燃烧器

稳燃腔煤粉燃烧器是由华中科技大学在钝体燃烧器的基础上研制的，已成功应用于数十台不同容量的煤粉锅炉，适用于燃烧烟煤、贫煤和无烟煤。锅炉最低不投油稳燃负荷为额定负荷的40%～50%。

钝体燃烧器是由华中科技大学研制和开发的，它是燃用低挥发分煤种的直流燃烧器的一种改进，其喷口布置和工作原理如图4-1-9所示。钝体燃烧器是在常规的一次风喷口外安装一个钝体（非流线型物体），一次风煤粉气流流过钝体后，在钝体的尾迹区形成回流旋涡，回流旋涡将炽热的高温烟气带回钝体附近，可使尾迹中温度达900℃以上。同时，煤粉气流从一次风喷口喷出遇到钝体后，由于惯性作用，大量的煤粉颗粒在尾迹区边缘附近集中。在尾迹区边界的煤粉浓度比原一次风中的煤粉浓度大1.2～1.5倍，形成一个高煤粉浓度区域。这个区域与高温区同在回流区附近，使得钝体后的回流区附近成为煤粉气流的一个稳定着火点。此外，在钝体的导流作用下，一次风射流的扩展角也有显著增大，射流外边界卷吸高温烟气的能力也有所增加。这些都给燃料的着火和火焰的稳定创造了有利条件。因此，这种燃烧器能较好地适用于无烟煤、贫煤和劣质煤的燃烧。

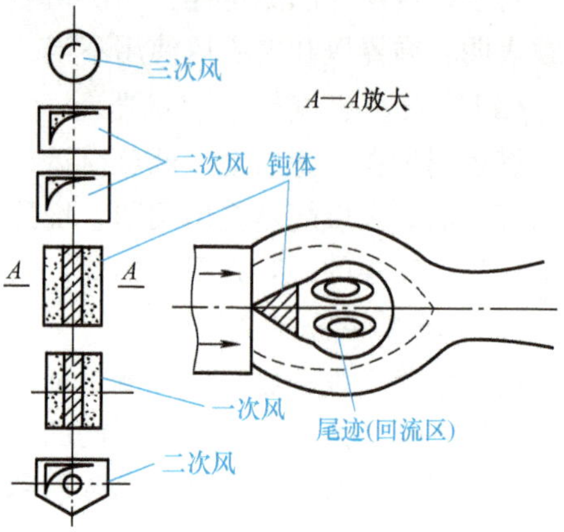

图4-1-9 钝体燃烧器示意图

三、旋流煤粉燃烧器

旋流煤粉燃烧器出口截面的形状为圆形，故又称为圆形燃烧器。其中，一次风煤粉射流可为直流射流或旋转射流，二次风射流都为绕燃烧器轴线旋转的旋转射流。

视频资料
旋流燃烧器

（一）旋转射流

利用旋流器产生旋转运动的气流射入炉膛后，失去了燃烧器通道壁面的约束，在离心力的作用下向四周扩散，形成辐射状空心紊流旋转射流，如图4-1-10所示。与直流射流相比，旋转射流有许多特点。

a) 旋转射流示意图　　b) 射流卷吸和混合示意图

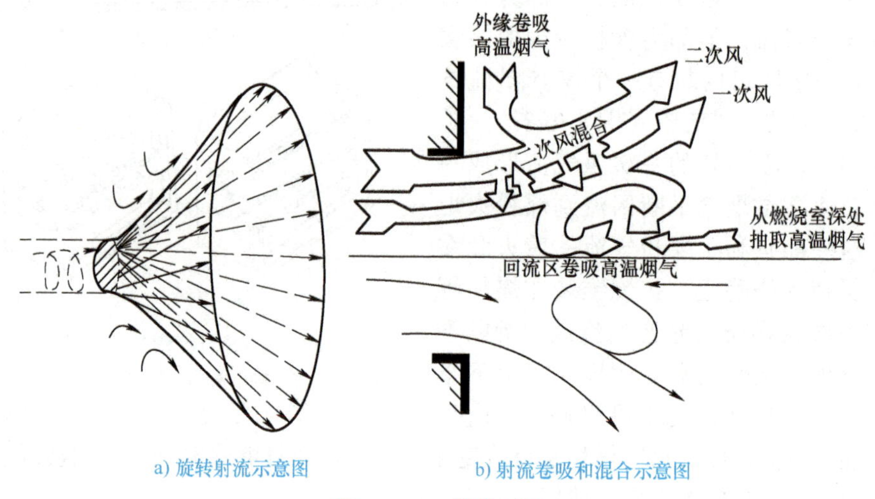

图4-1-10 旋转射流

1. 具有内、外两个回流区

旋转射流除具有与直流射流相同的轴向速度 w_a 和径向速度 w_r 外，还有使气流旋转的切向速度 w_t，如图4-1-11所示。气流旋转的结果是在射流中心产生一个低压区，特别是轴线附近的速度反而小，而且常是负值，这将吸引中心部分的烟气沿轴线反向运动，在旋转射流内部产生内回流区。这样，旋转射流就从内外两个边界卷吸高温烟气，这对煤粉的着火十分有利，特别是内回流区是煤粉气流着火的主要热源。

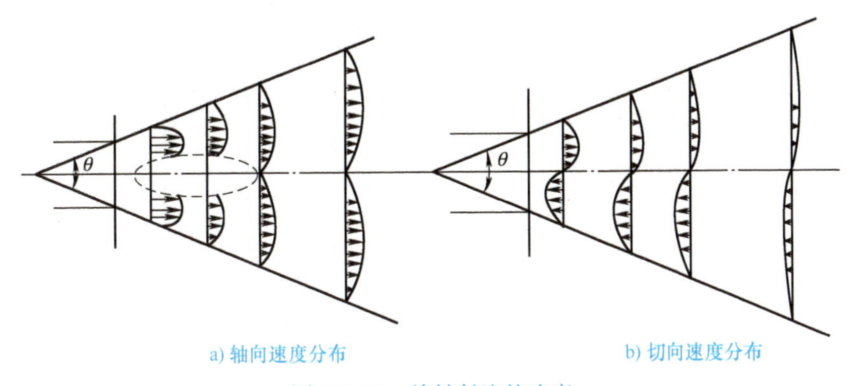

a) 轴向速度分布　　b) 切向速度分布

图 4-1-11 旋转射流的速度

2. 射流衰减快、射程短

由于旋转射流从内、外两侧卷吸周围介质，因而射流的流量增加较快，扩展角 θ 也比直流射流大，各速度的衰减也加快。其中，切向速度 w_t 的衰减比轴向速度 w_a 的衰减更快。由于旋转射流轴向速度 w_a 的衰减比直流射流的快，因而在相同的初始动量下，旋转射流的射程比直流射流的射程短。

3. 旋转强度影响射流工况

射流的流动工况与其旋转强烈程度有关，通常用旋转强度 n 来表示，其定义为

$$n = \frac{M}{pL} \tag{4-1-2}$$

式中 M——气流的切向旋转动量矩；

p——气流的轴向动量；

L——燃烧器喷口的特性尺寸。

旋转强度的变化，对射流的回流区、扩展角和射程等也有一定的影响。随着旋转强度的增大，扩展角增大，回流区和回流量也随之增大，而射流衰减却加快，射程也缩短，初期混合增强，但后期混合减弱。

旋转强度的选取主要依据燃煤特性，同时考虑炉膛形状、尺寸和燃烧器布置方式等。对容易着火的煤，不需要过多的烟气来加热煤粉气流，故旋转强度可选得小些；对难着火的煤，则旋转强度应选得大些。当然，旋转强度也不宜过大，当旋转强度增加到一定程度时，射流会突然贴墙，即扩展角 $\theta = 180°$，这种现象称为气流飞边现象。飞边会造成喷口和水冷壁结渣，甚至烧坏燃烧器。

（二）旋流煤粉燃烧器的布置及其炉内空气动力特性

1. 旋流煤粉燃烧器的布置

图片资料 旋流燃烧器

我国固态排渣煤粉炉上，旋流煤粉燃烧器采用的布置方式主要有前墙布置、两面墙对冲或交错布置，此外，还有炉底布置和炉顶布置等，如图 4-1-12 所示。

燃烧器前墙布置时，燃烧器沿炉膛高度方向布置成一排或几排，火焰呈 L 形；燃烧器前后墙或两侧墙对冲或交错布置时，燃烧器沿炉膛高度方向也布置成一排或几排，火焰呈双 L 形；燃烧器炉顶布置时，火焰呈 U 形，由于这种方式引向炉顶燃烧器的煤粉管道特别长，故很少应用；燃烧器炉底布置只在少数燃油锅炉或燃气锅炉中采用。

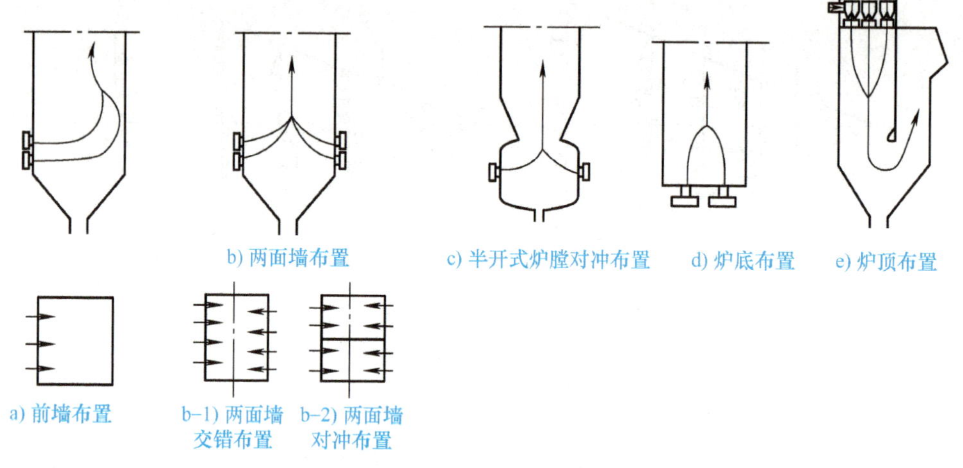

图 4-1-12 旋流煤粉燃烧器布置

2. 墙式燃烧的炉内空气动力特性

旋流煤粉燃烧器出口气流是由一、二次风组成的共轴复合气流，由于旋转的二次风动量大，即使一次风为直流射流，也会被二次风带动一起旋转，使复合气流仍为旋转射流。

各旋流燃烧器在炉膛内形成的空气动力特性基本上是独立的，它主要取决于燃烧器本身的结构和工况参数的选择，燃烧器彼此之间的影响是次要的。因而，燃烧过程的稳定性和经济性主要取决于单个燃烧器的工作。为了防止炉膛内火焰偏斜，并使炉膛内各受热面的热负荷趋于均匀，国内都习惯将各燃烧器出口总气流的旋转方向对称布置，即使相邻两燃烧器的气流旋转方向相反。

（1）前墙布置的炉内空气动力特性　燃烧器为前墙布置时，从每个燃烧器射出的旋转射流最初是独立扩散的，炉内射流衰减快，在炉膛前上部和底部形成两个非常明显的停滞旋涡区，如图 4-1-13a、b 所示。燃烧器多排布置时形成的停滞旋涡区要比单排时小些。

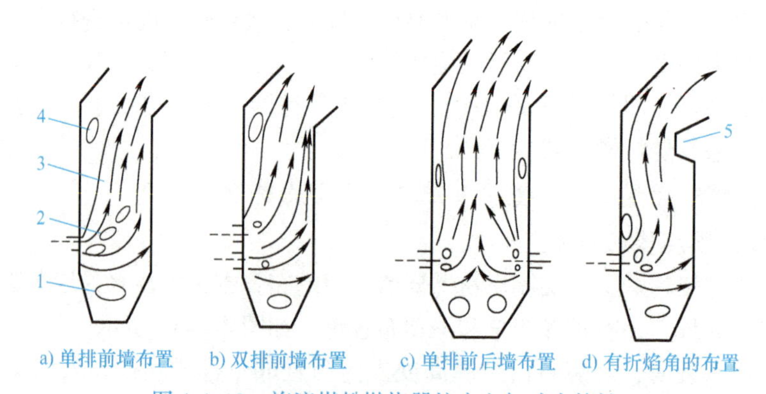

图 4-1-13 旋流煤粉燃烧器炉内空气动力特性

1、4—停滞旋涡区 2—回流区 3—火炬 5—折焰角

前墙布置的优点是：磨煤机可以布置在炉前，煤粉管道较短且形状、尺寸大体一致，这样可使分配到各燃烧器的煤粉均匀些，沿炉膛宽度方向烟气温度偏差小一些。其缺点是：整个炉内火焰扰动较弱，特别是燃烧后期混合较差；炉膛内形成的停滞旋涡区明显，火焰在炉膛中充满程度不佳；如果调节不当，前墙的燃烧火炬可能直冲后墙，造成后墙水冷壁结渣。为了提高这种布置的火焰充满程度，一般在后墙上部设置了折焰角结构，如图 4-1-13d 所示。

（2）两面墙布置的炉内空气动力特性　旋流煤粉燃烧器的两面墙布置可分为两面墙对冲布置和两面墙交错布置，其炉内空气动力特性如图 4-1-13c 所示。

当燃烧器两面墙对冲布置时，两方火炬在炉膛中央相互撞击后，气流的大部分向炉膛上方运动，只有少部分气流下冲到冷灰斗内，并在其中形成停滞旋涡区。如果对冲的两个燃烧器负荷不对称，炉内高温火焰将偏斜，导致偏斜侧水冷壁结渣。

当燃烧器两面墙交错布置时，由于两方炽热火炬相互穿插，使得炉膛上部的停滞旋涡区基本消失，这就提高了炉内火焰的混合和充满程度。

上述两种布置方式的缺点是：风粉管道的布置比采用前墙布置时复杂；锅炉低负荷运行或切换磨煤机停用部分燃烧器时，沿炉膛宽度方向容易产生烟温偏差，影响炉膛出口受热面的工作状况；不布置燃烧器的两面墙，其水冷壁中部热负荷偏高，容易引起结渣。

（三）旋流煤粉燃烧器的型式

旋流燃烧器型式

旋流煤粉燃烧器是利用旋流装置使气流产生旋转运动的，其中所采用的旋流装置有蜗壳、切向叶片和轴向叶片等。旋流煤粉燃烧器出口气流可以是几个同轴的旋转射流的组合，也可以是旋转射流和直流射流的组合（即一次风可为直流射流或旋转射流）。旋流煤粉燃烧器按采用的旋流器型式不同，可分为蜗壳式和叶片式。后者目前在大型锅炉上应用较多。

知识拓展：危险点分析

煤粉通过燃烧器进入炉膛，一次风压及温度很重要，若一次风压低了，容易发生煤粉在燃烧器出口很近的地方就开始燃烧，导致烧损燃烧器；若一次风压高了，燃烧不好、不经济。

自主测验
煤粉燃烧器

知识点三　煤粉炉炉膛及“W”型火焰锅炉

煤粉炉按排渣方式的不同分为两类：一类是将煤粉燃烧后形成的灰渣在固体状态下排放出锅炉，称为固态排渣煤粉炉；另一类是将灰渣在熔融的液体状态下排放出锅炉，称为液态排渣煤粉炉。

国内燃煤电厂锅炉一般采用固态排渣方式。只对那些发热量较高、灰分不太多，而在固态排渣炉上容易结渣的低灰熔点煤和某些反应能力较低的无烟煤才考虑采用液态排渣方式。故这里仅针对固态排渣煤粉炉进行介绍。图 4-1-14 所示为固态排渣煤粉炉的形状及温度分布。

一、固态排渣煤粉炉的炉膛

（一）炉膛的作用、要求和形状

煤粉炉的燃烧设备主要由炉膛（或称燃烧室）、燃烧器和点火装置组成。炉膛既是煤粉燃烧的空间，又是锅炉的换热部件。它设计的好坏是锅炉运行的安全性、经济性的先决条件之一。因此，炉膛设计应满足以下几点要求：

1）应具有足够的空间和合理的形状，以便组织燃料在炉内稳定着火和完全燃烧，减小不完全燃烧热损失。

2）要有合理的炉内温度场和良好的炉内空气动力特性，既能保证火焰的充满程度，减少炉内停滞旋涡区，又要避免火焰冲撞炉墙，或局部温度过高，防止炉膛水冷壁结渣，还要尽可能减少污染物的生成量，保护环境。

3）应能布置足够数量的辐射受热面，将炉膛出口烟温降到允许的数值，以保证炉膛出口及其后的受热面不结渣。

4）炉膛结构紧凑，金属及其他材料用量少，便于制造、安装和检修，同时，对煤质和负荷的变化有较好的适应性，能保证连续运行的可靠性。

动画资料
锅炉炉膛

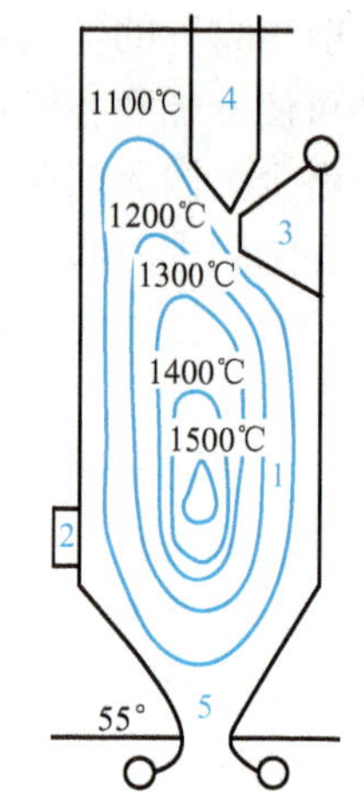

图 4-1-14　固态排渣煤粉炉的形状及温度分布

1—等温线　2—燃烧器　3—折焰角　4—屏式过热器　5—冷灰斗

炉膛的形状、尺寸与燃料种类、燃烧方式、燃烧器布置及火焰的形状和行程等一系列因素有关。固态排渣煤粉炉的炉膛是一个由炉墙围成的空间，如图 4-1-14 所示。大容量锅炉的炉顶都采用平炉顶结构，高压以上锅炉一般在炉顶布置有顶棚过热器。炉底是由前后墙水冷壁弯曲而成的倾斜冷灰斗，为了便于灰渣自动滑落，冷灰斗斜面的水平倾角应在 50°以上。炉膛上部空间悬挂有屏式过热器，炉墙四壁布满了水冷壁。炉膛后上方为烟气出口，“Π”型锅炉的炉膛出口下方有部分后墙水冷壁弯曲而成的折焰角（俗称鼻子），大容量锅炉折焰角的深度为炉膛深度的 20% ~30%。

图片资料
炉膛

现代大容量锅炉炉膛的高度远大于宽度和深度，其水平截面形状与燃烧器的布置方式有关。对于直流燃烧器四角切圆布置的锅炉，要求炉膛水平截面采用正方形或接近正方形（宽深比≤1.2）；而采用旋流燃烧器时，炉膛横截面呈长方形，其宽深比可按燃烧器的需要选定。在决定炉膛宽度时，应使炉膛宽度能适应过热器、再热器和尾部受热面布置的需要；对于自然循环锅炉，炉膛宽度还应能满足与汽包长度相匹配的需要。

在固态排渣煤粉炉炉膛中，煤粉和空气在炉内强烈燃烧，火焰中心温度可达 1500℃以上，灰渣处于液态。由于水冷壁的吸热，烟温逐渐降低，在水冷壁及炉膛出口处的烟温一般冷却至 1100℃左右，烟气中的灰渣冷凝成固态。冷灰斗部分的温度则更低，正常运行时一般不会发生结渣现象。燃烧生成的灰渣中 80% ~90% 为飞灰，它们随烟气向上流动，经屏式过热器进入对流烟道，剩下 5% ~20% 的粗渣粒落入冷灰斗。

（二）炉膛热力特性

描述炉膛热力特性的参数主要有炉膛容积热负荷、炉膛断面热负荷、燃烧器区域壁面热负荷。这些特性参数是设计时确定合理炉膛结构的重要指标，它们与锅炉运行的经济性和安全可靠性密切相关。

1. 炉膛容积热负荷 q_V

炉膛容积热负荷是指在单位时间内、单位炉膛容积内燃料燃烧释放的热量，即

$$q_V = \frac{BQ_{ar,net,p}}{V_1} \tag{4-1-3}$$

式中 B——燃料消耗量（kg/h）；

$Q_{ar,net,p}$——燃料收到基低位发热量（kJ/kg）；

V_1——炉膛容积（m^3）。

炉膛容积是由炉膛容积热负荷来决定的。对于一定参数、一定容量的锅炉，单位时间燃料在炉内的放热量 $BQ_{ar,net,p}$ 是一定的，因此，q_V 取得大，炉膛容积 V_1 就小；q_V 取得小，炉膛容积 V_1 就大。

q_V 在一定程度上反映了煤粉和烟气在炉内停留时间的长短和出口烟气被冷却的程度。q_V 过大，炉膛容积 V_1 相对小，煤粉在炉内停留时间短，燃烧可能不完全，同时，由于炉膛容积 V_1 相对小，炉内所能布置的受热面少，烟气冷却不够，可能引起炉膛出口受热面结渣。相反，如果 q_V 过小，炉膛容积 V_1 相对过大，不仅会使锅炉造价和金属耗量增加，还会导致炉膛温度过低，燃烧速度慢，燃烧不完全。对固态排渣煤粉炉，q_V 为 90 ~ 200kW/m^3。对燃用高挥发分、低灰分的优质烟煤的锅炉，由于其燃烧速度快，q_V 较无烟煤和褐煤的大。随着锅炉容量的增加，炉膛表面积增加总是小于炉膛容积的增加，为保证烟气足够冷却，大容量锅炉的 q_V 值要比中小容量的 q_V 值要小一些。

2. 炉膛断面热负荷 q_A

炉膛断面热负荷是指在单位时间内、单位炉膛横截面积上燃料燃烧放出的热量，即

$$q_A = \frac{BQ_{ar,net,p}}{A_1} \tag{4-1-4}$$

式中 A_1——炉膛横截面积（m^2）。

炉膛的大体形状常由炉膛断面热负荷 q_A 和炉膛容积热负荷 q_V 共同确定。显然，当 q_V 一定时，q_A 取得大，炉膛截面积 A_1 就小，炉膛就瘦长些；q_A 取得小，炉膛截面积 A_1 就大，炉膛就矮胖些。

炉膛断面热负荷反映了燃烧器区域的温度水平。如果 q_A 选得过大，炉膛截面积 A_1 过小，燃烧器区域燃料燃烧放出的大量热量没有足够的水冷壁受热面来吸收，就会使燃烧器区域的局部温度过高，导致燃烧器区域结渣。而 q_A 选得过小，燃烧器区域温度太低，又不利于燃料稳定着火。同时，由于炉膛横截面积相对过小，火焰不易很好地充满炉膛，煤粉在炉内停留时间短，不完全燃烧热损失也会增加。因此，对低挥发分煤，为改善着火条件，q_A 应取大些；对灰熔点 ST 较低的煤，为避免结渣，q_A 应取小些。q_A 值一般为 3 ~ 6MW/m^2。q_A 的推荐值随着锅炉容量的增大而增大。

3. 燃烧器区域壁面热负荷 q_R

对于大容量锅炉，仅仅采用 q_A、q_V 指标还不能全面反映出炉内的热力特性。因此，又补充了一个燃烧器区域壁面热负荷 q_R 作为锅炉设计和判断运行工况的辅助指标。

燃烧器区域壁面热负荷是指在单位时间内、单位燃烧器区域壁面面积上燃料燃烧放出的热量，即

$$q_R = \frac{BQ_{ar,net,p}}{A_R} \tag{4-1-5}$$

式中 A_R——燃烧器区域壁面面积（m^2）。

q_R 与 q_A 一样，反映了燃烧器区域的温度水平，q_R 还能反映燃烧器在不同布置下火焰的分散与集中情况。q_R 越大，说明火焰越集中，燃烧器区域的温度水平就越高，这对燃料的着火和维持燃烧的稳定是有利的。但是 q_R 过高，就意味着火焰过分集中，致使燃烧器区域局部温度过高，容易造成燃烧器区域水冷壁结渣。一般固态排渣煤粉炉的 q_R 值多为 0.9～2.1MW/m^2。

二、“W”型火焰锅炉

“W”型火焰燃烧方式的固态排渣煤粉炉为美国福斯特·惠勒（FW）公司首创，之后英、美、德等国家都趋向于用“W”型火焰燃烧方式来燃用 $V_{daf}<14\%$ 的劣质煤和无烟煤。图 4-1-15 所示为 350MW 机组“W”型火焰锅炉。

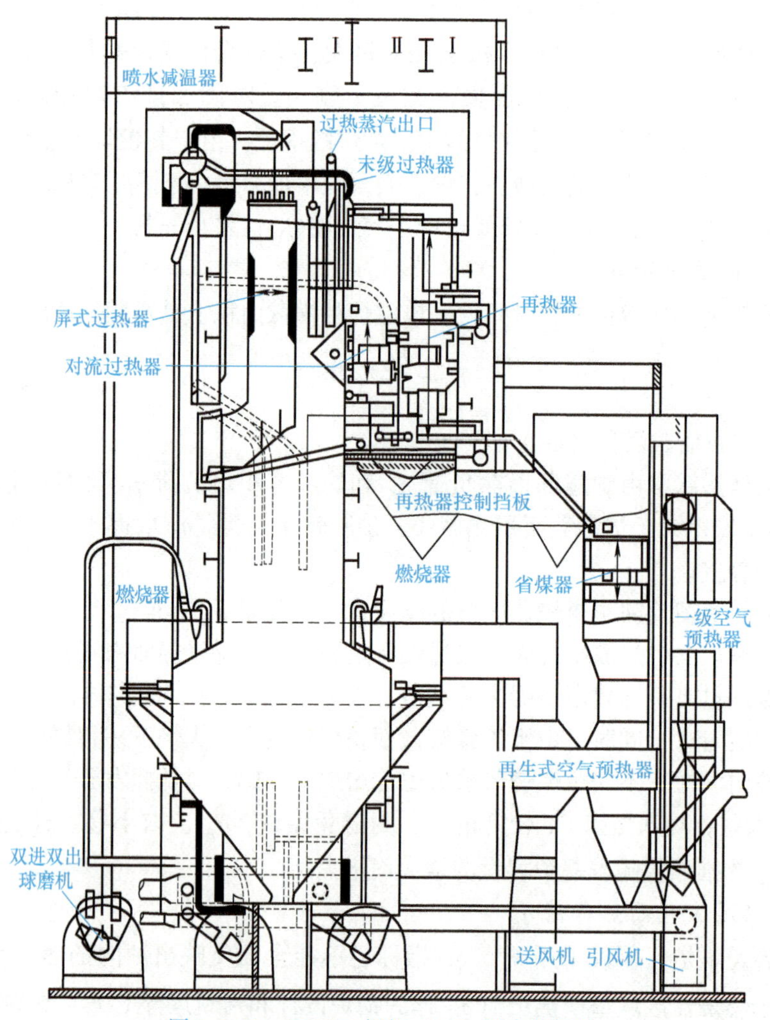

图 4-1-15　350MW 机组“W”型火焰锅炉

“W”型火焰锅炉的炉膛由上部燃尽室和下部燃烧室两部分组成，下部炉膛的深度比上部大80%～120%，突出部分的顶部构成拱体，煤粉气流和二次风喷嘴装设在拱体上。一次风煤粉气流从炉膛腰部前后拱上的燃烧器向下喷出，到达炉膛下部后向上转弯，形成“W”型火焰，如图4-1-16所示。

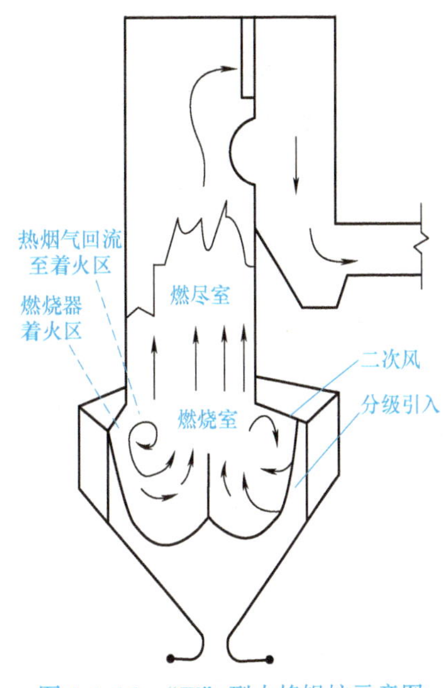

图4-1-16 “W”型火焰锅炉示意图

“W”型火焰锅炉的炉内过程分为三个阶段：第一阶段为着火的起始阶段，煤粉在低扰动状态下着火和初步燃烧，空气以低速、少量送入，以免影响着火过程；第二阶段为燃烧阶段，已着火的煤粉气流先后与以二次风、三次风形式送入的空气强烈混合，形成猛烈燃烧；第三阶段为辐射换热和燃尽阶段，燃烧生成的高温烟气向上流动，进入上部辐射炉膛后，继续以低扰动状态使燃烧趋于完全，烟气一边流动一边与受热面进行辐射热交换。

由于一次风煤粉气流先下行后180°转弯向上，增大了煤粉气流与高温烟气的接触，同时，拱下炉膛中形成的“W”型火焰的高温烟气正好回流到煤粉气流的根部，可以提高火焰根部的温度水平，因此，对煤粉气流的着火过程十分有利。前后拱炉墙的辐射传热及着火区敷设的卫燃带更有利于低挥发分煤粉气流的着火和燃烧。

“W”型火焰锅炉的燃烧器型式可以是直流燃烧器，也可以是轴向叶片型旋流燃烧器。目前使用较多的是带有旋风分离器的可对煤粉进行浓缩的燃烧器，如图4-1-17所示。由图可知，“W”型火焰锅炉采用双进双出筒式钢球磨煤机直吹式制粉系统，所磨制的煤粉细度及磨煤机出力能随锅炉燃烧及负荷的变化而变化，并满足燃烧过程的要求。由于采用直吹式制粉系统，当负荷较低时，一次风煤粉浓度较低，煤粉燃烧的稳定性低。所以，该锅炉采用旋风分离器对煤粉进行浓缩，由制粉系统来的煤粉空气混合物经过分离器时被分成两股：煤粉浓度较高的一股由分离器下部经一次风喷口进入炉膛，和煤粉进入炉膛的一次风量占总风量的5%～10%；另一股煤粉浓度较低的气流经分离器上部乏气管送入炉膛，这样有利于提高煤粉气流着火的稳定性。在一次风周围平行送入少量二次风（由二次风箱供给），也有利于着火后氧的补充。“W”型火焰锅炉根据煤种燃烧和结渣特性不同，在拱下方的炉膛水冷壁上敷设一定面积的卫燃带，使下部炉膛成为高温区。在负荷变化时，拱下方的炉膛中火焰温度变化不大。因此，在锅炉低负荷运行时，即使燃烧挥发分很低的无烟煤也不用或只需投入少量的燃料油即可保证稳定燃烧。当然，根据煤种的燃烧特性不同，炉膛上、下部的比例和下部卫燃带的面积需正确设计，以防下部结渣和上部的过热器超温。

在“W”型火焰锅炉中，二次风喷口是分几层布置在拱下方前后墙上的。二次风沿火焰行程以相交于火焰的上方逐渐送入，形成分级配风，分级燃烧，这不但有利于低挥发分煤的燃烧，还可以控制NO_x的生成，加上旋风分离器煤粉浓度的可调性，对煤种适应性较好。

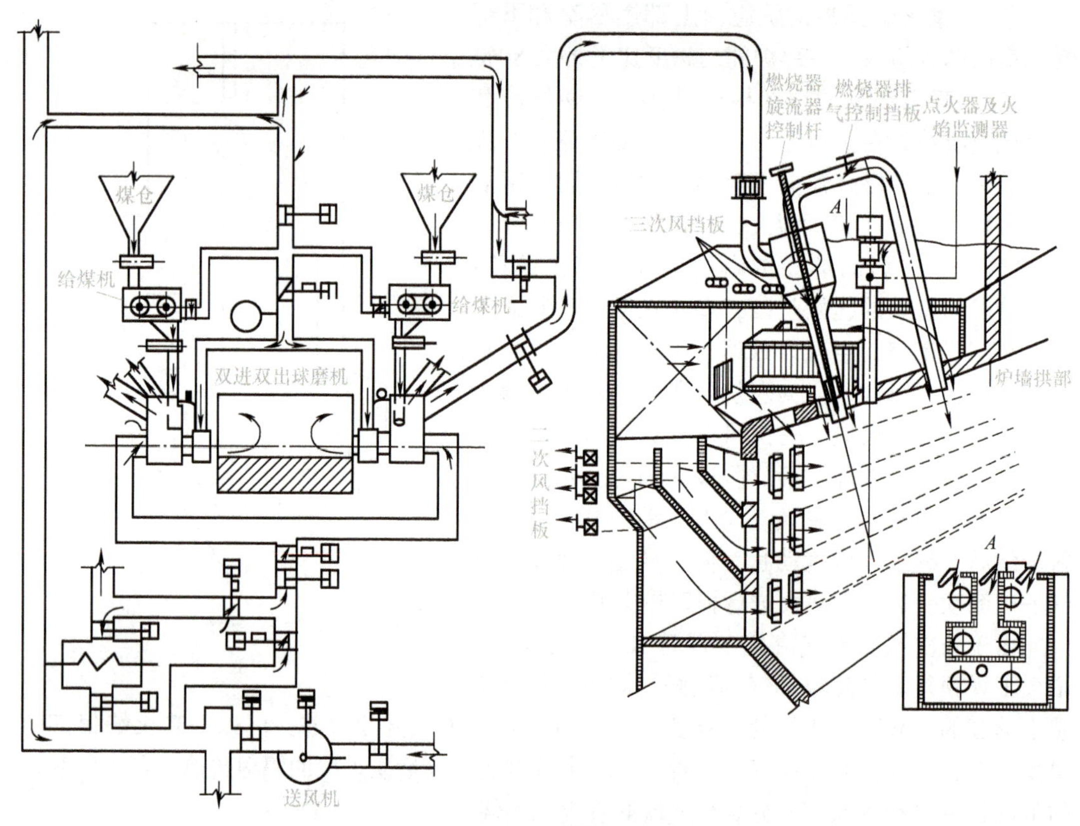

图 4-1-17　带旋风分离器的煤粉燃烧器及其制粉系统

“W”型火焰燃烧方式增加了火炬行程，保证了煤粉在炉内的停留时间，有利于煤粉燃尽，更适合低挥发分煤的燃烧。此外，由于火焰方向与水冷壁平行，所以不会因为火焰冲刷炉墙而发生结渣。因为采用了一次风煤粉气流下行后转 180°弯向上的火焰烟气流程，可以分离烟气中的部分飞灰，减轻尾部烟气中飞灰对受热面的磨损。

由于“W”型火焰燃烧方式解决了无烟煤、劣质煤着火、燃烧和燃尽困难的难题，因此，我国已引进了这项技术，为合理利用无烟煤资源开辟了新途径。华能上安电厂的两台 350MW 机组和湖北鄂州电厂的两台 300MW 机组就是引进国外“W”型火焰燃烧技术的机组。该锅炉的主要缺点是：上部炉膛离冷灰斗较远，渣块落下时易砸坏冷灰斗和水冷壁；风粉、汽水管道和水冷壁布置困难，锅炉成本高。

知识点四　煤粉炉的点火系统

煤粉炉的点火系统的作用主要是点火暖炉、稳定燃烧和助燃。

锅炉启动时，由于炉内没有足够的点火能量来引燃入炉煤粉，因而需要利用点火系统来预热炉膛及点燃主燃烧器的煤粉气流，这个过程称为点火暖炉。另外，当锅炉机组担任调峰需在较低负荷下运行或燃煤质量变差，由于炉膛温度降低危及煤粉着火的稳定性，炉内火焰发生脉动以致有熄火危险时，可用点火系统来稳定燃烧和助燃。

长期以来，火电厂燃煤锅炉在点火和低负荷稳燃阶段普遍采用过渡燃料的点火系统，为此要消耗大量的燃油。近年来，随着世界性的能源紧张，原油价格不断上涨，以煤代油、节约燃料已成为我国一项基本的能源政策。为了减少火电厂燃油耗量，除了可采用传统的带煤粉预燃室的少油点火技术和小油枪点火技术外，近几年又有一些新的少油甚至无油点火技术相继问世，如等离子点火技术、微油点火技术和高温空气无油点火技术等。特别是其中的等离子点火技术已成功投入商业运行。

目前在火电厂中常用以下几种点火系统。

一、采用过渡燃料的点火系统

采用过渡燃料的点火系统有气-油-煤三级系统和油-煤二级系统两种。三级系统是从点燃着火能量最小的气体燃料开始，再点燃油，最后点燃主燃烧器的煤粉气流；二级系统则只采用一种过渡燃料——燃料油。电厂燃煤锅炉多采用二级点火系统，下面对二级点火系统进行介绍。

图片资料
点火系统

二级点火系统主要由点火器、油燃烧器、炉前油系统三部分以及控制系统和火焰检测设备组成。它的工作过程如下：一般先用点火器点燃油燃烧器喷出的雾化油，通过油的燃烧放出热量加热炉膛，等到炉膛温度水平达到煤粉气流的着火温度后，投入煤粉，将煤粉点燃，最后在煤粉气流的燃烧稳定后，油燃烧器和点火器自动退出。

过渡点火装置

二、带煤粉预燃室的点火系统

国内自 20 世纪 60 年代初期开始改用采用过渡燃料的点火系统，但近年来，随着原油价格的不断上涨，为节约点火和稳定燃烧用油，又开始采用旋流煤粉预燃室燃烧器点火系统。

旋流煤粉预燃室燃烧器点火系统是由旋流煤粉燃烧器和预燃室两部分组成的。预燃室是一个圆筒形内衬耐火涂料不冷却的燃烧室，二次风沿切向送入预燃室内。锅炉启动时，先点燃引火小油枪，用其加热预燃室筒壁的耐火砖。预燃室被烧热后，可经旋流燃烧器向预燃室投入煤粉一次风气流，待煤粉气流在预燃室内稳定着火燃烧后，即可切断燃油。此后，煤粉火炬靠气流旋转产生的中心回流来维持着火和燃烧过程的进行。由于煤粉在预燃室内停留的时间有限，因而大部分煤粉进入炉膛后会继续燃烧，形成炽热的火炬，以此热量来点燃主燃烧器的煤粉气流。

在该点火系统中，由于预燃室容积很小，其内很容易保持较高的温度，所以预燃室的这种自身稳燃特性能为主燃烧器提供连续稳定的着火热源，从而达到节约点火和低负荷稳燃用油的目的。

三、等离子点火系统

等离子点火技术是一项煤粉锅炉在点火与稳燃过程中以煤代油的节油新技术。该技术于 2000 年 9 月 28 日在烟台通过国家电力公司组织的技术鉴定，经过电厂实际应用已经全面成熟，已成功实现了商业化，能应用于贫煤、烟煤、褐煤锅炉。其燃烧方式包括切圆燃烧和墙式燃烧。到 2006 年，等离子点火技术成功应用于玉环电厂 1000MW 机组，开创了我国最大容量机组应用等离子点火技术的历史。

等离子点火

采用等离子点火技术可实现燃煤锅炉无油（或少油）点火与低负荷稳

燃，从而大大节约燃油耗量。对于配有电除尘器的机组，由于点火期间就可投运电除尘器，因而大大减少了粉尘的排放量，避免了环境污染。

在煤粉炉的点火系统中，火焰检测器是燃烧器自动装置中的重要部件之一，它的作用是对火焰进行检测和监视，在锅炉点火、低负荷运行或有异常情况时防止锅炉灭火和炉内爆炸事故，确保锅炉安全运行。大容量锅炉燃烧器及炉膛内应装置此设备，以便对点火器的点火工况、每个主燃烧器的着火工况以及全炉膛的燃烧稳定性进行自动检测。

对火焰检测器的要求是发出的检测信号可靠，有足够的灵敏度，对干扰信号有一定的识别能力，元件有一定的耐高温性和抗氧化性，使用寿命较长等。

知识点五　低 NO_x 煤粉燃烧技术

在燃煤电厂排放的大气污染物中，氮氧化物 NO_x 因其对生态环境的污染危害极大，所以是重点控制排放的污染物之一。包括我国在内的许多国家均相继立法，对燃煤电厂锅炉的 NO_x 排放浓度加以限制。当前，控制常规燃煤电厂锅炉排放的技术措施大致可分为两类，即低 NO_x 煤粉燃烧技术和脱除 NO_x 的烟气净化技术。后者价格昂贵，这里主要介绍低 NO_x 煤粉燃烧技术。

在工程实践中，炉内降低 NO_x 的燃烧技术措施需要体现抑制和还原 NO_x 的基本策略，从合理组织燃烧的角度控制 NO_x 的生成和排放。目前常见的低 NO_x 燃烧技术主要有低 NO_x 燃烧器技术、空气分级燃烧技术、燃料分级技术和烟气再循环技术。其中，空气分级燃烧技术又分为燃烧器上的空气分级和沿炉膛高度的空气分级。以上这些技术可同时应用于同一台锅炉。

1. 空气分级燃烧技术

空气分级燃烧是将燃烧用的空气分两阶段送入，先将理论空气量的 80% 左右从燃烧器送入，使燃料在缺氧富燃料条件下燃烧，燃料燃烧速度和燃烧温度降低，抑制了燃烧过程中 NO_x 的生成，然后，将燃烧所需空气的剩下部分以二次风形式送入，使燃料进入空气过剩区域（作为第二级）燃尽。虽然这时空气量多，但由于火焰温度较低，所以在第二级内不会生成较多的 NO_x，因而总的 NO_x 生成量是降低的。分级燃烧有两类，一类是燃烧室中的分级燃烧，另一类是单个燃烧器的分级燃烧。

（1）沿炉膛高度的空气分级燃烧技术　沿炉膛高度的空气分级燃烧技术降低 NO_x 排放的基本原理是在炉膛下部的整个燃烧区组织欠氧燃烧，对直流燃烧器与旋流燃烧器均可采用。大约 80% 的理论空气量从炉膛下部的燃烧器喷口送入，使下部送入的风量小于送入的燃料完全燃烧所需的空气量，进行富燃料燃烧。由于空气不足，可使燃料型 NO_x 降低。同时，燃烧器区城的火焰峰值温度较低，局部的氧浓度也较低，会使热力型 NO_x 的生成速率下降。其余约 20% 的空气从主燃烧器上部的燃尽风（SOFA）喷口送入，迅速与燃烧产物混合，保证燃料完全燃尽。上部燃尽风可以与主燃烧器一体布置，或与主燃烧器相隔一定距离独立设置，或者二者相结合，如图 4-1-18 所示。

与同等条件下空气不分级燃烧的燃烧器相比，采用这种空气分级燃烧技术能减少 20% ~ 30% 的 NO_x 排放量，而且炉内空气分级比燃烧器上的空气分级对降低 NO_x 的效果要好。但仅采用炉内沿炉膛高度方向空气分级燃烧技术，容易造成水冷壁结渣和腐蚀，如果同时结合其他低 NO_x 燃烧技术，则在降低 NO_x 的效果和保证水冷壁的安全性两方面会更好。

（2）浓淡煤粉燃烧技术　浓淡煤粉燃烧技术属于直流燃烧器上的空气分级燃烧技术。

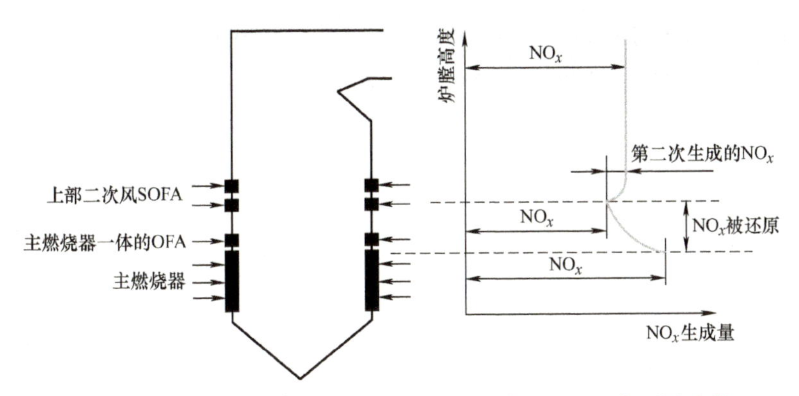

图 4-1-18　燃烧器分级配风的喷口布置示意图和 NO_x 的还原过程

它是在燃烧器喷口前，将一次风煤粉气流分离成浓淡两股。浓淡燃烧时，燃料过浓的火焰部分因氧量不足，燃烧温度不高，燃料型 NO_x 和热力型 NO_x 均会减少。燃料过淡的火焰内因空气量过大，燃烧温度也低，热力型 NO_x 生成量也减少。因此，浓淡燃烧的 NO_x 生成量低于常规燃烧方式。根据浓淡两股煤粉气流在燃烧器出口的相对位置不同，可分为水平浓淡燃烧和垂直浓淡燃烧。

在水平浓淡燃烧方式下，将浓相煤粉气流喷入向火侧，稀相煤粉气流喷入背火侧。这一燃烧方式具有双重降低 NO_x 的特点：一是燃烧器喷口出口处组织浓淡燃烧，具有降低 NO_x 生成量的条件；二是浓相煤粉气流在切圆向火侧切向喷入炉内，形成内侧切圆富燃料燃烧，属于还原气氛，又进一步降低了 NO_x 的生成量，稀相煤粉气流在切圆的背火侧切向喷入炉内，形成外侧切圆贫燃料燃烧。

（3）旋流燃烧器的空气分级技术　传统旋流燃烧器的特点是一次风煤粉气流以直流或旋流的方式进入炉膛，二次风从煤粉气流的外侧旋转进入炉膛。射流的强烈旋转使两股气流进入炉膛后立即强烈混合，卷吸大量高温烟气，在着火段形成氧气过量的燃烧区域，出现局部的火焰峰值区。所以，传统的旋流燃烧器比直流燃烧器的 NO_x 排放量高得多。

为了降低传统旋流燃烧器的 NO_x 排放量，可以利用空气分级技术解决旋流燃烧器一、二次风过早强烈混合的问题，使二次风逐渐混入一次风气流，实现沿燃烧器射流轴向的分级燃烧过程，避免形成高温、富氧的局部环境。在实际应用的各种不同型式的低 NO_x 旋流燃烧器中，主要是以双调风旋流煤粉燃烧器为基本型式。图 4-1-19 所示为双调风旋流煤粉燃烧器空气分级燃烧过程示意。

2. 烟气再循环技术

烟气再循环技术是从省煤器后抽取 20% ~30% 烟气量送入燃烧器，以降低氧浓度和火焰温度，从而控制 NO_x 的生成。PM（Pollution Minimum）型直流煤粉燃烧器是日本三菱公司设计的低 NO_x 燃烧器，在该种燃烧器上就采用了烟气再循环技术。其喷口布置及燃烧器一次风入口管道上的弯头分离器如图 4-1-20 所示。一次风煤粉管道 7 经燃烧器入口的弯头分离器 8 进行惯性分离，分成浓淡两股煤粉气流，然后分别从淡煤粉喷口 2 和浓煤粉喷口 4 进入炉膛。在喷口 2 和 4 的上面各有一个烟气再循环喷口 3，其作用是为了推迟二次风与一次风的混合以及浓煤粉气流与淡煤粉气流的混合，这样就在浓煤粉喷口附近形成还原性气氛，从而降低燃烧中心温度，抑制了 NO_x 的生成。另外，在燃烧器的最上面还设有空气分级燃烧的 OFA 喷口 6。所以，PM 型直流煤粉燃烧器实际是集烟气再循环技术、空气分级燃烧技术和浓淡煤粉燃烧技术于一体的低 NO_x 煤粉燃烧器。

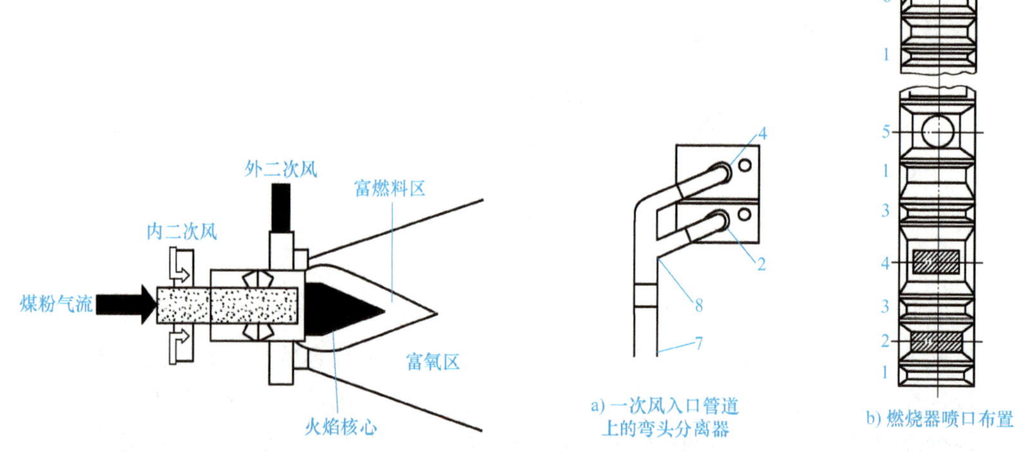

图 4-1-19 双调风燃烧器燃烧过程

图 4-1-20 PM 型直流煤粉燃烧器

1—二次风喷口 2—淡煤粉喷口 3—烟气再循环喷口 4—浓煤粉喷口 5—油枪 6—OFA 喷口 7—一次风煤粉管道 8—弯头分离器

3. 燃料分级燃烧技术

在炉膛内采用燃料分级燃烧技术，就是通过合理组织燃料的再燃还原 NO_x 的过程，使已生成的部分 NO_x 发生还原反应，从而减少 NO_x 在炉膛内的生成量，如图 4-1-21 和图 4-1-22 所示。采用燃料分级燃烧时，炉膛内可以近似划分为三个区域：主燃烧区、再燃还原区和燃尽区。通常将燃烧所需燃料的 80% 左右经主燃烧器送入主燃烧区，其余 20% 左右的燃料作为还原燃料送入炉膛上部的富燃料再燃还原区（$\alpha<1$），在该区域内能将主燃烧区内生成的大部分 NO_x 还原为 N_2。最后，在炉膛上部的燃尽区再送入相应的空气作为燃尽风，使该区域形成富氧状态，促进所有剩余燃料燃尽。燃料分级燃烧技术，除了可以有效还原已经生成的 NO_x 外，还扩大了炉膛内的燃烧区域，降低了火焰的峰值温度，使 NO_x 的原始生成量也相应减少。

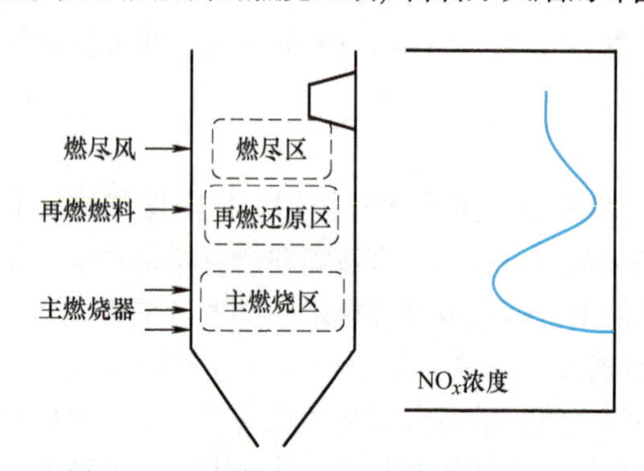

图 4-1-21 再燃与还原 NO_x 技术的示意图

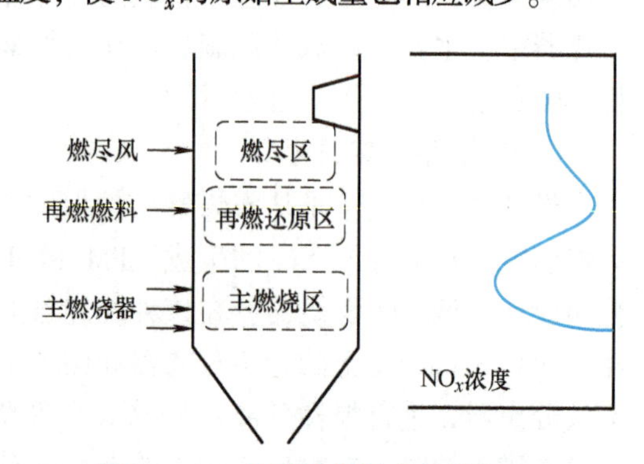

图 4-1-22 炉膛内燃料分级燃烧过程

利用燃料分级再燃与还原技术，至少可以使 NO_x 的排放量降低 50%，如果与其他先进的降低 NO_x 的技术措施相结合，NO_x 的排放量可以进一步降低。

自主测验
低NO_x煤粉燃烧技术

1. 什么是燃烧速度？燃烧速度与化学反应速度和氧的扩散速度有什么关系？
2. 煤粉迅速完全燃烧的条件是什么？
3. 煤粉气流在炉内燃烧可以分为哪几个阶段？各阶段的主要任务是什么？
4. 煤粉气流着火太早、太迟分别有什么后果？
5. 影响煤粉气流着火和燃烧的因素有哪些？如何强化煤粉气流的着火、燃烧和燃尽？
6. 燃烧器的作用是什么？一个性能良好的燃烧器应该具备哪些条件？
7. 直流煤粉燃烧器有哪几种配风形式？各有何特点？适用于什么煤种？
8. 周界风、夹心风、十字风的作用分别是什么？
9. 直流燃烧器四角布置、切圆燃烧的方式在组织煤粉着火和燃烧方面有何优势？
10. 旋流射流的特性如何？旋流燃烧器如何布置，主要有哪些形式？
11. 煤粉炉炉膛的作用是什么？应该具备哪些条件？
12. 什么是炉膛容积热负荷、炉膛截面热负荷？其大小对锅炉有什么影响？
13. “W”型火焰燃烧方式有何特点？
14. 点火系统的作用是什么？有哪几种点火系统？
15. 火焰检测器的作用是什么？目前电厂火焰检测器主要是利用什么原理工作？
16. 等离子点火的机理是什么？
17. 燃料分级燃烧控制 NO_x 技术的原理是什么？

任务二 风烟系统的构成及运行

任务描述：了解风烟系统构成设备的性能特点，熟悉燃烧风烟系统的运行。

教学目标：

知识目标	能说出空气预热器的类型、构造和工作特点 能介绍风机、风道的类型和工作特点
能力目标	能辨识分析风烟系统的构成 能识读背画风烟系统构成图 能进行风烟系统起动操作和运行调节
素养目标	培养理论与实践相结合的能力 培养经济节能环保的意识 树立团队意识，培养协作精神 培养良好的表达和沟通能力 培养生产责任意识

任务组织：结合锅炉模型及多媒体课件了解风烟系统的构成及原理，利用仿真实训熟悉其起动和运行操作。

风烟系统设备辨识实训及风烟系统启动运行仿真实训请学习配套资源后开展。

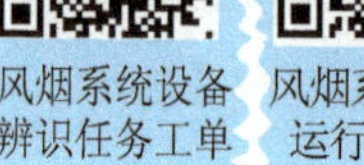

知识点一　风烟系统概述

一、风烟系统的作用与工作原理

锅炉的风烟系统也称为通风系统，是锅炉重要的辅助系统。它的作用是连续不断地给锅炉燃烧提供空气，并按燃烧的要求分配风量，同时使燃烧生成的含尘烟气流经各受热面和烟气净化装置后，最终由烟囱排至大气。

锅炉风烟系统是锅炉空气系统和烟气系统的总称。在锅炉运行过程中，通过送风系统连续向炉内送入燃料燃烧所需要的适量空气，同时通过排烟系统将燃烧生成的含尘烟气不断排出锅炉，以维持炉膛压力的稳定和燃烧、传热的正常进行，这种送风、排烟（也称引风）同时进行的过程称为锅炉的通风过程。如果送风量和送风方式与燃料和燃烧方式不匹配，将会影响燃料的着火、燃烧和燃尽过程，影响炉内平均烟温水平和辐射换热强度以及锅炉出力等。如果送风量和排烟量不匹配，将影响炉膛压力的稳定性和烟道中受热面的换热强度以及磨损、积灰等。

二、锅炉的通风方式

锅炉的通风方式主要有两种：自然通风和强制通风方式。

1. 自然通风方式

自然通风是利用外界冷空气与烟囱内部热烟气之间的密度差而产生的抽吸力进行通风的方式。在自然通风锅炉系统中，不需要设置送、引风机等通风设备，仅依靠烟囱高度所产生的自生通风能力来克服锅炉通风过程的风烟流动阻力。但由于烟囱高度有限，自生通风能力有限，并且通风能力受季节、昼夜的影响，因此，该通风方式仅适用于小容量锅炉。

2. 强制通风方式

强制通风又称为机械通风，是指依靠送、引风机等机械设备所产生的动力和烟囱的自生通风力来共同克服锅炉风烟流动阻力的通风方式。根据风机布置的位置和方式的不同，机械通风又分为负压通风、正压通风和平衡通风三种类型。

1）负压通风是指除利用自然通风外，在锅炉烟囱之前的引风系统烟道中设置引风机来克服风烟流动阻力的通风方式。

该通风方式一般适用于对引风机不易造成磨损、通风阻力不大且密封性较好的小容量锅炉，如小容量燃气或燃油锅炉。由于在大型锅炉中，风烟道的流动阻力很大，采用该通风方式会在锅炉的炉膛和风烟道中产生很大的负压，使大量冷空气由不严密处漏入炉膛和风烟道，从而引起燃烧过程恶化、引风机负荷增加及降低锅炉效率等问题。

2）正压通风是指在锅炉风烟系统中设置送风机，利用其压头来克服锅炉全部烟风道的流动阻力的通风方式。该通风方式中，送风机布置在锅炉的供风通道中。

该通风方式的优点是省略了引风机，使系统简化，消除了漏风，提高了锅炉效率。由于送风机输送的是含灰量极少的干净低温空气，风机的使用寿命增加，且电能消耗量小，运行和维修比较方便。由于这种通风方式中，整个烟道和风道都处于正压，消除了炉膛和对流受热面的漏风，提高了锅炉热效率。但这种通风方式要求炉膛及所有的烟风道都有严格的密封，否则，遇到密封不严的看火孔、炉门和炉壁，高温的火焰和烟气将会喷出，不但危及操作人员的人身安全，还会影响锅炉房的卫生环境，损坏设备，增加锅炉的热损失。该通风方式在燃油锅炉中应用较多。

3）平衡通风是指在锅炉烟风道中同时布置送风机和引风机，利用送风机克服锅炉燃烧设备及风道系统的各种阻力，利用引风机克服全部烟气行程的阻力，并使炉膛出口处保持 20～30Pa 负压的通风方式。

该通风方式的特点是送风系统全部处于正压状态，而锅炉全部烟道均处在合理的负压状态。整个烟风道的漏风量均较小，且送、引风机的电功率较低。这样设置能有效调节送、引风量，满足燃烧需要，锅炉房的安全及卫生条件也较好。因此，目前在大型电厂锅炉中，该通风方式应用最为普遍。但是，该通风方式所采用的设备较多，投资较大，且系统相对比较复杂，运行及维护工作量较大。

知识点二 风烟系统的构成与工作流程

一、风烟系统的构成

目前，大型燃煤锅炉的风烟系统大体上包括了一次风系统、二次风系统和烟气系统三部分。按我国火力发电厂传统划分方法，它应该包括冷风道、热风道和烟道，以及与这三类通道相关的设备，即送风机、引风机、一次风机、密封风机、空气预热器、暖风器、除尘器、脱硫脱硝装置及烟囱等。与这三类通道相关的元器件有关闭挡板风门、调节挡板风门、膨胀补偿器（膨胀节）、防爆门、人孔门、滤网及消声器等。

1）烟道：锅炉空气预热器出口至烟囱前的烟气管道、烟气再循环管道、磨煤机干燥用的高温烟气管道、低温烟气管道和混合室至磨煤机进口的干燥管等。

2）冷风道：吸风口至空气预热器的冷却风管道，磨煤机及其他调温用的压力冷却风管道，锅炉尾部支承梁的冷却风管道，磨煤机、给煤机的密封系统管道，低温一次风机或低温干燥风机的进口和出口风道，微正压锅炉的有关密封管道，炉膛火焰检测器冷却风管道，以及点火风机风道等。

3）热风道：空气预热器出口风箱、喷燃器的二次风道、热风送粉用的热风管道、磨煤机干燥用的热风管道、排粉机进口的热风管道、高温一次风机进口的热风管道、烟气干燥混合器的热风管道、热风再循环管道、邻炉间的热风联络管道、三次风喷口冷却风管道，以及风扇磨密封管道等。

4）送风机：又称二次风机，可为锅炉炉膛内燃料的正常燃烧提供充足的二次风量。为了使燃料在炉内的燃烧正常进行，必须向炉膛内送入燃料燃烧所需要的空气，用送风机克服空气预热器、风道和燃烧器的流动阻力，提供燃料燃烧所需要的氧气。

5）引风机：又称吸风机，可克服烟气侧的过热器、再热器、省煤器、空气预热器、除尘器以及脱硫脱硝装置等的流动阻力，将锅炉燃烧产生的烟气排出，维持炉膛压力，形成流动烟气，完成烟气与各受热面的热交换。

图片资料
风烟系统构成

6）一次风机：可为锅炉的正常运行提供一次风量。对于煤粉锅炉来说，一次风主要作用是干燥和输送煤粉至锅炉炉膛，并为煤粉的初期燃烧提供氧气。对于循环流化床锅炉来说，一次风的作用是使床料在炉膛内流化和提供煤初始燃烧所需要的氧气。

7）密封风机：为锅炉制粉系统中的磨煤机、给煤机等设备提供密封风的风机，可防止带有煤粉的气粉混合物漏出设备污染环境或进入加载装置磨辊轴承而造成轴承故障。

8）空气预热器：利用锅炉尾部烟道中烟气的余热来加热空气的热交换设备。空气预热器利用锅炉燃烧后烟气的热量加热空气，回收了烟气的部分热量，降低了排烟温度，同时提高了燃料与空气的初始温度，强化了燃料的燃烧，提高了锅炉效率。

9）暖风器：利用蒸汽加热空气预热器进口空气，以防止空气预热器低温腐蚀和堵塞热交换器。

10）除尘器：用于将锅炉烟气中的粉尘分离出来的设备，以减少锅炉排出的烟气对环境造成的粉尘污染。

11）脱硫脱硝装置：用于去除锅炉烟气中的二氧化硫、氮氧化物等有害气体，以减少锅炉排出的烟气造成的大气污染。

12）烟囱：利用外界冷空气与烟囱内部热烟气之间的密度差而产生的抽吸力来排出锅炉燃烧产生的烟气。

13）关闭挡板风门：也称关断门、风道挡板门或烟道挡板门，用于在烟管、风道中截流介质，具有全开、全关两个功能，可使系统某一管路中的介质全部流通或关闭。

14）调节挡板风门：用于调节烟风道工质流量，有普通型和密封型两种结构。普通型调节挡板风门仅起调节作用，必须与其他类型的隔绝门连用；密封型调节挡板风门既具有调节功能，又具有隔绝功能，对于小容量机组可省去关断风门或隔绝门。风门有电动、手动、气动等驱动方式，有就地、远控、集控等控制方式。用于正压热风系统的风门，轴端轴承处配有密封空气接口，可接入密封空气以阻断热风外泄。

15）膨胀补偿器：习惯上也称膨胀节或伸缩节，主要作用是利用其工作主体波纹管的有效伸缩变形，以吸收管线、导管、容器等由热胀冷缩等原因而产生的尺寸变化，或补偿管线、导管、容器等的轴向、横向和角向位移。

16）防爆门：用于防止系统或设备内部由于爆炸等原因造成压力突增而损坏设备。

17）人孔门：又称检修孔，用于在系统或设备检修时供检修人员进出的通道。

18）滤网：主要用于风机的入口风道等处，防止空气中的杂物等进入风机或风道造成设备损坏或阻塞风道。

19）消声器：安装在空气动力设备气流通道上或进、排气系统中的可降低噪声的装置。它既能允许气流顺利通过，又能有效地阻止或减弱声能向外传播。

二、风烟系统的工作流程

典型的风烟系统示意图如图4-2-1所示。送风机、一次风机将空气通过暖风器送往两台三分仓式空气预热器，离开锅炉的热烟气将其热量传送给进入的空气，受

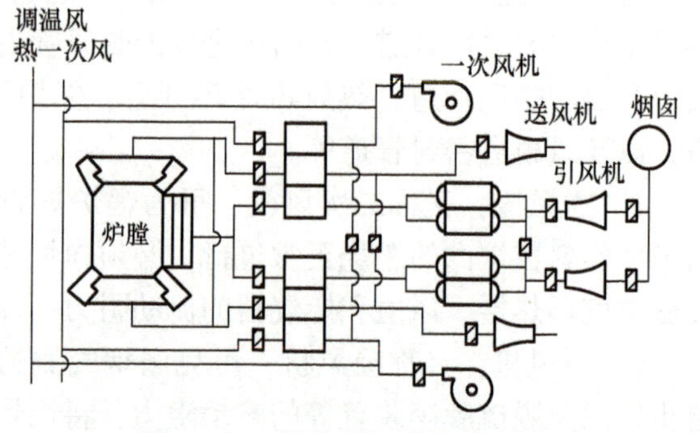

图4-2-1 锅炉风烟系统示意图

热的一次风与部分冷一次风混合进入磨煤机，然后进入煤粉燃烧器，受热的二次风进入燃烧器风箱，并通过各调节挡板而进入炉膛，在炉膛内与煤粉气流进行混合以供燃烧。

锅炉燃料燃烧产生的热烟气将热传递给炉膛水冷壁和大屏过热器，继而传给高温过热器、热端再热器进入热回收区，热回收区内的中隔墙将后竖井分成前、后两个平行烟道，前烟道内布置低温再热器，后烟道内布置低温过热器。在热回收区的下端装有省煤器及烟气调节挡板，烟气流经省煤器后进入三分仓式空气预热器，然后经过除尘器流向烟囱，排向大气。

该类型的风烟系统主要包含一次风系统、二次风系统和烟气系统三部分，如图 4-2-2 所示，下面分别进行叙述。

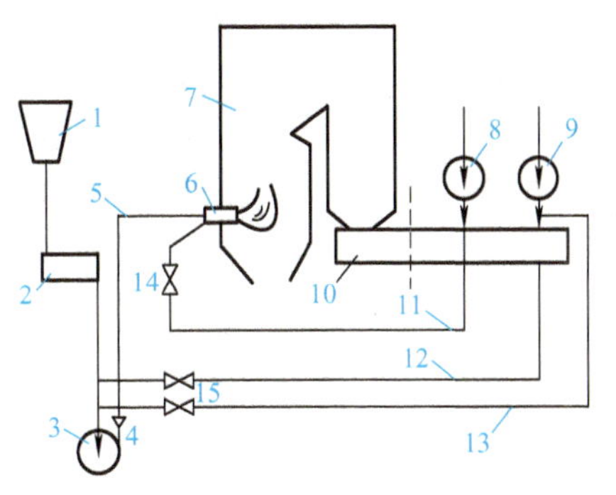

图 4-2-2 一、二次风系统示意图

1—煤斗 2—给煤机 3—磨煤机 4—粗粉分离器 5—至喷燃器的煤粉管道 6—喷燃器 7—锅炉炉膛 8—送风机 9—一次风机 10—空气预热器 11—二次风管道 12—热一次风管道 13—冷一次风管道 14—二次风 15—一次调节门

1. 一次风系统

一次风系统主要包括一次风机入口消声器及滤网、一次风机、风机执行机构、一次风机油系统以及相应的阀门、管路等设备和部件。其主要设备是一次风机，用于提供具有一定压头和温度的一次风。

一次风用来输送和干燥煤粉，并供给燃料燃烧初期所需的空气。大气经滤网、消声器垂直进入两台轴流式（或离心式）一次风机，经一次风机提压后分成两路，一路进入磨煤机前的冷一次风管，另一路经空气预热器的一次风分仓，加热后进入磨煤机前的热一次风管，热风和冷风在磨煤机前混合。在冷一次风管和热一次风管出口处都设有调节挡板和电动挡板来控制冷、热风的风量，保证磨煤机总的风量和合适的出口温度。合格的煤粉经煤粉管道由一次风送至炉膛燃烧。

一次风机的流量主要取决于燃烧系统所需的一次风量和空气预热器的漏风量。密封风机风源来自一次风，最终进入磨煤机。一次风的压头主要取决于煤粉流的阻力及风道、空气预热器、挡板、磨煤机的流动阻力。其压头是随锅炉需粉量的变化而变化的，可以通过调节动叶的倾角来改变风量，维持风道一次风的压力，适应不同负荷的变化。

2. 二次风系统

为了使燃料在炉内的燃烧正常进行，必须向炉膛内送入燃料燃烧所需的空气，用送风机克服烟气侧的空气预热器、风道和燃烧器的流动阻力，并提供燃料燃烧所需的氧气。

二次风的流程：电厂环境空气经滤网、消声器与热风再循环汇合后垂直进入两台轴流式（或离心式）送风机，由送风机提压后，经冷二次风道进入两台容克式三分仓空气预热器的二次风分仓中预热，热二次风经热二次风道送至二次风箱和燃烧器进入炉膛。

每台空气预热器对应一组送风机和引风机，两台空气预热器的进出口风道横向交叉连接在总风道上，用来平衡两侧二次风压。在锅炉低负荷期间，可以只投入一组风机（送、引风机各一台）运行。

加热后的二次风经热二次风总管分配到炉膛的前后左右各墙燃烧器风箱后被分成三种空气流：一是通过各二次风喷嘴的二次风（中心风）；二是通过一次风喷嘴周边入炉的周界风；三是通过燃烧器顶部燃尽喷嘴的燃尽风。用于锅炉点火和低负荷稳燃的油燃烧器布置在二次风喷嘴内，故没有设计独立的供风通路。在燃烧器风箱内流向各个喷嘴的通道上设有调节挡板，用以完成各股风量的分配。

3. 烟气系统

烟气系统的作用是将燃料燃烧生成的烟气经各受热面传热后连续并及时地排至大气，以维持锅炉正常运行。

烟气系统的流程：锅炉燃烧产生的烟气由炉膛出口经各受热面换热后，进入空气预热器与一、二次风换热，然后送至除尘器除去烟气中的粉尘，最后经引风机送至烟囱，排入大气。

锅炉烟气系统主要由两台静叶（或动叶）可调轴流式引风机、两台容克式空气预热器和两台除尘器等设备构成。锅炉采用平衡通风，炉膛保持一定的负压。负压是通过调节引风机静叶（或动叶、调速装置）的角度、改变风机的流量实现的。

引风机的进口压力与锅炉负荷、烟道通流阻力有关。其流量取决于炉内燃烧产物的体积及炉膛出口后所有漏入的空气量。

两台空气预热器出口有各自独立的通道与两台除尘器连接，除尘器的两室出口有共同的通道与引风机连接。在引风机的进出口有电动挡板，以满足任一台引风机停运检修时的隔离需要。

知识点三 空气预热器

空气预热器是利用锅炉尾部烟气热量来加热燃烧所需空气的一种热交换装置，由于它工作在烟气温度最低的区域，回收了烟气热量，降低了排烟温度，因而提高了锅炉效率。同时，由于燃烧所需空气温度的提高，有利于燃料着火和燃烧，减少了不完全燃烧热损失。

一、空气预热器的类型及特点

空气预热器按传热方式可以分为传热式和蓄热式（再生式）两种。前者是将热量连续通过传热面由烟气传给空气，烟气和空气有各自的通道。后者是烟气和空气交替地通过受热面，热量由烟气传给受热面金属，被金属蓄积起来，然后通过受热面，将热量传给空气，连续不断地循环加热。

在电厂中常用的传热式空气预热器是管式空气预热器，蓄热式空气预热器是回转式空气预热器。随着电厂锅炉蒸汽参数和机组容量的加大，管式空气预热器由于受热面的加大而使体积和高度增加，给锅炉布置带来影响。因此，现在大机组都采用结构紧凑、重量轻的回转式空气预热器。

视频资料 空气预热器

回转式空气预热器与管式空气预热器相比较，有以下特点：

1）结构紧凑，占地小，其体积为同容量管式预热器的 1/10。

2）重量轻，回转式预热器金属耗量约为同容量管式预热器的 1/3。

3）布置灵活方便，锅炉本体更容易得到合理布置。

4）在相同的外界条件下，受热面金属温度较高，低温腐蚀的危险较管式轻些。

5）漏风量比较大，一般管式不超过 5%，而回转式在状态好时为 8%～10%，密封不良时可达 20%～30%。

6）结构比较复杂，制造工艺要求高，运行维护工作多，检修也较复杂。

回转式空气预热器有两种布置形式：垂直轴布置和水平轴布置。垂直轴布置的空气预热器又可分为受热面转动和风罩转动。通常使用的受热面转动的是容克式回转空气预热器，而风罩转动的是罗特缪勒（Rothemuhle）式回转空气预热器。这两种均有所应用，但较多的是受热面转动的回转式空气预热器。

二、空气预热器的结构（以回转式空气预热器为例）

空气预热器由转子、蓄热元件、壳体、梁、扇形板及烟风道、密封系统、电驱动装置、轴承、自控系统及相关附件等组成，如图 4-2-3 所示。预热器上还有吹灰、清洗、润滑、火灾消防装置。

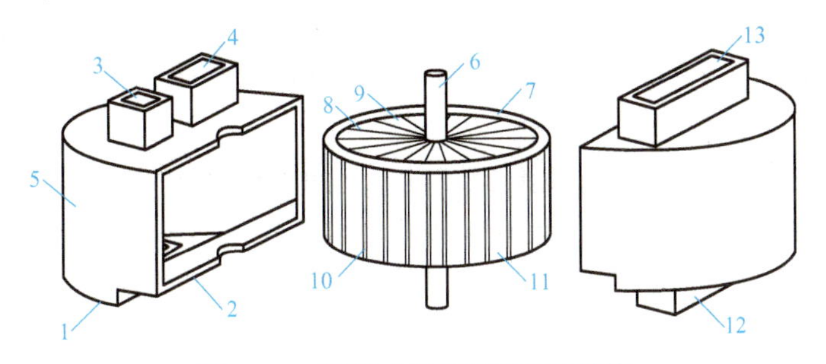

图 4-2-3 回转式空气预热器的结构

1—一次风仓冷风入口 2—二次风仓冷风入口 3—一次风仓热风出口 4—二次风仓热风出口 5—空气预热器外部壳体 6—转子中心转轴 7—转子法兰面 8—转子径向密封片 9—转子内部蓄热单元 10—转子轴向密封片 11—转子壳体 12—热风仓烟气出口 13—热风仓烟气入口

三、空气预热器的工作原理（以回转式空气预热器为例）

空气预热器由外部壳体和中心转子组成，外部壳体起外部密封和气体导流的作用，中心转子则是起热交换器的作用。在中心转子上下面的对应位置分别划分出烟气流通区、空气流通区和密封区，而外部壳体则在这些区域的一定范围内形成相应的仓体，即一次风仓、二次风仓和热风仓。容克式空气预热器从烟气中吸收热量，然后通过由特殊形状的金属板组成的连续转动的传热元件把热量传给冷空气，如图 4-2-4 所示。

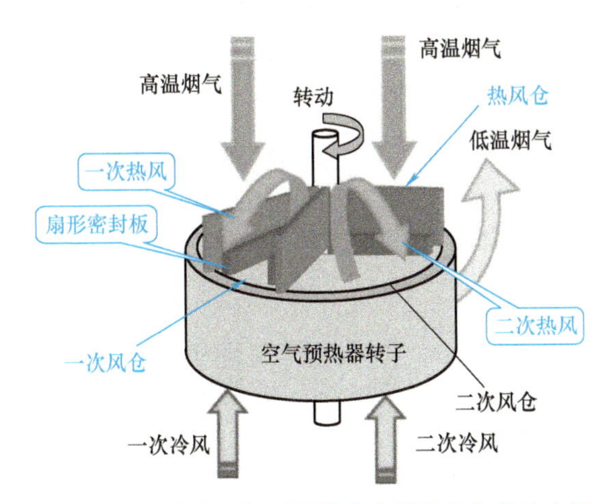

图 4-2-4 回转式空气预热器分仓结构和气体流向图

数以千计的高效率传热元件紧密地放在扇形仓里，扇形仓在径向分隔着被称为转子的圆柱形外壳内，转子之外装有转子外壳，转子外壳的两端同烟风道相连。预热器装有径向密封和旁路密封，使得预热器的一半流通烟气，另一半流通空气。当转子慢速转动时，烟气和空气交替通过传热元件，传热元件从热烟气吸收热量，然后这部分传热元件受空气流的冲刷，释放出储存的热量，这样就使空气温度大为升高。

四、空气预热器的漏风

由于空气预热器是旋转设备，体积庞大，还存在着热变形，所以漏风不可避免。漏风会造成引风机、送风机、一次风机电耗增加，不经济，还会增加锅炉排烟热损失。当然，负压锅炉漏风还涉及炉膛水冷壁和尾部烟道、炉底干排渣系统等。为了减少空气预热器漏风，有些电厂在每台空气预热器热端装有三块扇形板，正常运行中，这些扇形板通过微机进行自动控制和监测。此外，各扇形板还可以利用就地控制盘进行就地控制。每台空气预热器有三只就地控制盘。

空气预热器正常运行中，扇形板以规定的时间间隔利用所安装的位置传感器来搜寻转子，当扇形板到达所允许的转子附近时，传感器触发控制器停止扇形板动作，然后经过2s，控制器再使扇形板回缩，直至得到需要的扇形板与转子的径向密封间隙为止。

动画资料
回转式空气预热器工作原理

知识拓展：危险点分析

空气预热器的漏风控制不好，容易造成空气预热器卡涩甚至停转。

知识点四 风烟系统的启动运行

风烟系统的启动及运行步骤请学习配套资源后开展。

风烟系统的启动运行

视频资料
电厂脱硫脱硝视频

自主测验
风烟系统的启动运行

1. 锅炉风烟系统有何作用？锅炉风烟系统由哪些设备组成？
2. 为何目前新建大容量机组采用轴流式风机为多？
3. 空气预热器运行中常见问题有哪些？应如何预防？

任务三 除灰除尘系统的构成及运行

任务描述：了解锅炉除灰除尘系统的构成及工作。

教学目标：

知识目标	能说出锅炉吹灰、除尘、除灰除渣系统的基本设备 能说出锅炉吹灰、除尘、除灰除渣系统的工作流程
能力目标	能辨识分析除灰除尘系统的构成 能识读背画除灰除尘系统构成图
素养目标	培养理论与实践相结合的能力 培养经济节能环保的意识 树立团队意识，培养协作精神 培养良好的表达和沟通能力 培养生产责任意识

任务组织：结合锅炉模型及多媒体课件了解除灰除尘系统构成及原理，利用仿真实训熟悉运行操作。

相关知识点

锅炉燃烧的煤中含有一定的灰分。一般煤的灰分为20%～30%，有的劣质煤灰分达40%以上，因此，煤在炉膛燃烧后必将遗留下大量的灰分。对于固态排渣煤粉炉，约有90%的灰分随烟气带至锅炉尾部受热面，约10%的灰分落入炉膛下面的冷灰斗（这部分灰又称为渣）。在锅炉运行时，不允许灰渣在炉内任何部位堆积过多，否则会引起事故。此外，也不允许任意向外界排放灰分。为了保持锅炉受热面的传热效果，必须经常清除受热面管壁上的积灰或结渣，以提高锅炉运行的安全性和经济性。因此，锅炉的吹灰、除尘、除灰除渣装置及系统是重要的辅助设备和系统，关系到锅炉的安全及人们的生活环境。

知识点一　吹灰装置及系统

燃煤锅炉运行一段时间后，受热面管壁上会积灰或结渣，不仅影响锅炉传热效果，而且可能危及锅炉运行的安全。因此，必须经常清除受热面管壁上的积灰和结渣。吹灰器的作用就是清除受热面管壁上的积灰，保持受热面清洁，防止受热面结渣。目前，300MW及以上机组的燃煤锅炉在水冷壁及对流烟道的受热面上均设置有一定数量的吹灰器，并采用自动控制程序进行定期吹灰，以提高锅炉运行的安全性和经济性。

知识拓展：危险点分析

吹灰器对于锅炉运行异常重要，应该布置而没有布置的地方会积灰严重，造成局部超温或受热减少，还可造成结焦甚至严重垮焦，损坏设备。在吹灰器运行时，如果阀门内漏，会造成在没有吹灰时进汽，导致受热面吹薄爆管。如果吹灰器在进行吹灰时卡涩未被及时发现，也会造成受热面吹薄爆管。

图片资料　旋转吹灰器

知识点二　除尘设备

吹灰装置及系统

煤中灰分是不可燃的物质。煤在燃烧过程中会经过一系列物理化学变化，灰分颗粒在高温下部分或全部熔化，熔化的灰粒相互黏结形成灰渣。被烟气从燃烧室带出去的凝固的细灰及尚未完全燃烧的固体可燃物就是飞灰。一座600MW的燃煤电厂，每天排放数千吨的灰渣以及相当数量的二氧化硫、氮氧化物等气态污染物。其中，粉尘、烟雾和二氧化硫（SO_2）、氮氧化物（NO_x）构成了燃料燃烧时对环境的三大污染。

燃烧产物中的粉尘和SO_2、NO_x等有害气体，会对锅炉本身产生不利影响。粉尘会使锅炉受热面积灰，影响热交换。粉尘中含有微小颗粒，会对锅炉受热面、烟道、引风机造成磨损，缩短其使用寿命，增加维修工作量。燃烧产物中的有害气体（如SO_2）会限制排烟温度，增加排烟热损失，降低锅炉效率。

粉尘落入周围工矿企业不但会加速机件磨损，而且可能导致产品质量下降，尤其对炼油、食品、造纸、纺织和电子元件等工业领域产品影响更大。粉尘落到电气设备上，可能发生短路，引起事故。

燃煤产生的 SO_2、NO_x 在一定物理化学条件下会形成酸雨，造成金属腐蚀和房屋建筑结构破坏。大气中的 NO_x 则会产生光化学烟雾，危害人体健康和动植物生长，对大气环境及生态平衡造成严重影响。

为保护我们的生存环境，实现电力工业的可持续发展，就必须对燃煤电厂和其他工业企业生产中产生的烟气和粉尘等污染物进行处理，以达到排放标准。目前，对烟气的处理方法主要是除尘、脱硫和采用低 NO_x 燃烧技术。而除尘是指在炉外加装各类除尘设备，净化烟气，减少排放到大气的粉尘，它是当前控制排尘量的主要方法。

知识点三 除灰除渣系统

图片资料 锅炉除尘器
视频资料 除尘排渣系统
动画资料 电除尘原理

除灰除渣系统作为火力发电厂的重要组成部分，其任务是把电厂生产过程中产生的灰渣安全及时输送至灰场或灰渣综合利用场所。随着电厂容量和参数的不断提高，灰渣量也在逐年增加。据有关资料介绍，目前一座百万级千瓦容量规模的大型电厂每年排出的灰渣总量达 80 万 ~100 万 t。因此，保证除灰除渣系统的安全运行、开展灰渣的综合利用以及使灰渣处理达到环保标准是目前火力发电厂灰渣处理面临的首要问题。

从锅炉排出的灰渣由炉底灰渣、省煤器灰、空气预热器灰、除尘器捕集到的粗灰和细灰组成，各部分所占比例如图 4-3-1 所示。收集、处理和输送灰渣的设备、管道及附件构成了除灰系统。大型燃煤电厂除灰除渣的方式主要有水力和气力两种形式。具体选择何种形式，根据客观实际、自然条件、环保要求等来确定。如采用一种方式不能满足要求时，就需要采用两种输送方式联合的除灰除渣系统。

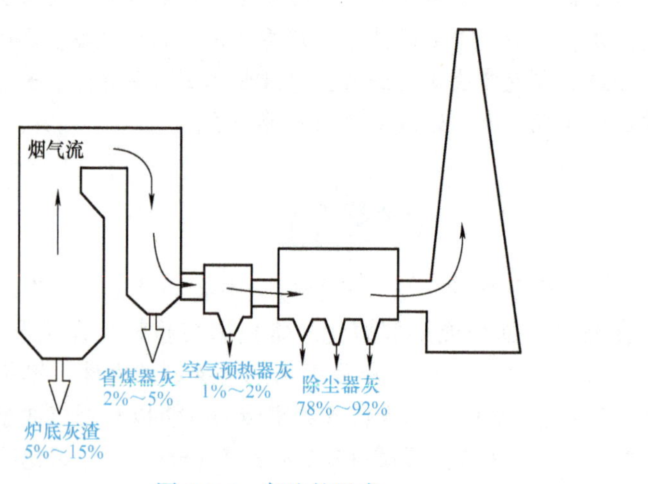

图 4-3-1 灰渣的组成

除尘设备

除渣系统

水力输送称为湿除灰，如图 4-3-2 所示。气力输送称为干除灰，如图 4-3-3 所示，干除灰便于灰渣的综合利用。表 4-3-1 列出了几种典型的除灰除渣方式和灰渣输送方式。

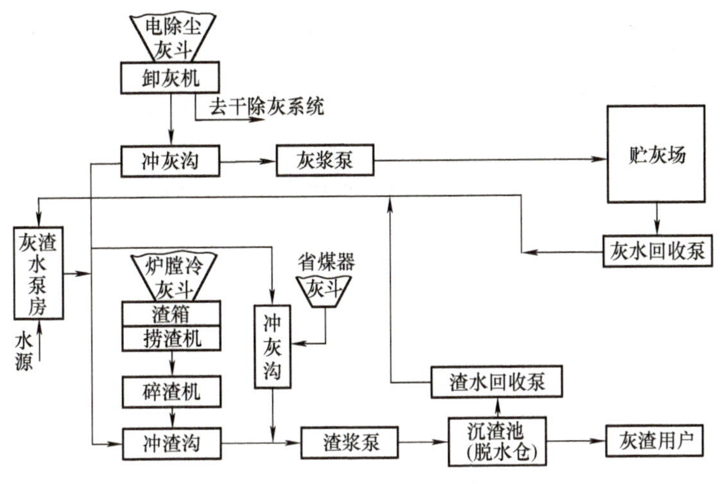

图 4-3-2　湿除灰系统示意图

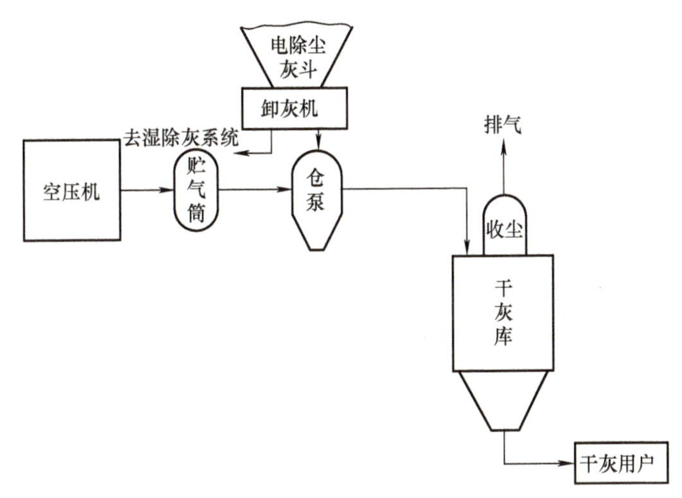

图 4-3-3　干除灰系统示意图

表 4-3-1　典型的除灰除渣方式和灰渣输送方式

<table>
<tr><th>系　统</th><th>除灰除渣方式</th><th colspan="2">灰渣输送方式</th></tr>
<tr><td rowspan="2">除渣系统</td><td>连续除渣</td><td colspan="2" rowspan="2">渣浆输送或货车、皮带输送机等机械输送</td></tr>
<tr><td>定期除渣</td></tr>
<tr><td rowspan="4">除灰系统</td><td rowspan="2">水力除灰</td><td rowspan="2">灰浆输送</td><td>低浓度输送</td></tr>
<tr><td>高浓度输送</td></tr>
<tr><td>气力除灰</td><td>干灰输送</td><td>正压输送
负压输送
微正压
负压-正压联合
空气斜槽-气力提升泵</td></tr>
<tr><td colspan="3">气力-水力联合输送</td></tr>
</table>

复习思考题

1. 简述吹灰器的工作机理。
2. 简述燃煤锅炉吹灰器的布置。
3. 吹灰汽源有哪些？目前300MW机组锅炉多采用何种吹灰介质？为什么？
4. 简述锅炉吹灰的顺序。
5. 简述电除尘器的工作原理。
6. 电除尘器有哪些特点？
7. 简述布袋除尘器的工作原理。
8. 写出连续除渣系统的流程，并简述其中主要设备的作用。
9. 除灰系统有哪几种类型？它们各由哪些主要设备组成？
10. 气力除灰系统有何特点？
11. 正压气力除灰系统的特点是什么？
12. 负压气力除灰系统的特点是什么？该系统包括哪些主要设备？

项目五 汽水系统设备认知

项目描述： 熟知各类锅炉的汽水系统设备的类型及特点。
项目目标： 能辨识锅炉汽水系统设备，描述其中工质流程，会读画汽水系统图。
教学条件： 多媒体课件、锅炉视频、锅炉模型室、电厂仿真运行实训室。

任务一 汽水系统设备

任务描述： 借助汽水系统图片、视频、模型和课件，了解汽水系统的构成，通过仿真运行实训熟悉汽水系统的运行调节操作过程。

教学目标：

知识目标	能说出汽水系统设备的种类及工作特点 能复述不同种类锅炉汽水系统的构成
能力目标	能辨识汽水系统设备 能识读汽水系统图 能在仿真机上进行锅炉上水操作
素养目标	遵守安全操作规程，培养责任意识 树立团队意识，培养协作精神 养成理论与实践相结合的习惯，在完成任务的过程中发现问题、分析问题并解决问题 通过任务的训练，培养安全经济的意识

任务组织： 利用锅炉模型、多媒体课件、视频、图片学习，读画汽水系统图，辨识汽水系统设备。利用仿真机组进行锅炉上水实训。

汽水系统设备辨识实训及锅炉上水仿真实训请学习配套资源后开展。

锅炉的汽水系统主要由省煤器、水冷壁、过热器和再热器等受热面及其相应的联箱、连接管道等组成。其任务是尽量有效地吸收燃料燃烧放出的热量，将锅炉的给水加热成符合要求的合格蒸汽。锅炉汽水系统的构成与其容量参数有关。

给水在锅炉中加热近似看作定压过程，对应加热、蒸发、过热三个阶段的受热面大致如下：加热受热面——省煤器，给水首先进入省煤器预热；蒸发受热面——水冷壁，从省煤器来的水送入水冷壁进一步加热蒸发；过热受热面——过热器，由蒸发系统出来的饱和蒸汽进入过热器加热成过热蒸汽；超高压以上锅炉普遍采用再热器，汽轮机高压缸中做过部分功的蒸汽送回锅炉再次加热，然后送入汽轮机中低压缸继续做功，即有再热受热面——再热器，将高压缸排汽加热，送回汽轮机中的低压缸。

图片资料
省煤器

锅炉的四种汽水受热面统称为四管。锅炉种类不同，它们的汽水受热面种类也可能不同。

知识点一　汽水系统流程概述

电厂锅炉中，工质在省煤器及过热器内的流动都是由给水泵提供的压头完成的，但在蒸发受热面——水冷壁内流动的推动力，可以是自然产生的，也可以由水泵压头来提供。根据这种流动方式的不同，可将锅炉分为自然循环锅炉、控制循环锅炉、直流锅炉、复合循环锅炉。后三种又统称为强制流动锅炉。

锅炉汽水系统的几种类型如图 5-1-1 和图 5-1-2 所示。

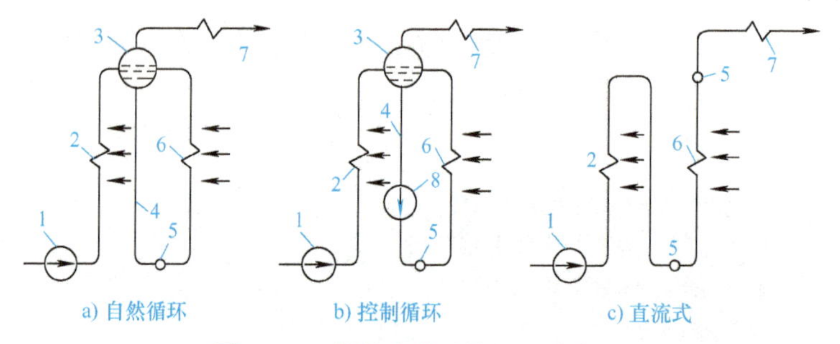

图 5-1-1　锅炉汽水系统的几种类型

1—给水泵　2—省煤器　3—汽包　4—下降管　5—联箱　6—蒸发管　7—过热器　8—强制循环泵

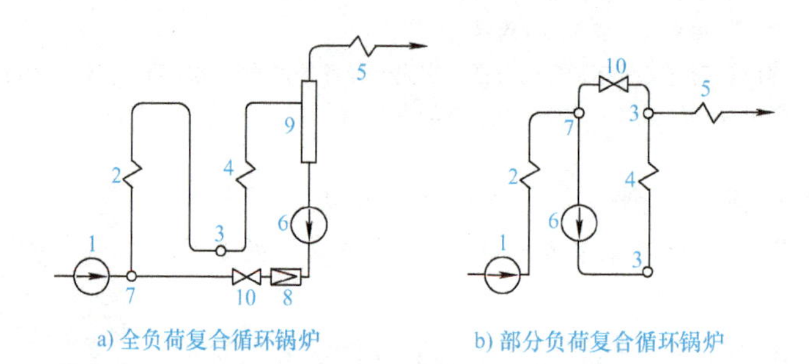

图 5-1-2　低倍率复合循环锅炉

1—给水泵　2—省煤器　3—联箱　4—蒸发管　5—过热器　6—强制循环泵
7—混合器　8—止回阀　9—汽水分离器　10—调节阀

一、自然循环锅炉汽水流程

如图 5-1-3 所示，给水经省煤器预热后送入汽包，然后由下降管经下联箱送入水冷壁加热蒸发，产生部分蒸汽，汽水混合物回到汽包，经过汽水分离，饱和蒸汽送入过热器加热成过热蒸汽，送入汽轮机做功，分离出的水和省煤器来的给水一起进入下降管继续循环。

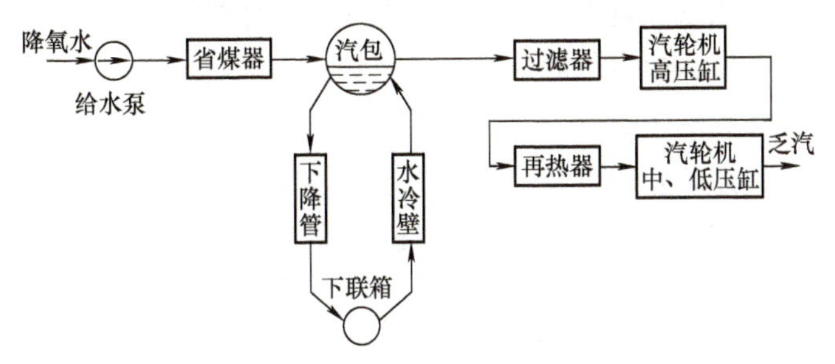

图 5-1-3　自然循环锅炉汽水系统工作流程

当水在水冷壁中受热时，部分水变成蒸汽，故水冷壁中为汽水混合物，而在不受热的下降管中则全部是水。因为水的密度大于汽水混合物的密度，所以由汽、水密度差产生循环推动力，借以推动水和汽水混合物在蒸发系统中流动。

对于这种锅炉，水循环的推动力源于工质密度差产生的自然力量，不需要消耗外力，因此称为自然循环锅炉。

自然循环锅炉汽水系统主要由省煤器、汽包、下降管、水冷壁、过热器、再热器、联箱及连接管道等组成，其中，汽包、下降管、水冷壁及其联箱共同构成蒸发系统。

自然循环锅炉是亚临界压力以下锅炉的主要形式，由于给水泵功率消耗较小，蒸发受热面和过热器之间有固定的分界点，储热和蓄水能力比直流锅炉高，所以得到了广泛应用。但是，随着锅炉工作压力提高，汽包壁厚增加，对材料的要求提高，锅炉钢材消耗量增加，汽包的制造、运输、安装困难，同时，压力升高，饱和状态下汽水密度差减小、自然循环的推动力减小，水循环的可靠性降低。所以，自然循环锅炉只适合临界压力以下机组。目前，国外使用的自然循环锅炉最高压力为 20.2MPa，配 875MW 发电机组，蒸发量为 2780t/h。

二、控制循环锅炉汽水流程

与自然循环锅炉相比，控制循环锅炉在下降管中加装了强制循环泵，如图 5-1-1b 所示。工质在蒸发受热面中的流动除了汽水密度差的作用外，主要依靠强制循环泵所产生的压头，此压头可达 0.25～0.5MPa。对于这种锅炉，水循环回路中的工质流量取决于强制循环泵的流量，可进行控制，因此称为控制循环。与自然循环锅炉一样，上升管内所生成的汽水混合物中的水在汽包中分离后仍继续参加水循环，所以控制循环锅炉也称多次强制循环锅炉或辅助循环锅炉。

由于还要利用工质的密度差，因此这种锅炉也只在临界压力之下使用。

三、直流锅炉汽水流程

给水依靠给水泵压头依次通过锅炉各受热面产生蒸汽的锅炉称为直流锅炉，其汽水系统流程如图 5-1-1c 所示。

直流锅炉没有汽包，整台锅炉由许多管子并联，然后用联箱串联连接组成。在给水泵压头的作用下，工质依次通过加热、蒸发、过热受热面，进口工质为水，出口工质是过热蒸汽。因为工质的运动是靠给水泵压头推动的，所以在直流锅炉中，一切受热面中的工质都是强制流动的。一般自然循环锅炉汽水阻力为 1～2MPa，直流锅炉则为 3～5MPa，要消耗较多的给水泵功率。

超临界及以上压力锅炉必须采用直流锅炉。这是因为当锅炉工作压力达到临界压力时，饱和水与饱和蒸汽的密度近乎相等，它们之间的密度差接近于零，若采用自然循环方式，就失去了循环推动力，所以只能采用直流锅炉。

四、复合循环锅炉汽水流程

随着超临界压力锅炉的发展以及炉膛热强度的提高，由直流锅炉和控制循环锅炉联合（直流锅炉系统+再循环泵）发展起来的一种新的锅炉型式，称为复合循环直流锅炉，简称复合循环锅炉。它是依靠强制循环泵的压头将蒸发受热面出口的部分或全部工质进行再循环的锅炉。

复合循环锅炉有两种：一种是全负荷复合循环锅炉，其在整个负荷范围内水冷壁均有再循环流量；另一种是部分负荷复合循环锅炉。其汽水流程如图5-1-2所示。

知识点二 省 煤 器

省煤器是利用尾部烟气加热给水的设备。它的主要作用如下：第一，吸收烟气的热量，降低排烟温度，提高锅炉效率，节省燃料；第二，给水在进入蒸发受热面之前，先在省煤器内加热，减少了水在蒸发受热面内的吸热量；第三，在汽包锅炉中提高了进入汽包的给水温度，减少了给水与汽包壁的温差，使汽包热应力降低。省煤器是当前锅炉必不可少的换热部件。

一、省煤器的类型及结构特点

目前，大中容量锅炉广泛采用钢管省煤器，其优点是强度高，能承受冲击，工作可靠，传热性能好，重量轻，体积小，价格低廉；缺点是耐蚀性差。现在的锅炉给水都会经严格处理，管内腐蚀问题已彻底得到解决。

1. 按出口参数分类

省煤器按出口水温可分为沸腾式省煤器和非沸腾式省煤器。

沸腾式省煤器是指出口水温达到饱和温度，并且还有部分水蒸发汽化的省煤器。汽化水量一般占给水量的10%～15%，最多不超过20%，以免省煤器中介质的流动阻力过大。

非沸腾式省煤器的出口水温低于该压力下的沸点，即未达到饱和状态，一般低于沸点20～25℃。

中压锅炉多采用沸腾式省煤器。这是因为中压锅炉水的压力低，汽化潜热大，加热水的热量小，蒸发所需热量大，故需把一部分水的蒸发放到省煤器中进行，以防止炉膛温度过低引起燃烧不稳定和炉膛出口烟温过低，并造成过热器等受热面金属耗量增加，此外，也有助于发挥省煤器的作用。

高压以上锅炉多采用非沸腾式省煤器。因为随着压力的提高，水的汽化热相应减小，加热水的热量相应增大，蒸发所需热量减少，故需把水的部分加热过程转移到炉内水冷壁管中进行，以防止炉膛温度和炉膛出口烟温过高，引起炉内及炉膛出口受热面结焦。

图片资料 省煤器

2. 按结构型式分类

省煤器按结构型式分为光管式、鳍片管式、膜片管式（简称膜式）和螺旋肋片管式四种。

光管式省煤器的结构如图5-1-4a和图5-1-5所示，它由进、出口联箱和许多并列的蛇形光管组成。蛇形光管与联箱的连接一般采用焊接。

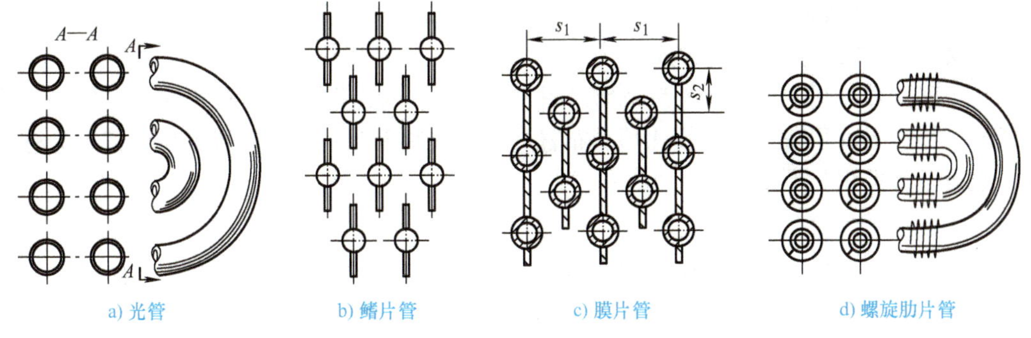

a) 光管　b) 鳍片管　c) 膜片管　d) 螺旋肋片管

图 5-1-4　省煤器的结构

鳍片管式省煤器是在光管直段部分的外表面上、下各焊上一条通长的扁钢，使烟气侧的外表面得到扩展，增加传热面积和传热效果，如图 5-1-4b 所示。

膜片管式省煤器与鳍片管式省煤器相似，如图 5-1-4c 所示。膜片管式省煤器是在两个蛇形光管直段部分之间焊有连续的扁钢膜片，扁钢膜片的厚度为 2～3mm。膜片管式省煤器的传热效果比光管式省煤器好，且在同样的传热条件下，前者的金属耗量少、成本低、磨损轻、运行可靠，比鳍片管式省煤器容易吹灰。

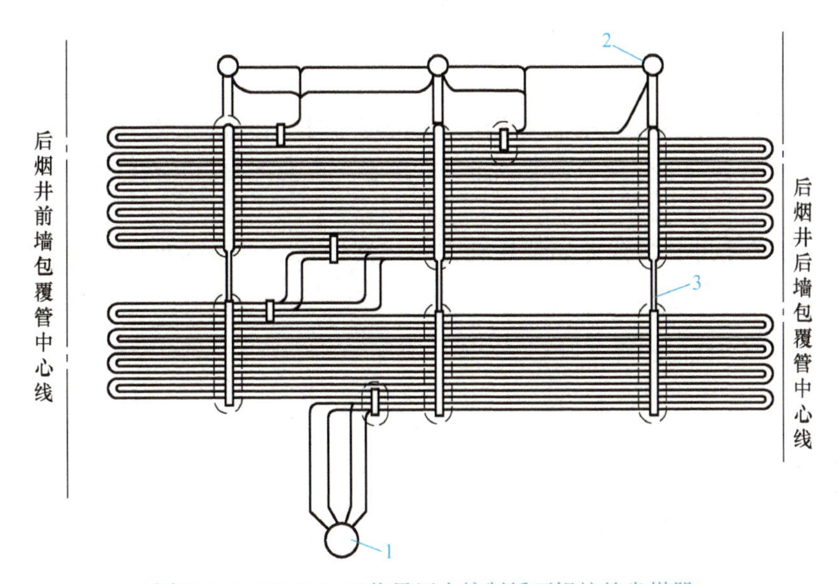

图 5-1-5　1025t/h 亚临界压力控制循环锅炉的省煤器

1—进口联箱　2—中间联箱　3—悬吊管

螺旋肋片管式省煤器是在光管外表面焊上横向肋片，如图 5-1-4d 和图 5-1-6 所示。这类省煤器传热面积增加幅度比鳍片管式和膜片管式大，传热量可大幅度增加，但燃煤灰分黏结性较强时，可能会加重积灰。

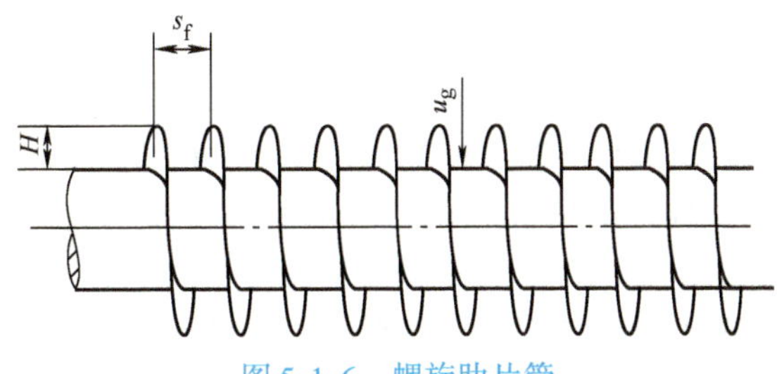

图 5-1-6　螺旋肋片管

3. 按管子排列方式分类

省煤器按蛇形管的排列方式分为错列和顺列两种，图5-1-4a、d为顺列，图5-1-4b、c为错列。错列布置传热效果好，结构紧凑，并能减少积灰，但磨损比顺列布置严重，吹灰困难；顺列布置容易对管子进行吹灰，磨损轻，但积灰严重。

二、省煤器的布置方式

省煤器在尾部烟道中多为卧式逆流布置。卧式布置有利于停炉排除积水，减轻停炉期间的腐蚀。逆流布置有三个好处：第一，提高传热效率，节约金属；第二，水在管内自下而上流动，便于排除空气，避免局部氧腐蚀；第三，烟气在管外自上而下流动，有助于吹灰。

省煤器按蛇形管在烟道中的布置方式分为纵向布置和横向布置两种。

1）纵向布置是指省煤器蛇形管管轴方向与锅炉的前墙垂直的布置方式，如图5-1-7a所示。

其优点是由于尾部烟道的宽度大于深度，所以管子较短，支吊比较简单，且平行工作的管子数目较多，因而水的流速较低，流动阻力较小。

其缺点是全部蛇形管都要穿过烟道后墙，穿墙管过多，容易造成大量漏风。为此，电厂锅炉常将省煤器进、出口联箱都放在烟道内（并加以保温），如图5-1-5所示，以减少大量蛇形管穿墙可能造成的漏风。

采用这种布置，当烟气从水平烟道流入尾部烟道时，拐弯将产生离心力，使烟气中大灰粒多集中在靠近后墙的一侧，会造成全部蛇形管产生局部磨损，检修时需要更换全部磨损管段。

2）横向布置是指省煤器蛇形管管轴方向与锅炉前墙平行的布置方式，如图5-1-7b所示。

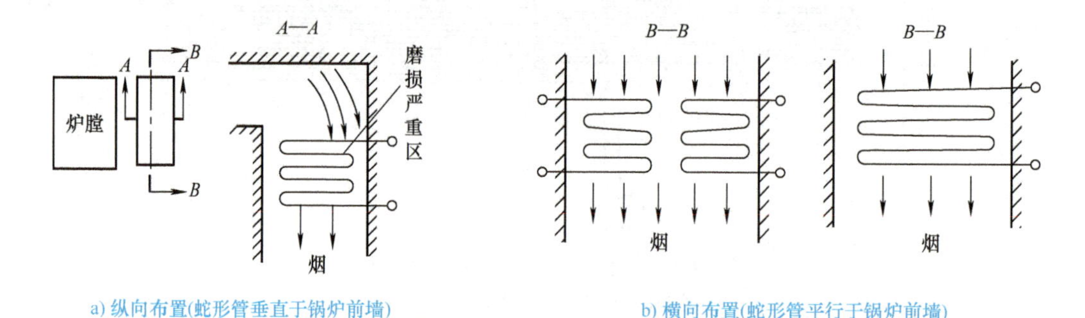

a) 纵向布置(蛇形管垂直于锅炉前墙)　　b) 横向布置(蛇形管平行于锅炉前墙)

图5-1-7　省煤器蛇形管在烟道中的布置方式

其优点是磨损小。因其只有少数几根蛇形管靠近后墙，从而使其所遭受的磨损仅局限于靠近烟道后墙的几根管子，故防护和维修比较简便。

其缺点是平行工作的管数少，因而水速高，流动阻力大，且管子较长，支吊比较复杂。

为了改进这种布置方式因水速高而导致流动阻力过大的缺点，可以采用双管圈或双面进水横向布置方式，如图5-1-7b所示。

从安全经济方面考虑，省煤器中的水速应保持在一定的范围内。若水速过高，流动阻力过大，会造成省煤器的压降过大，给水泵的电耗增大，运行不经济。一般规定，中压锅炉的压降不超过汽包压力的8%，高压锅炉的压降不超过汽包压力的5%。若水速过低，不仅管壁得不到良好的冷却，而且给水受热后析出的残余氧气不能被水流带走，它们将附着在管内壁上造成局部氧化腐蚀，另外，沸腾式省煤器还可能出现汽水分层。根据运行实践，沸腾式省煤器中水流速度应大于1m/s，非沸腾式省煤器中水流速度应大于0.5m/s。

随着锅炉容量的增大，给水量呈比例增加，而烟道截面尺寸却不是按比例增加。综合横向布置和纵向布置的特点及对水速的要求，单管圈、单面进水横向布置仅适合于中小容量锅炉。大容量锅炉则需采用双管圈、双面进水横向布置或采用纵向布置方案。

为便于检修，省煤器管组的高度是有限制的。当管子为紧密布置时，管组的高度不得大于1m；布置较稀时，则不得大于1.5m。如果省煤器受热面较多，沿烟气行程的高度较大时，就应把它分成几个管组。管组之间留有高度不小于600mm的空间。省煤器和其相邻的空气预热器间的空间高度应不小于800mm，以便进行检修和清除受热面上的积灰。

三、省煤器的支吊方式

省煤器的支吊方式有支承结构与悬吊结构两种。中小型锅炉省煤器采用支承结构，如图5-1-8所示，蛇形管通过固定支架（也称为管夹）支承在支持梁上。支持梁做成空心，中间通空气冷却，外部用绝热材料包裹，以防变形和烧坏。固定支架还能使蛇形管间保持一定的距离。

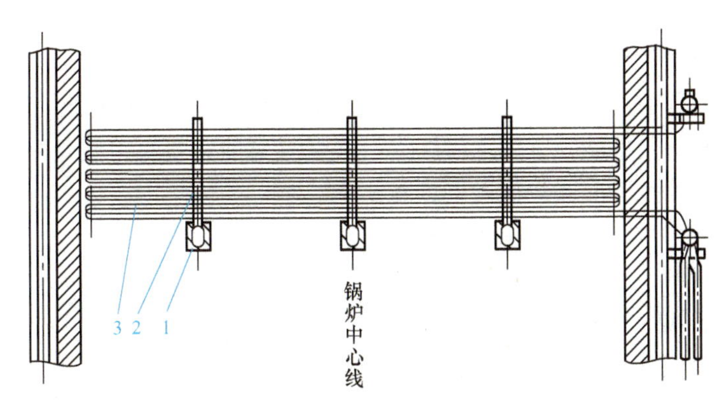

图5-1-8　省煤器的支承结构简图

1—支持梁　2—管夹　3—蛇形管

大型锅炉的省煤器大多数采用悬吊结构，如图5-1-5所示。其联箱被安放在烟道中间用于吊挂或支吊省煤器管。一般省煤器的出口联箱引出管就是悬吊管，用省煤器出口给水来进行冷却，故工作可靠。联箱放在烟道内的最大优点是大大减少了因蛇形管穿墙所造成的漏风，但检修不便。

四、省煤器系统举例

图5-1-9所示为国产300MW亚临界压力锅炉省煤器系统。省煤器蛇形管为光管，管子排列方式为顺列，采用悬吊方式。

图 5-1-10 所示为 2950/27.56 超超临界锅炉的省煤器系统。在尾部竖井的前、后分竖井下部，各布置一级省煤器。省煤器为光管式，顺列布置。

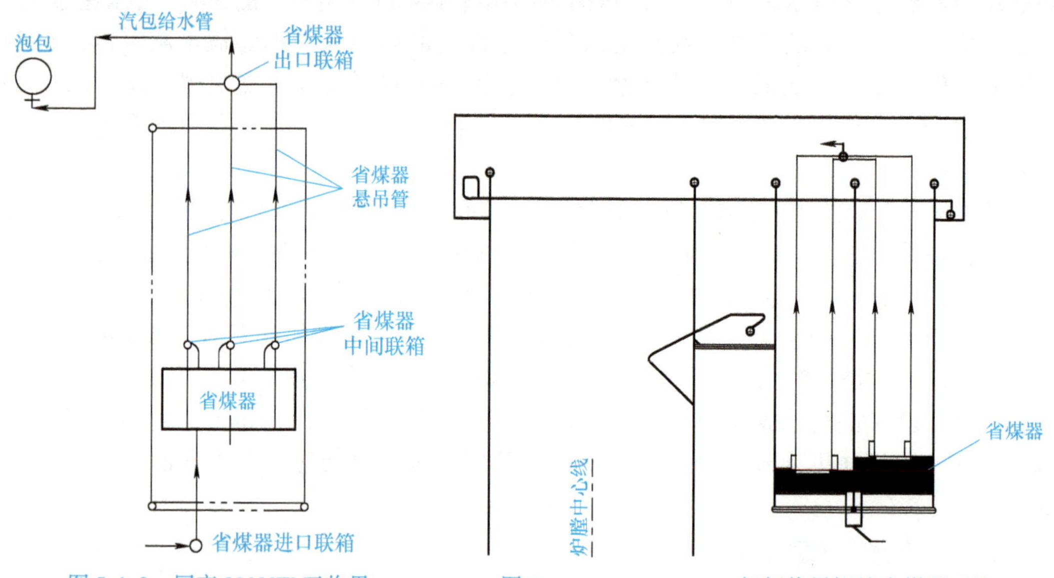

图 5-1-9　国产 300MW 亚临界压力锅炉省煤器系统

图 5-1-10　2950/27.56 超超临界锅炉省煤器系统

前后级省煤器向上各形成两排吊挂管，悬挂前后竖井中所有对流受热面，省煤器出口联箱置于锅炉顶棚之上。

省煤器和空气预热器布置在锅炉对流烟道的最后，流过它们的烟气温度已经不高，所以通常将它们称为尾部受热面或低温受热面。

低温受热面运行中突出的问题是低温腐蚀、磨损和积灰。尾部受热面金属温度低，烟气中水蒸气和硫酸蒸气可能在壁面上凝结，形成低温腐蚀。同时，低温的烟气冲刷受热面时，其携带的灰分还会造成受热面的磨损和积灰。

知识点三　蒸发设备

一、自然循环锅炉蒸发设备

自然循环锅炉蒸发受热面系统如图 5-1-11 所示，锅炉水在汽包—下降管—水冷壁（上升管）—汽包之间进行循环。

在蒸发受热面系统中，汽包、下降管、水冷壁下联箱、水冷壁管、水冷壁上联箱、汽水引出管和汽包汽水分离装置等组成一个封闭的循环回路。

每一面炉墙的水冷壁分成若干个回路，每个回路基本上是独立的，有相应的水冷壁管、上下联箱、供水管和汽水混合物引出管，以保证锅炉水循环的安全。炉膛水冷壁回路的划分如图 5-1-12 所示。从汽包底部引出的大直径集中下降管布置在炉膛的四个角上（有的锅炉布置于炉前），以便通过供水管向水冷壁均匀供水。图中下联箱旁所列的数字为每个回路水冷壁管子的数目。

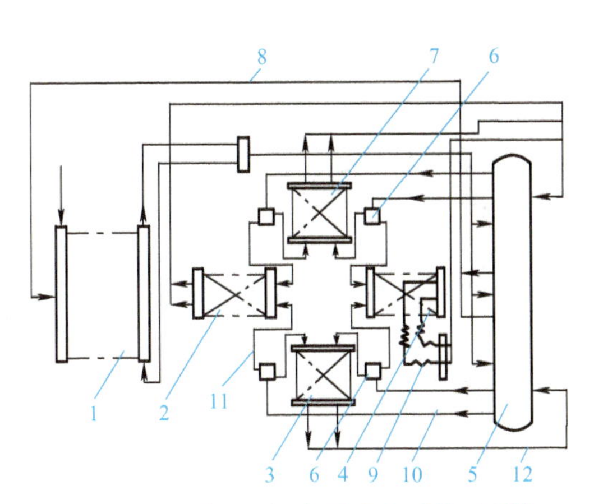

图 5-1-11　自然循环锅炉蒸发受热面系统

1—省煤器　2—前墙水冷壁　3—右墙水冷壁
4—后墙水冷壁　5—汽包　6—供水管分配器
7—左墙水冷壁　8—省煤器再循环管
9—后墙悬吊管　10—集中下降管
11—供水管　12—汽水混合物引出管

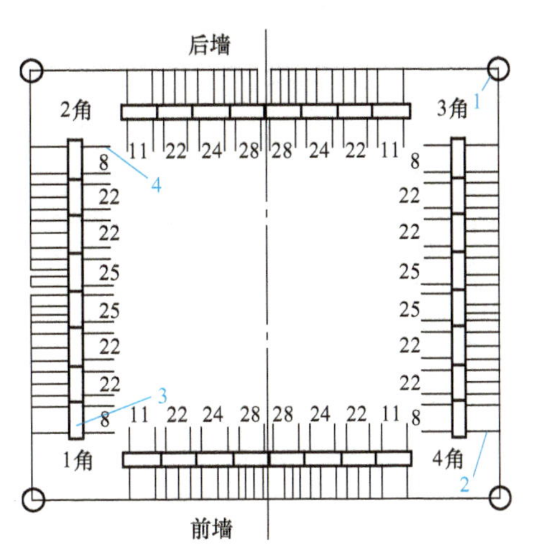

图 5-1-12　锅炉水冷壁回路划分示意图

1—集中下降管　2—供水管
3—水冷壁下联箱　4—水冷壁管

在循环回路中工质的正常循环是锅炉可靠运行的重要保证。

（一）汽包

汽包又称锅筒，是自然循环锅炉最重的承压部件和最庞大的设备。亚临界压力锅炉的汽包长达 25～28m，直径为 1700～1800mm，厚度为 130～200mm。汽包是锅炉的重要部件。目前，电厂的自然循环锅炉只有一个汽包，横置在炉外顶部，不受火焰和高温烟气的加热，外面布置有保温材料。

汽包是一长圆筒形压力容器，由筒身和两端的封头组成，其结构如图 5-1-13 所示。筒身是由钢板卷制焊接而成，封头用钢板模压制成，焊接在筒身两端。在封头中部留有椭圆形或圆形人孔门，以备安装和检修时工作人员进出。

汽包沿长度和周界方向开有很多管孔，并焊上短管，称为管座，在安装过程中分别与给水管、下降管、汽水混合物引入管、饱和蒸汽引出管、连续排污管以及其他辅助管件连接。汽包内部装有许多不同功能的设备或部件，其中，汽水分离设备最多，也最复杂。

锅炉的汽包都用吊箍悬吊在炉顶大梁上，如图 5-1-14 所示。悬吊结构有利于汽包受热温升后自由膨胀。

汽包的尺寸和材料与锅炉的参数、容量及汽包内部装置等因素有关。

汽包的长度应适应锅炉的容量、宽度和连接管子的要求，汽包的内径由锅炉的容量和汽水分离装置的要求来决定，汽包壁厚由锅炉的压力、汽包的直径与结构以及钢材的强度来决定。锅炉压力越高，汽包直径越大，汽包壁越厚。但是汽包壁太厚，不仅制造困难，而且在运行中由于内外壁温差大会产生较大的热应力。为了限制汽包的壁厚，一方面可限制汽包直径，即汽包内径一般不超过 1800mm；另一方面可使用强度较高的材料，如中压锅炉一般采用 20g 或 22g，高压锅炉采用 22g 或低合金钢，超高压以上的锅炉采用合金钢。表 5-1-1 列出了部分锅炉汽包的尺寸和材料。

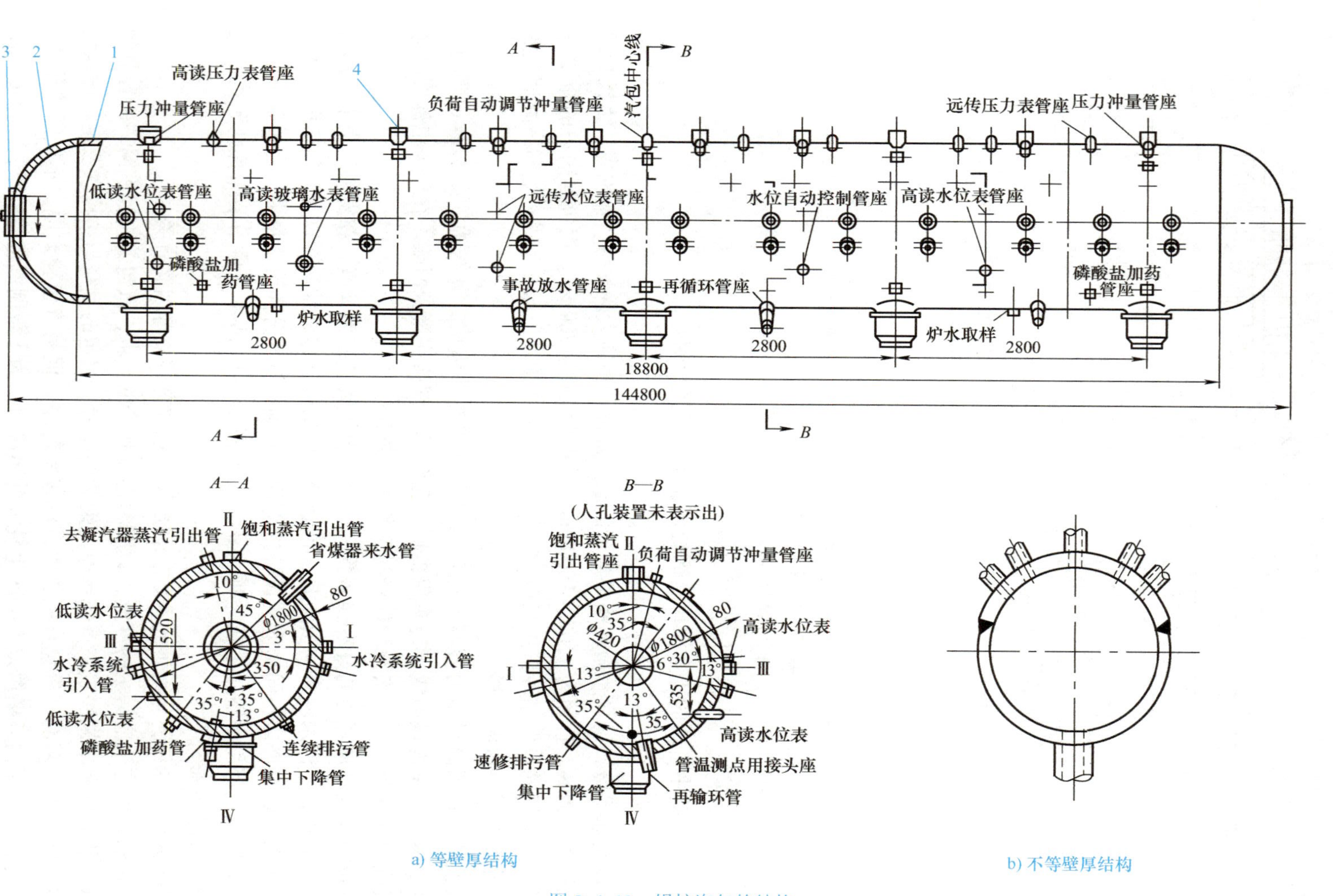

图 5-1-13　锅炉汽包的结构

1—筒身　2—封头　3—人孔门　4—管座

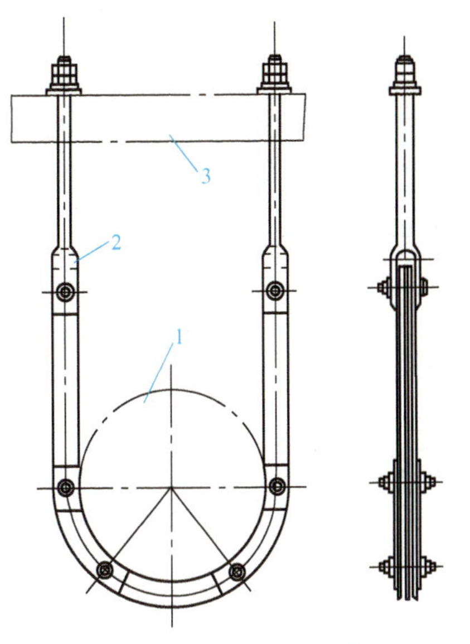

图 5-1-14 汽包的悬吊装置
1—汽包 2—U 形吊杆 3—炉顶

表 5-1-1 部分锅炉汽包的尺寸和材料

锅炉型号	汽包内径/mm	汽包壁厚/mm	汽包长度/mm	材 料
HG 410/9.8	1600	90	14570	22g
DG 670/13.7	1800	90	22210	18MnMoNb
SG 1025/17.53	1743	145	22100	BHW35
DG 1025/18.2	1792	145	22250	BHW35
B&BW 2020/17.5	1775	185	27786	SA-299
FWEC 2020/18.1	1829	204	28273	SA-516GR70
DG 2026/17.4	1792	145	26983	BHW35

汽包的主要作用如下：

1）汽包是加热、蒸发、过热三个过程的连接枢纽和大致分界点。如图 5-1-15 所示，省煤器出口与汽包连接；水冷壁、下降管分别连接汽包，形成了自然循环回路；蒸汽出口与过热器连接。汽包成为省煤器、水冷壁、过热器的连接中心。锅水的蒸发起点在水冷壁下部的某一部位。在任何工况下，汽包均产生饱和蒸汽，所以，过热器进口始终是饱和蒸汽。

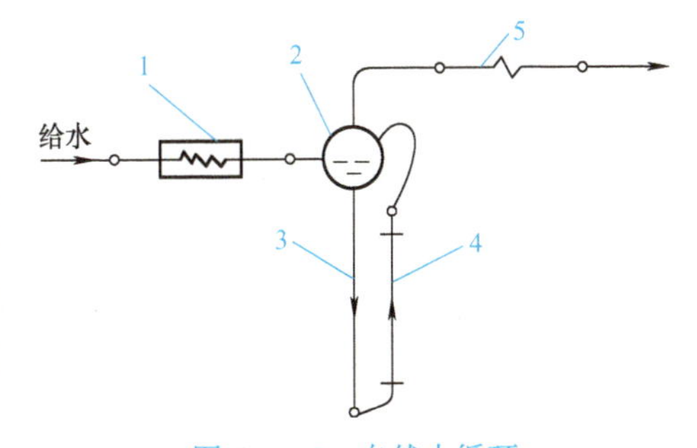

图 5-1-15 自然水循环
1—省煤器 2—汽包 3—下降管
4—水冷壁 5—过热器

2）汽包具有一定的蓄热能力，能延缓参数的变化，具有较好的调节特性。

汽包是一个体积庞大的金属部件，其中存有大量的蒸汽和锅水，具有一定的蓄热量，能快速适应外界负荷的变化，利于负荷调节特性。

3）汽包内部装置可以提高蒸汽品质。其中装有汽水分离、加药、蒸汽清洗、锅炉排污等设备。

4）汽包外接附件可保证锅炉工作安全。汽包外接有压力表、水位计、安全阀等附件，汽包内还布置了事故放水管等，用来保证锅炉的安全运行。

（二）下降管

下降管的作用是把汽包内的水连续不断地通过下联箱供给水冷壁，以维持正常循环。下降管布置在炉外不受热，管外包覆有保温材料。

下降管有小直径分散型和大直径集中型两种。小直径分散型下降管的管径一般为 108 ~ 159mm，它直接与各下联箱连接。大直径集中型下降管的管径一般为 325 ~ 762mm，它通过下部的小直径分配支管接至各下联箱，以达到均匀配水的目的。

小直径分散型下降管的管径小、管子数目多（40 根以上），流动阻力大，对循环不利，一般用在中、小容量锅炉上。大直径集中型下降管管径大、管子数目少（4 ~6 根），流动阻力小，并能节约钢材，简化布置，广泛用于高压以上锅炉。

下降管材料一般采用碳钢或低合金钢，如 20g 钢、SA106B 等。

（三）联箱

联箱的作用是汇集、混合、分配工质。联箱一般布置在炉外，不受热。

联箱由无缝钢管两端焊上弧形封头构成，在联箱上有若干管头与管子通过焊接相连。水冷壁下联箱底部还设有定期排污装置、蒸汽加热装置。

联箱材料一般采用碳钢或低合金钢，如 20g 钢、12Cr1MoV 等。

（四）水冷壁

水冷壁是蒸发系统中唯一受热的设备，吸收炉内高温火焰的辐射热，将炉水加热成蒸汽。自然循环锅炉的水冷壁位于炉膛四周内壁，由连续排列、大体呈立式布置的光管或鳍片管组成。

设计炉膛时，除应满足煤粉燃烧条件外，水冷壁的吸热量应足以使炉膛的出口烟温降低到煤灰的软化温度，以防造成炉膛出口受热面的结焦。

水冷壁的结构有光管式、膜式、销钉式和内螺纹管式。对于内螺纹管，外表可为光管式和鳍片管式。

1. 光管式水冷壁

光管式水冷壁由内外壁均光滑的无缝钢管组成，如图 5-1-16a 所示。

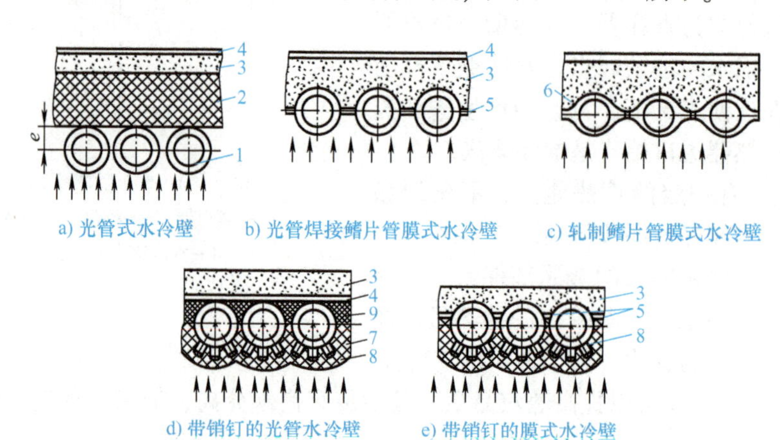

a) 光管式水冷壁　b) 光管焊接鳍片管膜式水冷壁　c) 轧制鳍片管膜式水冷壁

d) 带销钉的光管水冷壁　e) 带销钉的膜式水冷壁

图 5-1-16　水冷壁的结构

1—水冷壁管　2—耐火材料　3—绝缘材料　4—炉墙护板　5—扁钢　6—轧制鳍片管　7—销钉　8—耐火填料　9—铬矿砂材料

2. 膜式水冷壁

膜式水冷壁可分为光管焊接鳍片管和轧制鳍片管两种，分别如图 5-1-16b、c 所示，它们沿纵向焊接成片，再成片对焊构成一个整体，像金属膜似的将炉膛包围起来。

膜式水冷壁的优点如下：

1）炉膛严密性好，可降低漏风系数，改善炉膛燃烧工况。

2）炉墙重量减轻，只需要保温材料，不用耐火材料，炉墙的厚度和重量大大减小，可加快锅炉启动速度，简化悬吊结构。

3）在制造厂焊成组件出厂，安装快速、方便。

4）在相同的炉壁面积下，膜式水冷壁的辐射传热面积比一般光管式水冷壁大，因而可节约钢材。

因此，现在大型锅炉普遍采用膜式水冷壁。

膜式水冷壁的主要缺点是制造、检修工艺较复杂，在运行过程中为了防止管间产生过大的热应力，一般要求相邻管间温差不大于50℃。

3. 销钉式水冷壁

对于燃烧低挥发分煤的炉膛，为保持燃烧区火焰的高温，以利于低挥发分煤粉的着火，往往在燃烧器布置区域的炉墙上敷设一定数量的保温卫燃带。卫燃带一般采用在水冷壁管子上焊以销钉并敷以铬矿砂等耐火材料构成，如图5-1-16d、e所示。销钉的作用是使铬矿砂材料与水冷壁牢固地连接在一起，使之不容易脱落，又可将铬矿砂表面的热量部分传递给水冷壁内的工质，避免温度过高而烧毁。

4. 内螺纹管式水冷壁

对于亚临界压力自然循环和控制循环锅炉，为了防止膜态沸腾过早产生，推迟汽水混合物传热的恶化，在炉内布置燃烧器的高热负荷区域，多采用内螺纹管替代内壁光滑的光管制造水冷壁。内螺纹管的结构如图5-1-17所示，它是一种多头（多道）凹槽的管子。流体流过管内凹凸表面时，不断产生对表面的冲击和漩涡，流体的横向脉动加剧。这可强化壁面与流体之间的热交换，在两相流体中还有利于管轴中心区流动的液滴向壁面方向的扩散。所以，这种结构可降低管子的壁面温度，又可推迟两相流体传热的恶化。超临界和超超临界压力锅炉的下辐射区多采用内螺纹管式水冷壁，以强化流体与壁面的传热。

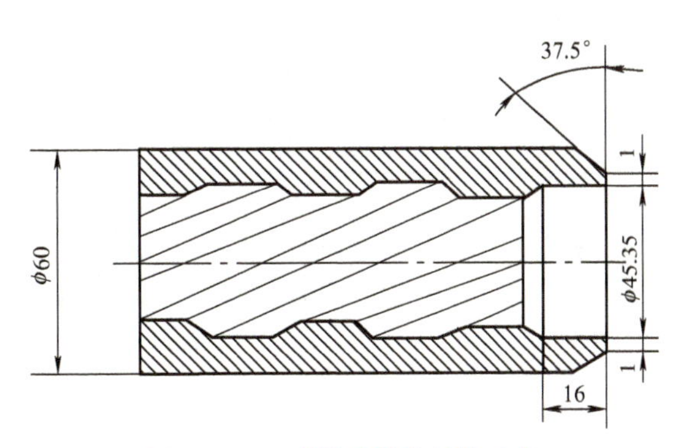

图5-1-17 内螺纹管的结构示意

水冷壁是通过上联箱上的吊杆悬吊在炉顶钢梁上。运行中，水冷壁受热可以向下自由膨胀，但要限制向水平方向移动，以免造成结构变形。水冷壁穿墙管处要留出膨胀空间，在间隙内填充石棉绳等材料防止漏风。对于敷管式炉墙，炉墙贴附在水冷壁管外形成一个整体，穿墙处可不留间隙。

在锅炉后墙水冷壁的上部，将部分管子分叉弯制而成折焰角。采用折焰角，既提高了火焰在炉内的充满程度，改善了炉内燃烧工况，又改善了屏式过热器的空气动力特性，增加了横向冲刷作用，同时，延长了水平烟道的长度，便于对流过热器和再热器的布置，使锅炉整体结构紧凑。

对于敷管式炉墙，沿炉膛高度方向每隔一定距离布置一层围绕炉膛周界的腰带形横梁，称为刚性梁。它能加固水冷壁炉墙，使其能承受炉膛内可能产生的爆燃压力和炉内正负压变化时对于水冷壁和炉墙产生的较大推力，不致凸起和出现裂缝。

刚性梁固定在水冷壁上，当水冷壁受热向下膨胀时，刚性梁和水冷壁一起位移。刚性梁在炉外不受热，水冷壁温度较高，两者存在着较大的温差，所以要考虑刚性梁与水冷壁之间的连接相对滑动的自由。图 5-1-18 所示为一种常用的刚性梁结构。炉膛四角处的水冷壁与刚性梁之间用搭板连接，沿水冷壁宽度方向每隔一定的距离，水冷壁与刚性梁之间用销与椭圆孔连接，这样可允许刚性梁与水冷壁间相对移动，又可承受水冷壁的侧向推力。

视频资料
水冷壁

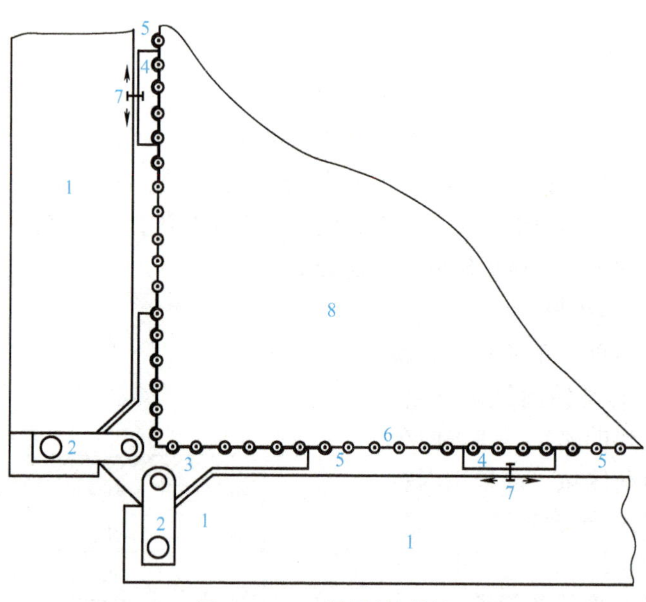

图 5-1-18 刚性梁的结构

1—刚性板梁 2—搭板 3—角板 4—横板 5—加强板 6—水冷壁管 7—销与板梁上的椭圆孔 8—炉壁

二、控制循环锅炉蒸发系统

对于控制循环锅炉蒸发受热面系统，以 600MW 锅炉为例加以说明。图 5-1-19 所示为该锅炉水的蒸发受热面系统。蒸发受热面系统主要包括汽包、下降管、循环泵、供水包（水冷壁环形下联箱）、水冷壁及其引出管等。

控制循环锅炉与自然循环锅炉蒸发系统存在三点主要差别。

1）控制循环锅炉在下降管下端设置了锅炉水的循环泵。循环回路的流动阻力由循环泵提供的压头和自然循环产生的推动力共同承担，可以弥补蒸汽参数提高后汽水密度差减小造成的自然循环推动力下降的不足，有利于增强回路循环的可靠性。为减少循环泵的功耗，控制循环锅炉的循环倍率一般为 $K=2\sim5$，有的还低于 2。

2）由于循环泵可提供足够的压头，水冷壁不必像自然循环锅炉那样按吸热量不同划分为许多回路，循环系统可以简化。水冷壁下联箱为一大直径环形下水包，在下水包内装置节流圈，可调节各水冷壁管的水流量，使之与吸热量平衡。加装的节流圈容易装卸和维护。

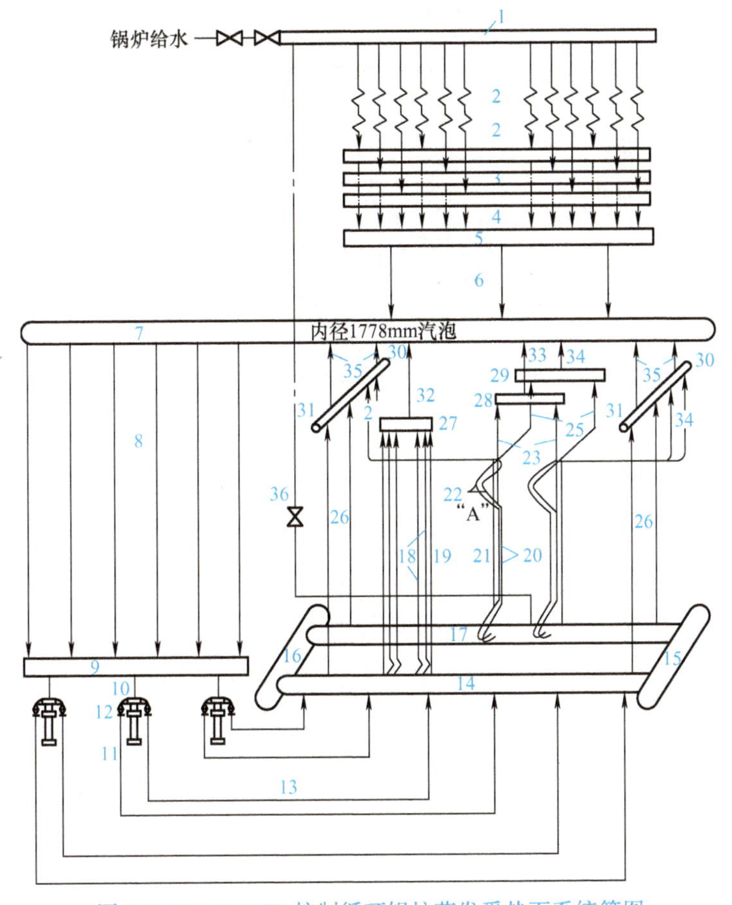

图 5-1-19 600MW 控制循环锅炉蒸发受热面系统简图

1—省煤器进口联箱 2—省煤器 3—省煤器中间联箱 4、23、25—悬吊管 5—省煤器出口联箱 6—省煤器出水管 7—汽包 8—下降管 9—循环泵进口联箱 10—循环泵进水管 11—循环泵 12—循环泵出口截止/止回阀 13—循环泵供水管 14～17—环形下联箱（水冷壁供水包） 18、19—前墙水冷壁 20、21—后墙水冷壁 22—折焰角水冷壁 24—由水冷壁延伸的水平烟道侧墙包覆管 26—侧墙水冷壁 27～31—水冷壁上联箱 32～35—汽水混合物引出管 36—省煤器再循环

3）循环泵的设置使水冷壁管径可以适当减小，以节省金属耗量；汽包内部可采用更高效的汽水分离部件；汽包可采用上、下壁温差较小的设计。

控制循环锅炉的循环泵是单级叶轮泵，叶轮与电动机转子装在同一主轴上，置于相互连通的密封压力壳体中。泵与电动机结合成一整体，其间设有联轴器，消除了泵泄漏的可能性。

循环泵的基本结构如图 5-1-20 所示，在电动机轴（绕有线圈的转子）的另一端上安装一只单级离心叶轮泵，电动机与泵体由主螺栓和法兰肩台实施连接。

循环泵一般悬吊在下降管下端，由下降管的管道支吊，在锅炉热态时可随下降管一起向下移动而不受约束。

循环泵电动机的定子和转子用耐水耐压的绝缘导线做成绕组，浸沉在高压（一次）

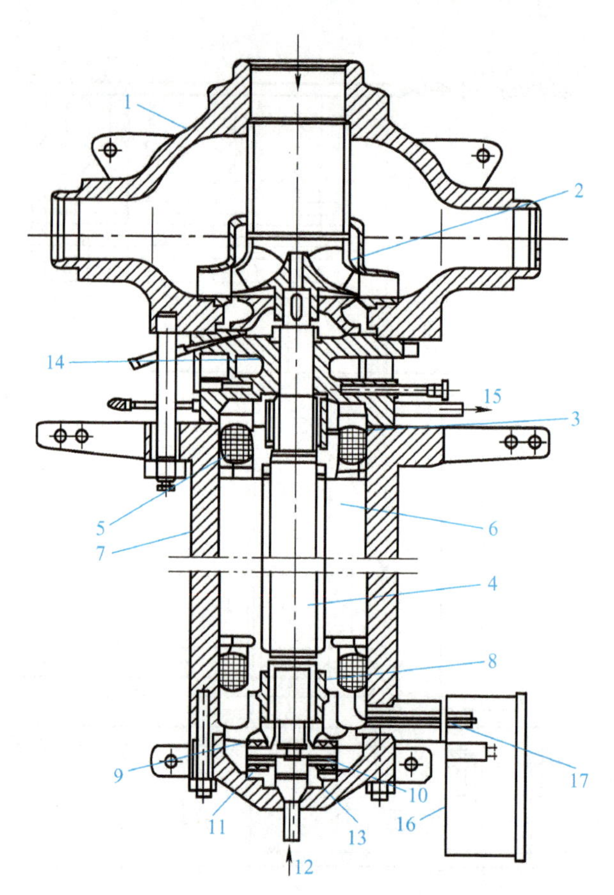

图 5-1-20 锅炉水循环泵

1—泵壳 2—叶轮 3—上端轴承 4—主轴 5—电动机绕组 6—定子绕组 7—电动机外壳 8—下端轴承 9—上推力块 10—推力盘（辅助叶轮） 11—下推力块 12—一次冷却水进门 13—电动机底座 14—隔热体 15—一次冷却水出口 16—接线盒 17—引线密封

冷却水中。电动机运行时产生的热量由循环的高压（一次）冷却水传递给低压（二次）冷却水带走。

每台锅炉一般配备并联在一起的三台循环泵，其中一台备用。循环泵出口装有截止和逆止两用的阀门：循环泵运行时开启，停运时关闭，起截止阀作用；当运行的循环泵因故障跳闸时，阀门的阀芯自动落座关闭，起防止锅炉水从水冷壁倒流的逆止阀作用。

三、直流锅炉蒸发系统

直流锅炉没有汽包，给水在给水泵压头的推动下，依次流过省煤器、水冷壁、过热器受热面，完成水的加热、汽化和蒸汽过热过程。其工作原理如图 5-1-21 所示。

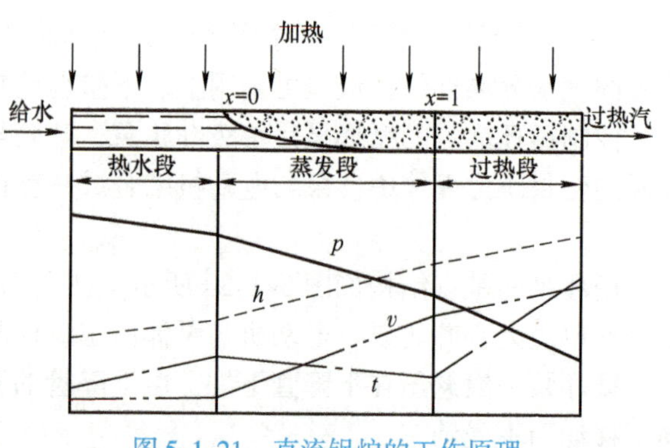

图 5-1-21 直流锅炉的工作原理

p—压力 h—焓 v—比体积 t—温度

直流锅炉不受工作压力的限制，可适用于300MW以上的亚临界参数和超临界参数机组。近年来，主要采用600～1000MW超临界参数机组。

直流锅炉水冷壁管内工质流动阻力比较大，需要用给水泵的压头来克服。例如，蒸汽参数为25MPa/540℃/540℃的600MW超临界锅炉水冷壁的流动压降在额定负荷时为1.84MPa，而过热器的总压降为1.52MPa，省煤器的总压降为0.23MPa。可见，水冷壁的流动阻力占汽水流程总阻力的50%以上，这就需要提高给水泵的总压头。这样，不但要求提高给水泵的设计和制造工艺，而且要增加运行电耗。

直流锅炉的特点如下：

1）金属耗量少，制造、运输和安装较方便。

2）适合任何压力，更适宜用于超高压以上锅炉。

3）水冷壁受热面布置灵活，可满足炉膛结构的特殊要求。

4）在启动和停炉过程中不受汽包应力限制，并且其储热能力小，因而可大大缩短启动和停炉时间。

5）直流锅炉由于没有汽包，加热、蒸发过热没有固定分界点。当锅炉负荷变化时，蒸汽温度和压力变化较快。因此，要求其具有灵敏、可靠的自动调节系统。

6）由于直流锅炉不能进行锅内蒸汽净化，给水带入的盐分会沉积在锅炉受热面或汽轮机上，对安全运行造成威胁。因此，对给水的品质要求高，这样将增大水处理系统的投资和运行费用。

7）由于蒸发受热面内的工质流动是靠给水泵的压头推动，因此需要较高的给水泵压头，从而增大泵的电耗。

8）直流锅炉设有专门的启动旁路系统，一般按30%给水流量设计，以保证启动时建立一定的工质流量，防止蒸发受热面被烧坏。因此，启、停的操作较复杂，热损失大。

（一）蒸发受热面系统

在超临界和超超临界压力下，不存在汽水两相共存现象，水的蒸发热为零，也不需要进行汽水的分离。实际运行中要求火电机组具有良好的调峰能力。从经济和安全可靠性的角度考虑，在负荷变动时，火电机组都采用变压运行方式，即机组负荷降低时，锅炉压力随之下降。当机组负荷从额定值降至60%～75%时，锅炉工质的压力转入低于临界压力的区域，因而存在汽水两相共存区。所以，对于变压运行的超（超）临界压力锅炉，在汽水系统的水冷壁出口和初级过热器之间串联起类似于汽包的汽水分离作用的内置式分离器。此外，一般还设置再循环泵，将分离器中分离出来的锅炉水返回水冷壁进行再循环，如图5-1-22所示。但循环泵一般只在最低运行负荷（超临界和超超临界压力锅炉的最低运行负荷为额定负荷的25%～35%）时才投入运行。分离器一般为2～4只，并联在一起，是承受全压的压力容器。在超临界压力下，它是直流式部件。故分离器一般做成长度很大、直径较小，有较好的耐压和适应负荷变动能力的圆柱形容器。

图5-1-23所示为一台600MW等级的超临界压力锅炉分离器的结构。该锅炉将分离器的分离功能和蓄水功能分开。四台主要起分离作用的分离器并联在一起，在分离器下方连接一台直径大体相当、高度达18m的蓄水容器，起蓄水作用。当锅炉变压到水冷壁出口的工质为汽水混合物时，切向进入的分离器起汽水分离作用，蒸汽由分离器顶端进入过热器，分离出来的锅炉水进入蓄水箱，通过再循环泵升压后与给水混合，回到锅炉中循环流动。

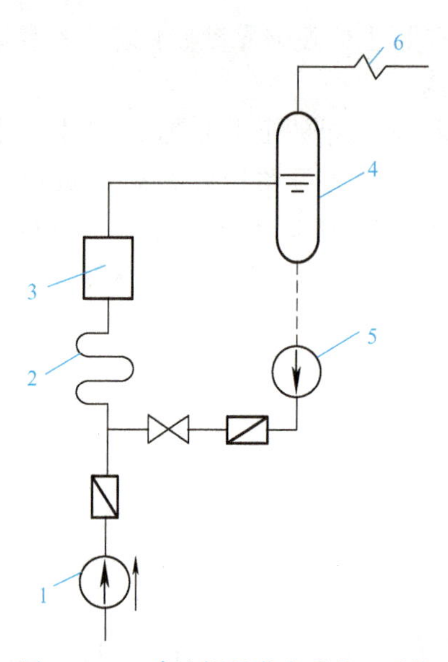

图 5-1-22 直流锅炉蒸发受热面系统
1—给水泵 2—省煤器 3—水冷壁 4—分离器
5—再循环泵 6—过热器

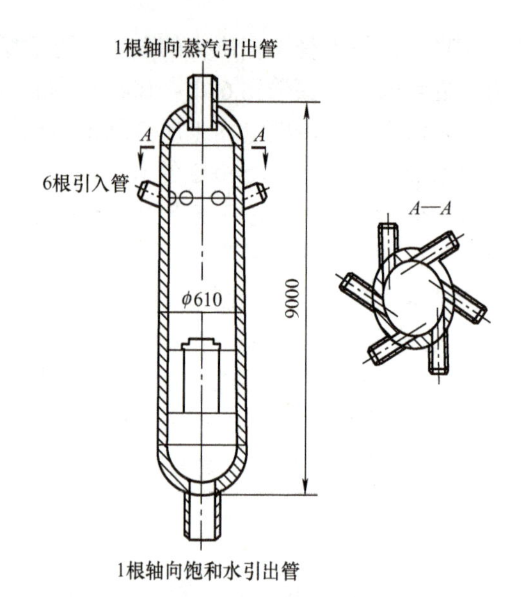

图 5-1-23 600MW 等级超临界压力锅炉分离器

图片资料
汽水分离器

（二）直流锅炉的水冷壁型式

在直流锅炉出现的初期，水冷壁有三种相互独立的结构型式，即本生型、苏尔寿型和拉姆辛型。随着锅炉向高参数、大容量的方向发展，按照采用膜式水冷壁和实现变压运行的要求，直流锅炉的水冷壁结构型式演变为两种：一种是垂直管屏，另一种是螺旋管圈。

1. 垂直管屏光管水冷壁

垂直管屏水冷壁以其结构简单、容易实现膜式壁结构的优势被广泛采用。传统的垂直管屏水冷壁采用光管结构，其造价成本低，抵抗膜态沸腾的能力差。随着火电机组的大容量化，为了保证炉膛下辐射区水冷壁管内的质量流速，下辐射区水冷壁的流路一般设计成二次垂直上升。例如，在500MW 和 800MW 锅炉机组上，为了避免相邻的水冷壁管之间产生较大的热偏差，减小水冷壁管之间的壁温差，采用二次垂直上升，两个流路之间用不受热的下降管相连接，如图 5-1-24 所示。按照习惯，采用 2 ~ 3 次垂直上升水冷壁的锅炉称为 UP 型锅炉（起源于本生型）。

如图 5-1-25 所示，由于水冷壁具有中间联箱，第一流路出口的工质温度升高、比体积增大，故进入第二流路的工质流量分配就可能不均匀，且第一流路与第二流路相邻两管的壁温差增大。在低负荷变压运行时，这种现象更为明显。这是因为在低负荷变压运行时，一方面工质经过亚临界压力区，工质比体积变化很大，导致流量分配不均；另一方面工质流量减少，质量流速降低，使得工质流量分配的不均匀程度增大。这些不利因素叠加在一起，有可能导致受热较强的水冷壁管中流量反而减少。同时，光管抵抗膜态沸腾的能力较差，因而使个别管子处于危险的工作状态。因此，垂直管屏光管水冷壁不适合变压运行。

2. 螺旋管圈水冷壁

图 5-1-25 所示为新型超临界压力锅炉的水冷壁结构。图右侧为内螺纹管螺旋管圈水冷壁。

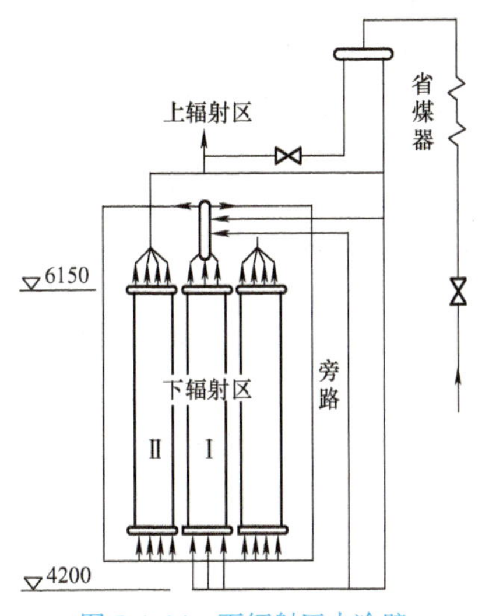

图 5-1-24 下辐射区水冷壁

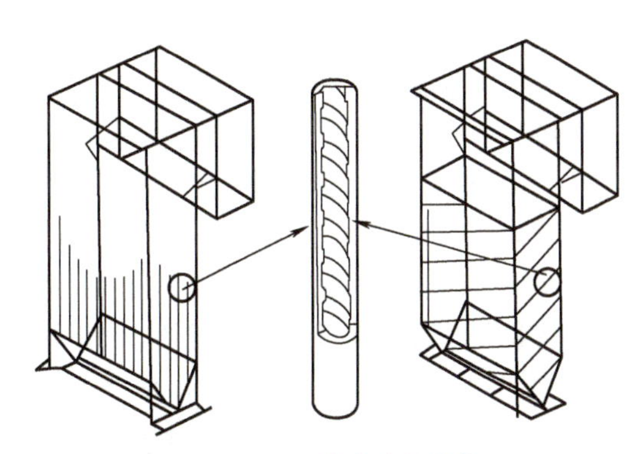
图 5-1-25 水冷壁的结构

螺旋管圈水冷壁的优点如下：

1）工作在炉膛下辐射区的水冷壁同步经过炉膛内受热最强的区域和受热最弱的区域。

2）水冷壁中的工质在下辐射区一次性沿着螺旋管圈上升，没有中间联箱，工质在比体积变化最大的阶段避免了再分配。

3）不受炉膛周界的限制，可灵活选择并联工作的水冷壁管子根数和管径，保证较大的质量流速。

螺旋管圈水冷壁的这些优点，使得水冷壁能够工作在热偏差最小和流量偏差最小的良好状态。因此，其水动力稳定性较高，不会产生停滞和倒流，可以不装节流圈，最适合变压运行。国内 600MW 超临界压力锅炉以及多台亚临界低倍率循环锅炉和复合循环锅炉都采用了螺旋管圈水冷壁。螺旋管圈水冷壁起源于水平管圈水冷壁（拉姆辛型）。

螺旋管圈水冷壁需要专门的悬吊钢架，所以，一般仅布置在炉膛折焰角下部的下辐射区，而在炉膛上辐射区使用垂直管屏。

由于炉膛上部的热负荷降低，只要维持足够的质量流速，管内发生传热恶化的可能性就不大，管壁温差也随之减小，因而采用垂直管屏也不会造成膜式壁的破坏。当然，上辐射区水冷壁入口的流量分配不均匀或上辐射区热偏差增大时，也会出现管壁超温破坏现象。

螺旋管圈水冷壁的主要缺点如下：

1）水冷壁及其悬吊结构复杂，制造、安装及检修工作量大，流动阻力比较大。

2）管带宽度随锅炉容量提高而增大，管带盘旋圈数减少，热偏差增大。

3. 内螺纹管垂直管屏水冷壁

内螺纹管垂直管屏水冷壁在亚临界压力锅炉上的应用证明这项技术在抵抗膜态沸腾方

面已经成熟，近几年来进一步应用于超临界和超超临界参数机组锅炉，实现了内螺纹管垂直管屏水冷壁变压运行。内螺纹管垂直管屏的主要特点如下：

1）采用内螺纹管可提高传热性能，防止亚临界压力下的膜态沸腾，有利于实现变压运行。

2）可降低质量流速。在最低直流负荷30% MCR时，水冷壁的最低质量流速为500kg/(m^2·s）左右，低于此值则内螺纹对流体的旋流作用减弱，对于600MW超临界压力锅炉和1000MW超超临界压力锅炉，最大质量流速为1800~1850kg/（m^2·s)。降低质量流速是为了减小流动摩擦压降并提高重位压降所占总压降的比例，以达到正流量补偿特性，即充分利用垂直管屏水冷壁中由于热偏差形成的流量自补偿特性。研究表明，质量流速低于1200kg/（m^2·s）时，水冷壁流量分配为自然循环特性。

3）下辐射区采用一次垂直上升管屏和内螺纹管以及低质量流速相结合，克服了传统UP型锅炉的主要缺陷。

4）垂直管屏的主要优势是结构简单，实现膜式壁的工艺简单，制造和悬吊简单，管子焊口数量少，运行中灰渣容易脱落，积灰结渣少。

5）减小了水冷壁的阻力损失，降低了给水泵的功率消耗。

知识点四　过热器与再热器

一、过热器和再热器的作用与特点

过热器和再热器是锅炉的重要组成部分，其目的是提高蒸汽的焓值，以提高电厂热力循环效率。过热器的作用是将饱和蒸汽加热成为具有一定温度的过热蒸汽。再热器的作用是将汽轮机高压缸的排汽加热到与过热蒸汽温度相等（或相近）的再热温度，然后再送到中压缸及低压缸中膨胀做功。

在电厂锅炉中，提高蒸汽的初参数（如压力和温度）是提高火力发电厂热经济性的重要途径。但是，蒸汽温度的进一步提高受到高温钢材的耐温限制。只提高压力而不相应地提高过热蒸汽的温度，会使蒸汽在汽轮机内膨胀终止时的湿度过高，影响汽轮机的安全。再热循环的采用（相应地在锅炉内装置再热器)，一方面可以进一步提高循环的热效率（采用一次再热可使循环热效率提高4%~6%，采用二次再热可再提高约2%)，另一方面可以使汽轮机末级叶片的蒸汽湿度控制在允许范围内。

过热器和再热器是锅炉内工质温度最高的部件，且过热蒸汽特别是再热蒸汽的吸热能力（冷却管子的能力）较差，如何使管子金属长期安全工作就成为过热器和再热器设计和运行中的重要问题。表5-1-2所列为锅炉受热面常用钢材的使用温度上限。表5-1-3列出了超临界压力锅炉部分金属材料的允许温度上限。为了尽量避免采用更高级别的合金钢，设计过热器和再热器时，选用的管子金属几乎都工作于接近其温度的极限值。这时，10~20℃的超温也会使金属许用应力下降很多。因此，在过热器和再热器的设计和运行中，应注意如下问题：

1）运行中应保持汽温稳定，汽温的波动不应超过±10℃。

2）过热器和再热器要有可靠的调温手段，使运行工况在一定范围内变化时能维持额定的汽温。

3）尽量防止或减少平行管子之间的热偏差。

表 5-1-2 锅炉受热面常用钢材的使用温度上限

钢 号	壁温上限/℃	钢 号	壁温上限/℃
20	480～500	钢 102（2CrMoWVB）	600
15CrMo（1Cr0.5Mo）	530～550	Ⅱ11（3Cr1MoVSiTiB）	600
12Cr1MoV（1CrMoV）	560～580		

表 5-1-3 超临界压力锅炉部分金属材料的允许温度上限

部 件	钢 号	允许壁温/℃
联箱	9CrMoVNb（P91）	600
	9CrMoVNbW（P92）（E911）	620
	12Cr0.5Mo2MCuVNb（P122、HCM12A）	620
水冷壁	2.25Cr1.6MVNb（T23、HCM2S）	580
	2.25Cr1MoBN（T24 或 7CrMoVTiB1010）	580
过热器/再热器	9CrMoVNb（T91）	600
	9CrMoVNbW（T92、NF616、E911）	620
	12CrMoV（X20CrMoV121）	620
	12CrMoVW（X22CrMoV121）	620
	12CrMoVNbW（HCM12）	620
	12CrMoVNbWCo（NF12，SAVE12）	620
	18Cr－8Ni（TP304H，Super304H，TP347H，TP347HFG）	650
	25Cr－20NiNbN（TP310NbN、HR3C）	700

二、过热器和再热器的型式和结构

根据传热方式，过热器和再热器可以分为对流式、半辐射式和辐射式。在大型电厂锅炉中通常采用上述三种型式的串级布置系统。

图片资料
过热器和再热器

1. 对流过热器

对流式是指布置在锅炉对流烟道内，主要吸收烟气对流热的过热器和再热器，根据烟气和管内蒸汽的相互流向，又可分为逆流、顺流和混合流三种传热方式。逆流式对流受热面如图 5-1-26a 所示，具有最大的传热温压。采取这种布置方式，可以节省金属耗量，但蒸汽出口处恰恰是受热面中烟气和蒸汽温度最高的区域，金属壁温可能很高。顺流布置方式如图 5-1-26b 所示，蒸汽出口处烟气温度最低，金属壁温自然也较低。从过热器和再热器工作的安全性考虑，这种布置方式是有利的，但是其传热温压小，所需受热面较多。逆流布置方式常用于过热器和再热器的低温级（进口级），顺流布置方式多用于蒸汽温度较高的最末级（高温级）。混合流为折中的布置方式，如图 5-1-26c 所示，蒸汽先流过逆流传热段，再流过顺流传热段。

根据管子的布置方式，对流式过热器和再热器可分为立式和卧式。蛇形管垂直放置的立式布置与蛇形管水平放置的卧式布置各有其特点。卧式受热面容易在停炉时排出管内存水，立式受热面的存水却不易排出。但立式受热面的支吊结构比较简便，可用吊钩把蛇形管的上弯头吊挂在锅炉钢架上。卧式受热面的支吊结构比较复杂，常用有工质冷却的受热

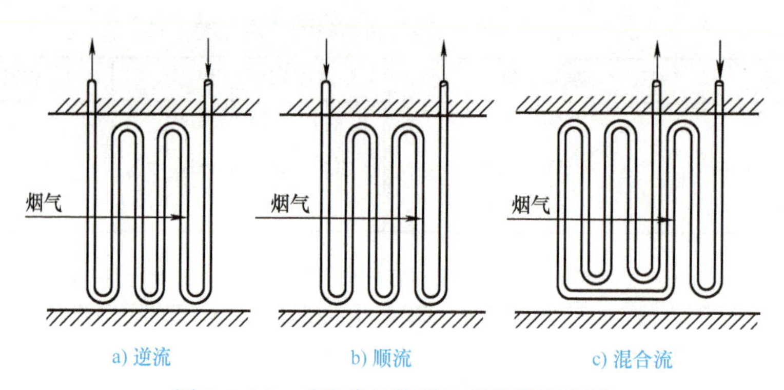

a) 逆流　b) 顺流　c) 混合流

图 5-1-26　对流式过热器和再热器示意图

面管子（如省煤器管）作为它的悬吊管。这种过热器在塔式和箱式锅炉中很普遍，在“Π”型锅炉的尾部竖井中也常使用。

过热器和再热器的蛇形管可做成单管圈、双管圈和多管圈（图 5-1-27），这与锅炉的容量和管内必须维持的蒸汽速度有关。大容量锅炉一般采用多管圈结构。

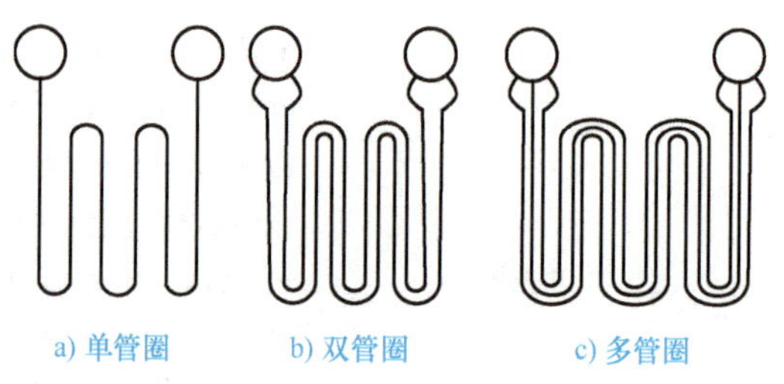
a) 单管圈　b) 双管圈　c) 多管圈

图 5-1-27　蛇形管圈

为了保证过热器和再热器管子金属的可靠冷却，管内工质应保证一定的质量流速。速度越高，管子的冷却条件越好，工质的压降也会越大。整个过热器或再热器的压降一般不应超过其工作压力的 10%（过热器）或 0.2MPa（再热器）。应综合考虑冷却和压降两个因素。

流经过流过热器和再热器的烟气速度的选取，受到多种因素的相互制约。高的烟气速度可提高传热系数，但管子磨损也较严重；反之，过低的烟气速度除传热性能较差外，还会导致管子严重积灰。

2. 辐射过热器

辐射过热器是指布置在炉膛上部，以吸收炉膛辐射热为主的过热器，根据布置位置不同可分为屏式过热器、墙式过热器和顶棚过热器三种。

屏式过热器由进、出口联箱和管屏组成，做成一片一片“屏风”形式的受热面，如图 5-1-28a 所示。管屏沿炉膛宽度方向相互平行地悬挂在炉膛上部靠近前墙处（所以又称为前屏过热器），进、出口联箱都布置在炉顶外，整个管屏通过联箱吊挂在炉顶钢梁上，受热时可以自由向下膨胀。屏式辐射过热器对炉膛上升的烟气能起

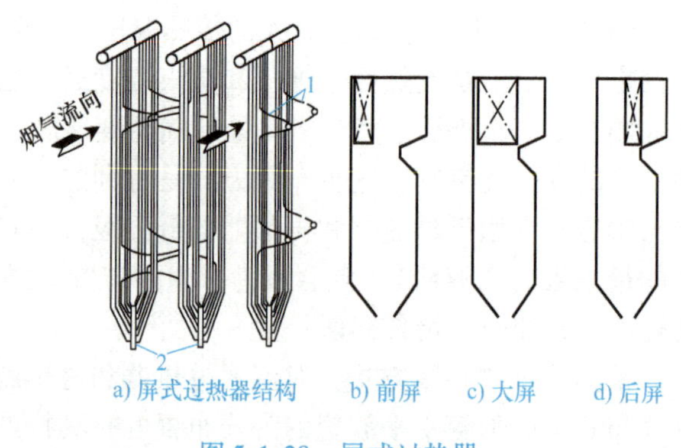

a) 屏式过热器结构　b) 前屏　c) 大屏　d) 后屏

图 5-1-28　屏式过热器

1—定位管　2—扎紧管

到分隔和均匀气流的作用，故有时也称之为分隔屏或大屏（屏宽度尺寸较大的），如图 5-1-28b、c 所示。现代大型锅炉的前屏过热器管屏的片数一般较少，屏间横向节距大（s_1 = 2500 ~ 3500mm）。

墙式过热器的结构与水冷壁相似，其受热面紧靠炉墙，通常布置在炉膛上部的墙上，集中布置在某一区域或与水冷壁管间隔布置，如图 5-1-29 所示。

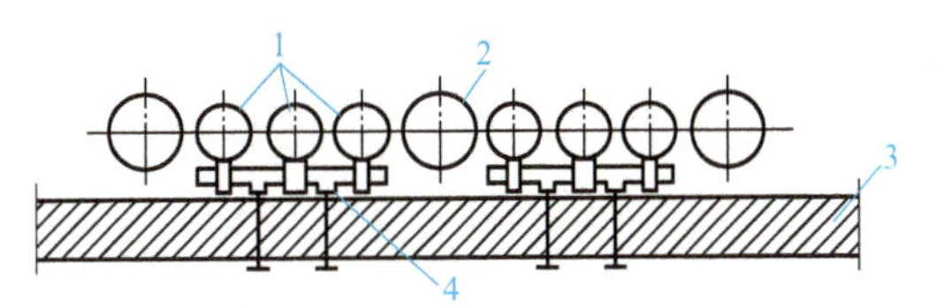

图 5-1-29　墙式过热器与水冷壁的间隔布置示意图

1—墙式过热器　2—水冷壁管　3—炉墙　4—固定支架

屏式和墙式过热器所处区域的热负荷很高，为了防止管壁超温，保证其安全工作，通常作为低温过热器，比较低温度的蒸汽流过；同时应采用较高的质量流速，使管壁得到足够的冷却，一般质量流速为 1000 ~ 1500kg/(m^2 · s)。

顶棚过热器布置在炉膛顶部，一般采用膜式受热面结构。由于它处于炉膛顶部，热负荷较小，故吸热量较少。采用顶棚过热器的主要目的是用来构成轻型平炉顶，即在顶棚上直接敷设保温材料而构成炉顶，使炉顶结构简化。

3. 半辐射过热器

半辐射过热器布置在炉膛出口处，既接收炉膛的辐射热量，又吸收烟气冲刷时的对流传热。半辐射过热器也采用挂屏形式，又称后屏过热器，如图 5-1-28d 所示。

虽然前屏过热器和后屏过热器在结构上基本相同，但它们的布置位置不同，因此传热情况不同。前屏过热器受烟气冲刷不充分，对流传热较少，而主要吸收的是炉膛的辐射热，故属于辐射过热器；而后屏过热器受烟气冲刷较好，同时由于有折焰角的遮蔽，只有部分管子吸收炉膛辐射热，所以属于半辐射过热器。

后屏过热器每片屏由并联的 15 ~ 30 根管子弯曲而成。屏的下部，根据折焰角形状可制作成三角形，若在折焰角前，一般制作成方形。为了避免结渣以及便于烟气流过，屏间横向节距大，纵向节距很小。一般情况下，横向节距 s_1 = 600 ~ 1500mm，纵向相对节距 s_2/d = 1.1 ~ 1.2。为保持管屏平整，每片屏抽出一根管子作为包扎管，将其余管子扎紧，如图 5-1-30b 所示。相邻两片屏还各抽出一根管子作为定位管，定位管扎紧后以保持屏间距离，如图 5-1-28a 所示。此外，还有采用横穿前屏和后屏的汽冷夹管来使屏平整和保持屏间距，如图 5-1-30a 所示。汽冷管共有三根，由前屏进口联箱接至后屏出口联箱，在水平方向交叉构成二道夹持管，以夹紧前屏和后屏，汽冷管还用拉件与水冷壁固定。图 5-1-30c 所示为水平布置屏式过热器的汽冷管夹和支承管子的结构。

在大型锅炉的屏式受热面区域中，烟气温度为 1200 ~ 1400℃，烟气流速一般为 5 ~ 8m/s，受热面除吸收炉膛直接辐射热外，还吸收烟气的对流热。因此，屏式受热面的热负荷是相当高的。管片中平行工作管子所接收的炉内辐射热及所接触的烟气温度有明显的差别，也就是说，平行工作管子之间的吸热偏差较大。此外，平行管子之间的管长相差较大，导致各管中蒸汽流量不同。有时，平行管子的蒸汽温度或管壁温度相差可达 80 ~ 90℃。另外，在机组启动时，屏式受热面容易出现管壁超温现象。这些特征和现象说明，屏式受热面是过热器系统安全运行的薄弱环节。

为了提高屏式受热面工作的安全性，应采用较高的质量速度，以保证管子的冷却。对

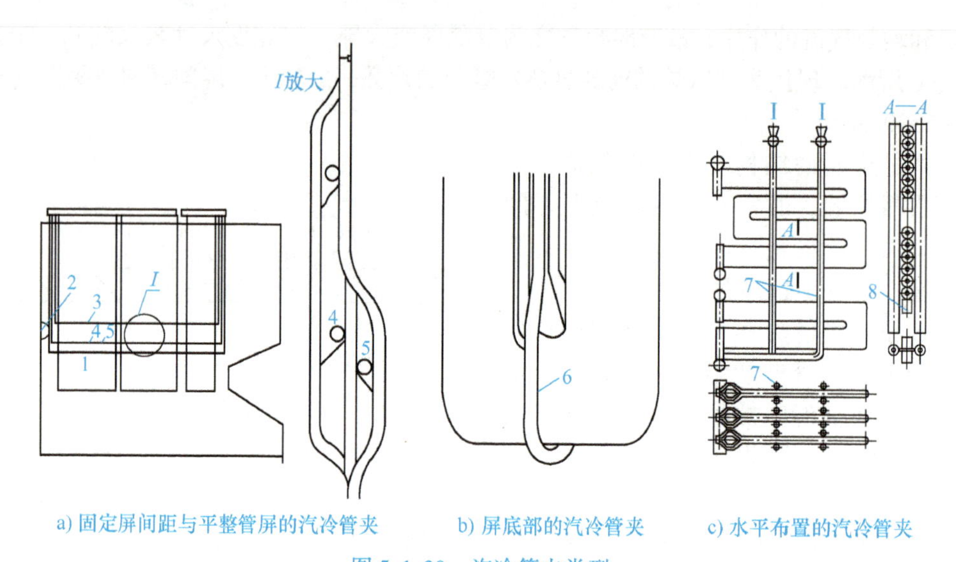

a) 固定屏间距与平整管屏的汽冷管夹　b) 屏底部的汽冷管夹　c) 水平布置的汽冷管夹

图 5-1-30　汽冷管夹类型

1、3～7—汽冷管夹　2—水冷壁拉件　8—支承管子的结构

于接收炉内辐射热最多的外圈管子，除用更好的材料外，还可在结构上采取措施，即外圈或吸热量较多的管子采用较短长度或较大的管径、内外圈管子交叉等。

4. 包覆过热器

包覆过热器布置在水平烟道和尾部竖井的壁面上，其管径与对流过热器基本相同。由于靠近炉墙处的烟气温度和烟气流速都较低，因此，包覆过热器的辐射和对流吸热量都很少，它的主要作用是作为烟道壁面并成为敷管炉墙的载体，同时提高炉墙的严密性，减少烟道漏风。

图 5-1-31 所示为 600MW 亚临界压力锅炉（$D=2027t/h$）后烟道包覆过热器的布置。包覆过热器自后烟道包覆入口联箱开始，有后烟道前包覆、侧包覆、后包覆、隔墙管等多条平行通道。各锅炉制造商对后烟道包覆系统的设计差别很大，即使同一厂商，对不同型号的锅炉，后烟道包覆系统的安排也可能有很大差别。

三、过热器和再热器的系统布置

过热器的系统布置应能满足蒸汽参数的要求，并能进行灵活调温，还应保证运行中管壁不超温和具有较高的经济性等，其复杂性与锅炉的参数有关。

当蒸汽参数（特别是蒸汽压力）提高时，水的加热热增大，汽化热减小，水蒸气的过热热增大，使锅炉受热面的布置也相应发生变化。

对于中压锅炉，一般容量不大，炉膛的辐射传热基本上与蒸发所需的热量相当，需要的过热热较少，因此，只采用直接布置于锅炉凝渣管束后面（沿烟气流向）的对流式过热器，系统比较简单，主要考虑顺流、逆流的合理布置，以保证管壁的安全和尽量节省金属用量。

对于高压以上锅炉，由于水的汽化热减少，需要的蒸发受热面少，为了防止结渣，限制炉膛出口烟温，则需要将部分过热器移到炉膛内部，即采用辐射-对流组合式过热器系统。

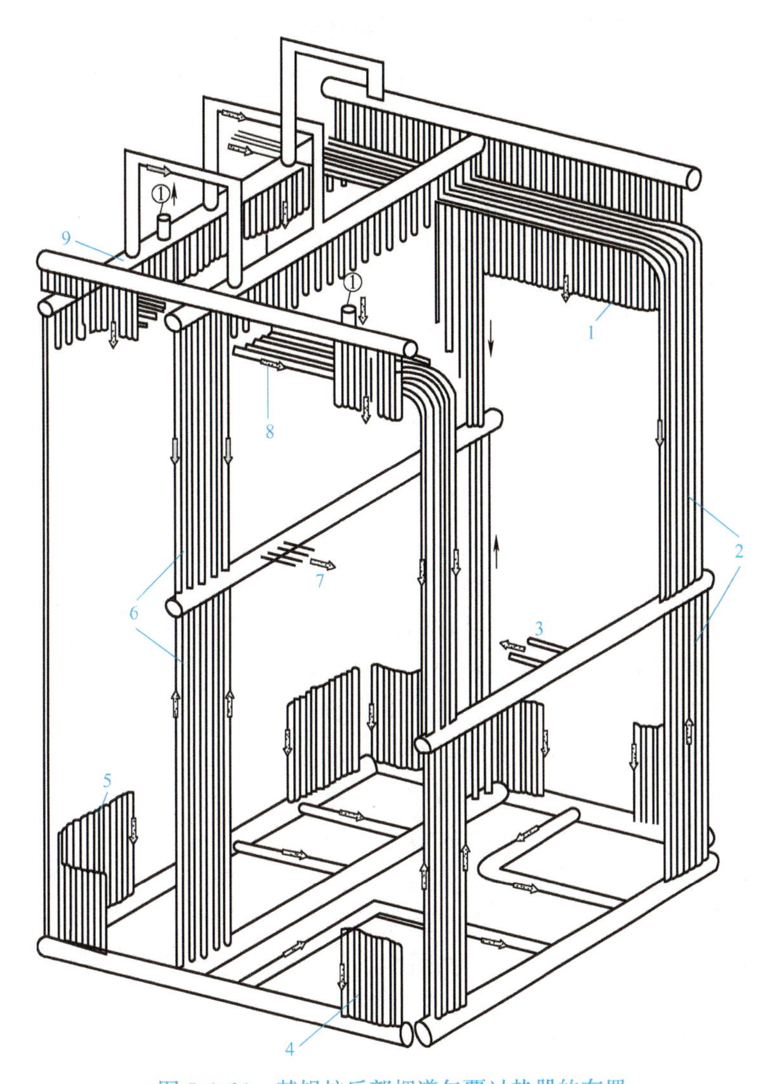

图 5-1-31 某锅炉后部烟道包覆过热器的布置

1—左包覆 2—后包覆 3—去低温过热器 4—右包覆 5—前包覆 6—隔墙管
7—去低温过热器 8—顶棚管 9—后烟道包覆入口联箱

辐射式过热器由于热负荷较高，应作为低温过热器。国产高压以上锅炉的过热器系统都采用了串联混合流组合方式，其基本组合模式为“顶棚过热器—包覆过热器—低温对流过热器—半辐射过热器—高温对流过热器”。这种组合模式的特点是既能获得比较平稳的汽温特性，又能保证有较大的传热温差，还能节省过热器受热面积。

过热器的分级或分段应以减小热偏差为原则，每级焓增不宜过大。各级或各段间的蒸汽温度的选取应考虑钢材的性能。

过热蒸汽的减温器一般设置在两级或两段之间。因此，过热器的分级或分段还应考虑汽温调节的反应速度问题。减温器以后（沿蒸汽流程）的过热器段（即出口段）的受热面越少，工质焓增越小，则汽温调节的反应速度越快。

再热器系统有两种布置方式，一种是超高压锅炉上常采用的纯对流再热器，另一种是亚临界及以上压力锅炉常采用的“半辐射屏式再热器—高温对流再热器”顺流组合模式。对于大容量锅炉，由于调节再热汽温的方式不同，所以过热器和再热器的系统布置也不相同。

知识拓展：危险点分析

过热器/再热器内部结垢或是燃烧有偏差或是水动力不足，会造成受热面超温，长时间超温会造成受热面泄露爆管。

四、过热器和再热器的汽温特性

过热器或再热器出口蒸汽温度与锅炉负荷（或工质流量）之间的关系称为汽温特性。

辐射式过热器以吸收炉内辐射热为主，随着锅炉负荷的增加，辐射式过热器中工质的流量和锅炉的燃料耗量按比例增大，但炉内辐射热并不按相同比例增加，这是因为炉内火焰温度升高不太多。也就是说，随锅炉负荷的增加，炉内辐射热的份额相对下降，辐射式过热器中蒸汽的焓增减少，出口蒸汽温度下降，如图5-1-32中曲线1所示。当锅炉负荷增大时，将有较多的热量随烟气离开炉膛，被对流过热器等受热面所吸收，对流过热器中的烟速和烟温提高，过热器中工质的焓增随之增大。因此，对流式过热器的出口汽温是随锅炉负荷的提高而增加的。过热器布置远离炉膛出口时，汽温随锅炉负荷的提高而增加的趋势更加明显，如图5-1-32中曲线2、3所示。可以预期，屏式过热器的汽温特性将稍微平稳一些，因为它是以炉内辐射和烟气对流两种方式吸收热量。不过它的汽温特性有可能是在高负荷时对流传热占优势，而低负荷时则辐射传热占优势。

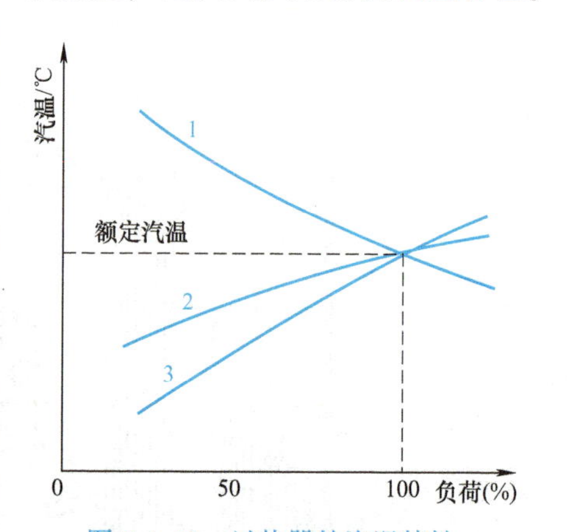

图5-1-32 过热器的汽温特性

1—辐射式过热器 2—对流式过热器

3—远离炉膛出口的对流式过热器

再热器的汽温特性原则上与过热器的汽温特性相似，但又有其不同的特点。在再热器中，其工质进口参数取决于汽轮机高压缸的排汽参数。定压运行锅炉在负荷降低时，汽轮机高压缸排汽温度降低，再热器的进口汽温也随之降低，所以，再热器出口汽温一般是随负荷降低而下降的。为了保持再热器出口汽温不变，必须吸收更多的热量。当锅炉负荷从额定值降到70%负荷时，定压运行的锅炉再热器进口汽温下降30~50℃，再加上再热蒸汽的压力较低（2.0~5.0MPa），蒸汽比热容较小，因此，再热汽温的变化幅度较大。若再热器采用较多的辐射和半辐射式受热面，其汽温特性可得到改善。

当机组采用变压运行方式时，机组负荷变化是通过改变锅炉出口蒸汽压力来适应的，而过热汽温和再热汽温则仍维持在额定值。因此，机组变压运行时，负荷变化而再热器进口温度基本保持不变。且由于压力降低，蒸汽的比热容减少，加热至相同温度所需的热量减少，因此，过热汽温和再热汽温比定压运行时都容易保持稳定。

现在大型亚临界和超临界压力的电厂锅炉均采用复杂的辐射、对流多级布置的过热器（再热器）系统。采用适当比例的辐射与对流特性的受热面的目的是获得比较平稳的汽温特性。大容量电厂锅炉的大屏、半大屏（也称前屏）、壁式过热器（再热器）呈辐射特性；后屏过热器（再热器）因处于炉膛出口，受烟气的冲刷和火焰的辐射，呈半辐射特性；布置在水平烟道中的对流过热器则具有明显的对流特性。国产大容量高压、超高压锅炉设计时，屏的焓增占过热器（再热器）系统总焓增的30%～50%。为亚临界及超临界压力锅炉设计的过热器（再热器）系统，其辐射受热面与对流受热面吸热量基本相同，从而使过热蒸汽（再热蒸汽）系统汽温变化比较平稳，调温幅度较小，有利于过热器（再热器）调温，可采用微量喷水减温来调节。

直流锅炉的汽温特性则与汽包锅炉的不同，在蒸发受热面与过热受热面之间没有固定的分界线，随工况的变动而变动。当给水量保持不变时，如果减少燃料量，则加热段和蒸发段的长度增加，而使过热段的长度减小，过热器的出口汽温就要降低。要保持原来的蒸汽温度，就必须增加燃料量或减少给水量。要保持过热蒸汽温度不变，燃料量与给水量必须保持一定的比例。在直流锅炉中，只要保持这一比例，就能保持一定的汽温。如果汽温偏低，可增加燃料量或减少给水量，使汽温升高到额定值；汽温偏高，可减少燃料量或增加给水量，使汽温降低到额定值。因此，在直流锅炉中用保持给水-燃料比的方法能在30%～100%额定负荷范围内维持过热汽温为额定值。但是，在直流锅炉中，由于水容量小，工况变化对汽温变化的敏感性很强。此外，改变给水-燃料比需要一定的时间，从得到温度变化的信号并作用到调节机构，在此期间就可能发生大的汽温偏差。另外，由于直流锅炉中工质的通流长度很长，从给水进口到过热器出口的总长度有600～700m，因此，直流锅炉的延时长，这对调节是不利的。为此，直流锅炉仍需要采用喷水减温这一比较灵敏的调节系统作为辅助调节。

大容量电厂锅炉运行中一般要求，定压运行负荷在额定负荷的70%～100%范围内和变压运行负荷在额定负荷的60%～100%范围内时，过热蒸汽和再热蒸汽温度与额定值的偏差应不超过如下数值：过热蒸汽为±5℃，再热蒸汽为+5℃和−10℃。

五、蒸汽温度的调节

维持稳定的汽温是保证机组安全和经济运行所必需的。汽温过高会使金属许用应力下降，将影响机组的安全运行；汽温过低则会影响机组的循环热效率。据计算，过热器在超温10～20℃下长期运行，其寿命会缩短一半以上；而汽温每降低10℃，会使循环热效率相应降低0.5%。运行中一般规定汽温偏离额定值的波动不能超过−10～+5℃。因此，要求锅炉设置适当的调温手段，以修正运行因素对汽温波动的影响。

汽温的调节方法可以归结为两大类：蒸汽侧的冷温调节和烟气侧的冷温调节。

（一）蒸汽侧汽温调节

蒸汽侧汽温调节是通过改变蒸汽的热焓来调节汽温，其调节手段包括喷水减温器、表面式减温器和汽汽热交换器。

电厂锅炉多采用喷水减温调节方法。喷水减温是将减温水雾化后喷入过热蒸汽中，使其吸热蒸发，达到降低蒸汽温度的目的。它调节简便，是过热蒸汽的主要调温手段。

喷水减温的设备称为喷水减温器，又称混合式减温器，它结构简单，操作方便，调节灵敏。喷水减温器的减温水直接与蒸汽接触，因而对水质要求高，必须是高纯度的除盐水或凝结水，以保证过热蒸汽不被喷射水所污染。在直流锅炉中以及在以除盐水、凝结水或蒸馏水作为补给水的汽包锅炉中，可直接采用给水作为喷水水源，其连接系统如图5-1-33

所示。对于给水品质不高的中小容量锅炉，可采用自制冷凝水，即将部分饱和蒸汽凝结作为减温水，但系统较复杂。现在，大型电厂锅炉过热蒸汽温度的调节都采用喷水减温的方法。对于多级布置的过热器系统，为减少热偏差，可采用两级或三级喷水减温。高压和超高压锅炉的过热器一般采用两级喷水减温器，总喷水量为锅炉额定负荷的5%～8%。第一级喷水减温器一般布置在屏式过热器之前，喷水量稍大于总喷水量的1/2，作为整个过热器蒸汽温度的粗调，同时也起保护屏式过热器的作用；第二级喷水减温器放置在末级过热器之前，作为出口汽温的细调。亚临界、特别是超临界压力锅炉的过热器，常采用三级喷水减温设备。

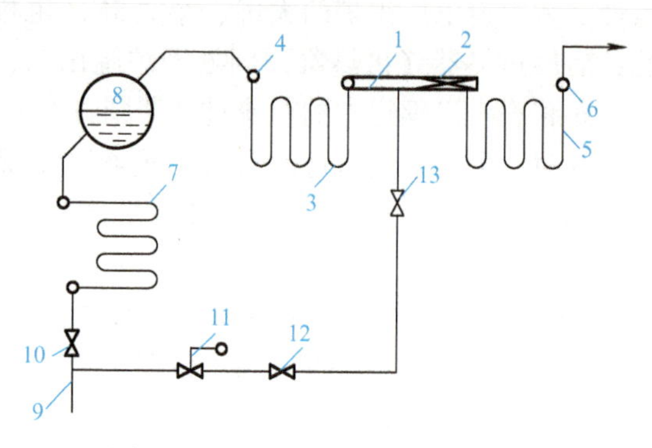

图5-1-33 喷水减温器的连接系统

1—喷头 2—联箱 3、5—过热器蛇形管 4、6—蒸汽进出口联箱 7—省煤器 8—汽包 9—给水管 10—结水阀 11—喷水调节阀 12—止回阀 13—隔离阀

对于再热蒸汽，喷水使再热蒸汽的流量增加，会使汽轮机中低压缸的做功量增大，排挤高压蒸汽的做功量，降低电厂锅炉的循环效率。例如，对于定压运行超高压机组，当再热器喷水量为蒸发量的1%时，循环热效率将降低0.1%～0.2%。所以，在再热蒸汽温度的调节中，喷水减温常作为烟气侧调温辅助的微量喷水和事故喷水。

喷水减温器有多种结构型式，主要有笛形管式、旋涡式和文丘里管式等。

笛形管式喷水减温器的结构如图5-1-34所示，主要由多孔喷管、保护套管及外壳等组成，通常安装在过热器联箱中或两级过热器的连接管道上。喷管的外径为50～76mm，上面开有若干直径为5～7mm的喷孔，减温水从小孔中喷出，喷水速度为3～5m/s。保护套管长为4～5m，应保证水滴在套管长度内蒸发完毕，防止水滴接触外壳产生热应力。笛形管式减温器结构简单，制造、安装方便，调温效果好，但在减温水量小时雾化质量较差。

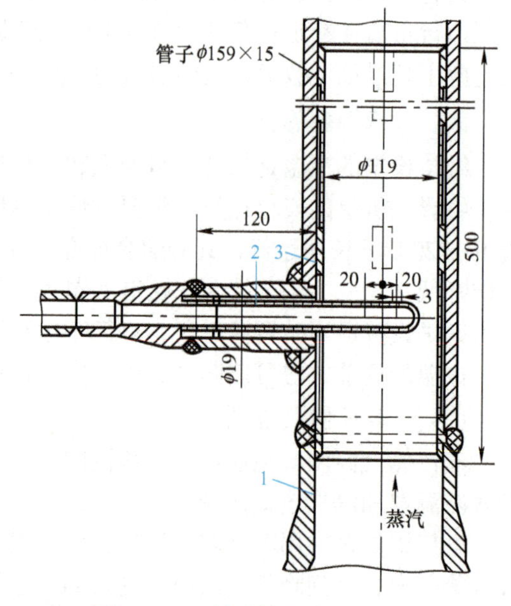

图5-1-34 笛形管式喷水减温器

1—喷水减温器外壳 2—多孔喷管 3—保护套管

旋涡式喷水减温器的结构如图5-1-35所示，由旋涡式喷嘴、文丘里管和混合管组成，也是布置在过热蒸汽的中间联箱或连接管内。文丘里管用于使蒸汽加速，促进蒸汽和雾化水滴的混合。减温水在喷嘴内强烈旋转，喷出后水雾形成伞面，与蒸汽充分接触，雾化质量好，易蒸发，完成减温水雾化和与蒸汽充分混合所需的保护套管（混合管）的长度较短。这种减温器的减温幅度大，雾化完善，能适应减温水量的频繁变化，特别适用于减

温水量变化范围较大的情况。其缺点是压力损失较大，若减温水压头无富裕则不宜采用。此外，悬臂结构易产生共振而导致喷嘴断裂。

文丘里管式喷水减温器的结构如图 5-1-36 所示，由文丘里管、水室及混合管组成。文丘里管喉口处的蒸汽流速为 70～120m/s，形成局部负压。喉口外侧为环形水室，喉口壁上开有多个直径为 3mm 的喷水孔，喷孔水速约 1m/s。渐扩管的最佳角度为 6°～8°。一般将文丘里管蒸汽进口端固定，允许出口端自由伸缩。这种减温器的蒸汽流动阻力约 50kPa。其缺点是结构较复杂，变截面多，焊缝也多，用给水作为减温水时温差较大，喷水量频繁变化时会产生较大的温差应力，易引起水室裂纹等损坏事故。

喷水减温器是用冷却水来降低汽温的。因此，设计过热器时，其受热面要设计得大些，吸热能力要有余量，以便在低负荷时能维持额定汽温，而在高负荷时，投入减温器。

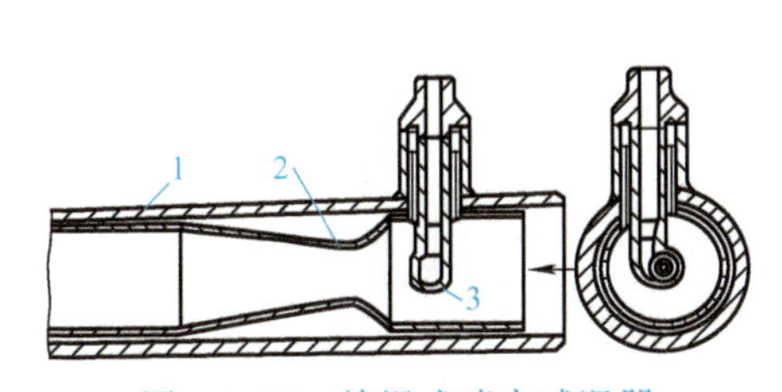

图 5-1-35　旋涡式喷水减温器

1—混合管　2—文丘里管　3—旋涡式喷嘴

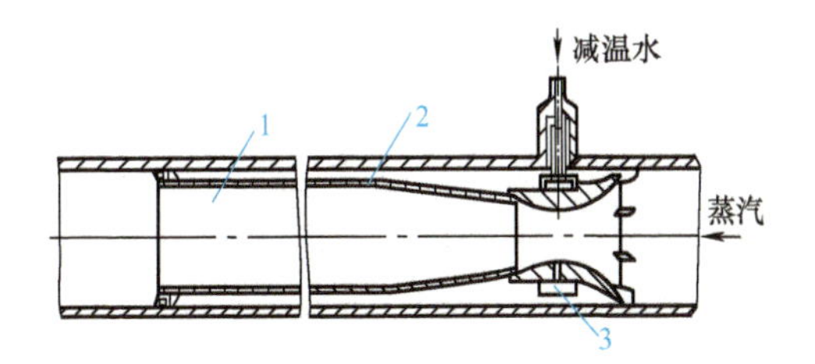

图 5-1-36　文丘里管式喷水减温器

1—混合管　2—文丘里管　3—环形水室

（二）烟气侧汽温调节

烟气侧汽温调节是通过改变锅炉内辐射受热面和对流受热面的吸热量分配比例或改变流经过热器的烟气量的方法来调节蒸汽温度。常用的调节方法有调节燃烧器的倾角、烟气再循环、烟气挡板等。烟气侧调温存在调温滞后和调节精度不高的问题，常作为粗调节，多用于再热蒸汽温度的调节。

1. 分隔烟道挡板

再热器布置在锅炉对流烟道内时，为了调节再热汽温，有时将对流烟道用隔墙分开，而将再热器和过热器分别布置在互相隔开的两个烟道中，在其后再布置省煤器，在出口处设有可调烟气挡板，如图 5-1-37 所示。

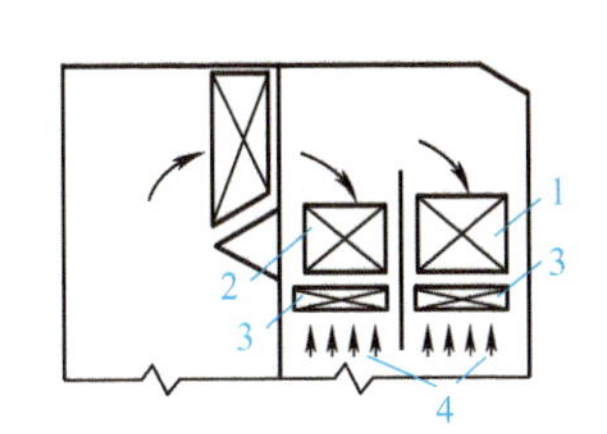

a) 再热器与过热器并联结构

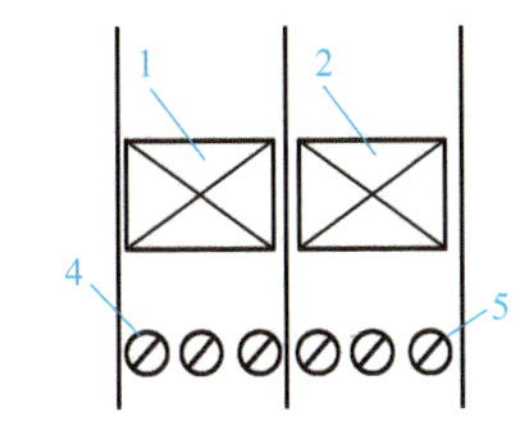

b) 再热器与过热器并联的平行烟道

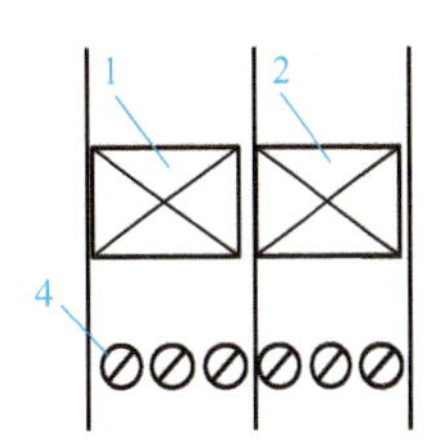

c) 再热器与省煤器并联的平行烟道

图 5-1-37　烟气挡板调节汽温装置

1—再热器　2—过热器　3—省煤器　4、5—烟气挡板

调节这些烟气挡板，可以改变流经两个烟道的烟气流量，从而调节再热汽温。烟气流量的改变也会影响到过热汽温，可调节减温器的喷水量来维持过热汽温稳定。图 5-1-38 所示为当负荷变化时由于挡板的调节使流经两个烟道的烟气量变化的情况。

2. 烟气再循环

用再循环风机从锅炉尾部烟道中（一般为省煤器后）抽出一部分温度为300～350℃的烟气送回炉膛底部（如冷灰斗下部），如图5-1-39所示，可以改变锅炉各受热面的吸热分配，从而达到调节汽温的目的。再循环烟气送入炉内的地点应远离燃烧中心，以免影响燃料的燃烧。

在某些锅炉中，再循环烟气在炉膛出口处送入炉内（如图5-1-39中的虚线所示），这种再循环的作用是为了降低炉膛出口烟温，以减少或防止炉膛出口处和高温过热器结渣。

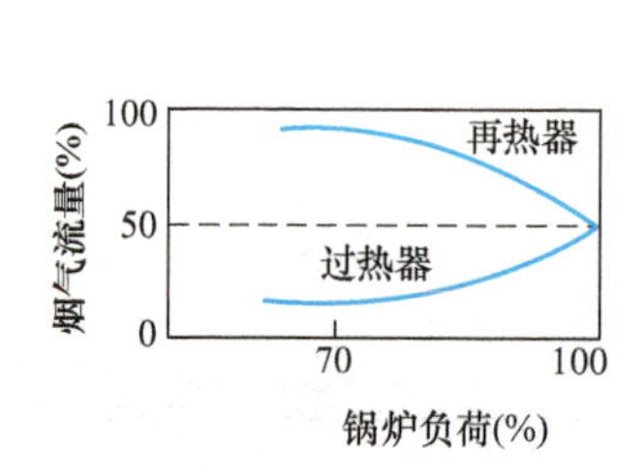

图5-1-38 挡板调节时并列烟道烟气量的变化

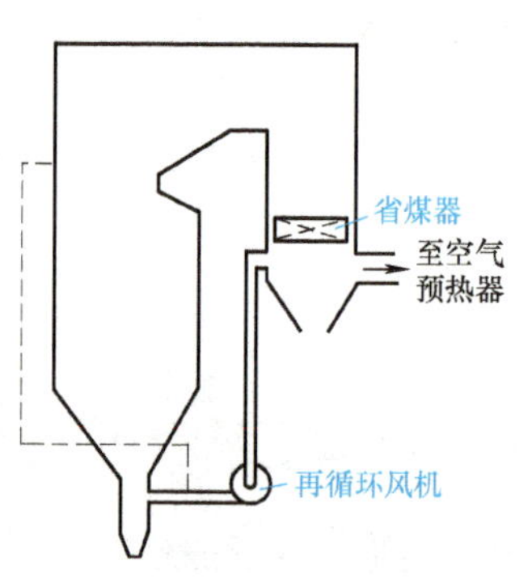

图5-1-39 烟气再循环系统

采用烟气再循环调节法，要装置能承受高温（约350℃）和耐磨的再循环风机。此外，烟气再循环会使燃料的未完全燃烧热损失和排烟热损失有所增加。这种调温方式一般用于燃油锅炉的再热汽温的调节。

3. 摆动式燃烧器

调节摆动式燃烧器喷嘴的上下倾角，可以改变炉内高温火焰中心的位置。例如，当喷嘴向上倾斜时，火焰中心上移，炉内吸热量将减少，炉膛出口烟温会升高，对流受热面的吸热量就增大。这时，受热面离炉膛出口越远，吸热量的增加就越少。

采用摆动式燃烧器来调节再热汽温灵敏度高，调节简便，在亚临界和超临界压力锅炉中采用较多。一般将高温对流再热器布置在炉膛出口处，位于高温对流过热器之前。但是燃烧器的倾角不可能太大，过大的上倾角会增加燃料的未完全燃烧热损失，下倾角过大又会造成冷灰斗结渣。

复习思考题

1. 锅炉工质的加热、蒸发和过热这三个阶段的吸热分别在锅炉哪些受热面内完成？
2. 锅炉汽水系统可以分成哪几类？画出它们的典型流程。
3. 详细说明自然循环锅炉蒸发系统的构成和工质流程。
4. 蒸发设备主要包括哪些部件？它们的作用是什么？
5. 下降管有几种类型？大容量锅炉采用哪一种？为什么？
6. 水冷壁有几种型式？大型锅炉的水冷壁主要采用什么型式？为什么？
7. 什么是折焰角？它有什么作用？说明汽包锅炉水冷壁的型式、构成及其作用。
8. 详细说明控制循环锅炉的蒸发系统的构成和工质流程，并分析它与自然循环锅炉系统的区别。

9. 详细说明变压运行直流锅炉的蒸发系统及工作原理。

10. 说明直流锅炉水冷壁在结构和功能上与自然循环锅炉水冷壁的异同。

11. 过热器与再热器的作用是什么？有何工作特点？

12. 按照受热面传热方式的不同，过热器可分为几种型式？每种型式分别布置在锅炉的什么位置？

13. 屏式过热器有哪些作用？

14. 什么是汽温特性？不同型式过热器的汽温特性如何？

15. 汽温调节的方法有哪些？调温原理及调温对象是什么？

16. 喷水减温器的布置原则是什么？大型电厂锅炉的减温器一般如何布置？

17. 再热蒸汽与过热蒸汽相比，有哪些特性？为什么再热汽温不适合采用大量喷水进行调节？

18. 再热汽温调节有哪些方法？其调节原理是怎样的？在汽温调节上各有何特点？

任务二　汽水系统工作原理及安全性分析

任务描述： 借助汽水系统图片、视频、模型和课件，分析汽水系统设备安全问题及防护措施，通过仿真运行实训熟悉汽水系统运行中的安全措施。

教学目标：

知识目标	能分析汽水系统设备的安全问题及防护措施
能力目标	能辨识汽水设备的安全防护措施 能识读汽水系统图 能在仿真机上进行锅炉升温升压操作
素养目标	遵守安全操作规程，培养责任意识 树立团队意识，培养协作精神 养成理论与实践相结合的习惯，在完成任务的过程中发现问题、分析问题并解决问题 通过任务的训练，培养安全第一、预防为主的意识

任务组织： 利用锅炉模型、多媒体课件、视频学习、读画汽水系统图，辨识汽水系统设备的安全防护措施。利用仿真机组进行锅炉升温升压过程的运行调节仿真实训。

平行管流量不均实训及锅炉升温升压过程的运行调节仿真实训请学习配套资源后开展。

知识点一　自然水循环原理

在循环回路中，水冷壁上升管吸收炉膛火焰和烟气的辐射热量，使部分水蒸发，形成汽水混合物。而下降管不受热，管内是水，因此，下降管中水的密度大于水冷壁中汽水混合物的密度，在下联箱两侧产生压力差（两侧液柱的重位差），此压差将推动工质在水冷壁中向上流动，在下降管中向下流动，形成自然循环。

运动压头是在一定高度的循环回路中，由下降管内水柱重与上升管内汽水混合物柱重之差产生的，它表示自然循环的推动力。在稳定的自然循环流动时，运动压头正好用来克服循环回路的流动阻力。

运动压头越大，自然循环的推动力就越大，循环回路中工质的流速一般也越大，它可以克服更大的流动阻力，这有利于建立良好的循环。

运动压头的大小取决于循环回路的高度 H 和下降管与上升管之间工质的密度差（$\bar{\rho}_{xj}-\bar{\rho}_{s}$）。显然，当锅炉高度增加或上升管受热增强时，运动压头增大；如果下降管的水中夹带蒸汽，下降管内工质的平均密度减小，运动压头将减小。随着电厂锅炉工作压力的提高，汽水的密度差减小，运动压头减小。当运动压头小到一定程度时，将使自然循环趋于困难。理论和实践证明，自然循环锅炉汽包的最高工作压力为19～20MPa，压力再高就很难保证循环的稳定，这时必须采用强迫流动，利用水泵的压头来推动工质流动。

知识点二　自然循环锅炉可靠性指标

一、自燃循环锅炉工作可靠性指标

自然循环锅炉工作可靠性的指标主要有循环流速和循环倍率。

1. 循环流速

循环流速是指在循环回路中，按工作压力下饱和水密度折算的上升管入口处的水流速，用 ω_0 表示。

循环流速的大小直接反映了管内流动的工质将管外传入热量和所产生汽泡带走的能力。流速越大，单位时间内进入水冷壁的水量越多，从管壁带走的热量及汽泡也越多，对管壁的冷却条件也越好。

循环流速的大小与锅炉的容量和压力有关，并取决于循环回路所能提供的运动压头和回路流动阻力的平衡关系。

循环流速虽然反映了流经整个管子的水流快慢，但它是按上升管入口水量 G 进行计算的。对于热负荷不同的上升管，由于各管内产汽量不同，即使循环流速相同，在上升管出口处，水的流量也不相同。对热负荷较大的上升管，由于产汽量较多，出口的水流量少，难以在管壁上维持连续流动的水膜，同时，高速的汽水混合物可能撕破较薄的水膜，而造成沸腾传热恶化，使金属超温。因此，仅靠循环流速并不能完全表明循环工作的安全性，需要引入另外一个循环可靠性指标——循环倍率。

2. 循环倍率

循环倍率是指在循环回路中，进入上升管的水量 G 与上升管出口产生的蒸汽量 D 之比，用 K 表示，即

$$K=\frac{G}{D}$$

循环倍率 K 的意义是：上升管中每产生1kg的蒸汽，需要进入上升管的循环水量；或进入上升管的循环水量需要经过多少次循环才能全部变成蒸汽。

循环倍率 K 的倒数称为上升管出口处汽水混合物的质量含汽率或干度，以符号 χ 表

示。循环倍率 K 越大，则含汽率 χ 越小，表明上升管出口汽水混合物中水的份额越大，则管壁水膜越稳定，循环就越安全。

若循环倍率 K 值过大，上升管中产汽量太少，运动压头过小，将使循环流速减小，不利于循环的安全。若循环倍率 K 过小，则质量含汽率 χ 过大，上升管出口汽水混合物中蒸汽的份额过大，管壁水膜可能被破坏，造成管壁温度过高而烧坏。因此，循环倍率 K 过大或过小，都对循环的安全不利。

二、自补偿能力

在锅炉工作压力和循环回路高度一定时，运动压头的大小取决于上升管中的热负荷。当上升管受热增强时，其中产汽量多，χ 增大，运动压头增加，但同时上升管的流动阻力也随之增大。而循环流速的变化取决于运动压头和流动阻力中变化较大的一个。在热负荷增加的开始阶段，质量含汽率 χ 较小，运动压头的增加大于流动阻力的增加，因此，随着 χ 的增大，循环流速升高。当循环流速升至一个最大值后，继续增加热负荷，χ 继续增大，由于汽水混合物的容积流量过大，将使流动阻力的增加大于运动压头的增加，这时随着上升管质量含汽率 χ 的增大，循环流速反而降低。循环流速 ω_0 与质量含汽率 χ 的关系如图 5-2-1 所示。

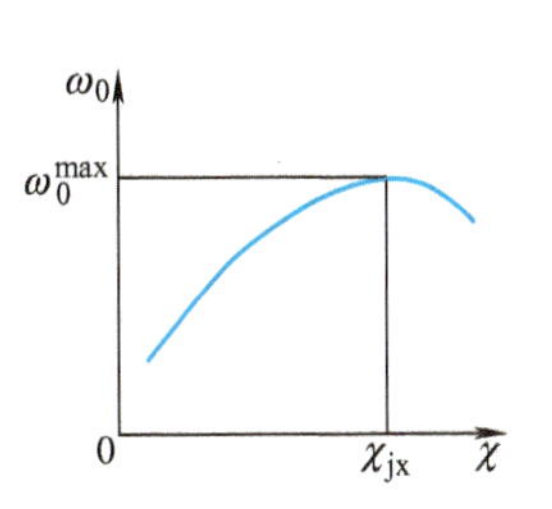

图 5-2-1 循环流速 ω_0 与上升管质量含汽率 χ 的关系

由图 5-2-1 可见，与最大循环流速对应的上升管质量含汽率称为界限含汽率 χ_{jx}，界限含汽率的倒数为界限循环倍率 K_{jx}。

自然循环回路中，当 $\chi<\chi_{jx}$（或 $K>K_{jx}$）时，随着热负荷增大，上升管受热增强，循环流速和循环水量也增大；而当受热减弱时，循环流速和循环水量也相应减小。自然循环的这种特性称为自补偿能力，显然，自补偿能力对自然循环的安全工作有利。但是，若热负荷过大，上升管受热过强，当 $\chi>\chi_{jx}$（或 $K<K_{jx}$）时，随着受热面吸热增加，循环流速和循环水量反而减小，则失去自补偿能力，使工质对管壁的冷却变差，管子易超温破坏。

为了保证自然循环工作的安全，锅炉应始终工作在具有自补偿能力的范围内，即必须使 $\chi<\chi_{jx}$（或 $K>K_{jx}$）。另外，对汽包压力大于 17MPa 的锅炉，上升管出口的含汽率还应受到不发生“蒸干”传热恶化的限制。界限循环倍率和推荐循环倍率见表 5-2-1。自然循环锅炉的循环倍率为 $K=4\sim10$。

表 5-2-1 自然循环锅炉界限循环倍率和推荐循环倍率

汽包压力/MPa		4～6	10～12	14～16	17～19
锅炉蒸发量/(t/h)		35～240	160～420	185～670	≥800
界限循环倍率 K_{jx}		10	5	3	≥2.5[1]
推荐循环倍率 K	燃煤锅炉	15～25	7～15	5～8	4～6
	燃油锅炉	12～20	7～12	4～6	3.5～6

① 对于亚临界参数的锅炉，表中的 K_{jx} 是不出现沸腾传热恶化的最小循环倍率。

知识点三 自然循环常见故障

自然循环由于结构设计上的差异和实际运行工况的变化，可能会发生一些使循环不正常或不安全的情况，主要有循环停滞和倒流、汽水分层、下降管含汽。对于亚临界自然循环锅炉，还可能出现沸腾传热恶化。

一、循环停滞和倒流

（一）循环停滞和倒流的危害

1. 循环停滞

并联的蒸发管屏或管束中各管受热不均时，受热弱的管中循环流速会降低，如果受热不均严重到受热最弱的管中循环流速很低，只能补充该管蒸发量，即 $G=D$，此时称为循环停滞。

发生循环停滞的蒸发管中水流速很慢，不能很好地带走管壁上产生的汽泡。汽泡停滞的地方管壁过热，汽泡长大脱离管壁后，管束又受到水的冷却，会产生热疲劳而损坏。当流量产生密度脉动，水速低时，管壁得不到很好的冷却，壁温升高，当水速高时，管壁突然受到冷却，这样温度交变会使管壁因热疲劳而产生环形裂纹损坏。

2. 自由水面

当管排直接连接汽包汽空间时，如果受热最弱的管子出现循环停滞，则在管中出现一个汽水分界面，此分界面称为自由水面。

当水冷壁接入汽包汽空间而产生自由水面时，水面以上的管子可能过热，水面处的管壁由于水位波动而产生交变热应力，将产生疲劳裂纹。

3. 循环倒流

并联的蒸发管屏或管束中各管受热严重不均时，受热最弱的水冷壁管内的水不做上升流动，反而做下降流动的现象称为循环倒流。

如果循环倒流速度较低，由于受到管内蒸汽的浮力作用，汽泡的绝对速度降低，甚至接近或等于零。此时，汽泡会堆集在水冷壁管的某一高度，产生汽塞，使汽塞处的管子过热或发生疲劳破坏。

（二）防止发生循环停滞和倒流的措施

减小并列水冷壁管的受热不均匀和流动阻力，可以有效防止循环停滞和倒流。为此，电厂锅炉在结构和布置上采取的措施如下：

1. 减小并列水冷壁管的受热不均

1）按受热情况划分循环回路。按照每面墙上水冷壁的受热情况将水冷壁划分成3～8个循环回路，使每个回路中管子的受热情况和结构尺寸尽可能相近。图5-2-2所示为DG1025/18.2－Ⅱ4型亚临界压力自然循环锅炉的循环回路。锅炉共分为24个循环回路，前、后、侧墙各6个回路。

2）改善炉角边管的受热情况。由于炉膛四角布置的管子受热最弱，因此可不在四角布置管子，或将炉角上3～4根水冷壁管排成斜角，形成所谓的“八角炉膛”，如图5-2-3所示。

3）采用平炉顶结构。取消前斜壁，采用平炉顶结构，使两侧墙水冷壁受热区段的高度尽量相等，减少并列上升管受热不均。

2. 降低循环回路的流动阻力

1）采用大直径集中下降管。在保持下降管总截面积不变的条件下，采用大直径集中下降管，可以减小下降管的流动阻力，有利于正常循环。

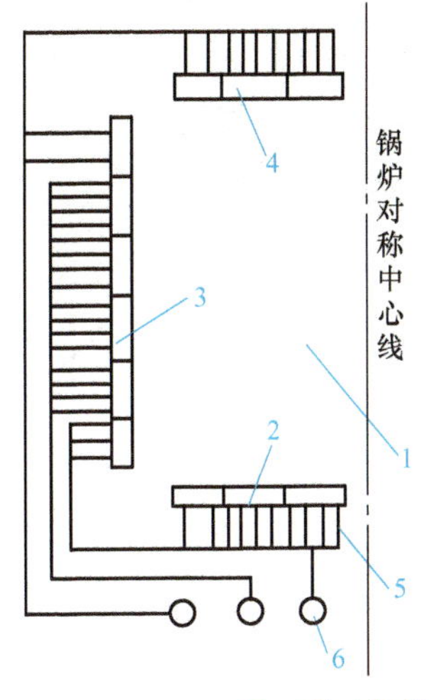

图 5-2-2 DG1025/18.2－Ⅱ4 型亚临界压力自然循环锅炉的循环回路

1—炉膛 2～4—前墙、侧墙、后墙水冷壁
5—下降管分配支管 6—大直径集中下降管

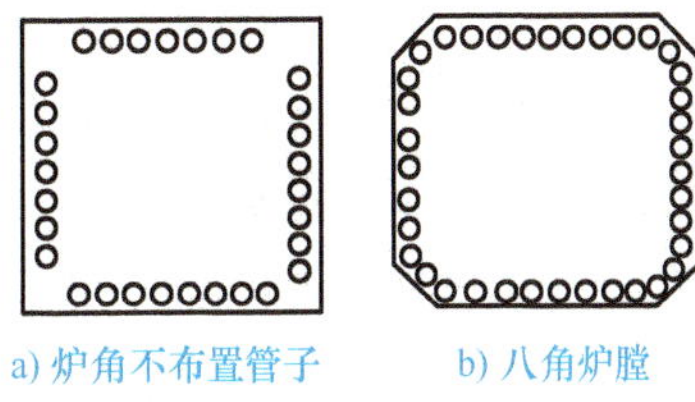

图 5-2-3 炉角结构和水冷壁布置

2）增大下降管截面比 A_{xj}/A_s 或汽水引出管截面比 A_{yc}/A_s。增大截面比，表示下降管或汽水引出管总截面积增大，使下降管与汽水引出管的阻力减小，有利于正常循环。

二、汽水分层

在水平或微倾斜的蒸发管中，汽水混合物流速较低时，将使水在管子下部流动，蒸汽在管子上部流动，形成汽水分层，如图 5-2-4 所示。

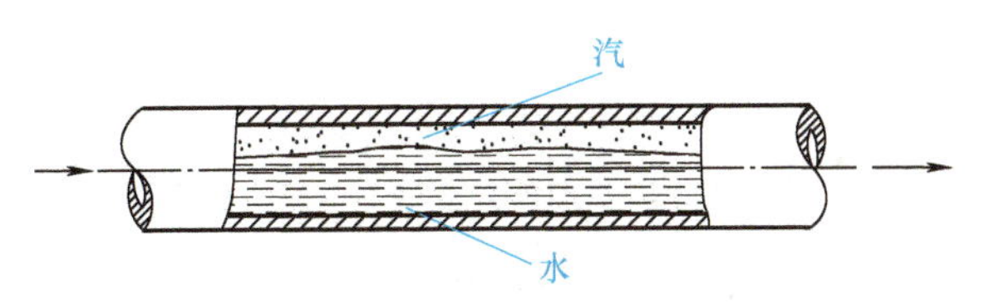

图 5-2-4 水平管中汽水分层流动

发生汽水分层的管子上下部温度不同，会产生温差应力，上部受到蒸汽冲刷，管壁冷却条件较差，会使上部管壁的温度升高，生成盐垢。另外，在汽水分界面附近，由于交变热应力会造成管子疲劳破坏。

汽水分层的形成与汽水混合物流速、蒸汽含量和管子内径有关。流速越低、蒸汽含量越高、管子内径越大，越容易发生汽水分层。

防止汽水分层的措施是在结构上尽可能不布置水平或倾斜度小于15°的蒸发管。必须采用时，则要求汽水混合物保持较高的速度。

三、下降管含汽

自然循环锅炉的下降管中的工质含有蒸汽时，管内工质的平均密度下降，有效压头下降，循环的推动力减小。同时，由于管内工质的容积流速增加，使下降管内的流动阻力增大，循环水量下降，可能造成循环停滞、自由水面，从而影响循环安全。

（一）下降管含汽的原因

电厂锅炉下降管含汽的主要原因有旋涡斗带汽、下降管入口锅水自汽化、汽包内锅水含汽等。

1. 旋涡斗带汽

当汽包水位较低，锅水进入下降管时，由于流动速度的大小和方向突然改变，在下降管入口处将形成旋涡斗。若旋涡斗底部深入下降管，将把汽包上部的蒸汽带入下降管，造成下降管带汽，如图5-2-5所示。

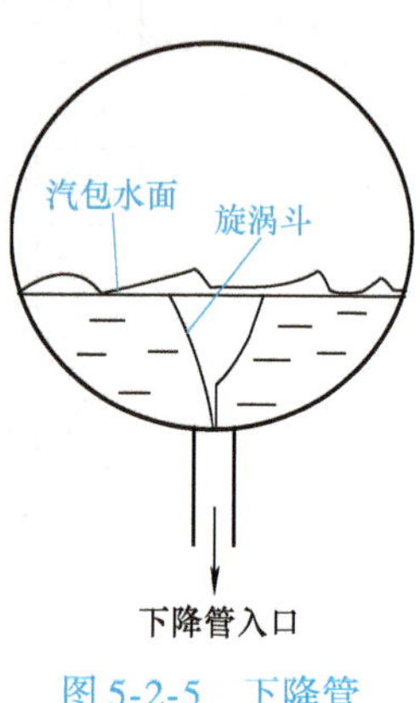

图5-2-5　下降管入口处的旋涡斗

大型汽包锅炉的下降管入口流速很高，又普遍采用大直径集中下降管，因此，入口处容易形成旋涡斗。

2. 下降管入口处锅水自汽化

当锅水进入下降管时，由于水流速度突然增大，部分压能将转变成动能。在下降管入口处有局部阻力，因此，下降管入口处压力下降。同时，从汽包水面到下降管入口处有一段水柱高度 h，它所产生的重位压头将使下降管入口处压力增加，如果下降管入口压力低于汽包压力，若锅水是饱和水，则锅水在下降管入口会发生汽化。

3. 汽包内锅水含汽

锅炉正常运行时，汽包锅水中或多或少会含有部分蒸汽，当蒸汽的上浮速度小于汽包中水的下降速度时，蒸汽就会被带入下降管。

影响锅水含汽量的主要因素有汽水混合物引入汽包的方式及下降管入口处的水速。现在电厂锅炉汽包内布置了旋风分离器，汽水混合物通过汽包中的分配箱进入旋风分离器，其中的水分离出来进入水空间，而蒸汽通过旋风分离器的上部进入汽空间，带入锅水中的蒸汽量很少，可以忽略不计。

（二）防止下降管含汽的措施

1）采用大直径集中下降管，所有下降管沿汽包长度均匀分布，并从汽包底部引出，以降低下降管入口处水速和增加其入口处的静压力。

2）在下降管入口处加装栅格或十字形板，避免旋涡斗的出现，如图5-2-6所示。栅格的钢板有直片形和扇形两种，栅格与下降管入口应保持一定的距离，且栅格要平行于水流方向。

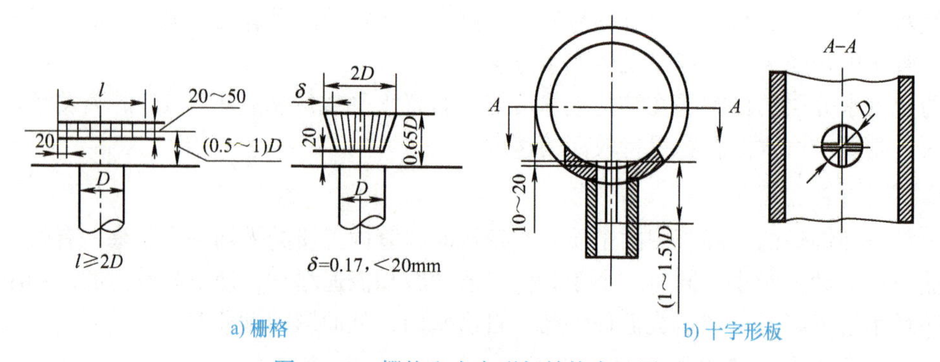

图5-2-6　栅格和十字形板结构布置图

3）从省煤器来的部分给水直接送到下降管入口附近的区域，以提高锅水的欠焓。采用分离效率高的汽水分离装置，以减少锅水中的含汽。

四、沸腾传热恶化

（一）蒸发受热面中工质的流动及沸腾传热恶化

蒸发受热面中工质的流动与过热器、省煤器受热面不同，它不是以一种状态（汽态或液态）出现的单相流动，而是以汽、液两种状态出现的两相流动。当管内两相流体流动正常时，由于沸腾水的放热系数很大，所以管壁温度比工质的饱和温度高出不多。即使亚临界参数的锅炉，其外壁温度一般也不超过400℃，蒸发管的工作是安全的。但是，当两相流体流动不正常，水不能连续冲刷管壁时，工质的放热系数显著降低，从而使管壁超温。

在均匀受热的垂直管中，汽水混合物向上运动时的流动结构主要有汽泡状、汽弹状、环状及雾状四种。图5-2-7所示为汽水混合物在垂直圆管中的流动结构和传热区域。

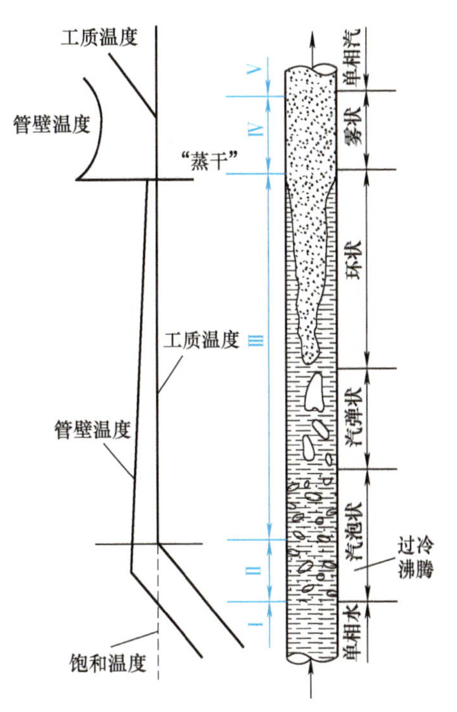

图5-2-7　汽水混合物在垂直圆管中的流动结构和传热区域

具有一定欠焓的未饱和水由管子下部引入，由于不断吸热，最后完全蒸发变成过热蒸汽，整个过程大致可分为五个传热区域。

1）区域Ⅰ：单相水的对流换热。未饱和水由管子下部引入，随着水温升高，放热系数有所增加。

2）区域Ⅱ：过冷沸腾。贴壁层的水因超过饱和温度而沸腾，但管子中部大量的水未达到饱和温度。此时的流动结构已呈汽泡状，当生成的汽泡脱离壁面与中部水流混合时又会凝结成水，并将水加热。沿管长随过冷沸腾核心数目的增多，放热系数呈线性增大。

3）区域Ⅲ：管内的水已全部达到饱和温度，生成的汽泡不再凝结，产汽量由零逐渐增加并分散在水中，流动结构仍属汽泡状。随着产汽量的增加，小汽泡可在管子中心聚合成大汽泡，形成汽弹状结构。此时，汽泡扰动强烈，放热系数很高。当产汽量进一步增多时，汽弹相互连接，形成中间为汽而四周有一层水膜的环状流动结构，沿管长蒸汽流速逐渐增大，水膜逐渐减薄，放热系数不断增大，管壁温度逐渐趋近饱和温度。

4）区域Ⅳ：由于水膜不断蒸发而减薄，高速汽流可能撕破水膜，甚至水膜被完全"蒸干"，就形成雾状流动结构。这时，管内介质为湿蒸汽，汽流中虽有不少水，但由于蒸发管内壁面直接与蒸汽接触，不再受到水膜的冷却，放热系数大幅度下降，管壁温度急剧上升，甚至造成管子过热烧坏，这种现象称为沸腾传热恶化。此后，随着汽流速度增大，壁温逐渐降低。

5）区域Ⅴ：当汽流中的水滴全部蒸发后就进入过热蒸汽区，传热方式属于蒸汽对流传热。随着汽温上升，壁温逐渐升高。

以上情况是在压力、热负荷不太高的条件下得出的。

当压力升高时，由于水的表面张力减小，不易形成大汽泡，故汽弹状流动的范围将随压力升高而减小；当压力达 10MPa 时，汽弹状流动完全消失，随着产汽量的增多，直接从汽泡状流动转入环状结构流动。

如果增加热负荷，则“蒸干”点会提前出现，环状流动结构会缩短甚至消失，沸腾传热恶化可能提前在汽泡状结构中发生。这时，由于汽化核心密集，在管壁形成连续汽膜，将水压向管子中部，而汽膜导热性很差，导致沸腾传热恶化。一般称这种因管壁形成汽膜导致的沸腾传热恶化为第一类沸腾传热恶化，或称膜态沸腾，它是由于热负荷太高造成的。

开始发生第一类沸腾传热恶化时所对应的热负荷称为临界热负荷。自然循环锅炉正常运行中水冷壁局部最高热负荷远小于临界热负荷，一般不会发生第一类沸腾传热恶化。

因管壁水膜被“蒸干”导致的沸腾传热恶化称为第二类沸腾传热恶化，它是因汽水混合物中含汽率太高所致。

由于第二类沸腾传热恶化发生时的热负荷比第一类低得多，因此，在锅炉蒸发管中发生的大多是第二类沸腾传热恶化。超高压以下锅炉水冷壁出口工质含汽率较低，发生第二类沸腾传热恶化的可能性较小。亚临界压力锅炉水冷壁出口工质含汽率较高，发生第二类沸腾传热恶化的可能性较大。

从上述汽水混合物的流动结构与传热区域可知，要保证受热蒸发管安全可靠地工作，必须保证良好的水循环对管壁进行有效冷却。为此，管内汽水混合物应以一定流速连续流动，在管内维持一层稳定的连续水膜，同时，对热负荷也应有所限制，避免沸腾传热恶化提前发生。

(二) 沸腾传热恶化的防治措施

沸腾传热恶化发生时，水冷壁管壁温度急剧升高，严重时可导致超温爆管。另外，沸腾传热恶化状态还会使管壁的温度发生波动，造成金属疲劳损坏。因此，在锅炉的设计和运行过程中，对于沸腾传热恶化应有适当的防治措施。

有两种防治沸腾传热恶化的方法：一是防止其产生；二是允许其发生，但防止壁温超过允许值。

对于第一类沸腾传热恶化——膜态沸腾，应该防止受热面的热负荷过高，以避免其发生。

对于第二类沸腾传热恶化——蒸干，对自然循环锅炉，避免蒸发管出口的含汽率过高，就可避免沸腾传热恶化的出现；对于直流锅炉，蒸发管内蒸干是不可避免的过程，所以尽量降低沸腾传热恶化时壁温升高值，以保证水冷壁的安全运行。

为了防止沸腾传热恶化、减小沸腾传热恶化时壁温的上升幅度，目前采用的主要措施如下：

1. 保证一定的工质质量流速

提高工质质量流速，可增强传热，降低壁面温度，提高受热面的安全性。

2. 采用内螺纹管或加装扰流子

(1) 采用内螺纹管　内螺纹管是在管子内壁上开出单头或多头螺旋形槽道的管子。

工质在内螺纹管内流动时会发生强烈扰动，将水压向壁面并迫使汽泡脱离壁面被水带走，从而破坏汽膜层的形成，使管内壁温度降低。

图 5-2-8 所示为一种内螺纹管结构及其产生的降温效果。图 5-2-9 所示为内螺纹管的立体剖切图。内螺纹管一方面强化了传热，另一方面使沸腾传热恶化大大推迟，从而使发生沸腾传热恶化的受热管位置离炉膛火焰中心较远，对应的热负荷较低，而且汽水流速较高。这两方面的作用使得管壁温度不会因沸腾传热恶化而大幅上升。

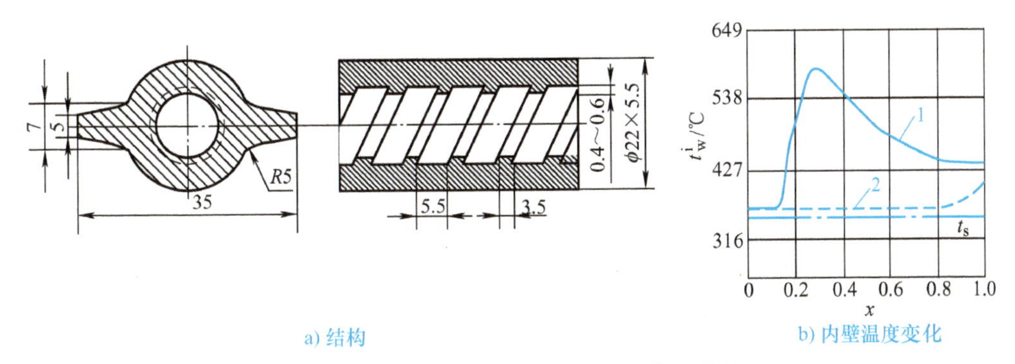

图 5-2-8　内螺纹管结构及其产生的降温效果

1—光管　2—内螺纹管

亚临界自然循环锅炉的水冷壁大都在高热负荷区使用内螺纹管。

（2）加装扰流子　在锅炉蒸发管内加装扰流子也可降低沸腾传热恶化时的管壁温度。扰流子是塞在管中的螺旋状金属薄片，其两端固定在管壁上，每隔一段长度留有定位凸缘，如图 5-2-10 所示。在推迟沸腾传热恶化和降低壁温方面，扰流子可起到与内螺纹管类似的作用。扰流子与内螺纹管相比加工工艺简单，技术要求低。美国福斯特惠勒公司制造的锅炉上常采用扰流子管。根据理论分析和一些应用经验，扰流子在强化传热方面不及内螺纹管。

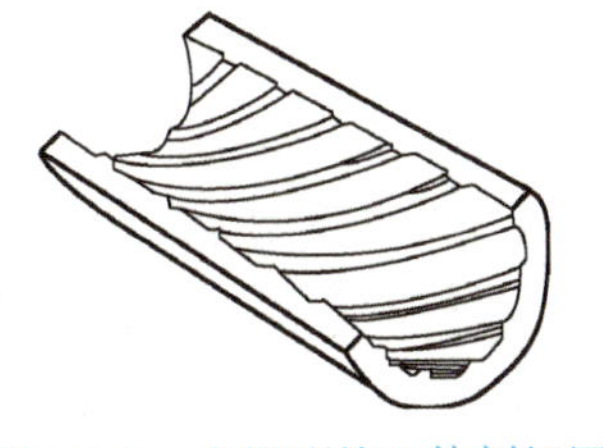

图 5-2-9　内螺纹管立体剖切图

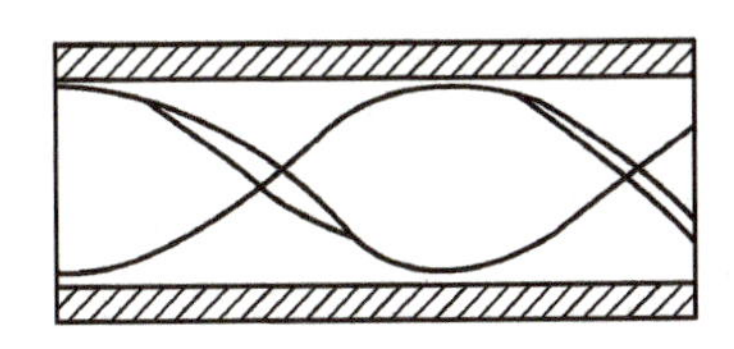

图 5-2-10　扰流子管

3. 降低受热面的热负荷

沸腾传热恶化区管壁温度的峰值与该处受热面的热负荷有直接关系，热负荷越高，则壁温峰值越大（图 5-2-11）。

为了降低沸腾传热恶化时的壁温峰值，可采用多个功率较小的燃烧器，将锅炉燃烧器沿炉膛高度方向拉开，这样能减小局部热负荷和炉内热偏差。

在燃油及燃气锅炉上采用烟气再循环，对降低沸腾传热恶化时的壁温也是有效的。

在炉膛上部布置屏式过热器，可降低炉膛较高区域的火焰辐射传热强度，从而使水冷壁上部蒸汽含量较高的管段热负荷下降，避免发生“蒸干”。

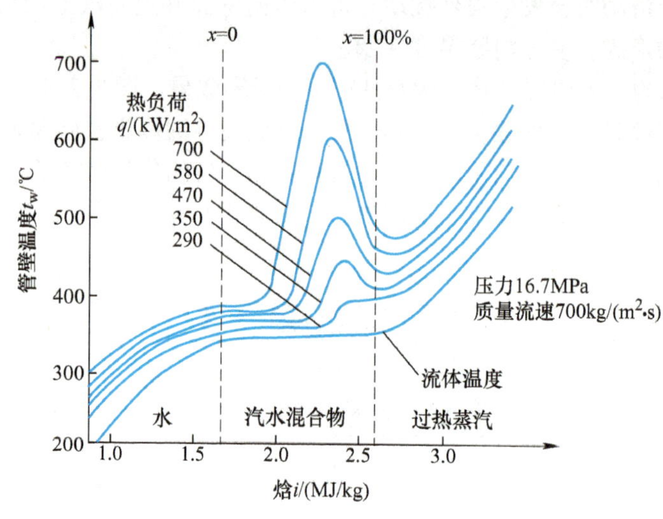

图 5-2-11 热负荷对管壁温度的影响

知识点四 控制循环锅炉原理及特点

一、控制循环锅炉的水动力特性

1. 控制循环技术出现的背景

在开发亚临界参数锅炉技术的初期，曾经认为锅筒压力达到 18.6MPa 时，自然循环不可靠。为了提高循环安全裕度，提出了在蒸发回路中采用低压头循环泵 + 水冷壁内螺纹管的新技术。

循环泵给蒸发回路的水循环提供了足够的流动压头，显著提高了循环可靠性。

2. 控制循环主要表现为强制流动特性

控制循环锅炉的水动力既具有自然循环特性，又有强制流动特性，但主要呈现强制流动特性。自然循环锅炉产生的压头一般只有 0.05 ~0.1MPa，而控制循环回路的循环泵可提供的压头为 0.25 ~0.5MPa。

由于控制循环泵提供的推动力比自然循环大得多，因此控制循环锅炉蒸发系统可以采用更细的管子，采用更自由的布置方式，系统管子直径可减小，管壁也可减薄，壁温较低，钢材耗量少。其汽包尺寸也比自然循环锅炉的小，这是由于控制循环锅炉循环压头大，可采用蒸汽负荷较高、阻力较大的高效汽水分离器。

为了防止流量分配不均与热偏差引起的水动力不稳定和脉动以及沸腾传热恶化现象的产生，在水冷壁入口处安装节流圈，使得吸热较强的水冷壁管内工质保持较高的质量流速。

控制循环锅炉在低负荷运行时，仍可用循环泵提供循环动力，因此，控制循环锅炉的循环可靠性高。

因为水冷壁管壁薄，传热性好、热惯性较小，所以，控制循环主要用于采用四角切圆燃烧的 300MW、600MW 等亚临界参数锅炉，能够适应快速调峰的需要。

二、控制循环锅炉的技术特点

1）控制循环锅炉的主要技术是低压头循环泵＋内螺纹管水冷壁＋水冷壁入口装节流圈。低压头循环泵为循环流动提供足够的循环压头；内螺纹管用来抵抗膜态沸腾；节流圈用来控制流量分配，防止产生水动力多值性和脉动。

2）锅筒内设置夹层，汽水混合物可由锅筒顶部引入，沿夹层向下流入汽水分离器。夹层内充满汽水混合物，避免了温度低的给水直接与锅筒壁接触，减小了锅筒上、下壁温差。且启动初期可用锅水循环泵加快建立水循环，进一步减小了锅筒壁温差。

3）由于循环泵提供了富裕的循环压头，可采用分离效果较好的轴向叶片式汽水分离器，这样减少了汽水分离器的数量，使锅筒体积减小，壁厚减薄。

4）为了尽量减小循环泵的体积，必须限制循环泵的流量。在蒸发流量一定的条件下，只能减少蒸发回路的循环流量。因此，控制循环锅炉的循环倍率比较小，一般为 $K=2\sim2.5$。循环倍率降低意味着水冷壁管内工质的质量含汽率被提高，质量含汽率的变化范围达到0.4~0.5，使水冷壁循环流量降低。可采用小管径水冷壁，提高传热性能，降低壁温，减轻水冷壁的高温腐蚀。

5）与自然循环锅炉相比，水冷壁的金属储热量和工质的储热量减少，使蒸发系统的热惯性减小。在锅炉尚未点火之前先启动锅水循环泵，建立水循环，然后再点火，因而水冷壁吸热均匀、温差小，可保持同步膨胀。由于创造了这些有利条件，允许加快燃料投入速度，有利于提高启动和变负荷速度，以适应机组调峰的需要，并节省启动燃料。

6）循环回路中循环流量与锅炉负荷关系不大，主要取决于循环泵的投入台数，其次随循环系统的水动力特性略有变化。

7）停炉速度快。事故停炉后可利用锅水循环泵和送、引风机联合运行，快速冷却炉膛和水冷壁，缩短检修时间。

8）增设循环泵、入口调节阀及出口逆止阀，一台锅炉配置三台循环泵和六个阀门，提高了成本和运行耗电量。300MW锅炉配置的控制循环泵用电量为198kW/台。

9）循环泵在高温高压循环水回路中工作，具有高压冷却水回路和低压冷却水回路。且压力变动时，循环泵入口可能产生汽化现象，因而出现故障的可能性增大。

知识点五 直流锅炉水动力特性

一、直流锅炉的水动力不稳定性

直流锅炉运行时，水冷壁管内工质流量与管屏进出口压差的关系称为水动力特性，这个关系可以流量 G 为横坐标，压差 Δp 为纵坐标，在图上用曲线表示，如图5-2-12所示。如果对应一个压差，只有一个流量，则这样的水动力特性是单值性的，也称为稳定的。如果对应相同压差，出现两个或两个以上的流量，则管屏总流量不变，各管流量呈周期性的时大时小，这种水动力特性是不稳定的，或者说是多值性的。

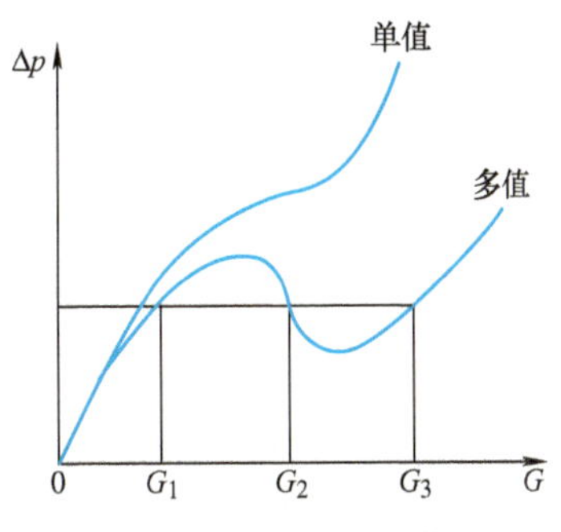

图5-2-12 水动力多值性

水动力不稳定性表现为：对于同一根水冷壁管子，

其工质流量时大时小；对于并联工作的一组管子，管中流量有的大有的小，这时并联工作的各管子出口的工质比体积、干度、温度等状态参数就会不均匀，管子出口可能是不饱和水、过热蒸汽或汽水混合物。而对同一根管子来说，出口工质有时是不饱和水，有时是过热蒸汽，有时是汽水混合物。这种现象发生时，水冷壁将处于不安全的工作状态。

在直流锅炉蒸发受热面中，由于水力不均而造成的热偏差是突出的问题，常会导致管子的损坏。

二、亚临界压力下直流锅炉的水动力特性

1. 亚临界压力下水平蒸发管的水动力特性

图5-2-13所示为水平蒸发管中工质流态。

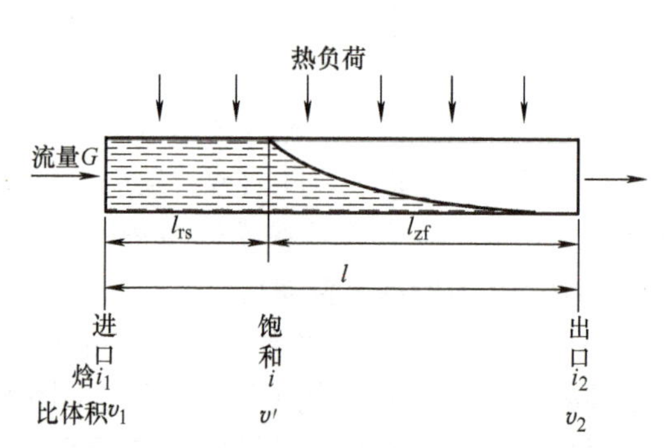

图5-2-13 水平蒸发管中工质流态

在亚临界压力以下，水平蒸发管水动力多值性的直观表现可用图5-2-14说明。给水变为蒸汽要经历加热、蒸发、过热三个阶段，由于直流锅炉没有固定的汽水分界面，热水段、蒸发段、过热段的长度是随热负荷及给水流量等条件变动的。当给水流量增加时，热水段长度延长，蒸发段长度缩短，过热段长度也相应缩短。直流锅炉的水冷壁出口布置有汽水分离器，亚临界压力直流锅炉或超临界压力直流锅炉在低负荷变压运行时，汽水分离器的作用类似于自然循环锅炉的汽包，其主要作用是使水冷壁和过热器分开，将水冷壁出口的汽水混合物分离成汽和水，以控制进入过热器的蒸汽的干度。所以，分析直流锅炉水动力多值性时，通常只考察热水段和蒸发段，即认为对水动力多值性起决定作用的是热水段的阻力和蒸发段的阻力。

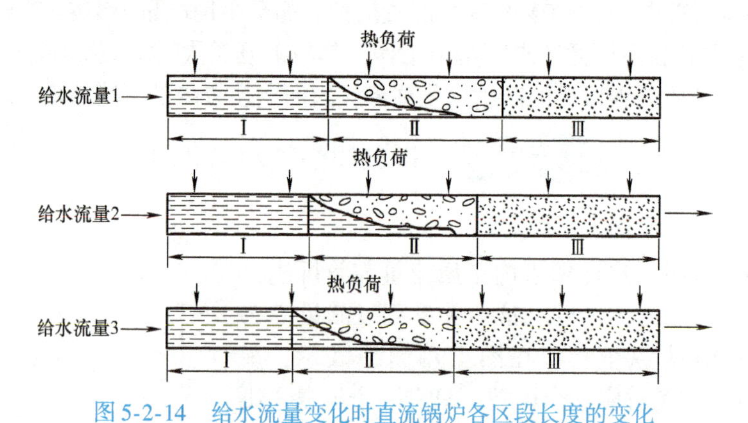

图5-2-14 给水流量变化时直流锅炉各区段长度的变化

Ⅰ—热水段长度 Ⅱ—蒸发段长度 Ⅲ—过热段长度

注：给水流量1 > 给水流量2 > 给水流量3

通过分析热水段和蒸发段的阻力变化不难知道，在管子外部的热流密度不变的情况下，给水流量增加时，热水段长度延长，热水段阻力增加，但蒸发段长度缩短，蒸发段中汽水混合物的比体积减小，且汽水两相间的相对速度减小，使蒸发段阻力减小得更多。所

以当给水流量增加时，有可能出现总压差减小的趋势，导致出现多值性曲线中随流量增加压差减小的负斜率区，如图 5-2-15 中的曲线段 ab 所示。

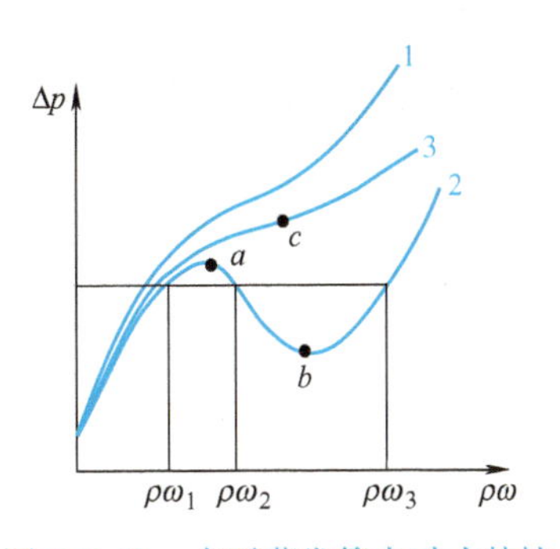

图 5-2-15　水平蒸发管水动力特性

1、3—单值特性曲线　2—多值特性曲线

可见，对于强制流动的水冷壁，水动力多值性出现的根本原因是热水段和蒸发段共存，且在蒸发段中由于扰动使工质比体积变化较大。根据理论分析可知，当流量增加时，热水段阻力的增加值总是大于蒸发段阻力的减小值，即总阻力随流量的增加而增大，因此不会出现水动力多值性，即当其他条件变化时，如果热水段阻力对总阻力的影响处于主导地位，水动力多值性不会发生。但上述分析是针对单根管而言的，对于并联工作的一组管子或并联工作的几个管屏而言，水动力多值性还与热偏差、流量偏差及结构偏差有关。

应该说明，一般情况下的气液两相流动特性并非必然出现水动力多值性。气液两相流动系统出现水动力多值性的主要原因是系统内发生了微小的扰动，如水泵压头或循环压头变化、介质温度升高等。当系统的工作压头略高于流动阻力时，流量就会增加；当系统的工作压头略低于流动阻力时，流量就会减小。这种流量变化的不稳定性也称为流量漂移。

2. 亚临界压力下垂直管的水动力特性

在亚临界压力下，在垂直蒸发管中，重位压头对水动力特性的影响很大。有时，重位压头会成为总压降的主要部分，从而影响压差与流量的关系。

当流量增加时，热水段长度延长，蒸发段长度缩短。与此同时，蒸发量减少，质量含汽率下降，使得蒸发段的汽水混合物密度增大。虽然管段总长度并未改变，但工质平均密度增大，使重位压头增加。流量越大，重位压头就越大，对水动力特性的影响就越大。

图 5-2-16 中的曲线表示垂直上升管的重位压头对水动力特性的影响。由图可见，对垂直上升流动，当重位压头较大时，如果不计重位压头时，水动力特性是多值性的，则考虑重位压头后的水动力特性就有可能变为单值性的，即上升流动时，重位压头具有减弱水动力不稳定的作用。

图 5-2-17 中的曲线表示了垂直下降管中重位压头对水动力特性的影响。由图可见，当重位压头较大时，如果不计重位压头时，水动力特性是单值性的，则考虑重位压头后的水动力特性就可能变为多值性的，即下降流动时，重位压头具有增强水动力不稳定的作用。

在并联工作的蒸发管屏中，虽然管屏进出口联箱之间的总压差不变，由于有的管子受热强，有的管子受热弱，因此在受热不同的管子之间形成重位压差，也就有可能形成类似自然循环回路的流动。于是，本来应该是工质向上流的上升管，有可能变成工质向下流的下降管。由此看来，在直流锅炉中，也可能出现倒流现象。当受热不同的管子之间重位压差接近 0，且有的管子中质量流速很低，即 $\rho\omega\to0$，但 $\rho\omega\neq0$ 时，也会出现停滞现象。

垂直管屏中，如果有的管子或管屏发生了工质的停滞或倒流，就会使管子冷却不良，引起传热恶化，导致超温爆管等事故。尤其是在低负荷运行时，炉膛中火焰温度分布不均匀性增大，管屏中各管之间受热强度不均匀性随之增大，再加上管屏流动阻力减小，使管屏的总压差减小，不但容易引起水动力不稳定，而且容易出现停滞和倒流现象。因为直流锅炉对热偏差的影响极为敏感，必然影响蒸发受热面的安全工作。

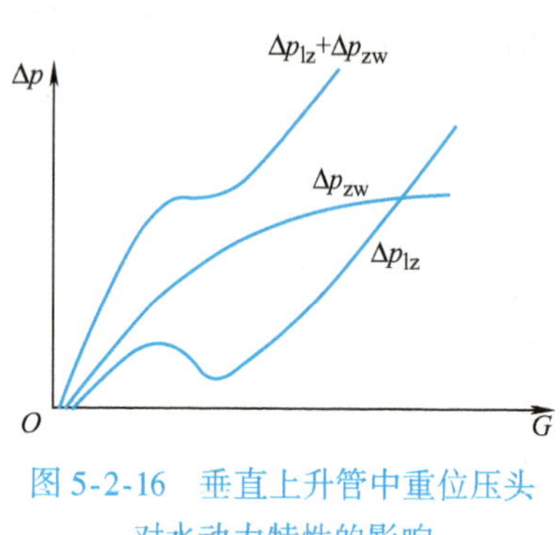

图 5-2-16　垂直上升管中重位压头对水动力特性的影响

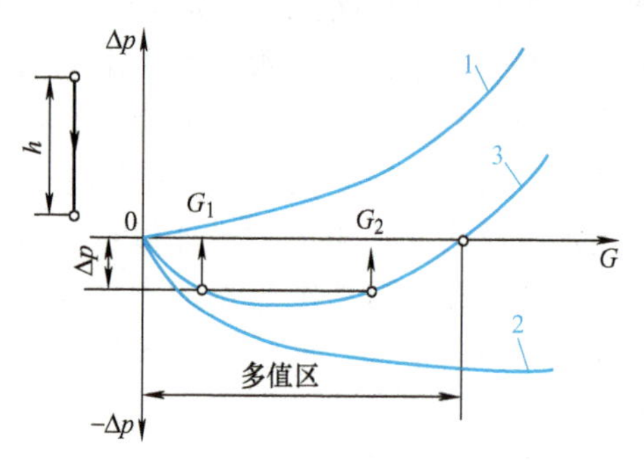

图 5-2-17　垂直下降管中重位压头对水动力特性的影响

1—流动特性曲线　2—重位压力降

3—总水动力特性曲线

三、影响直流锅炉水动力多值性的因素

直流锅炉的水动力多值性主要是由热水段和蒸发段的共同存在，且蒸发段的工质比体积变化引起的。而热水段是客观存在的，所以，产生水动力多值性的主要原因是在蒸发段发生了较大的汽水比体积变化，进而导致了热水段和蒸发段的阻力比值 $\Delta p_{rs}/\Delta p_{zf}$ 发生变化。锅炉运行时，影响水动力多值性的具体因素比较复杂，下面介绍其中的主要因素。

1. 工质压力

蒸发管进口的工质压力对水动力多值性的影响起主要作用。当压力降低时，汽水密度差增大，水动力趋于不稳定。但是，压力对水动力多值性的影响具有多重性。压力降低时，汽水比体积差增大，水动力多值性增强，但工质汽化潜热也随之增大，在吸热量一定时，蒸发量减少。压力降低还会使受热面进口水欠焓相应减小，这又会减弱水动力多值性。但是，压力降低使汽水比体积差变化得较多，因而其综合影响是增强了水动力多值性。图5-2-18 中的试验曲线表明了压力对水动力特性的影响，其中 x 表示工质干度。

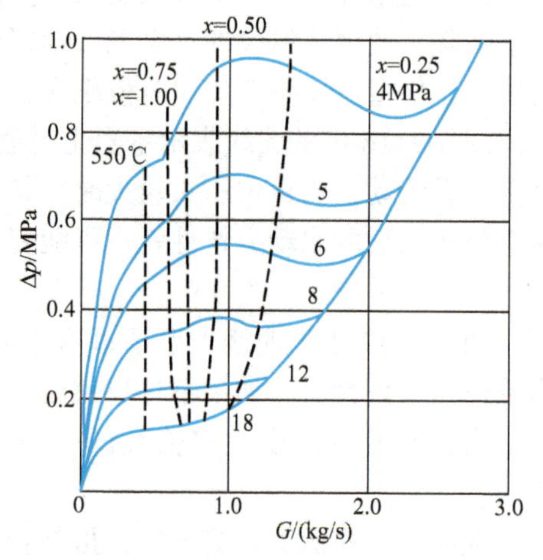

图 5-2-18　压力对水动力特性的影响

2. 质量流速

直流锅炉蒸发管内的质量流速随负荷而变，锅炉负荷越低，越容易发生水动力多值性。因为质量流速越小，工质流量分配越不均匀，越容易发生水动力多值性。

3. 蒸发管进口水欠焓

热水段的存在说明蒸发管进口工质存在欠焓。当热负荷（q）一定时，工质欠焓越大，热水段长度就越大，蒸发段长度就越小。虽然热水段阻力有所增大，但由于受蒸发段长度减小，尤其是受汽水混合物平均速度降低的影响，蒸发段阻力降低得更多，使压降 Δp 随流量 G 的增加出现多值性。工质欠焓增大主要发生在高压加热器解列的场合，如果此时质量流速过小，则水动力多值性就难以避免。工质进口水焓值（i）对水动力特性的影响如图 5-2-19 所示。

4. 热负荷 q

在亚临界压力下，当锅炉负荷和给水温度一定时，水冷壁热负荷 q 变化直接影响蒸发点的位置变化，从而影响水动力特性。例如，当 q 降低（水冷壁吸热量 Q 降低）时，增加了热水段的长度，减小了蒸发段的长度，相当于增大了工质欠焓，使水动力趋于不稳定。图 5-2-20 中的曲线表示了热负荷对蒸发管水动力特性的影响。

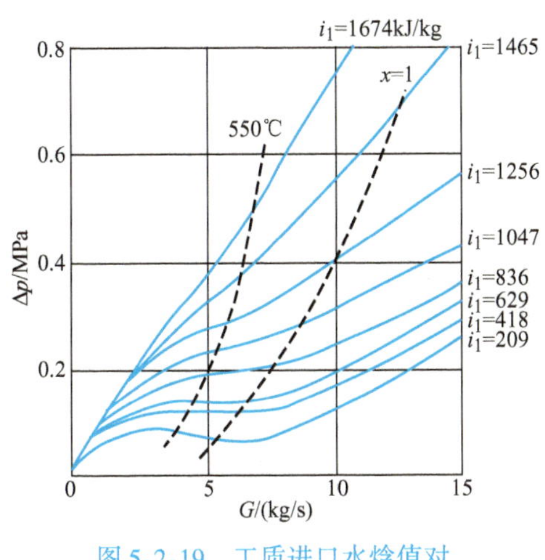

图 5-2-19　工质进口水焓值对水动力特性的影响

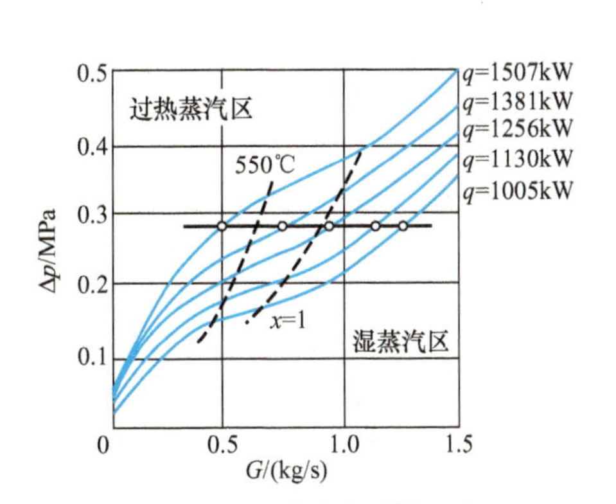

图 5-2-20　热负荷对蒸发管水动力特性的影响

5. 锅炉负荷

直流锅炉在低负荷运行时比高负荷时的水动力稳定性要差得多。因为低负荷运行时，压力低，质量流速小，进口工质欠焓大，热负荷低，热偏差大。可见，此时在多种不利因素的同时作用下，水动力不稳定性的程度必然增大。图 5-2-21 所示为负荷变化对水动力特性的影响。

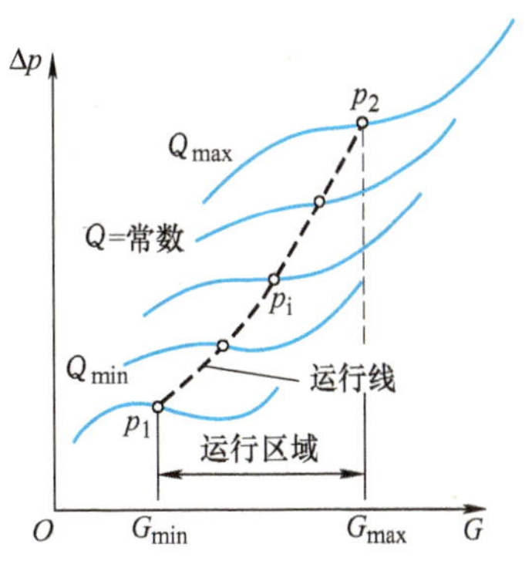

图 5-2-21　负荷变化对水动力特性的影响

6. 重位压头

影响垂直上升管屏的水动力特性的因素更为复杂。影响水平管水动力特性的因素同样影响着垂直管屏，而且受重位压头和热偏差的影响，垂直管屏不但可能出现水动力不稳定现象，还可能出现停滞和倒流问题。因此，垂直管屏水动力稳定性条件要求更高。

7. 工质的热物理特性

超临界压力锅炉的水冷壁管内工质虽然是单相流体，但由于工质的温度随吸热量增加而变化，当工质温度处于大比热区且吸热量同时增大时，工质温度变化不大，但比体积发生剧烈变化，引起工质的膨胀量急剧增大，有可能出现水动力不稳定现象。

四、提高水动力稳定性的方法

（1）提高质量流速$\rho\omega$　直流锅炉为防止水动力不稳定性，选用较高的质量流速。在MCR负荷时，下辐射区水冷壁的质量流速$\rho\omega \geqslant 2000\mathrm{kg/(m^2 \cdot s)}$，上辐射区水冷壁中工质比体积变化比下辐射区要小，质量流速可降低到$\rho\omega \geqslant 1000\mathrm{kg/(m^2 \cdot s)}$；低负荷时，下辐射区水冷壁的最低质量流速控制在$\rho\omega \geqslant 800\mathrm{kg/(m^2 \cdot s)}$的水平。提高质量流速，既可避免水动力多值性，又可防止停滞和倒流。因此，提高质量流速是提高水动力稳定性最有效的方法。

（2）提高启动压力　采用变压运行的螺旋管圈水冷壁的直流锅炉，应避免低负荷时的工作压力过低。对于垂直管屏，如果不采用实现变压运行的新技术，则最好采用全压启动方式。

（3）采用节流圈　在水冷壁入口安装节流圈可增大热水段的阻力。当流量增大时，节流圈的阻力随之增大，使热水段的流动阻力总是占优势。节流圈对水动力稳定性的作用如图5-2-22所示。

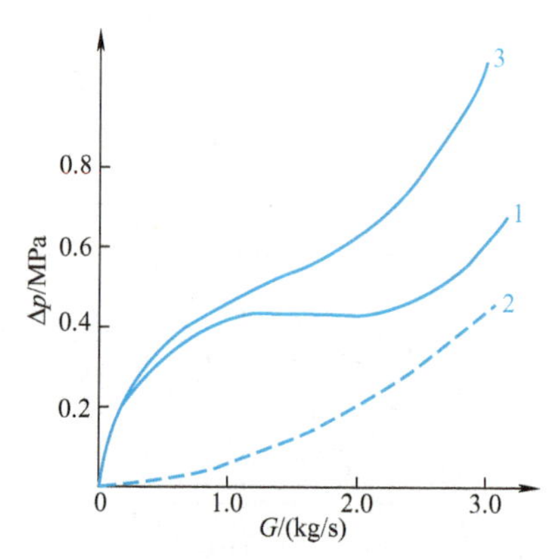

图5-2-22　节流圈对水动力稳定性的作用

1—未加节流圈时的水动力特性　2—节流圈阻力特性　3—加节流圈后的水动力特性

（4）减小进口工质欠焓Δh　对于直流锅炉，水冷壁进口工质欠焓是必然存在的。$\Delta h = 0$时，因局部的汽泡不会凝结或因工质比体积变化，水冷壁进口联箱中分配给每根水冷壁管的流量不均匀性就可能增大。但欠焓减小，减小了热水段长度，增加了蒸发段长度，有利于提高水动力的稳定性。

（5）减小受热偏差　运行实践表明，水动力不稳定性主要是由汽水比体积变化增大和热偏差造成流量分配不均引起的。因此，减小水冷壁的受热偏差是维持水动力稳定性的重要条件。锅炉运行中，应及时吹灰，防止水冷壁结渣、积灰；防止火焰偏斜，保持良好的火焰充满度；在燃烧器区域投入再循环烟气，并使燃烧器多层布置且增大喷口间距。这些措施均可减小水冷壁的受热偏差。尤其要注意在低负荷运行时，热偏差有增大的趋势。

（6）控制下辐射区水冷壁出口温度　对于超临界压力锅炉，下辐射区水冷壁处于热负荷最高的区域，吸热最强，为了避免工质的比体积剧烈变化，应将工质的大比热区避开热负荷较高的燃烧器区。这就要求控制下辐射区水冷壁出口工质的温度，使其低于拟临界温度。

（7）控制水冷壁热负荷　在亚临界压力下，当负荷一定时，控制水冷壁热负荷实际是控制了蒸发点位置，使热水段和蒸发段的阻力保持稳定；在超临界压力下，则是控制了汽水比体积的剧烈变化。

知识点六　直流锅炉的脉动

一、脉动的现象及危害

1. 脉动现象

直流锅炉水冷壁工作时，还可能发生水动力的动态不稳定现象，即脉动性流动现象。

其主要表现是进入蒸发管的水流量和流出蒸发管的蒸汽流量发生周期性的波动，如图 5-2-23 所示。

直流锅炉的脉动有三种类型，即管间脉动、管屏脉动和整体脉动。比较多见的是管间脉动，其具体表现如下：

1）在并联工作的管子之间，某些管子的进口水流量时大时小，当一部分管子的水流量增大时，另一部分管子的水流量却在减小。与此同时，管子出口的蒸汽量也在进行周期性变化。

2）当管子进口的水流量最大时，出口的蒸汽流量最小。

3）整个管组的进水量和蒸汽量变化不大。

管屏脉动是指各并联管屏之间产生的脉动，与管间脉动相似。

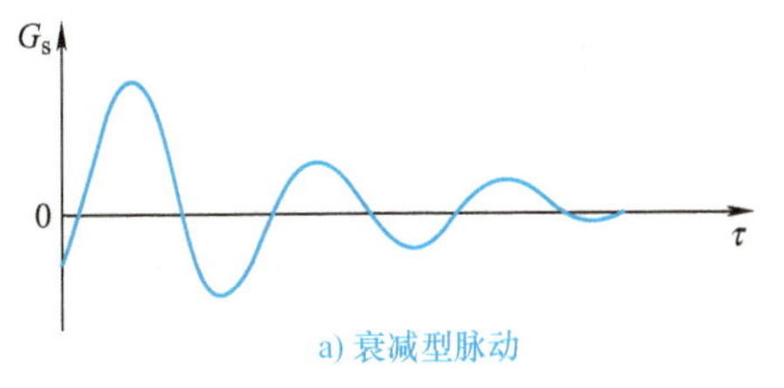

a) 衰减型脉动

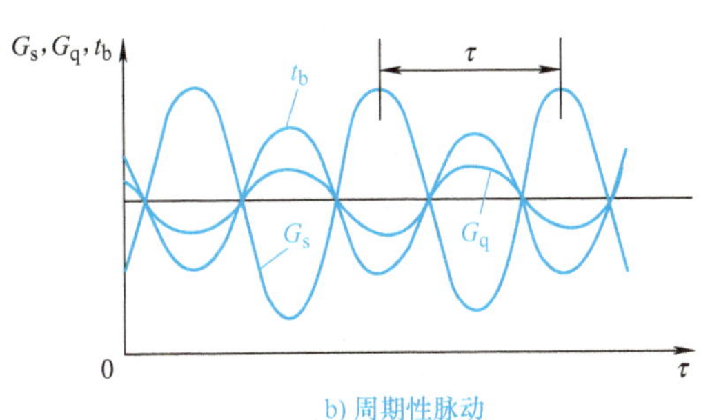

b) 周期性脉动

图 5-2-23 蒸发管的脉动现象

G_s—水流量 G_q—蒸汽流量

t_b—壁温 τ—时间

整体脉动也称为全炉脉动，是指全部并联管屏中流量同时发生的周期性波动，一般是因为使用特性曲线比较平缓的离心式给水泵造成的。

根据脉动的具体表现，可以看出：蒸发管内的脉动性流动现象是流量随时间周期性变化的一种动态水动力不稳定现象。脉动性流动的出现既有自身的特殊背景，又和水动力不稳定性有密切联系。

2. 脉动的危害

流量的脉动会引起管内工质压力和温度的周期性变化，同时引起热水段、蒸发段、过热段的周期性变化，这种变化的危害如下：

1）在管子热水段、蒸发段、过热段的交界面处，交替接触不同状态的工质，时而是不饱和水，时而是汽水混合物，时而是过热蒸汽。且这些工质的流量周期性变化使管壁温度发生周期性变化，以致引起金属管子的疲劳破坏。

2）由于过热段长度周期性变化，出口汽温也发生周期性变化，汽温不易控制，甚至会引起管壁超温。

3）脉动严重时，工质脉动性流动产生的冲击作用力以及工质汽水比体积变化引起管内局部压力的周期性变化，会引起管屏的机械振动，造成管屏的机械应力破坏。

二、脉动性流动的形成机理

1. 脉动性流动的一般解释

从试验观察到，水平蒸发管中，在开始蒸发点附近，管子截面的上半部流动着蒸汽泡，它的速度低于管子下部的水速，当进口水速较低时，汽泡流动得更慢，甚至停滞。于是，汽泡逐渐变大，使管内局部压力提高，以致排挤水的流进。当局部压力高于管子进口压力时，管子进口端出现水的倒退现象，在管子出口端出现工质加速向外流动现象。当工质排出后，管内压力又降低，汽泡被排走。这种现象一旦持续发生，管内流动即出现脉动。如果形成这种脉动性流动的条件未发生变化，则脉动不会衰减，可自动维持下去。

在垂直蒸发管中，尤其是在低负荷运行时，重位压头成为管屏进、出口联箱压降中的重要部分。重位压头对管屏流量的脉动影响很大。这是因为热水段高度随流量脉动而脉动，所以重位压头也随流量脉动而脉动。由于重位压头的脉动幅度比较大，且滞后于流量脉动一个相位角，使得垂直管的脉动比水平管更为敏感。

2. 压力降型脉动、密度波型脉动和热力波型脉动

蒸发管内的脉动性流动主要有三种类型，即压力降型脉动、密度波型脉动和热力波型脉动。这三种脉动既可以独立形成，也可以叠加或耦合作用。

1）压力降型脉动的主要表现是随着流量的增加，系统的总压差降低，即压力降型脉动总是发生在水动力特性曲线的负斜率区。

压力降型脉动主要是由于管内压力周期性变化而产生的。这种压力的周期性变化形成扰动力，在扰动力的作用下，管内流量发生周期性变化。因此，压力降型脉动与水动力多值性密切相关。试验研究表明，压力降型脉动产生的条件是工质流动系统内出现水动力多值性和具有一定的压缩容积。热力设备的管路系统具有较大的膨胀容积，可能出现压降振荡，导致压力降型脉动。

在压力降型脉动过程中，工质压力、工质流量、系统压降、工质温度和管壁温度均发生脉动。工质压力、工质温度和管壁温度为同相位脉动，但相位差不大，工质流量与系统压降也是同相位脉动，而工质流量与工质压力接近于反相位脉动。发生压力降型脉动时，各参数的脉动幅度并不相同。

压力降型脉动发生时，各参数的变化如图 5-2-24 所示。

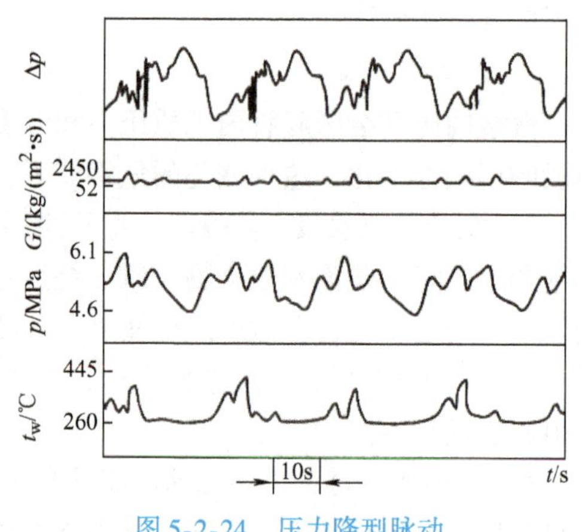

图 5-2-24 压力降型脉动

2）密度波型脉动的主要表现是在稳定状态下，两相流中含汽率较大时，如果热负荷发生扰动，管子进口的工质流量、压力、总压降和温度就出现持续脉动，即密度波型脉动发生在水动力特性曲线的正斜率区。密度波型脉动是导致管间脉动的主要原因。

在密度波型脉动过程中，工质压力、工质流量、系统压降、工质温度和管壁温度也都发生脉动。进口工质流量与工质压力接近于同相位脉动，而进口工质流量与加热段压力降接近于反相位脉动。密度波型脉动主要发生在含汽率较高的区域。密度波型脉动的周期低于压力降型脉动的周期。发生密度波型脉动时，各参数的脉动幅度并不相同。

密度波型脉动发生时，各参数的变化如图 5-2-25 所示。

3）热力波型脉动的主要表现是在高干度膜态沸腾初始阶段时，由于流量扰动，出现壁面温度周期性振荡的现象。在流量突然增大时，已经处于膜态沸腾的受热面受到多余液

体的冷却，转入过渡沸腾，使壁面温度降低。但由于受密度波的作用，流量降低，又造成壁温飞升，即壁面上的液膜不稳定造成壁温大幅度脉动性波动。热力波型脉动既可以出现在压力降型脉动区，也可以出现在密度波型脉动区。

影响压力降型脉动、密度波型脉动、热力波型脉动的因素很多，各因素之间的关系更为复杂。主要因素有工质压力、系统内的可压缩容积、管内质量流速、热负荷、管子进口工质的欠焓，以及管子进口和出口处的节流等。

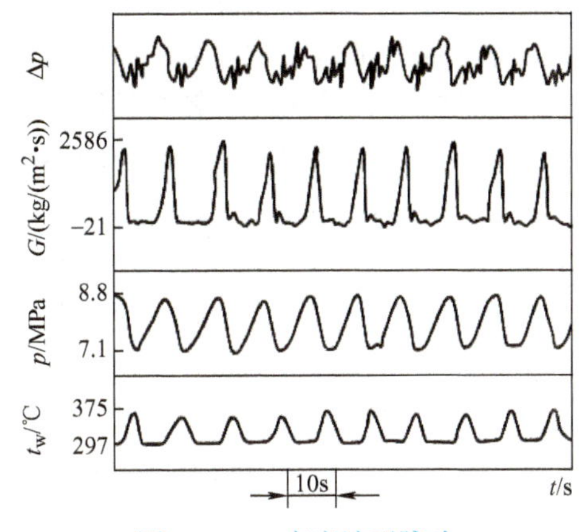

图 5-2-25　密度波型脉动

三、防止脉动的措施

1）提高质量流速。质量流速大，汽泡不容易变大，管内就不会形成较高的局部压力，可保持稳定的进口水流量。

2）采用节流圈。在管子的入口端加装节流圈是防止脉动最有效的方法。节流圈可使蒸发点造成的局部压力升高值远低于进口压力，从而可使流量波动减小。实际上，加装节流圈后，热水段阻力增加，提高了热水段的压差，保证了进口水流量的稳定性。图 5-2-26 所示为节流圈对消除脉动的作用。

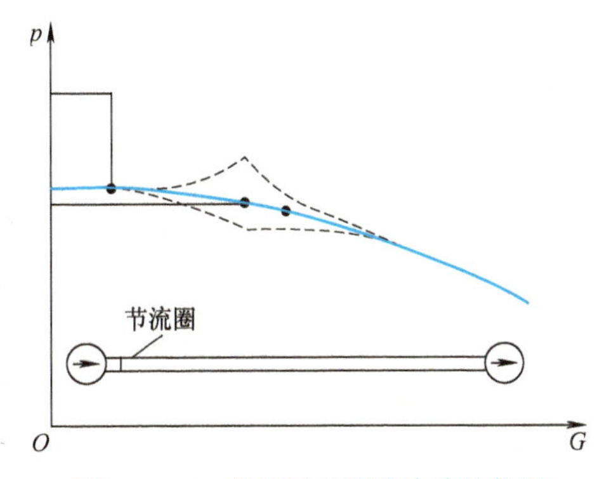

图 5-2-26　节流圈对消除脉动的作用

3）提高进口压力。压力高，汽与水的比体积接近，局部压力升高的现象不容易发生。运行实践证明，$p \geqslant 14\text{MPa}$ 时，基本不发生脉动现象。但变压运行的直流锅炉启动或低负荷运行时，应注意脉动的产生。

4）降低蒸发点的热负荷和热偏差。蒸发点即工质发生相变的位置。将蒸发点移到热负荷较低的区域，可避免局部压力的大幅度变化。减小热偏差，减小流量偏差，可防止个别管中流量降低导致的比体积发生剧烈变化。

5）防止脉动性燃烧。由于直流锅炉水冷壁的热惯性很小，燃烧放热不稳定时，热水段和蒸发段长度不断变化。流动阻力不断变化，重位压头也不断变化，很容易导致脉动性流动。防止燃烧脉动对防止脉动极为重要。

6）给水泵的特性。给水泵的特性对直流锅炉蒸发管脉动的影响是不容忽视的。图 5-2-27 所示是离心式给水泵特性曲线。图中曲线 1 是锅炉出口压力，曲线 2 是锅炉进口压力，曲线 3 是较平缓的水泵特性，曲线 4 是较陡的水泵特性，曲线 2、3、4 的交点

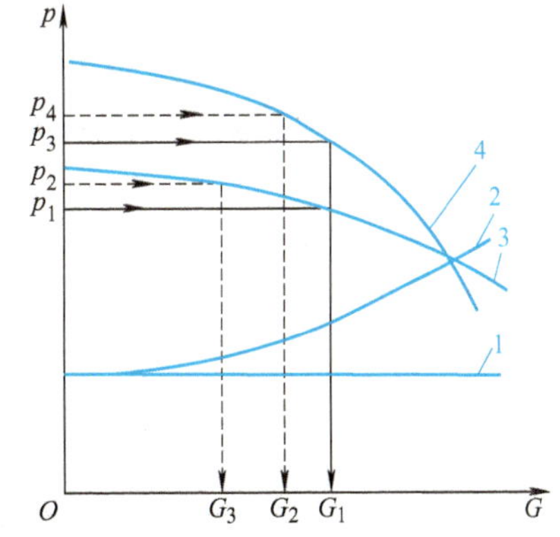

图 5-2-27　离心式给水泵特性曲线

为工作点。由图可见，较平缓的水泵特性和较陡的水泵特性相比，假定压差变化相同，较平缓的水泵特性流量变化较大，而较陡的水泵特性流量变化较小。对于消除锅炉的脉动来说，希望在较低的流量时有较高的压力，即足够陡的水泵特性可使当压力波动时流量变化不大，这样有利于消除或避免锅炉的整体脉动。

知识点七　直流锅炉的热偏差

直流锅炉的受热面是由许多根并联工作的管子组成的，各管子之间的受热强度和流量分配不可能完全均匀，因而它们的管壁工作温度也不可能完全相同，只要其中一根管子被烧坏，则整个锅炉的正常工作就不能进行。所以，必须从结构和运行两方面充分注意消除受热不均匀性和流量分配的不均匀性。

一、影响热偏差的因素

热偏差与吸热（热力）不均、流量（水力）不均及结构不均等因素有关。对于蒸发受热面，不考虑结构不均的影响，其热偏差主要是由于吸热不均和流量不均两者共同作用造成的。

1. 吸热不均

炉膛内烟气温度分布不论从宽度、深度或高度方向来看都是不均匀的。锅炉的结构特点、燃烧方式和燃料种类不同，则热负荷不均匀程度不同。一般来说，垂直管屏的吸热不均匀程度大于水平管圈，燃油锅炉的吸热不均匀程度大于燃煤锅炉。锅炉运行时，如火焰偏斜、炉膛结渣等，会产生很大的热偏差。

除一次垂直上升管屏在低负荷下运行的情况外，直流锅炉均没有自补偿能力，这与自然循环锅炉不同。在直流锅炉蒸发受热面中，吸热多的管子，由于管内工质比体积大、流速高，以致阻力大，因而管内工质流量减少。而流量的减少反过来又促使工质的焓增更大，比体积更大，这会导致热偏差达到相当严重的程度。由此可见，直流锅炉的吸热不均，还会影响流量不均，从而扩大了热偏差，这对管壁的安全不利。

2. 流量不均

流量不均是由于并联各管的流动阻力不同、重位压头不同及沿进口或出口联箱长度方向上压力分布特性的影响而引起的。另外，水动力不稳定和脉动也是引起流量不均的原因。

（1）流动阻力的影响　对于螺旋管圈，由于本身流动阻力很大，远超过重位压头和联箱中压力变化对流量不均的影响，因此，对于这种形式的受热面，只需考虑流动阻力对流量不均的影响。

工质流量与管圈阻力系数及管内工质的平均比体积有关。吸热多的个别管圈的阻力系数及工质平均比体积比同组各管圈相应的平均值大时，将引起该管圈中流量降低，从而致使热偏差增大。

阻力系数的大小取决于管圈的结构和安装质量。管子的长度不同、管内的粗糙程度不同、弯曲度不同以及管内焊瘤等，都会造成各管阻力系数不同。

工质平均比体积不同，是由吸热不同所引起的。在流动阻力起主要作用的水平管圈中，平均比体积较大的管子内工质流量必然较小。在两相流体的比体积随焓值的增加而剧烈增加的情况下，因吸热不同而引起的流量偏差很大，即使阻力系数是均匀的，也将导致很大的热偏差。

（2）重位压降的影响　在垂直上升的蒸发管屏中，重位压降在总压降中的作用不能忽略，必须考虑重位压降对热偏差的影响。

在垂直上升的蒸发管屏中，如果流动阻力损失所占份额相当大（如锅炉高负荷运行时），当个别管圈热负荷偏高时，因偏差管中工质平均比体积的增大将引起流动阻力增大，并导致其流量降低。但与此同时，因偏差管中工质密度减小而使其重位压降低，又促使其流量回升。因此，在垂直上升管屏中，重位压降有助于减小流量偏差。但是，如果管屏总压降中流动阻力损失所占份额较小（低负荷时），重位压降占总压降的主要部分，则重位压降将产生不利影响。此时，受热弱的偏差管中由于平均密度很大，重位压降很大，致使该管中可能出现流动停滞。

二、减小与防止热偏差的措施

为减小热偏差，在锅炉结构上应使并联各管的长度及管径等尽可能均匀，燃烧器的布置和燃烧工况要考虑使炉膛受热面热负荷均匀。另外，在锅炉的设计布置上可采取相应的措施。具体措施如下：

1. 加装节流圈

在并联各管进口加装节流圈或在管屏进口加装节流圈可以减小热偏差。对应各管屏的热负荷，在各管屏入口前装设不同节流程度的节流阀或节流圈，在锅炉投运时加以调整，使热负荷高的管屏中具有较高的质量流速，以使各管屏出口工质得到几乎相近的焓值。还应注意，在具体设计和调整节流圈时，须同时考虑水动力稳定、消除脉动和减小热偏差。

2. 减小管屏或管带宽度

减小管屏或管带宽度，即减小同一管屏或管带中的并联管圈根数，则在炉膛温度分布和结构尺寸相同的情况下，可降低同屏或同管带各管间的吸热不均匀性和流量不均匀性，从而使热偏差减小。

3. 装设中间联箱和混合器

在蒸发系统中装设中间联箱和混合器，可使工质在其中进行充分混合，然后再进入下一级受热面，这样前一级的热偏差不会延续到下一级，工质进入下一级的焓值趋于均匀，从而可减小热偏差。

4. 采用较高的工质质量流速

采用较高的工质质量流速可以降低管壁温度，使受热多的管子不致过热。对于垂直管屏，由于其重位压降较大，如果质量流速过低，则在低负荷运行时容易因吸热不均而引起不正常的情况。因而在额定负荷时，工质质量流速采用了较大的数值，一般为2000～2500kg/（$m^2\cdot s$）。

5. 合理组织炉内燃烧工况

一般认为，四角切圆燃烧方式具有较高的炉膛火焰充满度，炉内热负荷较均匀，火焰中心温度和炉膛局部最高热负荷也较低，因而蒸发受热面吸热不均匀性较小。运行中应尽可能减少产生热偏差的各种因素。如燃烧中心的位置要调整好，使火焰中心不偏斜。各个燃烧器的给粉量应尽可能均匀，燃烧器的投入和停运要力求对称均匀，防止炉内结渣和积灰等。

此外，还要严格监督锅炉的给水品质，防止蒸发管内结垢或腐蚀，从而避免引起管内工质流动阻力的变化。

超临界参数锅炉的技术关键在于水冷壁，在超临界压力下工作的水冷壁的传热存在大比热区。

知识点八　低倍率循环锅炉和复合循环锅炉

一、低倍率循环锅炉的工作原理

为了增大锅炉启动和低负荷运行时水冷壁的流量，在水冷壁出口设置汽水分离器，将汽水混合物分离成蒸汽和水，采用再循环泵将分离出来的水与省煤器出口的水混合后，重新送进水冷壁。通过再循环管路的流量称为再循环流量。图 5-2-28 是低倍率循环锅炉系统构成示意图。

对于低倍率循环锅炉，在全负荷范围内水冷壁中均有再循环流量通过。图 5-2-29 所示为其工质流量与负荷的关系。

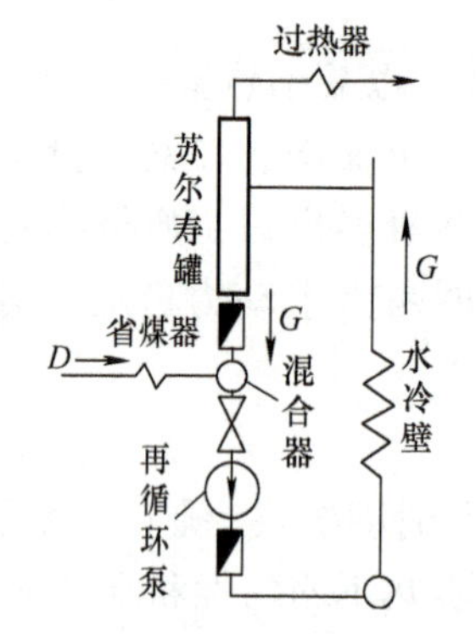

图 5-2-28　低倍率循环锅炉系统构成示意图

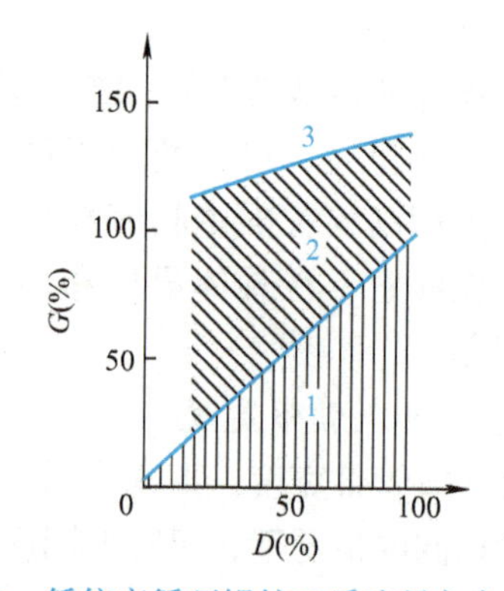

图 5-2-29　低倍率循环锅炉工质流量与负荷的关系

1—给水流量　2—循环水流量　3—水冷壁管中流量

二、低倍率循环锅炉的技术特点

低倍率循环锅炉的主要技术是直流锅炉系统＋再循环泵，解决了直流锅炉低负荷运行时，水冷壁中因工质流量降低导致管子冷却不足和水动力不稳定的问题。

水冷壁出口的汽水混合物通过汽水分离器，分离出的水由循环泵加压后送入省煤器出口的混合器，与给水混合后进入水冷壁，增加了水冷壁管内的工质流量并提高了进口工质的焓值。随着负荷降低，再循环流量增大。

负荷变化时，水冷壁管内工质流量变化不大，启动过程和低负荷运行时的工作可靠性显著提高。而且负荷变化时，循环泵的流量变化不大，循环泵的运行可靠性也相应提高。

对于亚临界参数锅炉，水冷壁中工质温度较稳定，为饱和温度，管屏间和管子间的壁温差较小，有利于减小膜式水冷壁的热应力。而且低负荷时的热偏差较小，水冷壁中的工质不需要进行中间混合，避免了工质重新分配，为实现变压运行创造了良好的条件。

低倍率循环锅炉的循环倍率大于1，水冷壁出口的汽水混合物的平均干度在0.6左右，可避免“蒸干”过程导致的传热恶化，同时也能避免膜态沸腾，只要保证传热需要的质量流速，可以不采用内螺纹管。

由于低负荷运行时，水冷壁管内的质量流速随负荷变化不大，所以低倍率循环锅炉可选用较低的质量流速，100% MCR负荷时的质量流速一般为1100～1500kg/（m^2·s）。而直流锅炉的质量流速较高，一般为2000～2500kg/（m^2·s）。一般直流锅炉与低倍率循环锅炉水冷壁管内的质量流速的比较如图5-2-30所示。由图可知，低倍率循环锅炉最大负荷时的流量较小，使水冷壁的流动阻力减小，可降低给水泵的能量消耗。

启动系统的容量小，可减小启动过程中的工质损失和热量损失。锅炉的最低负荷可降低到10% MCR。其启动热损失仅为直流锅炉的15%～25%。

锅炉出力很低时就可启动汽轮机，可以不设置保护再热器的低压旁路系统，并提高了机组低负荷运行的经济性。

再循环泵长期处于高温高压下运行，工作条件很差，需要防止再循环泵入口汽化和蒸汽进入再循环管路。因此，要求汽水分离器的水位不能过低，避免出现自汽化或旋涡漏斗；循环管路中应保持比较平缓的流动阻力特性，即流量变化时，阻力变化不大且要求保持一定的流速；为防止汽化，省煤器出口的水应保持一定的欠焓。

三、复合循环锅炉的工作原理

在某一负荷（通常为额定负荷的60%～70%）以下时，有再循环工质通过水冷壁，在该负荷以上时，进入纯直流运行状态的锅炉被称为复合循环锅炉。图5-2-31所示为复合循环锅炉水冷壁流速与负荷的关系。图5-2-32是复合循环锅炉系统构成示意图。

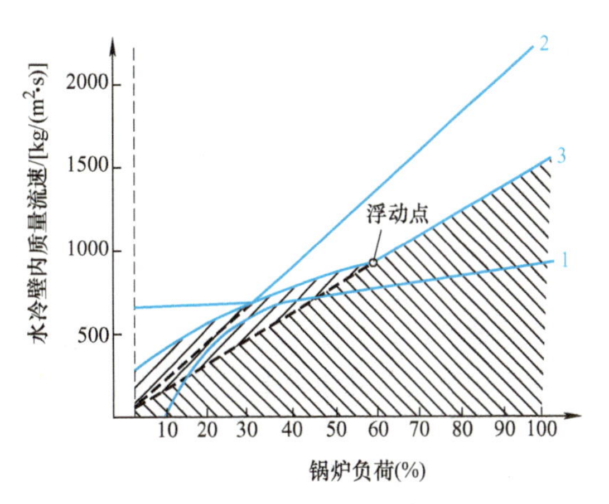

图5-2-30 水冷壁管内的质量流速

1—传热所要求的临界质量流速

2—一般直流锅炉 3—低倍率循环锅炉

复合循环锅炉与低倍率循环锅炉的主要区别：一是复合循环锅炉在高负荷（例如60%～70%负荷以上）时，锅炉转入纯直流运行方式；二是复合循环锅炉的循环泵装在混合器前的再循环管路中。

复合循环锅炉的再循环泵的连接可以采用串联系统，也可以采用并联系统。当循环泵、水冷壁、再循环管路结构相同时，串联系统和并联系统的流量变化特性大致上是相同的。但并联系统中，循环泵随负荷变化，流量变化幅度大，循环泵特性与再循环管路特性不容易匹配。同时，循环泵位于混合器之前，循环泵需要安装于炉顶，使循环泵在抽吸状态下工作。这将使循环泵的运行处于不利条件。因此，并联系统的复合循环方式很少被采用。

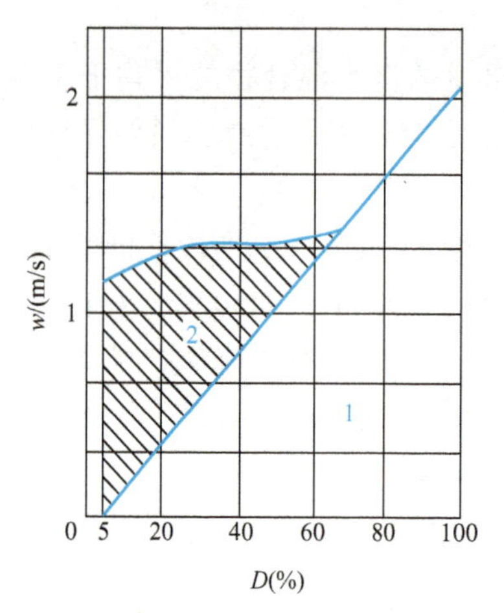

图 5-2-31 复合循环锅炉水冷壁流速与负荷的关系

1—直流流量 2—再循环流量

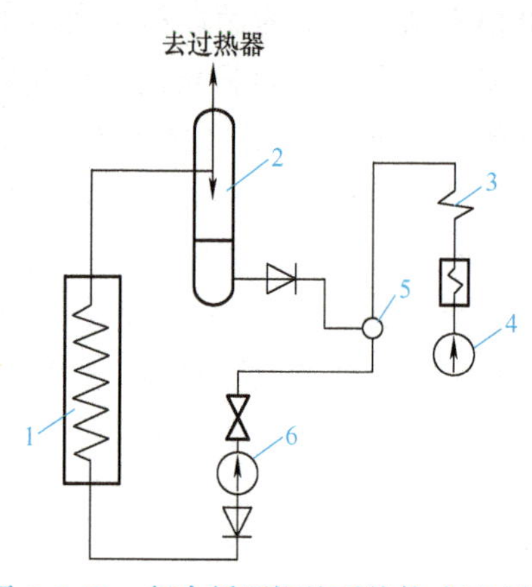

图 5-2-32 复合循环锅炉系统构成示意图

1—水冷壁 2—汽水分离器 3—省煤器 4—给水泵 5—混合球 6—循环泵

知识点九 过热器和再热器的热偏差

一、热偏差的概念

过热器与再热器都是由许多并列管子组成的管组，而由于各管结构和运行条件不可能完全相同，造成各管中蒸汽的焓增量不同，这样各管的蒸汽温度和管壁温度就有高有低。这种在并列工作的管组中，部分管内蒸汽的焓增大于整个管组平均焓增的现象称为热偏差。这些焓增大、温度高的管子称为热偏差管。

热偏差管中蒸汽的焓增量 Δh_p 与整个管组蒸汽的平均焓增量 Δh_{pj} 之比，称为热偏差系数 φ，即

$$\varphi=\frac{\Delta h_p}{\Delta h_{pj}}$$

热偏差系数 φ 反映了过热器、再热器的热偏差程度。φ 越大，则热偏差程度越大，即热偏差管内蒸汽温度和管壁温度越高。严重时，热偏差管的壁温甚至超过管材的允许温度，造成高温损坏，从而严重威胁锅炉安全运行。因此，对热偏差问题必须予以足够的重视，应防止热偏差过大。

二、热偏差产生的原因

对大多数过热器和再热器，并列工作的管子之间受热面积差异很小，即结构不均匀造成热偏差的影响很小。因此，产生热偏差的主要原因是烟气侧的热负荷不均匀（受热不均）和蒸汽流量不均匀。显然，热负荷大的或蒸汽流量小的管子热偏差严重。

1. 烟气侧的热负荷不均匀

过热器、再热器并列管的热负荷不均匀，使各管的吸热不均匀，这样各管蒸汽的焓增不同而产生热偏差。造成受热面热负荷不均匀有结构方面的因素，也有运行方面的因素。受热面热负荷的大小主要取决于其所在区域的烟气温度和速度。

在炉膛中，由于火焰中心向四周辐射热量给水冷壁，因此，炉膛中间的温度高，靠近

水冷壁的温度低。当烟气离开炉膛进入对流烟道后，仍然是烟道中间温度高，两侧温度低。这样，烟道中间的管子热负荷大，两侧的管子热负荷小，因此，烟道中间管子的吸热量必然大于烟道两侧管子的吸热量。这种受热不均匀的程度可达10% ~30%，而且离炉膛越近，不均匀程度越大。沿烟道宽度方向热负荷的分布如图5-2-33所示。

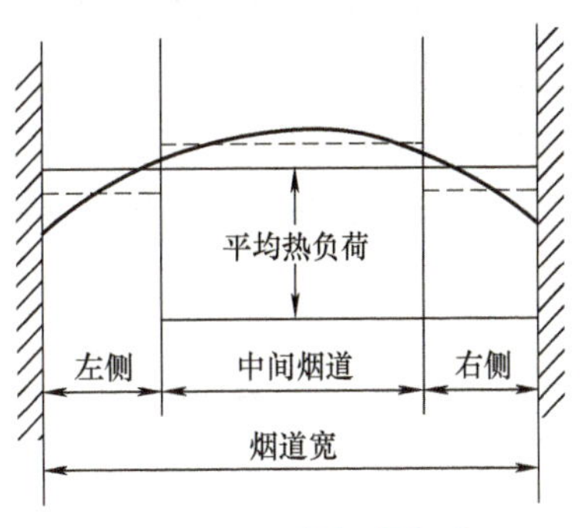

图5-2-33 沿烟道宽度方向热负荷的分布

一般烟道中间的烟气流速高，两侧的烟气流速低，故中间管子的吸热量大。另外，若管间节距不等，节距大的地方将形成“烟气走廊”。此处的烟气流动阻力小，烟气流速高，对流传热增强；同时，烟气的有效辐射层厚度也较大，辐射传热也增强。因此，靠近“烟气走廊”两侧管子的热负荷大。

在锅炉运行中，若燃烧调整不当，使火焰偏斜，燃烧器负荷不一致，水冷壁局部结渣或积灰，烟道再燃烧等，都会造成烟气温度分布不均匀，使热负荷不均匀。此外，过热器、再热器局部结渣或积灰，也会使并列各管热负荷严重不均匀。

对于屏式过热器，中间管屏的受热最强，两侧的屏受热较弱。对同一片屏，最外管圈由于直接接收火焰的辐射受热最强，而越往里圈的管子由于受外圈的遮挡，受热越弱。因此，屏式过热器最外管圈是热偏差管。

由此可见，只要是沿烟道截面各处的烟气温度或烟气流速分布不均匀，就会造成过热器、再热器管子的热负荷不均匀，而且热负荷不均匀是不可避免的。

2. 蒸汽流量不均匀

在同样的热负荷下，当并列各管的蒸汽流量不均匀时，流量小的管子蒸汽焓增大，蒸汽温度和管壁温度高；而流量大的管子蒸汽焓增小，蒸汽温度和管壁温度低。所以，蒸汽流量不均匀也会产生热偏差。

(1) 管圈进出口压差 管圈进出口压差与过热器和再热器进、出口联箱的蒸汽引入、引出方式有关。连接方式不同，联箱内的压力分布就不相同，从而影响到进出口压差，如图5-2-34所示。压差大的管子，蒸汽流量大；压差小的管子，蒸汽流量小。

图5-2-34a所示为Z形连接方式。蒸汽从进口联箱的左端引入，从出口联箱的右端引出。在进口联箱中，左端的蒸汽流量最大，流速最高。从左到右，蒸汽流量逐渐减少，流速逐渐降低。到右端流量最小，流速最低。根据能量守恒原理和动、静压力的转换关系，这样从左到右沿联箱长度方向，动能逐渐减小，压能增大，即压力逐渐升高，如图5-2-34a中p_1曲线所示。同理，在出口联箱中，沿联箱长度方向，从左到右，压力逐渐降低，如图5-2-34a中p_2曲线所示。显然，Z形连接方式中，并列各管的进出口压差Δp相差较大，左端压差最小，蒸汽流量也就最小；右端压差最大，蒸汽流量也最大。此时，若各管热负荷相同，则左边的管子是热偏差管。

图5-2-34b所示为Π（或U）形连接方式。蒸汽从进口联箱和出口联箱的同一端引入、引出。管组中进、出口联箱的静压变化方向相同，因此各并列管的压差Δp相差较小，各管的蒸汽流量较均匀。

图5-2-34c所示为双Π形连接方式。蒸汽从进口联箱的两端引入，从出口联箱的两端

引出。这种连接方式比Π（或U）形连接方式更好，各管的流量不均匀偏差更小。

图5-2-34d所示为多点引入引出型连接方式。这种连接方式使蒸汽在联箱长度方向上压力变化很小，因此，各并列管的压差Δp基本相同，各管的蒸汽流量均匀。

可见，Z形连接方式并列各管的蒸汽流量不均匀性最大，应避免采用。

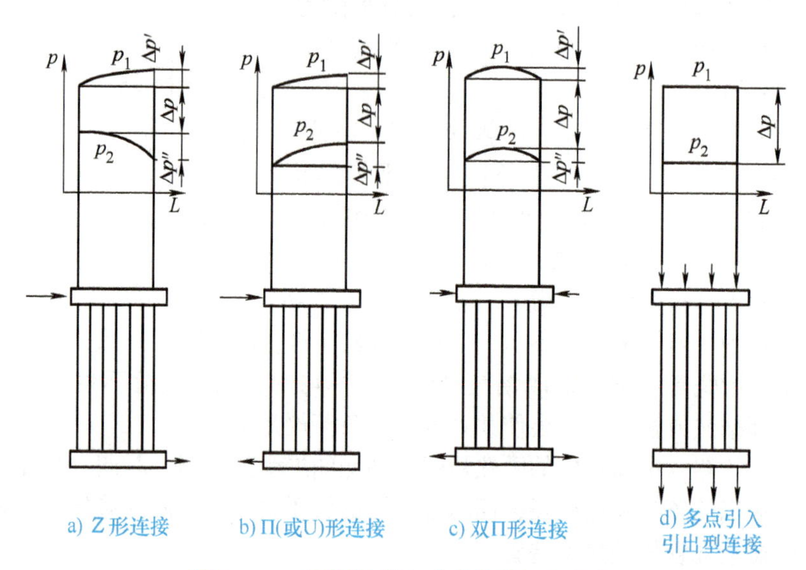

图5-2-34　不同连接方式联箱的压力分布

Δp—管圈的阻力　$\Delta p'$—进口联箱中压降　$\Delta p''$—出口联箱中压降

（2）管圈的阻力特性　管圈阻力特性常常与管子的结构尺寸和安装检修质量有关，如管子的长度、内径、粗糙程度、弯曲度、弯头数目，或者管内有焊瘤等。管子越长、内径越小、管内越粗糙、弯头数目越多，管子的阻力越大。阻力大的管子，蒸汽流量小；阻力小的管子，蒸汽流量大。流量小的管子是热偏差管。

对于屏式过热器最外管圈，其管子长，阻力大，蒸汽流量小。因此，其既是热负荷不均匀造成的热偏差管，又是蒸汽流量不均匀造成的热偏差管。

（3）工质密度　工质密度越小，管内工质流量也越小。当热负荷不均匀时，还会引起蒸汽流量不均匀。因为热负荷高的管子吸热多，蒸汽温度高、密度小，蒸汽流动阻力增加，使流量减少，进一步加大了热偏差程度。

三、减轻热偏差的措施

大型锅炉由于几何尺寸较大，炉膛、烟道的烟气流通截面积大，不但烟气温度很难分布均匀（炉膛出口烟温偏差可达200～300℃），而且烟气速度也很难分布均匀。而过热器、再热器并列管圈多，面积大，系统复杂，过热蒸汽、再热蒸汽的焓增大，个别管圈汽温偏差可达50～70℃，严重时可达100～150℃。从上述对热偏差产生的原因分析可知，要完全消除热偏差是不可能的。为了保证过热器、再热器的安全运行，应尽量减轻热偏差程度，把壁温控制在允许的范围内。减轻热偏差一般从结构设计和运行操作两方面采取措施。

（一）从结构设计方面采取减轻热偏差的措施

1. 受热面分级、级间混合

将整个过热器系统分成串联的几级，每级都有自己的进、出口联箱。这样在各级之间利用联箱使蒸汽充分混合，以消除上级产生的热偏差，从而使每一级的热偏差都被控制在规定的范围内，保证了受热面的安全。级分得越多，每级的热偏差就越小，但系统越复杂，阻力也越大。通常，中压锅炉的过热器分成两级，级间混合一次；高压锅炉将过热器分成三级或四级，级间混合两次或三次；超高压及以上压力锅炉将过热器分成四级、五级或更多。再热器一般分为两级或三级。将每级的焓增控制在 250 ~ 420kJ/kg。末级过热器和再热器由于蒸汽温度高，比热容小，对热偏差敏感，因此焓增一般不超过 300kJ/kg。

2. 两级间蒸汽进行左右交换流动

利用蒸汽连接管或中间联箱将烟道两侧的蒸汽进行左右交换，可以减小沿烟道宽度方向热负荷不均匀造成的热偏差，如图 5-2-35 所示。

为了减小烟道中间和烟道两侧热负荷不均匀而产生的热偏差，可将烟道两侧受热面与中间受热面中的蒸汽进行交换，如图 5-2-35 所示。烟道两侧的受热面组成一级（冷段），中间的受热面组成一级（热段）。冷段左侧的蒸汽送往热段右侧，冷段右侧的蒸汽被送往热段左侧。这样不仅两侧与中间的受热面进行了蒸汽交换，两级间左右侧的蒸汽也进行了交换。

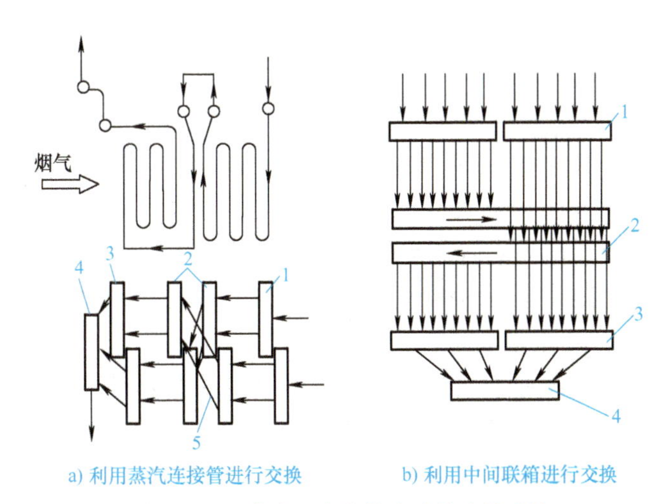

a) 利用蒸汽连接管进行交换　　b) 利用中间联箱进行交换

图 5-2-35　蒸汽左右交换流动的连接系统

1—进口联箱　2—中间联箱　3—出口联箱　4—集汽联箱　5—蒸汽连接管

3. 采用较好的联箱引入、引出管的连接方式

由前面分析产生热偏差的原因可知，在进出口联箱的连接方式中，Z 形连接方式引起的并列管子的流量不均匀是最明显的。因此，应避免采用此种连接方式，尽量采用流量分配均匀的 Π 形、双 Π 形以及多点引入引出型等连接方式。

4. 采用定距装置

采用定距装置的目的是使屏间距离及管间横向节距相等，避免形成“烟气走廊”。

5. 减小屏式过热器的热偏差

从前面分析热偏差产生的原因可知，屏式过热器最外圈管既是热负荷不均匀造成的热偏差管，又是流量不均匀产生的热偏差管，因此要特别注意改善外圈管的工作条件。对于屏式过热器，除外圈管用耐高温钢材及采用中间混合和交换流动外，还可从屏本身结构上采取措施，以减小外圈管的流动阻力或改善其受热情况，如图 5-2-36 所示。

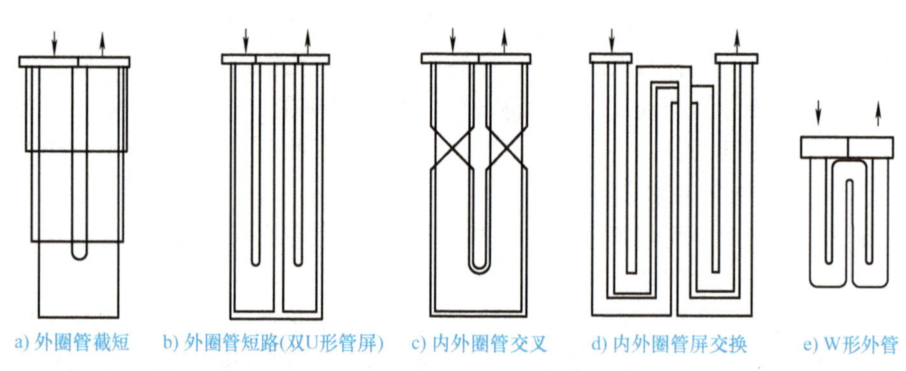

a) 外圈管截短　b) 外圈管短路(双U形管屏)　c) 内外圈管交叉　d) 内外圈管屏交换　e) W形外管

图 5-2-36　屏式过热器减小外圈管热偏差的方法

1）外圈管截短或短路（图 5-2-36a、b）。目的是缩短外管圈的长度，减小流动阻力，以增加管内蒸汽流量。

2）外圈管与内圈管交换位置（图 5-2-36c、d）。此方法可使各并列管的受热情况和流量分配趋于均匀，减小热偏差。

3）用双 U 形管屏取代 W 形管屏（图 5-2-36b、e）。与 W 形管屏相比较，双 U 形管屏将管子分成了两段，不但缩短了管子的长度，同时增加了一次中间混合，从而减小了热偏差。

（二）从运行操作方面采取减轻热偏差的措施

在锅炉运行中应进行正确的调整操作，以减小烟气侧的热负荷不均匀，从而减小热偏差。

首先要正确地进行燃烧调整，保证燃烧稳定；保证燃烧器负荷均匀，尽量对称投入、切换合理；保持正常的火焰中心位置，防止火焰中心过分偏斜；保持良好的炉内动力工况。

同时建立、健全吹灰制度。定时吹灰，及时打渣，减小因局部积灰或结渣引起的热负荷不均匀。

1. 自然循环是怎样形成的？
2. 运动压头的大小与哪些因素有关？它对锅炉工作有何影响？
3. 什么是自补偿能力？它对锅炉工作有何影响？
4. 自然循环锅炉为什么会发生循环停滞和倒流？在结构上可采取哪些防止措施？
5. 下降管含汽是怎样造成的？在结构上可采取哪些防止措施？

6. 沸腾传热恶化是如何形成的？在结构上可采取哪些防止措施？
7. 何谓锅炉蒸发区的两类传热恶化？
8. 在超临界压力下的大比热容区内，工质的参数变化有何特点？
9. 防止蒸发管金属超温的主要措施有哪些？
10. 何谓锅炉的循环倍率、界限循环倍率？
11. 何谓锅炉的水动力多值性？影响水动力多值性的主要因素有哪些？
12. 在超临界压力下是否会出现水动力多值性？
13. 防止蒸发管出现管间脉动的措施有哪些？
14. 什么是热偏差？影响过热器和再热器的热偏差因素有哪些？
15. 减小热偏差的措施有哪些？

任务三 汽水品质的监控

任务描述：借助汽水系统图片和视频、模型、课件，辨识汽包内部结构，熟悉运行中的汽水品质调节方法。

教学目标：

知识目标	能分析蒸汽污染的原因，说明蒸汽净化的方法 能复述直流锅炉汽水品质监督及改善措施
能力目标	能辨识汽包内部设备，描述工质流程，指出各设备的作用 能识读汽包内部结构图
素养目标	遵守安全操作规程，培养责任意识 树立团队意识，培养协作精神 养成理论与实践相结合的习惯，在完成任务的过程中发现问题、分析问题并解决问题 通过任务的训练，培养安全经济的意识

任务组织：利用锅炉模型、多媒体课件、视频学习，识读汽包内部结构图，辨识汽包内部设备。利用汽包模型进行汽包内部结构分析实训。

汽包内部结构辨识实训请学习配套资源后开展。

汽包内部结构辨识任务工单

知识点一 蒸汽污染的原因及防治

一、蒸汽污染的危害

电厂锅炉产生的蒸汽要满足一定“量”和“质”的要求，“量”即为蒸发量，“质”包括蒸汽参数（温度、压力）和蒸汽品质。

蒸汽品质通常是指1kg蒸汽中杂质的含量，即为蒸汽的清洁程度，单位为μg/kg或mg/kg。杂质含量越少，蒸汽品质越高。

蒸汽中的杂质包括气体杂质和非气体杂质。常见的气体杂质包括 O_2、N_2、CO_2、NH_3。若处理不当，这些气体可能腐蚀金属，还会参与沉淀过程。蒸汽中的非气体杂质绝大部分是各种盐，还有少量的碱类和氧化物，故多用蒸汽含盐量表示蒸汽品质。

蒸汽含盐的现象称为蒸汽污染。

蒸汽污染的危害如下：

1）锅炉过热器、再热器结盐垢，一方面会增大传热热阻，导致工质吸热量减少，排烟温度升高，排烟热损失增大，锅炉效率降低，另一方面还会导致壁温升高，产生高温蠕变甚至超温爆管，且高温腐蚀的可能性增大。

2）污染的蒸汽送入汽轮机，会在通流部分结盐垢，改变叶片型线，增大流动阻力，降低效率和出力。当沿圆周结盐垢不均匀时，会导致转子不平衡、轴振增大，严重时使推力轴承负荷增大、隔板弯曲，甚至被迫停机。

3）若盐分沉积在蒸汽管道上的阀门处，会造成阀门卡涩并影响其严密性，使阀门动作失灵，满足不了外界负荷的需要，影响电网频率或导致飞车事故。

锅炉对蒸汽品质要求如下：

1）蒸汽参数越高，对蒸汽品质要求越高。因为工作压力越高，蒸汽的比体积越小，汽轮机的通流面积越小，盐类的沉积越危险。

2）机组启动时的蒸汽品质要求低于正常运行值。因为启动时，湿蒸汽可以起到清洗汽轮机的作用，故对蒸汽的品质要求稍低些。

二、蒸汽污染的原因及途径

蒸汽污染的根本原因是给水含盐。在汽包锅炉中，含盐的给水进入锅炉吸热变成蒸汽，给水中的盐只有少量被饱和蒸汽和过热蒸汽带走，大部分的盐类存留在锅炉水（以下简称锅水）中，锅水不断被蒸发、浓缩，则锅水含盐量远远大于给水含盐量。当蒸汽中携带含大量盐类的锅水时，会使蒸汽带有盐类。这种由于饱和蒸汽携带锅水而带盐分的现象称为水滴状带盐，又称为机械携带。

对于中、低压锅炉，机械携带几乎是蒸汽污染的唯一途径。

对于高压及以上的锅炉，蒸汽除了机械携带，饱和蒸汽、过热蒸汽还能溶解部分盐类，压力越高，溶解的盐量越多，溶解盐类的品种也增多。蒸汽能直接溶解盐类的现象（过程）称为溶解携带或选择性携带。

因此，高压及以上锅炉中，蒸汽污染有蒸汽带水（机械携带）和蒸汽溶盐（溶解携带）。随着蒸汽压力的提高，蒸汽溶盐甚至是蒸汽污染的主要途径。

（一）饱和蒸汽的机械携带

机械携带的含盐量取决于蒸汽带水量和锅水含盐量。影响蒸汽机械携带的主要因素有锅炉负荷、蒸汽压力、汽包的蒸汽空间高度以及锅水含盐量。

1. 锅炉负荷

锅炉负荷对蒸汽带水量（即蒸汽湿度）的影响主要表现在以下三个方面：

1）锅炉负荷增大，蒸汽流速增大，蒸汽带水能力增强，较大的水滴也能被带走，使蒸汽湿度增大。

2）锅炉负荷增大，单位时间内通过蒸发表面的汽泡数增多，汽泡穿过蒸发表面破碎形成的水滴增加，使蒸汽湿度增大。

3）锅炉负荷增大，要求产汽量增大，水空间的汽泡数增多，汽包水位膨胀，使蒸汽空间高度减小，蒸汽湿度增加。

蒸汽湿度与锅炉负荷的关系可用图5-3-1所示。从图中看出随着锅炉负荷的增大，蒸汽湿度增大。但蒸汽湿度随着锅炉负荷增加的幅度分三种情况：在A点前，蒸汽携带的只是细小水滴，蒸汽湿度随负荷增大而增加的数值较小；A点后，蒸汽速度高，蒸汽带水能力也增强，除了细小水滴还能携带一些较大直径的水滴，故蒸汽湿度随负荷增加而迅速增加；B点后，不仅蒸汽带水能力增强，且由于水面波动较大，使得汽空间高度减小，导致蒸汽湿度剧烈增加，蒸汽品质恶化。电厂锅炉中，蒸汽湿度不允许超过0.03%，即锅炉负荷不应超过B点相对应的负荷（临界负荷）。

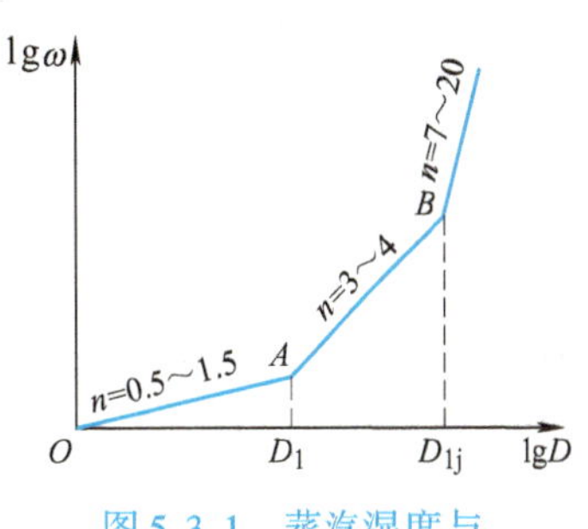

图5-3-1 蒸汽湿度与锅炉负荷的关系

2. 蒸汽压力（汽包压力）

蒸汽压力越高，其饱和温度越高，饱和水的表面张力越小，分子间引力越小，水滴易碎，更容易被蒸汽带走。而且蒸汽压力越高，汽、水的密度差越小，蒸汽和水越难分离，较大的水滴也将被带走。经上述分析得出结论：蒸汽压力越高，蒸汽越容易带水。因此，高压及以上锅炉允许的蒸汽流速远比中压锅炉低。

蒸汽压力（汽包压力）急剧波动也会影响蒸汽带水。当锅炉负荷突增时，由于燃烧来不及调节，锅炉热惯性大，用汽量大于产汽量导致汽包压力骤降，对应的饱和温度降低，因此，汽包水空间部分水会汽化产生大量的小汽泡，使汽包水位上升，蒸汽空间高度减小，使蒸汽带水量增大，汽水品质恶化，过热汽温降低，严重时会导致汽轮机产生水冲击。

3. 汽包的蒸汽空间高度

蒸汽空间高度是指汽包蒸发表面到饱和蒸汽引出口间的距离。蒸汽湿度ω与蒸汽空间高度H的关系如图5-3-2所示。蒸汽空间高度较高时，蒸汽不易带水。大部分较大的水滴随汽流上升到一定高度后，本身动能消失，靠重力返回到水空间。汽包的蒸汽空间高度增加时，最初蒸汽带水量迅速减少。但在高度增加到0.5~0.7m后，再继续增加汽包的蒸汽空间高度，蒸汽湿度降低得很慢。这是因为较大的水滴已全靠其自重落回水空间中，蒸汽带走的只是小水滴。当蒸汽空间高度达到1.0~1.2m时，蒸汽湿度不再变化。蒸汽空间高度取决于汽包直径和汽包水位的高低，故采用过大的汽包尺寸对减小蒸汽湿度是无效的，还会增大钢材使用量，降低经济效益。运行中必须严格控制汽包水位。一般汽包的正常水位在汽包中心线以下100~200mm处，允许波动范围为±50mm。但汽包水位也不能太低，否则将影响水冷壁的安全运行。此外，还应防止汽压突降导致汽包水位

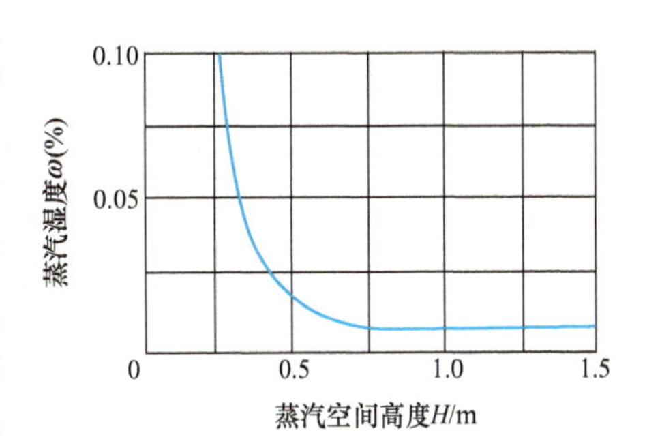

图5-3-2 蒸汽湿度与蒸汽空间高度的关系

膨胀上升，蒸汽空间高度降低，带水量增加。

4. 锅水含盐量

锅水含盐量会影响水的表面张力和动力黏度，从而影响蒸汽带水量。锅水含盐量对机械携带盐量的影响主要表现在以下四个方面：

1）锅水含盐量越大，锅水的表面张力就越大，汽泡膜很薄时才破裂，故形成的水滴很小，易被蒸汽带走。

2）锅水含盐量高，特别是碱性物质含量较高时，起泡能力增强，且不易破裂，严重时会在蒸发表面形成厚厚的泡沫层，使蒸汽空间高度大大下降，造成蒸汽大量带水。

3）锅水含盐量增大时，相邻汽泡间的液体黏度增大，汽泡的聚合能力减弱，汽泡尺寸较小，上浮速度较慢，所以水空间中的含汽量增多，使水体膨胀，蒸汽空间高度减小，从而使蒸汽湿度增加。

4）锅水含盐量增加，即使蒸汽湿度不变，但由于带走的水滴中含盐量增加，蒸汽机械携带盐量也是增多的。

锅水含盐量与蒸汽湿度的关系如图5-3-3所示。当锅水含盐量开始增加时，蒸汽的湿度基本不变。但由于锅水含盐量不断增加，被蒸汽带出的水滴中的含盐量也增加，因而蒸汽的含盐量也逐渐增加。当锅水的含盐量达到某一数值（此数值称为锅水的临界含盐量，如图5-3-3中的拐点）后，锅水含盐量若再增加，则蒸汽湿度将显著增加。锅水临界含盐量除了与锅炉负荷有关外，还与蒸汽压力、蒸汽空间高度、锅水中盐的成分以及汽水分离装置有关。实际运行中，锅水含盐量一般为临界含盐量的70%左右。

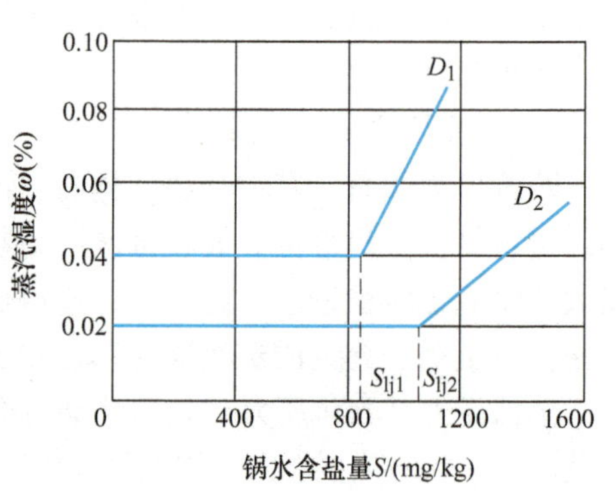

图5-3-3　蒸汽湿度与锅水含盐量的关系

（二）蒸汽的溶解携带

蒸汽对某种盐的溶解量用分配系数表示。分配系数 α 是指溶解于蒸汽中的某种盐量占溶于锅水中同种盐量的百分数。根据试验数据整理，得到

$$\alpha = \left(\frac{\rho''}{\rho'}\right)^n \tag{5-3-1}$$

式中　ρ''、ρ'——饱和蒸汽、饱和水的密度（kg/m^3）；

n——溶解指数，与盐的种类有关。

由式(5-3-1)知，蒸汽溶解携带盐量的大小与饱和蒸汽和饱和水的密度比及盐的种类有关。汽水密度比取决于蒸汽压力，压力越高，汽水密度比越大。

1. 蒸汽溶解携带的特点

1）蒸汽溶盐能力随着蒸汽压力的升高而增强。因为蒸汽压力越高，汽水性质越接近。不同压力下硅酸的分配系数见表5-3-1。

表 5-3-1 不同压力下硅酸的分配系数 α^{SiO_2}

蒸汽压力/MPa		8	10	11	14	15	16	18	20	22.5
α^{SiO_2} (%)	pH = 7	0.5 ~ 0.6	0.8	1.0	2.8	—	—	8.0	16.3	≤100
	pH = 10	0.18	0.6	0.92	2.2	2.8	3.8	7.5	—	≤100

2）蒸汽溶盐具有选择性。不同种类盐在蒸汽中的溶解指数不同。几种盐的溶解指数 n 见表 5-3-2。

表 5-3-2 几种盐的溶解指数 n

盐类名称	SiO_2	NaCl	$CaCl_2$	Na_2SO_4
溶解指数 n	1.9	4.4	5.5	8.4

根据分配系数的大小，可将锅水中的盐分为如下三类：

① 第一类盐为硅酸（SiO_2、H_2SiO_4、H_2SiO_5、H_4SiO_4），分配系数最大，在蒸汽中的溶解能力最强。由表 5-3-1 看出，当压力为 16MPa，pH = 10 时，$\alpha^{SiO_2} = 3.8$。而一般情况下，机械携带 $\omega = 0.01 \sim 0.03$，则蒸汽溶解携带是机械携带的 126 ~ 380 倍。由此可见，对高压及以上锅炉，溶解携带是蒸汽污染的主要途径。

② 第二类盐为 NaOH、NaCl、$CaCl_2$，这类盐在蒸汽中的溶解系数比第一类低得多。NaCl 的分配系数见表 5-3-3。可看出压力为 15MPa 时，分配系数为机械携带的 2 ~ 6 倍。一般，当压力大于 14MPa 时必须考虑第二类盐的溶解携带。

③ 第三类盐为难溶于蒸汽中的盐分，如 Na_2SO_4、$CaSO_4$、$MgSO_4$、Na_2SiO_3、Na_3PO_4、$Ca_3(PO_4)_2$等。它们的溶解系数很低，只有在压力大于 20MPa 时，才考虑第三类盐的溶解携带。

表 5-3-3 NaCl 的分配系数 α^{NaCl}

蒸汽压力/MPa	11	15	18.5
α^{NaCl} (%)	0.0006	0.06	0.3

3）过热蒸汽也能溶盐。凡能溶于饱和蒸汽中的盐分也能溶解于过热蒸汽中。硅酸在过热蒸汽中的溶解度曲线如图 5-3-4 所示。NaCl 在过热蒸汽中的溶解度曲线如图 5-3-5 所示。

2. 硅酸在蒸汽中的溶解特性

锅水中同时存在硅酸和硅酸盐。硅酸属于第一类盐，硅酸盐属于第三类盐，二者在蒸汽中的溶解度相差很大。硅酸和硅酸盐可以相互转化。

提高锅水碱度，即增大 pH 值，有利于硅酸转变为难溶于蒸汽的硅酸盐，从而减少蒸汽中的硅酸含量，提高蒸汽品质。但 pH 值不能过大，因为若 pH 值过大，不仅会使锅水起泡能力增强，降低蒸汽空间高度，使蒸汽带水量增加，机械携带盐量增加，而且可能引起金属的碱性腐蚀。因此，锅水的 pH 值不宜过大，一般为 10 ~ 11。

运行中可利用增大排污量来降低锅水中的硅酸含量，虽然增大排污可以降低 SiO_3^{2-}，但同时会降低锅水的 pH 值，结果可能导致蒸汽中的硅酸含量反而增加。

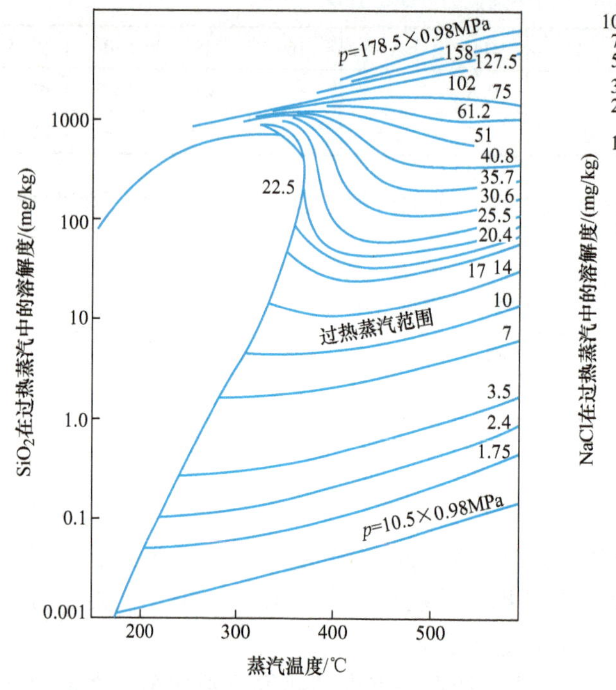

图 5-3-4　硅酸在过热蒸汽中的溶解度曲线

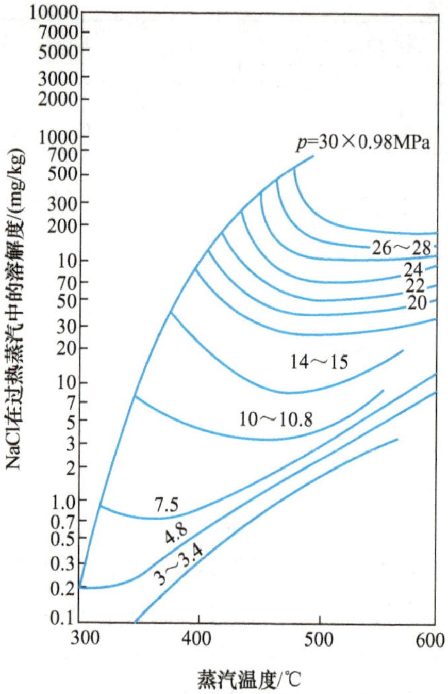

图5-3-5　NaCl 在过热蒸汽中的溶解度曲线

三、提高蒸汽品质的措施

根据蒸汽污染的根本原因和污染途径，提高蒸汽品质必须减少机械携带和溶解携带的盐量，最根本的措施是提高给水品质。减少机械携带的盐量必须减少蒸汽带水量和控制锅水含盐量。采用蒸汽清洗和分段蒸发的方法可减少溶解携带盐量。具体措施如下：

1）提高给水品质。通过物理和化学处理的方法控制给水含盐量是提高蒸汽品质最根本的措施。

2）进行汽水分离，减少蒸汽带水量。在汽包内部合理布置若干高效的汽水分离装置可控制蒸汽湿度，从而减少机械携带盐量。

3）控制锅水含盐量。具体方法如下：

① 提高给水品质。

② 连续排污和定期排污。增加排污量是提高蒸汽品质的主要手段之一，但这将使锅炉热损失增加。

③ 锅水加药校正处理。这样有利于减少钙镁离子的含量，但会生成不溶性水渣，最终沉积在水冷壁的下联箱中，需要通过定期排污排出。

4）采用蒸汽清洗装置，减少蒸汽的溶解携带。当分配系数一定时，同蒸汽接触的水含盐量越少，蒸汽的溶盐量就越少。为减少蒸汽中的硅酸含量，常用清洁的给水清洗蒸汽，这是改善高压、超高压蒸汽品质的有效方法。

5）运行管理方面，既要避免长期超负荷运行，严格控制汽包水位稳定和防止汽压突降，还要根据汽水品质合理进行排污和锅内加药处理。

知识点二　汽包内部结构

提高蒸汽品质的措施中，汽水分离装置、蒸汽清洗装置、连续排污装置、加药装置均布置在汽包内部。

一、汽水分离装置

汽水分离装置用来实现汽水分离，减少蒸汽湿度，从而减少机械携带的盐量，但不能降低蒸汽中的溶盐量。

（一）汽水分离的基本原理

汽水分离装置的工作过程一般应用下列原理：

1）重力分离：汽水混合物向上流动时，由于蒸汽和水的密度不同，一部分水滴会被分离出来。

2）惯性分离：利用汽水混合物改变流向时的惯性进行分离，密度大的水滴受到的惯性力大，从而被分离出来。

3）离心分离：利用汽水混合物旋转运动时产生的离心力进行分离，密度大的水滴受到的离心力大而被分离出来。

4）水膜分离：汽水混合物中的水滴能黏附在金属壁面上形成水膜并向下流动而被分离出来。

电厂锅炉实际采用的汽水分离装置均是综合利用上述几种分离原理实现汽水分离的。

（二）汽水分离装置的型式

汽包内的汽水分离过程一般分为两个阶段：第一阶段是初分离（也称一次分离），其任务是降低工质入口动能并将较大水滴分离出来；第二阶段是细分离（也称二次分离），其任务是将蒸汽携带的细小水滴分离出来，并将蒸汽从汽包顶部均匀引入过热器系统。

汽水分离装置的型式很多，常用的有进口挡板、水下孔板、旋风分离器、波形板分离器、均汽孔板和钢丝网分离器等。其中，进口挡板、水下孔板、旋风分离器等一般称为一次分离装置或粗分离装置。波形板分离器、均汽孔板、钢丝网分离器等称为二次分离装置或细分离装置，其作用为分离细水滴，均匀引出蒸汽。在不同压力的汽包内，这两类分离装置要配合使用以保证蒸汽的品质。

1. 进口挡板

进口挡板又称为导向挡板，它能消除汽水混合物进入汽包时的动能，并且起到导向作用。当汽水混合物自汽包蒸汽空间引入汽包，并碰撞到挡板、在挡板间转弯时，动能被消耗，速度降低，实现重力分离，同时利用惯性分离和水膜分离作用，将绝大部分水分离出来。其结构如图 5-3-6 所示。

2. 水下孔板

水下孔板应用于汽水混合物从水空间引入汽包的锅炉，其作用是均衡水下蒸汽负荷，使汽包内水面较为平稳，以减少蒸汽带水。其结构如图 5-3-7 所示。水下孔板一般布置在汽包最低水位以下 50 ~ 100mm 处，孔径为 8 ~ 12mm。孔板距汽包底部距离应大于 300mm，防止蒸汽进入下降管中，产生循环故障。

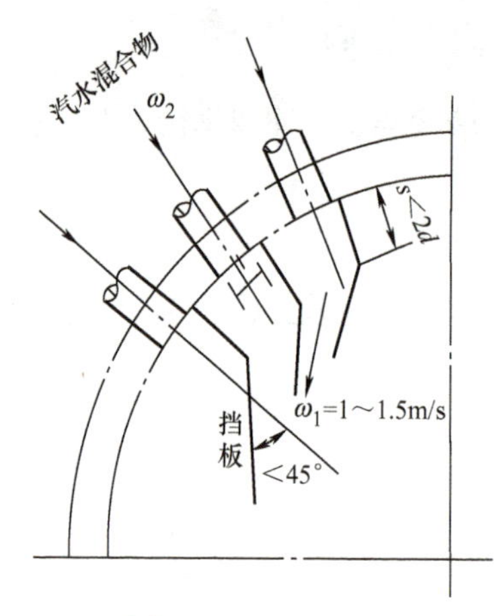

图 5-3-6　进口挡板

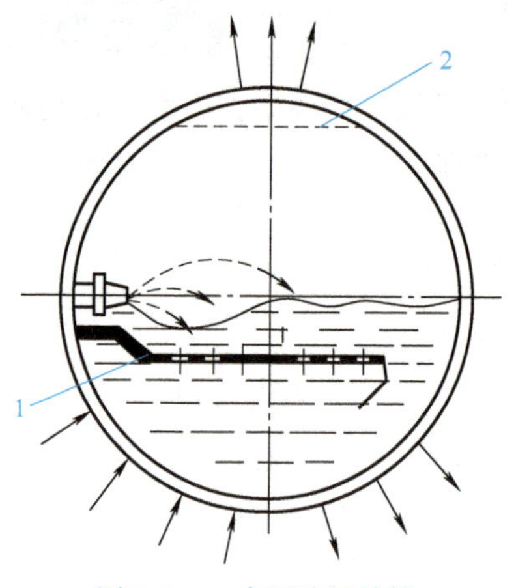

图 5-3-7　水下孔板结构

1—水下孔板　2—均汽孔板

3. 旋风分离器

旋风分离器是大型自然循环锅炉厂常用的汽水分离装置。它有两种型式：布置在汽包内的旋风分离器称为锅内旋风分离器，布置在汽包外部的旋风分离器称为锅外旋风分离器。

（1）立式旋风分离器　图 5-3-8 所示为锅内旋风分离器。它主要由筒体、底板、导向叶片、溢流环、连接罩和顶帽组成，筒体由 2～3mm 厚的钢板制成。其工作过程是：水冷壁出口具有较大动能的汽水混合物切向进入分离器后旋转运动，在离心力作用下，将水抛向筒壁并沿筒壁流下，经底部的导向叶片进入汽包水空间，蒸汽则通过分离器顶部的波形板顶帽进一步分离后，进入汽包汽空间。汽水混合物进入筒体后流速降低，所以在上升过程中，靠重力作用，部分水会被分离出来，经底板流入水空间。筒体上端的溢流环可使筒体上部形成的水膜完整溢流出筒体，防止二次带水。

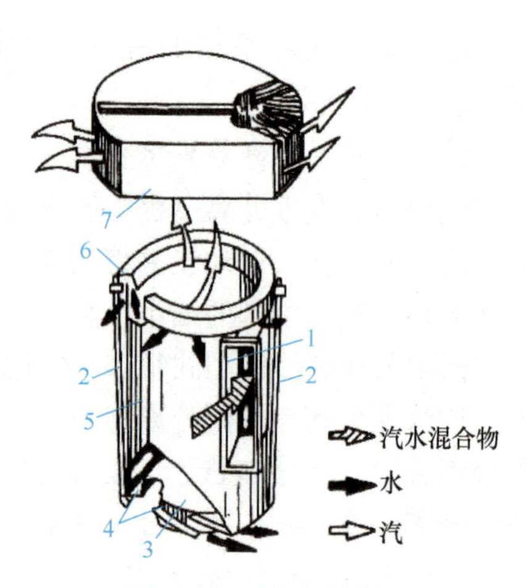

图 5-3-8　旋风分离器

1—进口法兰（连接罩）　2—拉杆　3—底板　4—导向叶片　5—筒体　6—溢流环（环形分离槽）　7—顶帽（波形板分离器）

由于旋转运动，筒内水面呈抛物面，水排出时的抽吸作用可能将蒸汽带出，因此采用了带导向叶片的圆形筒底，叶片的倾斜方向与水流的旋转方向一致，水只能经导向叶片流入水空间，既防止蒸汽从筒底穿过，又保证水平稳流出。在筒体下部一般还装有托斗，以防止分离器的排水将蒸汽带入下降管。

汽水混合物进入旋风分离器时的流速越高，蒸汽和水分离效果越好，但分离器阻力增大，对水循环不利。

锅外旋风分离器的工作原理与锅内旋风分离器相同，一般用在分段蒸发系统中作为锅外盐段。

大型锅炉需要的旋风分离器数量较多，一般在汽包内部沿轴向分两排布置。为了消除分离器排水的旋转运动可能造成的汽包水位的偏斜，应采用左旋、右旋相间布置，即相邻两个旋风分离器旋向相反，如图 5-3-9 所示。

（2）卧式旋风分离器　卧式旋风分离器的结构如图 5-3-10 所示。其工作原理同立式旋风分离器。汽水混合物自下而上切向进入筒体，在离心力作用下分离出来的水被甩到旋风筒下半部，经弧形底板上的小孔进入排水通道流入汽包水空间。分离出来的蒸汽由筒体两端的圆孔排出。因为蒸汽的轴向速度较低，故卧式旋风分离器可承担较大的蒸汽负荷，但在汽包水位波动时，分离效果不稳定。

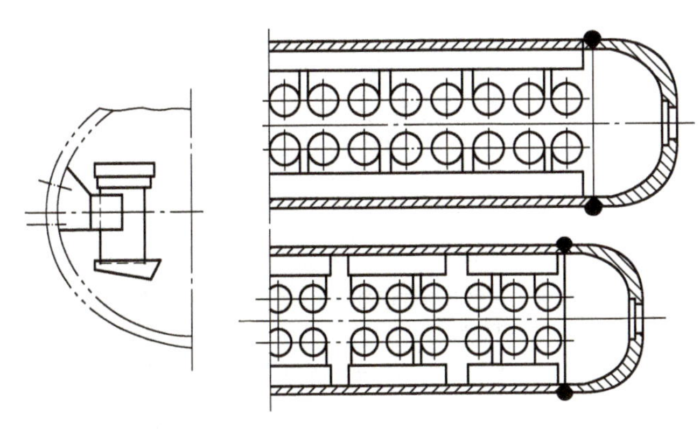

图 5-3-9　旋风分离器的布置

图 5-3-10　卧式旋风分离器的结构

1—汽水混合物进口　2—排水孔板

3—排水通道　4—排水导向板

5—蒸汽出口

（3）螺旋臂式分离器　螺旋臂式分离器的结构如图 5-3-11 所示。它主要由两同心圆结构的筒体、旋转挡板、螺旋臂、防涡流板、扩流器及人字形二次分离器组成。

工作过程：自水冷壁来的汽水混合物从下部沿轴向进入分离器，由旋转挡板进行分配，通过螺旋臂产生旋转，在离心力作用下，大部分汽水分离；分离出来的水沿螺旋臂外表面流动，从内筒经防涡流板消旋后，进入外筒向下流动，由扩流器分配流向汽包水空间；蒸汽沿螺旋臂的内表面向上流动，经过人字形二次分离器进一步汽水分离后，进入汽包的蒸汽空间。

（4）涡轮分离器　涡轮分离器又称为轴流式旋风分离器，其结构如图 5-3-12 所示。

涡轮分离器由内筒、外筒、螺旋形叶片和梯形波形板顶帽等组成。外筒与内筒为同心圆结构，组成分离器的筒体，螺旋形叶片固定安装在内筒中，筒体上部装有集汽短管（也称为环形导向圈）。涡轮分离器沿汽包长度方向分两排布置在座架上。座架相当于旋风分离器的汇流箱。

涡轮分离器的工作过程：自水冷壁出口导汽管来的汽水混合物自底座轴向进入筒体，向上流动会冲刷螺旋形叶片，使汽水混合物产生强烈旋转。在离心力作用下将水甩向内筒壁，并依靠汽水混合物的冲力将水推向内筒上部，由集汽短管与内筒间的环形截面将水导入内、外筒之间的排水夹层，向下流动返回汽包的水空间，蒸汽经梯形波形板顶帽进一步分离后进入汽包蒸汽空间。

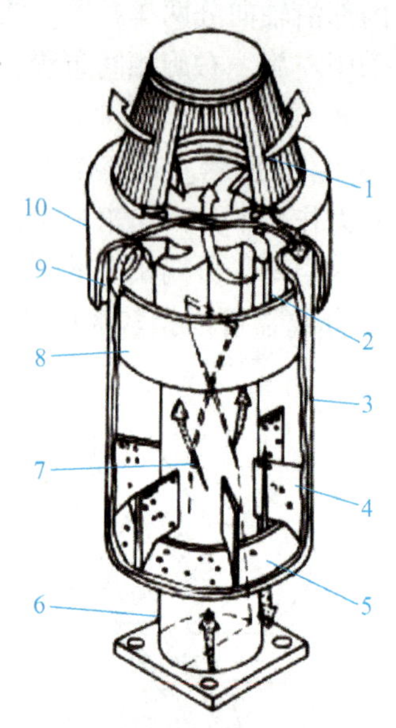

图 5-3-11 螺旋臂式分离器的结构
1—人字形二次分离器 2—螺旋臂 3—外筒
4—防涡渣板 5—扩流器 6—入口上升管
7—旋转挡板 8—内筒 9—防涡流板 10—外罩

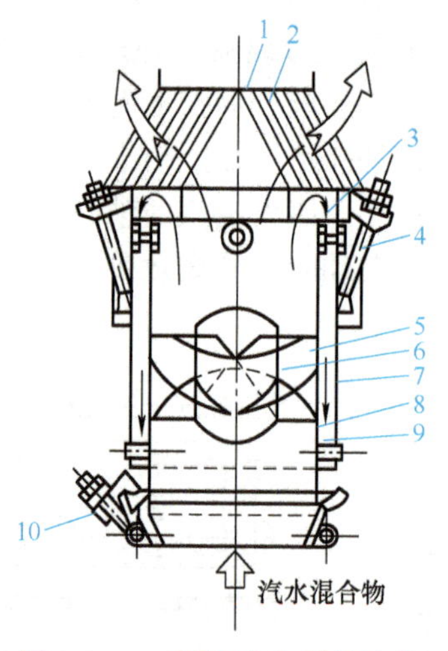

图 5-3-12 涡轮分离器的结构
1—梯形波形板顶帽 2—波形板 3—集汽短管
4—钩头螺栓 5—螺旋形叶片 6—涡流芯子 7—外筒
8—内筒 9—排水夹层 10—支承螺栓

涡轮分离器的分离效率高，分离出来的水不会被蒸汽带走，但阻力大，且高度受限，不能充分发挥其分离效果，因此多作为控制循环锅炉的一次分离装置，与其他汽水分离装置配合使用。

4. 波形板分离器

波形板分离器也称为波形百叶窗，由多块波形板相间排列组成。湿蒸汽在波形板组成的曲折通道中流过时，水滴由于惯性撞到波形板上形成水膜，并沿波形板流到下沿。当水滴积到一定大小后，靠重力落下，实现汽水分离。波形板分离器适用于各种压力的锅炉，可以卧式布置或立式布置，如图 5-3-13 所示。

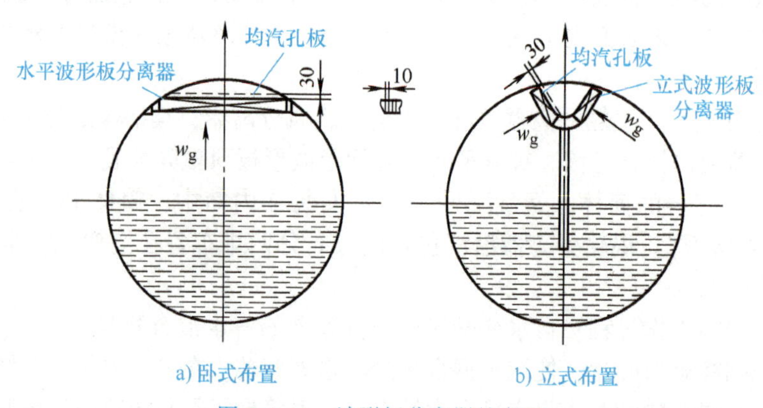

图 5-3-13 波形板分离器的布置

波形板分离器的结构如图 5-3-14 所示。进入波形板分离器的蒸汽流速不能过高，以免将波形板上的水膜撕破而影响分离器正常工作。

波形板分离器一般与均汽孔板配合使用，蒸汽先流经波形板分离器再经过均汽孔板引出汽包。

5. 均汽孔板

均汽孔板又称为顶部多孔板。它是利用孔板的阻力使蒸汽沿汽包长度和宽度方向都均匀上升，防止局部区域蒸汽负荷过高使得带水能力增强，故能有效利用蒸汽空间，有利于汽水分离。

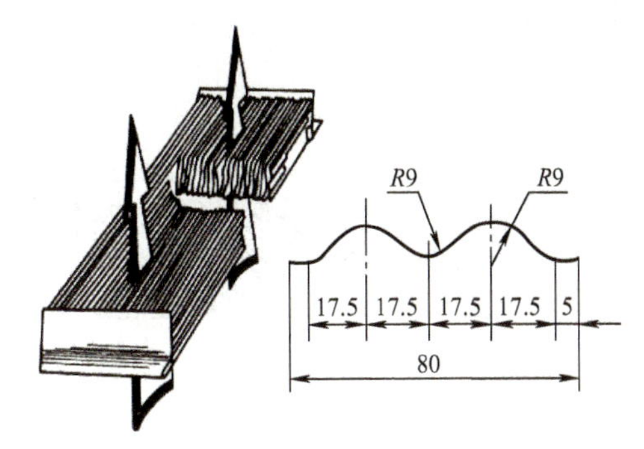

a) 卧式波形板分离器　b) 波形板的结构尺寸

图 5-3-14　波形板分离器的结构

均汽孔板的结构如图 5-3-15 所示。若蒸汽引出管处流速过高，则应在引出管的下部加盲板或者正对着引出管位置的孔板不开孔。

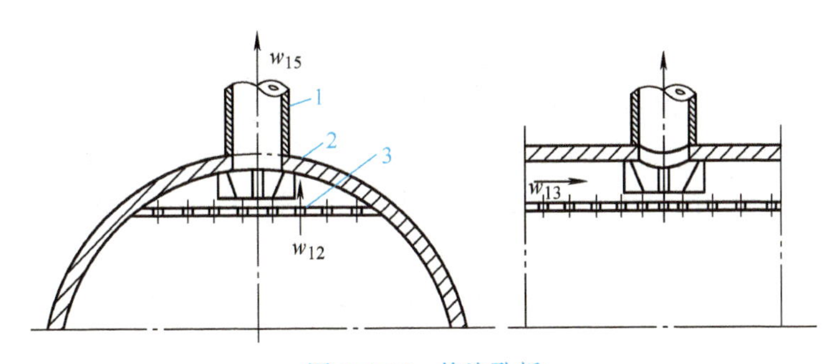

图 5-3-15　均汽孔板

1—蒸汽引出管　2—盲板　3—顶部多孔板

二、蒸汽清洗

汽水分离装置只能减少蒸汽机械携带的盐分含量，而不能解决蒸汽溶盐问题。因此，对于高压及超高压锅炉，除采用汽水分离装置以外，还需采用蒸汽清洗装置以减少蒸汽中的溶盐量。从省煤器来的给水与清洗前的蒸汽含盐浓度差别很大，蒸汽和清洁给水接触后，通过扩散原理，溶于蒸汽的盐分可部分转移到给水中，从而使蒸汽含盐量降低。

按照蒸汽与给水接触方式的不同，可将清洗装置分为穿层式、喷水式、雨淋式、水膜式和自凝式等几种。其中用得较多的是穿层式。图 5-3-16 所示为起泡穿层式清洗装置的结构。

图 5-3-16a 所示为钟罩式清洗装置，由下底板和上盖板组成。蒸汽从下底板两侧缝隙中进入清洗装置，流过进口缝隙的流速小于 0.8m/s，然后以 1 ~ 1.2m/s 的速度穿过孔板和孔板上的清洗水层后流出。给水从板上流入汽包水空间。这种穿层式清洗装置工作可靠而有效，但结构较复杂。

图 5-3-16b 所示为平板式穿层清洗装置，其结构简单，一般开孔孔径为 5 ~ 6mm，蒸汽穿孔速度为 1.3 ~ 1.6m/s，板厚度一般为 2 ~ 3mm。其清洗面积比钟罩式大而阻力小，

因而应用较广。

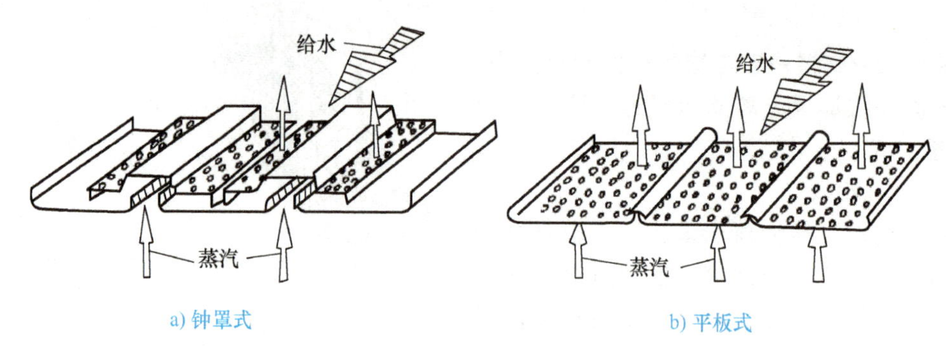

a) 钟罩式　　b) 平板式

图 5-3-16　起泡穿层式清洗装置的结构

蒸汽清洗装置的清洗效果取决于以下三个方面：

1）清洗水质。清洗水质越高，清洗效果越好。因此，常用省煤器来的给水作为清洗水。

2）清洗水量（清洗水层厚度）。清洗水量越大，清洗水层厚度越大，与蒸汽接触时间越长，清洗效果越好。但由于清洗水是未饱和水，会导致部分蒸汽凝结并且使得蒸汽二次带水量增加，所以一般用 30% ~50% 给水作为清洗水，清洗水层厚度为 40 ~ 50mm，剩下的 50% ~70% 给水直接引到下降管入口，提高下降管入口锅水欠焓，有利于防止下降管带汽。

3）清洗前蒸汽含盐量。清洗前蒸汽的含盐量越大，清洗后的清洗水含盐量越大，清洗后蒸汽的含盐量也越大，即蒸汽含盐量过大时清洗效果差。所以，亚临界压力的锅炉无蒸汽清洗装置。目前，蒸汽清洗装置的实际清洗效率为 60% ~70%。

三、锅炉排污

锅炉运行时，给水带入锅内的杂质只有很少部分被饱和蒸汽带走，绝大部分留在锅水中，随着锅水不断蒸发浓缩，其杂质的浓度逐渐增加。当锅水中的碱度、含盐量、钙镁离子浓度等超过一定限度时，会造成蒸汽品质不良，产生汽水共腾、结垢或腐蚀等现象，危及锅炉安全运行。为了使锅水中的杂质含量保持在一定限度以下，就需要不断地排除部分含盐量大的锅水和沉积的水渣，同时补入相同量清洁的给水，这个过程就称为锅炉排污。所以，排污的目的是：控制锅水的含盐量及碱度，防止其含量过高带来的危害；排除积存在锅内的水渣，防止堵塞或形成二次水垢。

锅炉的排污方式有连续排污和定期排污两种。

1. 连续排污

连续排污是连续不断地将汽包蒸发表面附近的锅水排出，主要是为了防止锅水中含盐量或碱度过高，同时也能排除悬浮在水中的细微水渣。锅炉运行时，在汽包蒸发表面附近锅水的含盐浓度最大，因此，连续排污在此处取水，故又称表面排污。

常见的连续排污装置有两种。一种如图 5-3-17 所示，沿着汽包长度方向水平安装一根 $\phi28 \sim \phi60$mm 的排污取水管，管上开有直径为 5 ~ 10mm 的小孔，开孔数目以保证小孔入口处水流速为排污取水管内流速的 2 ~ 2.5 倍为宜。排污取水管安装在汽包正常水位下 200～300mm 处，以免吸入蒸汽，且能保证在最低允许水位时可以吸取浓度较高的锅水。

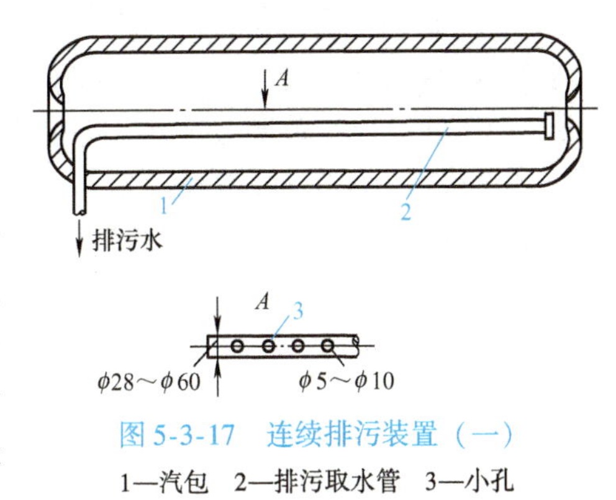

图 5-3-17 连续排污装置（一）

1—汽包 2—排污取水管 3—小孔

另一种装置如图 5-3-18 所示，也是用 ϕ28～ϕ60mm 的管子做成水平取水管，在管子上方等距离开孔，孔的间距约 500mm。在管孔上焊接直径略小于排污取水管的短管，称为吸污管，管长为 150～170mm。吸污管的上端有椭圆形切口和斜劈形切口，开口高约 100mm，排污管沿长度方向上所开的切口或小孔应朝向锅水浓度最大的一侧。吸污管顶端一般在正常水位下 80～100mm 处，以吸取浓度较高的锅水和避免排污时将蒸汽带走。

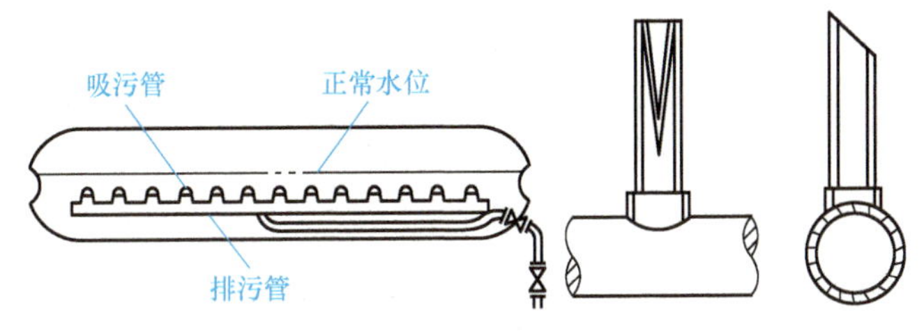

图 5-3-18 连续排污装置（二）

排污量的大小常用排污率来表示。排污率是指排污水量占锅炉蒸发量的百分数。锅炉排污率（P）可以通过盐质平衡关系求得（图 5-3-19）。

$$P=\frac{S_{gs}}{S_{ls}-S_{gs}}\times 100\% \qquad (5\text{-}3\text{-}2)$$

式中 S_{gs}、S_{ls}——给水含盐量、锅水含盐量（mg/kg）。

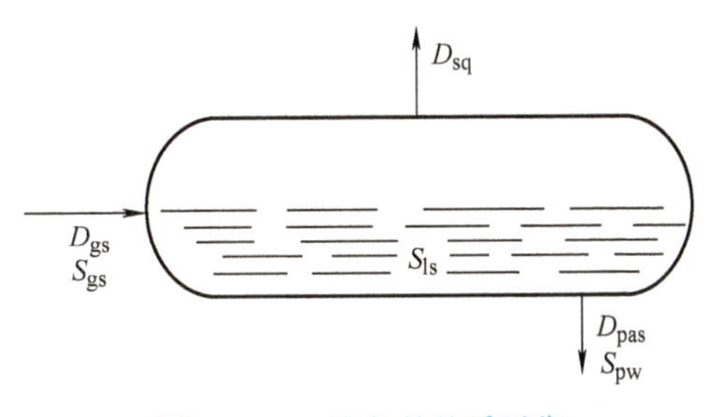

图 5-3-19 汽包的盐质平衡

由式(5-3-2) 得到结论：锅炉排污率的大小主要与给水品质和锅水含盐量有关；排污位置设在锅水含盐量最大处，可以减小排污率。

给水品质、蒸汽品质和排污率三者之间存在如下关系：

1）在给水品质一定时，排污率越大，锅水含盐量越低，汽水品质越高，工质和热量的损失越大，反之亦然。因此，应以保证锅水含盐量符合要求为原则，控制排污率的大小。

2）在排污率一定时，降低给水含盐量，可以降低锅水含盐量，提高蒸汽品质。

3）在锅水含盐量一定时，提高给水品质，可以减小锅炉排污率，从而减少锅炉工质和热量的浪费。由 2）、3）可见，提高蒸汽品质的根本措施是提高给水品质。

2. 定期排污

定期排污是定期从锅炉各个水循环系统的最低点（水冷壁的下联箱）排放部分锅水。定期排污又称间断排污或底部排污。其主要目的是排除沉积在底部的水渣和沉淀物，排除水渣和沉淀物的同时必然要排出一部分锅水，所以也有一定降低锅水含盐量的作用。水渣和沉淀物大多是由于锅内加药产生的。定期排污装置如图 5-3-20 所示。

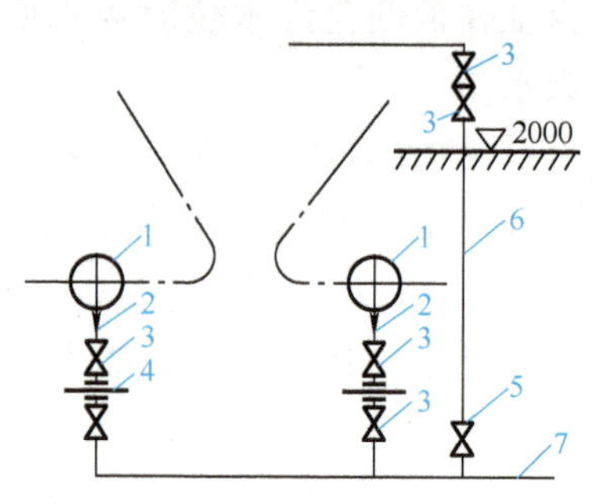

图 5-3-20 定期排污装置

1—水冷壁下联箱 2—定期排污管 3—排污门 4—节流孔板 5—止回阀 6—汽包的事故放水管 7—排污母管

定期排污量和排污时间由化学人员根据汽水品质决定。对于热电厂，补给水量较大，锅炉给水品质较差，则定期排污量较大，排污间隔时间较短；对于凝汽式电厂，补给水量小，锅炉给水品质高，则定期排污量较小，定期排污间隔时间较长。

定期排污时的注意事项主要有：一般选择在低负荷运行时进行；排污前应维持汽包高水位运行；每面墙的下联箱的排污应依次进行；定期排污时先开一次门，后开二次门，关时相反，这样做的目的是减小对一次门的冲击，保护一次门。

四、汽包锅炉锅水处理（锅内加药处理）

锅水含盐量过大，汽水品质降低。水质下降会导致蒸发受热面结水垢或形成沉渣，沉积在水冷壁的下联箱，影响传热，导致并列水冷壁管流量分配不均，影响水循环的安全。蒸汽品质下降时，蒸汽中的盐分会沉积在锅炉的过/再热器、阀门和汽轮机的通流部分，影响锅炉和汽轮机的安全经济运行。

为了控制锅水中钙镁离子的含量，广泛采用锅内水处理，以保证锅炉安全经济运行。电厂锅炉最常用的方法是加入药品磷酸三钠（$Na_3PO_4 \cdot 12H_2O$），使锅水中的钙镁离子与磷酸根化合，生成难溶于水的沉淀物，沉积在汽包底部，经由下降管最终沉积在水冷壁的下联箱，由定期排污排出。

碱式磷酸钙是一种松软水渣，易被锅炉定期排污除去，且不会在锅内转化成水垢。加药前，先将磷酸三钠稀释成 1% ~5% 的溶液，用活塞式加药泵连续送至汽包内的加药管，经加药管上的小孔均匀分配到锅水中。

加药管安装在汽包水空间的下部，一般由 ϕ32mm ×3mm 或 ϕ45mm ×3mm 的管子制成，沿管长方向均匀地开一些孔径为 3 ~5mm 的小孔。加药管横截面积应不小于小孔总截面积的两倍，以使加药均匀。加药管应远离连续排污总管，靠近给水管或下降管入口，使药剂能与给水充分混合，反应后生成的软渣可顺利地排至下联箱等处，再由排污管排出。锅内水处理系统如图 5-3-21 所示。

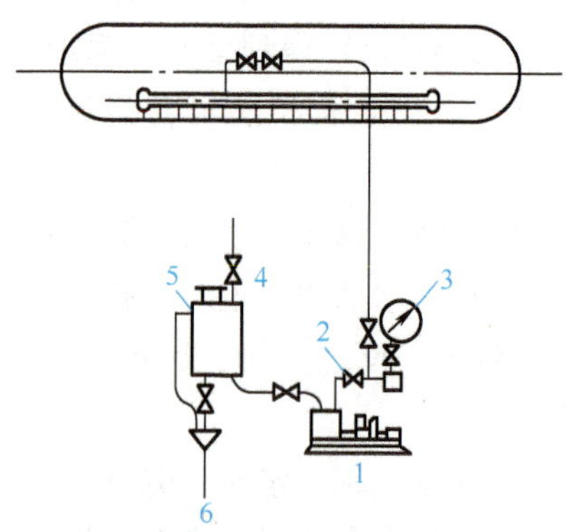

图 5-3-21 锅内水处理系统

1—活塞式加药泵 2—止回阀 3—压力表 4—凝结水管 5—配药箱 6—配药箱的排水管

对亚临界压力及以上锅炉，一般不用磷酸盐处理，避免游离的 NaOH 产生腐蚀。对直流锅炉，不能用磷酸盐处理，因为直流锅炉无汽包和定期排污装置，用磷酸盐处理会增大给水含盐量，使得沉积在锅炉过热器和汽轮机通流部分的盐量增加。故对亚临界压力的锅炉和直流锅炉，除用化学除盐水作为补充水外，还应对锅水做挥发性处理，即向锅水中加入挥发性的氨和联氨。加氨的作用是调节给水和锅水的 pH 值，加联氨的目的是除去给水中溶解的氧。经氨和联氨的处理，可达到防止游离二氧化碳腐蚀和氧腐蚀的目的。

五、典型汽包内部装置示例

汽包内部装置的型式很多，对不同参数、不同容量的锅炉，汽包内部装置的型式、组合和布置方式也不尽相同。为较全面了解汽包内部装置和工作过程，下面介绍较典型的自然循环汽包锅炉的汽包内部装置。

1. DG－670/13.7－1 型超高压自然循环锅炉的汽包内部装置

DG－670/13.7－1 型自然循环锅炉的汽包内径为 1800mm，壁厚为 90mm，总长度为 22.21m，材料是 18MnMoNb。汽包为单段蒸发系统。其内部装置如图 5-3-22 所示。

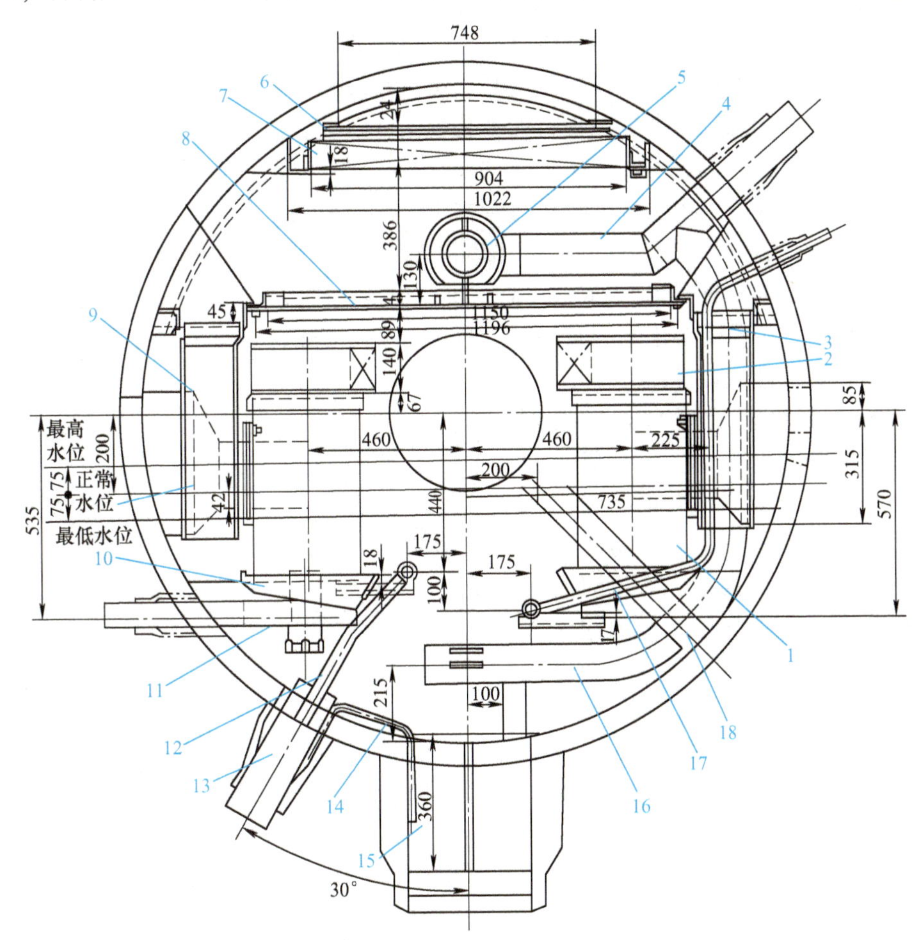

图 5-3-22 DG－670/13.7－1 型锅炉汽包内部装置

1—旋风分离器 2—顶帽 3—溢水斗 4—清洗水 5—配水装置 6—顶部均汽孔板 7—波形板分离器 8—清洗孔板 9—汇流箱 10—托斗 11—防护罩 12—连续排污管 13—省煤器再循环管 14—虹吸管 15—下降管 16—给水管 17—加药管 18—事故放水管

汽水分离装置采用80个直径为315mm的锅内旋风分离器作为粗分离装置，旋风分离器沿汽包长度方向分两排布置。按蒸发设备循环回路的划分采用了40组汇流箱，每组汇流箱与两个旋风分离器相连。相邻两个分离器的旋向相反，以保持水位平稳。在旋风分离器下面装有托斗，以防止分离器的排水将蒸汽带入下降管。汽包采用了水平波形板分离器和顶部多孔板作为细分离装置。

蒸汽清洗装置采用平板式为清洗装置，布置在旋风分离器上方。配水装置采用双侧配水，省煤器来的给水，其中约50%作为清洗水，清洗水通过溢水斗排到汽包水空间，其余50%给水直接引到下降管入口上方，以增大锅水欠焓，防止下降管带汽。配水管外装有导向罩，防止水花飞溅；配水管下部装有配水挡板，以均匀配水。在清洗板两侧布置有溢水斗。溢水斗的作用是防止清洗水直接冲刷到汽包壁，而产生温差热应力。

此外，在汽包内还设有锅内加药管、省煤器再循环管、事故放水管及水位计防护罩、虹吸管等。

此型式汽包中的蒸汽净化过程：从水冷壁引出管来的汽水混合物分组送进汽包汇流箱中，经连接罩切向进入旋风分离器，进行汽水的粗分离。分离出来的水通过筒底导叶进入托斗，再经托斗上的槽形孔排入汽包水空间。蒸汽则沿筒体上升，经立式波形板顶帽进一步分离后流出，均匀地通过布置在上方的平孔板蒸汽清洗装置，进行起泡清洗。清洗后的蒸汽依次通过波形板分离器和顶部均汽孔板进行细分离，最后从汽包引出送入过热器系统。部分含盐浓度大的锅水通过连续排污管排出，以控制锅水含盐量。连续排污水送至连续排污扩容器，扩容蒸汽回收到除氧器，浓缩的排污水经定排扩容器进一步浓缩后，降温处理符合排放标准（一般是低于50℃）后，排入地沟。磷酸三钠溶液由加药管送入汽包，与钙镁离子反应，生成难溶于水的磷酸钙（镁）、碱式磷酸钙（镁），最后沉积在水冷壁的下联箱，由定期排污管排出。

对于介质温度低于锅水温度的管(包括省煤器来的给水管、加药管、省煤器再循环管等）引入汽包时，在与汽包的连接处均装有保护套管，防止低温的介质与汽包壁直接接触，产生温差应力。省煤器来的给水管与汽包的连接方式如图5-3-23所示。图中1为省煤器来给水管，2为汽包壁。

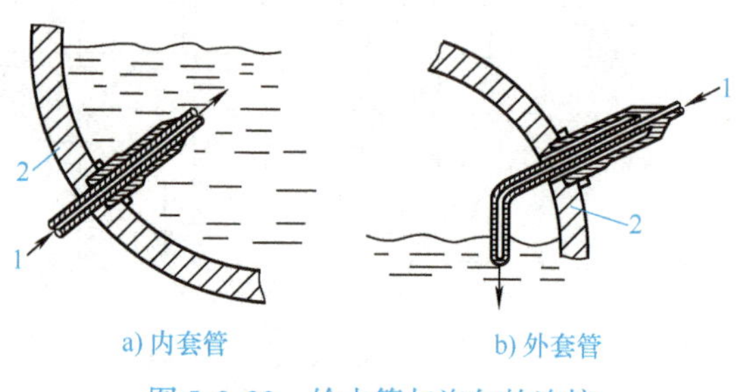

图5-3-23　给水管与汽包的连接

1—给水　2—汽包壁

给水管的作用是使给水沿汽包长度方向均匀分配。给水管沿长度方向开有小孔，小孔直径一般为8～12mm。孔小易堵塞，孔大易导致配水不均匀。小孔间距一般为100～200mm。为使给水沿汽包长度方向均匀分配，给水管在汽包内要有足够的长度，一般不小于汽包直段长度的2/3。给水管应远离排污管，以提高排污水的含盐浓度，减少排污量。对于具有蒸汽清洗装置的高压和超高压汽包锅炉，给水管的布置一般应在蒸汽清洗装置之上，并和清洗装置相配合。考虑到变工况、排污或其他情况的需要，给水管内的水流量应为锅炉蒸发量的1.2～1.5倍。管上小孔中的水流速一般为2～4m/s。给水管中水流速一般等于或小于小孔中水流速度的一半。

事故放水的目的是当汽包水位过高时，紧急放水。为防止在事故放水管入口处产生旋涡漏斗而影响放水，在管口加装十字板或在管口上部装设顶罩，如图 5-3-24 所示。如果事故放水管上不设阀门，则事故防水管的引出口在汽包的最高允许水位处；若事故放水管上设有可操作的电动门，引出口可低些，对控制循环汽包锅炉，甚至可以设置在水冷壁的下联箱，即下水包处。

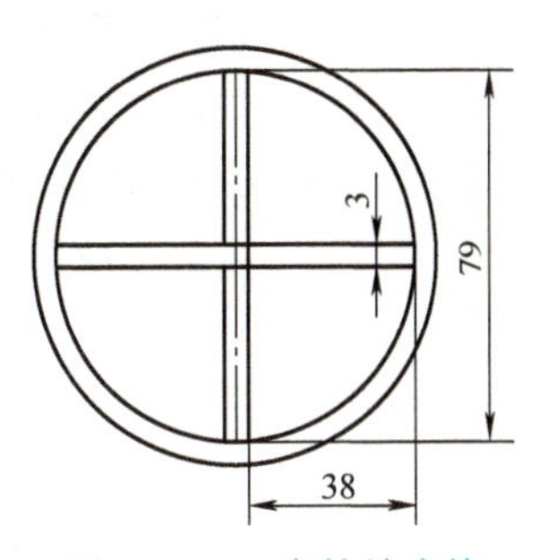

图 5-3-24 事故放水管入口十字板

水位计防护罩是在外界负荷突变或者燃烧工况突变导致水位波动较大时起缓冲作用，使得水位计中的水位较平稳，保证水位计正常工作。

虹吸管装在省煤器再循环管和下降管入口之间，作用是吸出保护套管夹层中的积水。

省煤器再循环管的作用是在启停过程中停止上水时，依靠不受热的再循环管内工质与省煤器管内工质的密度差使省煤器内的给水流动起来，保护省煤器的安全。

2. DG－1025/18.1－Ⅱ4 型亚临界自然循环锅炉的汽包内部装置

DG－1025/18.1－Ⅱ4 型锅炉的汽包内径为 1792mm，壁厚为 145mm，筒身直段长 20m，总长 2225m。汽包材料为 13MnNiMo54（BHW35）合金钢。汽包为单段蒸发，不采用蒸汽清洗装置，其内部装置如图 5-3-25 所示。

汽包内汽水分离装置采用了 108 个直径为 315mm 的旋风分离器作为粗分离装置。细分离装置包括立式波形板分离器和顶部多孔板。波形板分离器共有 104 个，分前、后两组对称排列，高度为 80mm，每只宽度为 400mm，与水平方向呈 5°鸟翼状倾斜，波形板间距约为 10mm。

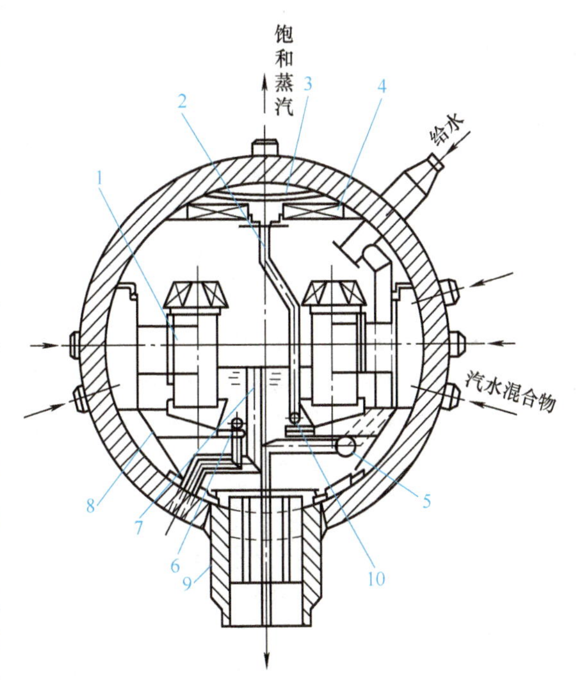

图 5-3-25 DG－1025/18.1－Ⅱ4 型亚临界自然循环锅炉的汽包内部装置

1—旋风分离器 2—疏水管 3—顶部多孔板 4—波形板分离器 5—给水管 6—排污管 7—事故放水管 8—汽水夹套 9—下降管 10—加药管

汽包下部采用内夹套结构，即在汽包下部装设与旋风分离器入口连接罩相连的密封夹层。夹层把锅水与汽包内壁分隔开，则在汽包内壁下部，除下降管外均是与汽水混合物相接触，而在汽包内壁上部接触的是饱和蒸汽，因此减小了汽包上、下壁温差热应力，有利于加快锅炉的启停速度。这是因为锅炉启停速度主要受制于汽包的上、下壁温差，要求不超过 40℃（有的电厂规定不超过 50℃）。为促使夹层内的汽水混合物流动，引入汽包前半部与后半部导汽管的产汽比率为 0.35～0.65，因而产生压差，使汽水混合物从后向汽包前半部流动，提高了汽包下部内壁侧的工质放热系数。

此外，在汽包内还设置了给水管、连续排污管、加药管和事故放水管等。

省煤器来的给水，从汽包上部经12根给水管引入汽包水室给水总管，一部分给水通过总管上的椭圆形小孔喷入水中，另一部分给水通过支管直接引至下降管入口，提高下降管入口工质欠焓，防止下降管带汽。省煤器来的给水管在与汽包连接处装有保护套管。

连续排污管装在汽包垂直中分面，沿长度方向布置在汽包正常水位下300mm处，自汽包下部靠近两端封头处引出。排污总管直径为76mm。在总管顶部开有105个排污孔，孔间距为170mm。排污孔焊接有排污支管，支管端口接近蒸发表面。

加药管设置在汽包正常水位以下300mm处，靠汽包后侧，距离汽包垂直中分面175mm，加药管直径为60mm。

事故放水管进口设置于正常水位线处，即汽包中心线以下100mm处，距离汽包垂直中分面80mm。事故放水管直径为89mm，其入口处装有十字板，以防产生旋涡漏斗，导致下降管带汽。

此型式汽包中的蒸汽净化过程：从水冷壁引出管来的汽水混合物由导汽管分别引入汽包前后旋风分离器入口的连通箱中，部分汽水混合物通过汽包下部的内夹层由后半部流向前半部的旋风分离器入口。汽水混合物经连接罩切向进入各个旋风分离器中，进行汽水的粗分离。分离出来的水通过筒底导叶进入托斗，再经托斗上的槽形孔排入汽包水空间。蒸汽则沿筒体上升，经立式波形板顶帽进一步分离后流出，进入汽包的蒸汽空间，以较低的速度均匀通过波形板分离器和顶部均汽孔板进行细分离，最后从汽包引出送入过热器系统。连续排污部分同超高压的自然循环锅炉类似。

自主测验
汽包内部结构

知识点三 直流锅炉汽水品质特点

直流锅炉多为超临界压力锅炉，蒸汽溶盐能力强。直流锅炉由于没有内置汽水净化装置的汽包，且无排污，使得给水中的杂质随蒸汽沉积在锅炉过/再热器和汽轮机的通流部分，并产生锅内腐蚀，因此，对直流锅炉的给水品质要求高于汽包锅炉。如要求给水硬度接近0，在启动过程中要进行冷态冲洗和热态冲洗。

一、直流锅炉锅内盐分的溶解与杂质的沉淀

随着压力的提高，蒸汽的溶盐能力增大。各类盐的溶解度顺序与高压、超高压、亚临界压力蒸汽中的各类盐的溶解度顺序相同，但要大很多。第一类盐（如SiO_2、NaCl、KCl等）在过热蒸汽中的溶解度可达几十毫克/千克；第二类盐（如$CaCl_2$、$MgCl_2$等）在过热蒸汽中的溶解度为几毫克/千克；第三类盐（如Na_2SO_4、Na_3PO_4、Na_2SiO_3、$CaSO_4$、$Ca(OH)_2$等）在过热蒸汽中的溶解度很小，仅百分之几到千分之几毫克/千克。

1. 杂质在直流锅炉内的沉淀特性

在直流锅炉内给水中各杂质的沉淀特性不同，有些容易沉积在受热面中，有的不易沉积而被蒸汽带走。

（1）钠化合物　NaCl在蒸汽中的溶解度很大，易被蒸汽溶解并带往汽轮机中，很少沉积在直流锅炉内；Na_2SO_4在蒸汽中的溶解度很小，很少被蒸汽带走，主要沉积在锅炉内；NaOH在蒸汽中的溶解度较大，但由于它能与管壁上的金属氧化物作用生成亚铁硫酸钠，所以也可能部分沉积在直流锅炉中。

（2）钙化合物与镁化合物　$CaSO_4$在蒸汽中的溶解度很小，在压力低于超临界压力的直流锅炉中，给水带入的杂质几乎全部沉积在锅内；$CaCl_2$在高温蒸汽中会水解，生成 $Ca(OH)_2$、CaO、HCl、$Ca(ClO)_2$；$CaCO_3$在高温蒸汽中分解，生成 $Ca(OH)_2$，$Ca(OH)_2$进一步生成 CaO，$Ca(OH)_2$与 CaO 在蒸汽中的溶解度很小，被蒸汽带走的量很小，大部分沉积在锅内；各种镁盐几乎全部沉积在锅内，由于镁盐在高温蒸汽中会发生水解，沉积物的形式为 $Mg(OH)_2$ 和 $MgCO_3 \cdot 2H_2O$。

（3）硅酸化合物　给水中硅酸化合物在蒸汽中的溶解度很大，通常不在直流锅炉中沉积，给水中所含有的硅酸化合物几乎全部被蒸汽带进汽轮机，随着膨胀做功，压力降低，最后沉积在低压部分的叶片上，危及汽轮机的安全经济运行。

（4）金属腐蚀产物　给水中的金属产物主要为铜、铁的氧化物。铜的氧化物在过热蒸汽中的溶解度如图 5-3-26 所示。在压力低于 16.66MPa 的直流锅炉中，铜的氧化物在过热蒸汽中的溶解度很小，因此，在亚临界和低于亚临界压力的直流锅炉中，给水中铜的氧化物主要沉积在锅内。而在超临界压力锅炉中，铜的氧化物在蒸汽中的溶解度较大，因此，锅炉给水中的铜化合物主要被蒸汽带入汽轮机中，并沉积在其中。

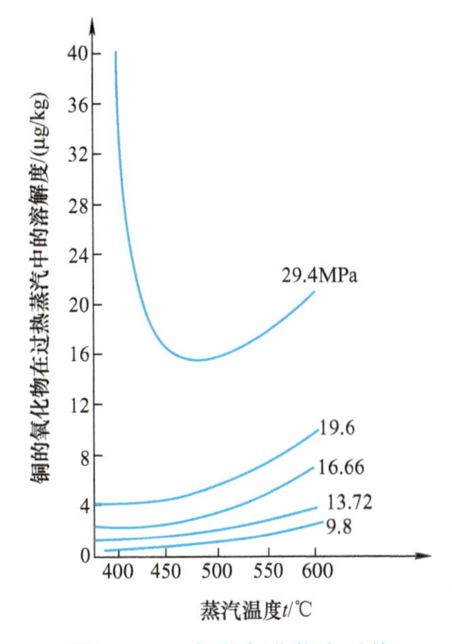

图 5-3-26　铜的氧化物在过热蒸汽中的溶解度

铁的氧化物在过热蒸汽中的溶解度见表 5-3-4。

表 5-3-4　铁的氧化物在过热蒸汽中的溶解度

蒸汽压力 p/MPa	23.52	12.74	8.82	0.20	0.044	0.025
蒸汽温度 t/℃	580	565	535	120	80	70
铁的氧化物在蒸汽中的溶解度/(μg/kg)	13.8	10	8.5	9.5	6.8	5.5

从表 5-3-4 可见，铁的氧化物在过热蒸汽中的溶解度很小。随着蒸汽压力的增高，铁的氧化物在蒸汽中的溶解度有所增加。并且当蒸汽压力一定时，随着过热蒸汽温度的提高，铁的氧化物在蒸汽中的溶解度降低。由于被过热蒸汽带走的铁的氧化物量很小，当给水铁含量增加时，沉积在锅内的铁量增加。

在超临界压力锅炉（$p=24.5$MPa，$t=550$℃）中，铁的沉积量与给水铁含量的关系如图 5-3-27 所示。

2. 杂质在直流锅炉中的沉积区域

给水中的钙盐、镁盐、硫酸钠及金属氧化物等杂质可能沉积在直流锅炉的炉管内。这些杂质随给水进入锅炉后，因水的不断蒸发，不断浓缩到尚未汽化的水中，当达到饱和浓度后，开始在管壁上析出，主要沉积在残余水分最后被蒸干及蒸汽微过热的一段管内。沉积结束点为蒸汽微过热 20～25℃处，沉积的开始点及沉积区域与锅炉的工作参数有关，沉积开始点随压力的增大而前移，沉积区域也随压力的增大而扩大。

对于中间再热式直流锅炉，铁的氧化物可能在再热器内沉积。由于大多数杂质在蒸汽中的溶解度随汽温升高而增大，因此，当蒸汽在再热器内加热时，大多数杂质通常不会沉积下来。但铁的氧化物在蒸汽中的溶解度却随汽温升高而降低，因此，在再热器内有铁氧化物的析出，且氧化物在再热器出口蒸汽中的溶解度显著低于进口蒸汽。铁的氧化物在再热器进/出口蒸汽中的溶解度见表5-3-5。

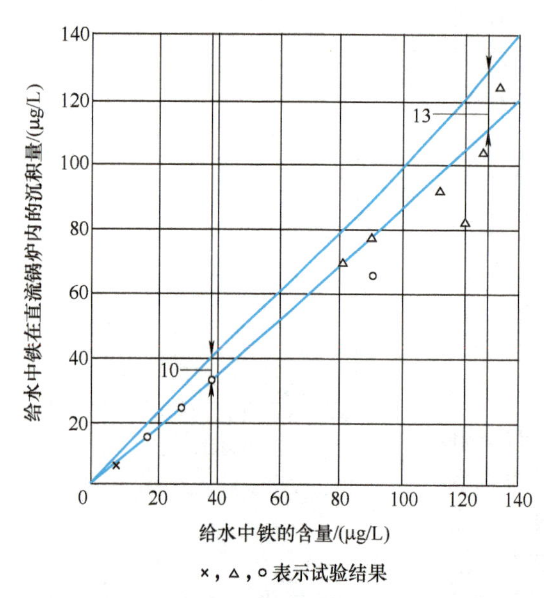

图5-3-27 铁的沉积量与给水铁含量的关系

表5-3-5 铁的氧化物在再热器进/出口蒸汽中的溶解度

再热器进/出口蒸汽压力/MPa	再热器进/出口蒸汽温度/℃	蒸汽中铁的氧化物的溶解度/(μg/kg)
2.45/2.06	346/565	8.5/3.2
3.92/3.43	327/565	12/4.3
3.43/3.04	274/565	15.5/4.0

二、机组首次启动前的化学清洗

机组在第一次启动前，须将制造过程及安装期间存留在管系内的脏物及铁锈等除去，若机组在现场存放或安装时间较长，则更需认真清洗。机组首次启动前的化学清洗方法是，依次对凝结水、给水管路及锅炉本体进行碱洗、酸洗、钝化。而过热器和再热器通常不进行机组首次启动前的化学清洗。

1. 碱洗

碱洗是指将温度为95～100℃的含碱溶液在凝结水、给水管路和锅炉本体内进行循环，以去除油污、油渣及其他保护剂。机组采用的碱洗药品为碱化磷酸盐溶液，并根据清洗回路的污染情况配制不同比例的药品。

碱洗结束后即用除盐水进行水冲洗。先大流量冲洗约30min，然后继续用较小流量的除盐水冲洗，直至出水无细颗粒且pH值小于8.4。

2. 酸洗

当机组碱洗结束后即可进行酸洗，酸洗药品可采用盐酸和柠檬酸等。管内结垢物应在酸洗时全部清除，但又不应腐蚀炉管本身金属，因此，必须在酸液中加入适量的缓蚀剂，使金属表面形成一层保护膜。

机组酸洗结束后应按碱洗水冲洗方法进行水冲洗，直至出水中无细颗粒沉淀物及pH值大于6为止。

3. 钝化

钝化处理的目的是使酸洗干净的金属表面形成一层磁性氧化铁的保护膜，以保护清洗结束后至启动、试运行期间机组的金属不受腐蚀。通常采用氨化水合进行钝化，即在每升除盐水中加入 500mg 的 N_2H_4 和 10mg 的 NH_3，溶液的 pH 值为 9 ~ 9.5，温度为 98 ~ 100℃，循环 30h 左右。在钝化处理接近结束时，若发现有黑色粉状沉淀物，应用除盐水进行水冲洗一次，再配制钝化溶液继续处理，钝化结束后仍有沉淀物时，则再进行水冲洗，直至出水无沉淀为止。最后，再配制含有 500mg/L 的 N_2H_4 和 10mg/L 的 NH_3 除盐水溶液进行保护。

机组首次启动前的化学清洗效果由割取代表性的样管来判定。

知识拓展：危险点分析

汽水品质不好容易造成受热面结垢、汽轮机叶片结垢、锅炉受热面产生氧化皮脱落堵管导致超温爆管。所以，锅炉启动时冷态冲洗、热态冲洗非常重要。

复习思考题

1. 蒸汽污染的危害有哪些？为何参数越高，对蒸汽品质要求越高？
2. 蒸汽污染的根本原因是什么？污染途径有哪些？对于亚临界、超临界压力的锅炉，蒸汽污染的主要途径是什么？
3. 影响蒸汽带水量的因素有哪些？
4. 蒸汽的溶解携带有哪些特点？
5. 蒸汽中溶解度最大的盐是什么？如何减少其含量？
6. 蒸汽净化的措施有哪些？最根本的方法是什么？
7. 锅炉常用的汽水分离装置有哪些？分别说明其结构特点和工作原理。
8. 影响蒸汽清洗效果的主要因素包括哪些？
9. 说明锅炉连续排污和定期排污的作用和布置位置。排污率大小与哪些因素有关？
10. 锅炉运行时应采取哪些措施保证汽水品质？
11. 为何直流锅炉对给水品质要求更高？
12. 如何进行机组首次启动前的化学清洗？

任务四 锅炉受热面外部问题分析

任务描述：借助受热面图片、视频、模型、课件，了解受热面外部的磨损、积灰、高低温腐蚀等安全问题的产生原因及防治方法。

教学目标：

知识目标	能说出受热面的磨损、积灰、高低温腐蚀等外部问题的产生原因、影响因素及防治措施 了解炉膛烟温及排烟温度的检测及控制方法

能力目标	能辨识受热面防磨装置 能在仿真机上进行吹灰操作 能在仿真运行中检测及调节炉膛烟温和锅炉排烟温度
素养目标	遵守安全操作规程，培养责任意识 树立团队意识，培养协作精神 养成理论与实践相结合的习惯，在完成任务的过程中发现问题、分析问题并解决问题 通过任务的训练，培养安全经济的意识

任务组织：利用锅炉模型、多媒体课件、视频学习，辨识汽水系统设备的外部问题特征及防护措施。熟悉仿真运行中吹灰操作及烟温探针投入，熟悉运行中锅炉排烟温度的监控。

一、受热面的结渣

（一）结渣及其危害

煤中含有一些矿物质，燃烧时这些矿物质就转化为灰，炉膛火焰中心温度可达1400～1600℃，在这样的高温下，燃料燃烧后形成的灰多呈熔化或软化状态。当这些灰粒在到达受热面之前没有凝固下来，而是以液态或半液态的形式黏附到受热面管壁上，然后被受热面管壁冷却形成一层密实的灰渣层，这种现象称为结渣。

发生结渣的部位通常在燃烧器区域水冷壁、炉膛折焰角、屏式过热器及其后的对流管束等处，有时在炉膛下部冷灰斗处也会发生结渣。

结渣造成的危害如下：

1）受热面结渣后，会使传热减弱、工质吸热量减少、排烟温度升高、排烟热损失增大、锅炉效率降低。

2）炉膛受热面结渣使得炉内火焰中心后移，会导致炉膛出口烟温升高、过热蒸汽超温，这时为了维持汽温，运行中要限制锅炉负荷。

3）由于结渣往往是不均匀的，因而水冷壁结渣会对自然循环锅炉的水循环系统的安全性和强制循环锅炉水冷壁的热偏差带来不利影响。

4）炉膛出口对流受热面上的结渣可能堵塞部分烟道，引起过热器热偏差，同时增加烟道阻力和风机电耗。

5）炉膛上部的渣块掉落下来，可能压灭炉膛火焰，导致熄火，还会砸坏冷灰斗处的水冷壁管子，甚至堵塞排渣口而导致锅炉被迫停运。

结渣不仅增加运行和检修的工作量，严重影响锅炉的安全经济运行，还可能迫使锅炉减负荷，甚至导致被迫停炉。

（二）结渣的形成机理

在锅炉实际运行中，只有当一部分灰粒的黏度足以使其附着在壁面上时，才有可能在炉膛壁面上产生结渣。然后可以在壁面上形成一层灰层，这一灰层不断地由受热面向炉膛内延伸，直至达到熔融相为止。图5-4-1所示为炉膛受热面（如水冷壁）上结渣的进程。

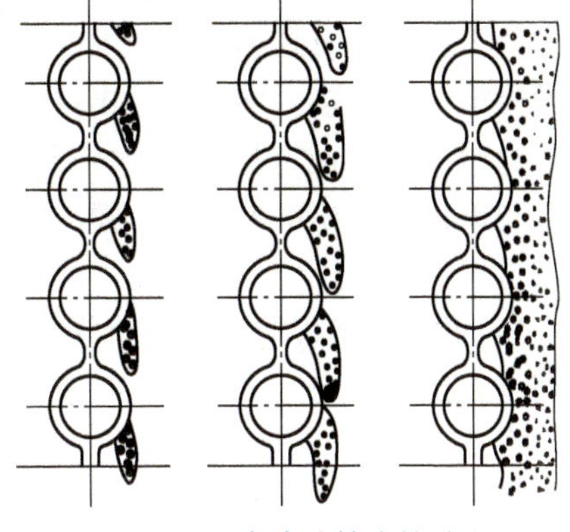
图 5-4-1　水冷壁结渣的进程

结渣过程与炉内空气动力工况和温度分布等有关。当炉内某部分烟气停滞不动或在原地回旋时，烟气所携带的灰渣由于惯性可能会部分沉淀在炉墙上，如果炉墙是炽热的，或是被分离的灰渣高于熔点的温度，那么，灰渣在炉墙上积聚一定数量后因重力作用会向下流动。

（三）结渣的影响因素

1. 煤灰的熔融特性

通常将灰的软化温度 ST 作为衡量是否发生结渣的主要指标。灰熔点较低的煤（ST < 1200℃）易结渣。灰的熔融性是在实验室条件下测定的，该条件与炉内实际运行工况有较大差异，而且煤中的灰分是多种无机化合物的混合物，并不具有单一的熔点。因此，评价煤灰的结渣性能，除用灰的熔融性外，还必须引用其他一些指标。

2. 炉膛的特性参数

炉膛容积热负荷 q_V、炉膛断面热负荷 q_A 和燃烧器区域壁面热负荷 q_R 的数值大小都会对结渣产生一定的影响。例如 q_V 过大时，炉膛容积将减小，炉膛内受热面的布置也随之减小，炉膛温度将过高，容易造成结渣。q_A 和 q_R 对结渣的影响已在前面阐述过了。

另外，燃烧器安装、检修质量对结渣也有很大影响。如直流煤粉燃烧器四角布置时，切圆直径过大或火焰中心偏斜等，都会造成结渣。

3. 运行调节不当

直流煤粉燃烧器四角切圆燃烧时，如果四角上燃料与空气供应不均、燃烧器缺角运行或一、二次风调节不当，造成火焰偏移，会导致煤粉火炬贴壁冲墙而引起局部水冷壁结渣。

运行中风煤配合不当或煤粉过粗，会在炉膛内出现还原性气氛，在还原性气氛下灰熔点将降低，也容易导致结渣。

锅炉超负荷运行时，炉膛内温度相应升高，结渣的可能性也就相应增大。

（四）防止结渣的措施

预防结渣主要从防止炉温过高和局部温度过高、避免灰熔点降低着手，其主要措施如下：

1）防止受热面附近炉温过高。力求炉膛容积热负荷、炉膛断面热负荷、燃烧器区域壁面热负荷设计合理，避免锅炉超负荷运行，从而达到控制炉内温度水平，防止结渣的目的。堵塞炉底漏风，不使炉膛内空气量过大，维持合适的炉膛负压，都能防止火焰中心上移，以免炉膛出口结渣。保持各给粉机给粉量均衡，使直流煤粉燃烧器四角气流动量相等、切圆合适，都能防止火焰偏斜，以免水冷壁结渣。

2）避免炉内生成过多还原性气体。保持合适的炉内空气动力工况，维持最佳过量空气系数，以防止水冷壁等受热面附近出现还原性气氛而造成的结渣。

3）做好燃料管理，保持合适的煤粉细度。进行全面的燃料特性分析，特别是灰的成分分析及灰熔点和结渣特性分析。尽量固定燃料品种，避免锅炉运行时煤种多变，并清除煤中的石块，从而减小结渣的可能性。保持合适的煤粉细度和均匀度，避免因煤粉过粗，以致火焰中心上移，导致炉膛出口结渣。

4）加强运行监视，及时吹灰打渣。如果发现汽温偏高、排烟温度升高、炉膛负压减小等现象，就要注意炉膛及炉膛出口是否结渣。一旦发现结渣，应及时清除，否则会加剧结渣过程的发展。

5）做好设备检修工作。检修时应根据运行中的结渣情况，适当调整燃烧器。检查燃烧器有无变形和烧坏情况，及时校正修复。检修时应彻底清除积存灰渣，而且应做好堵漏风工作。

二、受热面的积灰

（一）受热面积灰及其危害

烟气中的灰分沉积在受热面上的现象称为积灰。积灰分为高温烧结性积灰、松散性积灰和低温黏结性积灰。

在高温段过热器与再热器的烟气侧表面，有时会牢固地黏附一层密实的沉积物，称为高温烧结性积灰。尾部受热面积灰包括松散性积灰和低温黏结性积灰两种。低温黏结性积灰往往会加速低温腐蚀，所以对于低温受热面只讨论松散性积灰。

受热面积灰时，由于灰的传热系数很小，受热面的热阻增大，吸热量减少，以致排烟温度升高，排烟热损失增加，锅炉热效率降低。过热器或再热器管外壁上的高温积灰会导致其出口蒸汽温度下降，与未积灰的管排相比，管排间的吸热不均匀，以致产生较大的热偏差，严重时会导致受热面爆管。积灰严重而堵塞部分烟气通道时，将使烟气流动阻力增大，导致引风机电耗增大甚至出力不足，造成锅炉出力降低或被迫停炉清灰。积灰使烟气温度升高，还会影响以后受热面的安全运行。另外，过热器或再热器管外壁上的积灰中含有熔点较低的硫酸盐，从而导致熔融硫酸盐型高温腐蚀，情况严重时将引起爆管。

（二）积灰的机理

1. 高温烧结性积灰的机理

高温烧结性积灰主要是由复合硫酸盐引起的。固体燃料煤灰中的碱金属钠（Na）、钾（K）等在燃烧过程中生成碱金属氧化物（Na_2O、K_2O 等），其熔点较低，一般为 700～800℃，在炉内高温条件下升华为气态，并随烟气一起流向烟道。当气态碱金属氧化物遇到温度相对较低的过热器与再热器时，即凝结在管壁上，形成白色薄灰层。烟气中的三氧化硫（SO_3）与冷凝在管壁上的碱金属氧化物发生反应生成硫酸盐（Na_2SO_4、K_2SO_4等）。

该硫酸盐熔点较低，在一定范围内呈液态，因此会黏附烟气中的飞灰而形成一层积灰。硫酸盐与飞灰中的氧化铁（Fe_2O_3）、氧化铝（Al_2O_3）等发生反应，在管壁上形成白色密实烧结性碱金属复合硫酸盐（焦硫酸盐），如 $Na_3Fe(SO_4)_3$、$K_3Fe(SO_4)_3$、$Na_3Al(SO_4)_3$、$K_3Al(SO_4)_3$等。

复合硫酸盐的熔点较低，在 550～710℃范围内呈熔融状态，会继续黏结飞灰并使灰层迅速增厚。当燃煤的钠（Na）、钾（K）、硫（S）等成分含量较多时，高温过热器或再热器上的积灰就会很严重。在较高烟温下，管壁上的熔融灰渣层会形成具有较高机械强度的紧密结实的积灰，即烧结性积灰，而且烟温越高，烧结时间越长，灰渣层的强度就越高，清除起来就越困难。

另外，对于氧化钙含量（质量分数）大于40%的灰，开始时在管外壁上聚积成松散的灰层，然而在烟气温度大于600℃的高温条件下，与烟气中的三氧化硫长期作用也会烧结成坚实的灰层。

2. 低温积灰的机理

烟气中的飞灰颗粒尺寸一般都小于200μm，其中多数为10～30μm。当携带飞灰的烟气横向冲刷管束时，在管子背风面产生旋涡区，如图5-4-2所示。尺寸小于30μm的灰粒会被卷入旋涡区，在分子间引力和静电力的主要作用下，一些细灰被吸附在管壁上造成积灰。积灰是细灰粒积聚与粗灰粒冲击同时作用的过程。开始飞灰聚集速度较快，随后逐渐减慢，当聚积的灰粒与被粗灰冲刷掉的灰量相等，即处于动态平衡状态时，积灰程度相对稳定在一定厚度，不再增加。当条件（如烟气流速）改变时，动态平衡被打破，积灰程度改变，直到建立起新的平衡。应该说明的是，积灰程度与飞灰浓度关系不大，飞灰浓度越大，只是越快速达到动态平衡。

（三）影响积灰的因素

高温烧结性积灰主要发生在燃用含有碱金属燃料的锅炉中，同时与管壁温度、烟气速度等有关。

低温受热面积灰程度与烟气流速、飞灰颗粒度、管束结构特性等因素有关。

1）烟气流速。烟气流速对积灰程度影响很大。烟气流速越高，灰粒的动能越大，灰粒冲击作用也就越强，积灰程度越轻；反之则积灰越多，如图5-4-3所示。当烟气流速大于10m/s时，背风面积灰较轻，迎风面则一般不积灰；当烟气流速为2.5～3m/s时，不仅背风面积灰较重，而且在迎风面也会积灰，甚至会发生堵灰。

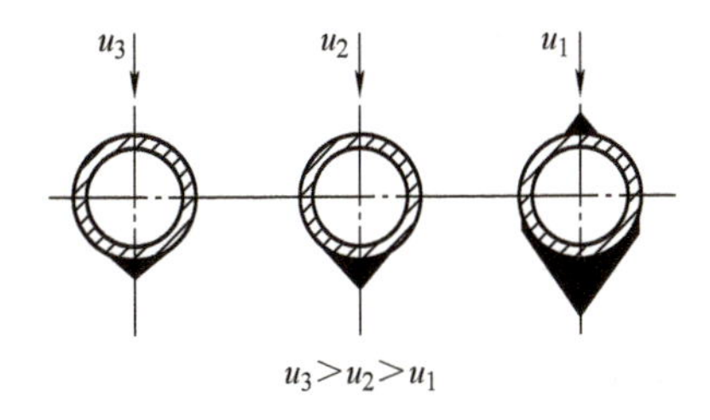

图5-4-2　烟气横向冲刷管子的流动情况

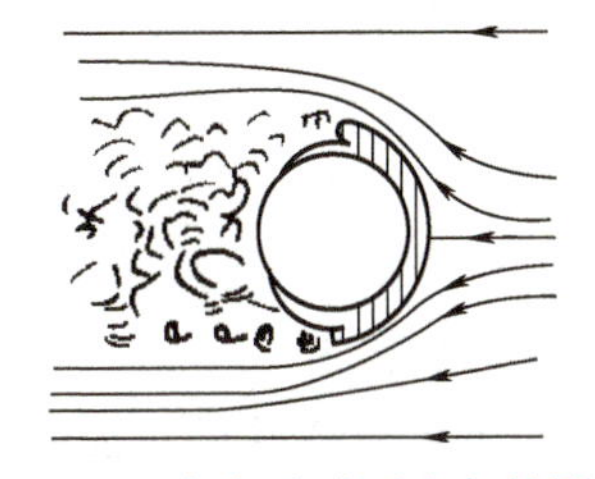

图5-4-3　烟气流速对积灰的影响

2）飞灰颗粒度。烟气中粗灰多、细灰少时，冲刷作用大，积灰减少；反之，细灰多、粗灰少时，则积灰增多。液态排渣煤粉炉烟气中的飞灰比固态排渣煤粉炉的细，因此，积灰严重。

3）管束结构特性。错列布置管束比顺列布置管束的积灰轻。因为错列布置的管束不仅迎风面受到冲刷，而且背风面也较容易受到冲刷，故积灰较轻。而顺列布置的管束除第一排管子外，其余的管子不仅背风面受到冲刷少，而且迎风面也不能直接受冲刷，所以积灰较严重。烟气纵向冲刷管子因冲刷作用强，故比横向冲刷管子的积灰轻。管径较小时，管子背面的旋涡区小，飞灰冲击机会增加，积灰减轻。

（四）减轻和防止积灰的措施

为减轻受热面积灰，在结构、布置及运行上可采取以下措施：

1）选择合理的烟气速度。在额定负荷时，烟气速度不应低于6m/s，一般可保持在8～10m/s，过大则会加剧磨损。

2）正确设计和布置高效吹灰装置，制订合理的吹灰制度。运行时应按要求定期吹灰。

3）采用小管径、小节距、错列布置的管束，可以增强烟气气流的冲刷和扰动，使积灰减轻。对省煤器可采用直径为25～32mm的管子，管束相对节距为$S_1/d=2\sim2.5$、$S_2/d=1\sim1.5$。

三、受热面磨损

（一）磨损及其危害

燃煤锅炉尾部受热面飞灰磨损是一种常发生的现象。当携带大量固态飞灰的烟气以一定速度流过受热面时，灰粒撞击受热面，在冲击力的作用下会削去管壁微小金属屑而造成磨损。磨损使受热面管壁逐渐减薄，强度降低，最终将导致泄漏或爆管事故，直接威胁锅炉安全运行，使设备的可用率降低。停炉更换磨损部件要耗费大量的工时和钢材，从而造成经济损失。锅炉过热器、再热器、省煤器和空气预热器都会发生不同程度的磨损，尤其以省煤器最为严重。

（二）飞灰磨损的机理

烟气对管子表面的冲击有垂直冲击和斜向冲击两种。当冲击角（气流方向与管子表面切线之间夹角）为90°时为垂直冲击，冲击角小于90°时为斜向冲击。垂直冲击引起的磨损称为冲击磨损。垂直冲击时，灰粒对管子作用力的方向是管子表面的法线方向，因此其现象是在正对气流方向管子表面有明显的麻点。斜向冲击时，灰粒对管子的作用力可分解为切向分力和法向分力。法向分力产生冲击磨损；切向分力对管壁起切削作用，称为切削磨损。也就是说，灰粒斜向冲击受热面管子时，管子表面既受到冲击磨损，又受到切削磨损，两者的大小取决于烟气对管子的冲击角度。

（三）影响磨损的主要因素

影响飞灰磨损的主要因素有烟气速度、飞灰浓度、灰粒特性、管束结构特性、飞灰撞击率和管壁温度等。

1）烟气速度。受热面金属表面的磨损与冲击管壁的灰粒动能和冲击次数成正比。研究表明，金属磨损与烟气速度的3～3.5次方成正比。可见烟气速度对受热面磨损的影响很大。在“烟气走廊”区域，因烟气流速大，管子的磨损严重。

2）飞灰浓度。飞灰浓度大，灰粒冲击受热面次数多，磨损加剧。如锅炉中烟气由水平烟道转向竖井烟道时，烟道外侧的飞灰浓度较大，该处管子的磨损严重。对燃用高灰分煤的锅炉，烟气中的飞灰浓度大，磨损严重。

3）灰粒特性。灰粒越粗、越硬，冲击与切削作用越强，磨损越严重。另外，灰粒形状对磨损也有影响，具有锐利棱角的灰粒比球形灰粒磨损严重。如沿烟气流向，烟气温度逐渐降低，灰粒变硬，磨损加重。因此，省煤器的磨损一般比过热器、再热器严重。又如燃烧工况恶化，灰中未燃尽的残炭增多，由于焦炭的硬度大，也会加剧受热面的磨损。

4）管束结构特性。烟气纵向冲刷时，因灰粒运动与管子平行，冲击管子的机会少，故比横向冲刷磨损轻。烟气横向冲刷时，错列管束因烟气扰动强烈，灰粒对管子的冲击机会多，则比顺列管束磨损重。在错列管束中，第二排的管子磨损最严重。这是因为烟气进入管束后，流速增加，动能增大。经过第二排管子以后，由于动能被消耗，磨损减轻。在顺列管束中，第五排及以后管子的磨损严重。这是因为烟气进入管束后有加速过程，到第五排管子时达到全速。

5）飞灰撞击率。飞灰撞击率是指飞灰撞击受热面管壁的概率，它与多种因素有关。研究表明，飞灰粒径越大，飞灰密度越大，烟气流速越高，烟气黏性越小，则飞灰撞击率越大。这是因为含灰烟气绕过管子流动时，粒径大、密度大、速度高的灰粒产生的惯性力大于烟气的黏性力，使灰粒容易从烟气中分离出来，而撞击在管壁上。

6）管壁温度。由于管壁表面存在一层氧化膜，其硬度大于管子金属，且随着温度的升高，氧化膜增大。因此，管壁温度越高，磨损量越低。

综上所述，受热面磨损是不均匀的，不仅在烟道截面不同部位受热面的磨损量不均匀，而且沿管子周界的磨损量也是不均匀的，锅炉中发生的飞灰磨损绝大多数属于局部磨损。磨损最严重的部位如下：当烟气横向冲刷时，错列布置的管束是在管子迎风面两侧 30°～50°内，如图 5-4-4a 所示，顺列布置的管束是在 60°处；当烟气纵向冲刷时（如管式空气预热器），是发生在管子进口 150～200mm 长的不稳定流动区域的一段管子内，如图 5-4-4b 所示；邻近或穿过“烟气走廊”的受热面管子，如管子的弯头，省煤器引入、引出管；省煤器靠近后墙处的管子或部位等。

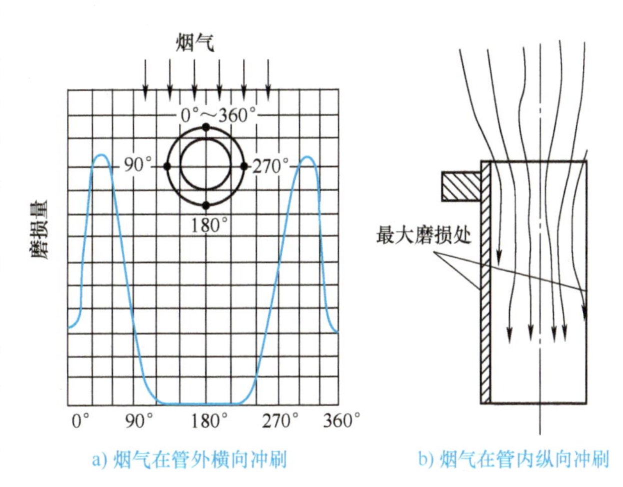

a) 烟气在管外横向冲刷　b) 烟气在管内纵向冲刷

图 5-4-4　受热面管子的磨损情况

（四）减轻磨损的措施

1）合理选择烟气流速。降低烟气流速是减轻磨损最有效的方法。但烟气流速的降低，不仅会影响传热，同时还会增大受热面的积灰和堵灰，因此，应合理选择烟气流速。根据国内外调查资料，省煤器中烟气流速最大不宜超过 9m/s，否则会引起较严重的磨损。

2）采用合理的结构和布置。对飞灰磨损严重的受热面，可用顺列代替错列，以减轻烟气中飞灰对管子的冲刷。避免管间节距不均匀以及减小受热面与炉墙之间的间隙，而出现“烟气走廊”。

3）加装防磨装置。运行中，由于种种原因，烟气的速度和飞灰浓度不可能分布均匀，在局部区域出现烟气流速过高或飞灰浓度过大的现象不可避免，因此，受热面磨损也必然存在。为防止受热面局部磨损严重，在受热面管子易发生磨损的部位加装防磨装置，这样被磨损的不是管子，而是保护部件，检修时只需更换这些部件即可。

省煤器的防磨装置如图 5-4-5 所示。图 5-4-5a 所示是在弯头处加装护瓦和护帘；图 5-4-5b 所示是在“烟气走廊”区加装护瓦，以增大“烟气走廊”区的阻力，使烟气流速降低；图 5-4-5c 所示是在弯头处加装护瓦；图 5-4-5d 所示是在磨损最严重的部位焊接圆钢等局部防磨装置。

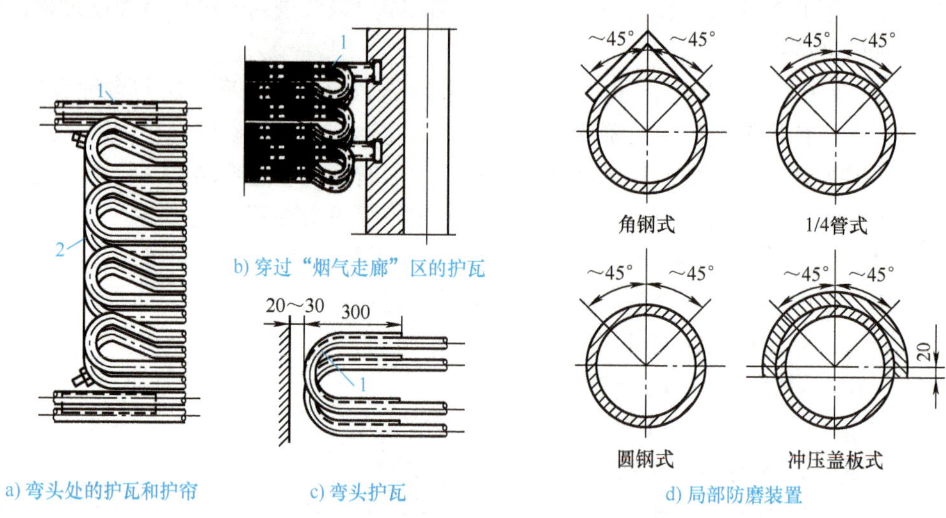

图 5-4-5　省煤器的防磨装置

1—护瓦　2—护帘

管式空气预热器的防磨措施是加装防磨短管，如图 5-4-6 所示。它是在管子入口段内套或外部焊接一段保护短管。该保护短管磨损后，在检修时可以更换。

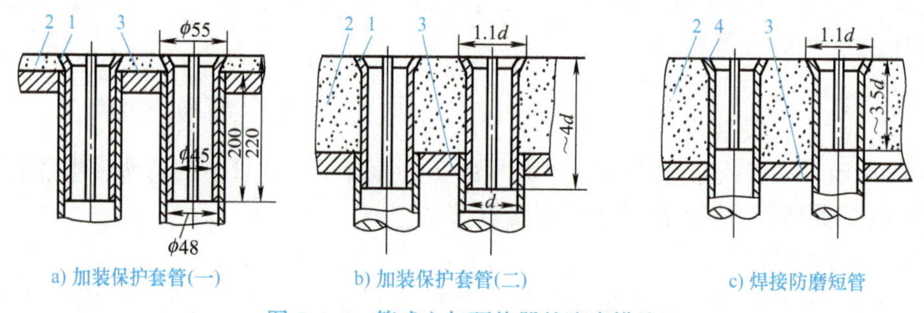

图 5-4-6　管式空气预热器的防磨措施

1—内套管　2—耐火混凝土　3—管板　4—焊接短管

4）使用搪瓷或涂防磨涂料。在管子外表面使用搪瓷，厚度为 0.15 ~ 0.3mm，一般可延长寿命 1 ~ 2 倍。在管子外表面涂防磨涂料或渗铝，也可有效防止磨损。

5）采用膜式省煤器。由于管子和扁钢条的绕流作用，使灰粒向气流中心集中，因此，减轻了磨损和积灰。

四、受热面的腐蚀

（一）高温腐蚀

1. 高温腐蚀及其危害

受热面金属表面的高温腐蚀是燃料中的硫在燃烧过程中生成的腐蚀性灰污层或渣层以及腐蚀性气氛，使高温受热面金属管子表面受到侵蚀的现象。电厂锅炉水冷壁、过热器、再热器等部件的烟气侧常常出现高温腐蚀。

高温腐蚀将导致受热面管壁减薄、强度下降、寿命缩短，严重时将造成爆管事故，迫使锅炉停运。

2. 高温腐蚀的机理

高温腐蚀的过程十分复杂。水冷壁的高温腐蚀大致分为硫酸盐型高温腐蚀、硫化物型高温腐蚀、氯化物型高温腐蚀及由还原性气氛引起的高温腐蚀。

硫酸盐型高温腐蚀是指在灰渣层中的碱金属氧化物与燃烧生成的硫的氧化物反应，生成硫酸盐与焦硫酸盐，然后硫酸盐或焦硫酸盐与金属铁铝或其氧化物发生反应，生成三硫酸铁钠等复合硫酸盐。硫化物型高温腐蚀是指煤粉在缺氧的条件下燃烧生成的原子态的硫和硫化物（H_2S），然后这些产物再与铁及铁的氧化物反应，生成铁的硫化物。氯化物型高温腐蚀主要是 HCl 气体对锅炉水冷壁的腐蚀。还原性气氛引起的高温腐蚀是指当燃烧组织不良或局部缺氧时，燃烧产物中的还原性气体（如 CO、H_2、CH_4等）会对水冷壁的氧化铁保护膜产生破坏作用，同时硫与硫化氢等腐蚀性气体渗透氧化膜，对其产生腐蚀。

对于燃煤锅炉来说，过热器和再热器的高温腐蚀主要是由高温下熔化的碱金属复合硫酸盐引起的，属于硫酸盐型高温腐蚀。该复合硫酸盐在 550 ~ 710℃范围内熔化成液态，具有强烈的腐蚀性，当管壁温度达到 600 ~ 700℃时，腐蚀最为严重。其腐蚀机理与水冷壁的高温腐蚀相同，只是过热器与再热器的管壁温度比水冷壁高，硫酸盐型腐蚀速度快，因此在腐蚀严重时，合金钢管壁减薄速度每年可达 1mm 左右。

对于燃油锅炉或燃煤锅炉，使用油点火、掺烧油或燃用含钒煤时，过热器或再热器烟气侧管壁上将会发生钒氧化物型高温腐蚀。这是由于含钒（如 VO、V_2O_5、VO_2等）燃料在炉膛高温区会进一步氧化生成 V_2O_5，其熔点只有 675 ~690℃。当 V_2O_5与 Na_2O 形成钠钒复合物（如 $Na_2O \cdot 6V_2O_5$、$Na_2O \cdot V_2O_4 \cdot 5V_2O_5$等）时，其熔点降至 600℃左右。当壁温高于 620℃时，该钠钒复合物会熔化成液态，易于黏结在受热面上，严重腐蚀金属。当烟气中含有三氧化硫（SO_3）时，氧化钠与氧化硫反应生成 $Na_2S_2O_7$。$Na_2S_2O_7$与 V_2O_5合在一起，使腐蚀更为严重。钒氧化物型腐蚀发生的壁温范围为 590 ~650℃，一般只发生在高温过热器和高温再热器中。当积灰中的钒钠比（V_2O_5/Na_2O）为 3 ~5 时，灰熔点会降低，高温腐蚀速度最快。

3. 防止高温腐蚀的措施

高温腐蚀过程是十分复杂的，但是要完全避免高温腐蚀是有困难的，因为燃料中难免会含有硫、钠、钾、钒等成分。通常用来防止或减轻高温腐蚀的方法如下：

1）控制管壁温度。由于硫酸盐型腐蚀和钒氧化物型腐蚀都是在较高温度条件下产生的，而且温度越高，腐蚀速度越快，因此，防止或减轻高温腐蚀最有效的方法就是降低过热器或再热器管壁温度，使之低于 600℃，这可通过限制过热与再热蒸汽温度（一般在 555℃以下）加以控制。同时，应依据允许管壁温度合理布置过热与再热蒸汽出口段。

2）采用低氧燃烧技术。采用低氧燃烧方式，可降低烟气中 SO_3和 V_2O_5的含量，从而减轻高温腐蚀。试验表明，当过量空气系数小于 1.05 时，烟气中的 V_2O_5含量会迅速减小，并且烟气温度越高，降低过量空气系数对减少烟气中 V_2O_5含量的效果就越显著。

3）采用添加剂或进行燃料处理。在燃油中加入 $MgCl_2$或 Ca、Al、Si 等盐类附加物也能提高灰熔点，减轻腐蚀。另外，还可进行燃料处理，除掉燃油中的钒、钠、硫等。

4）建立良好的空气动力与燃烧工况。合理组织燃烧，建立炉内良好的空气动力及燃烧工况，防止火焰中心偏斜、水冷壁结渣，减轻水冷壁、过热器与再热器的高温腐蚀。

5）选择合理的炉膛出口烟温。选择合理的炉膛出口烟温，避免运行过程中炉膛出口烟温过高，降低复合硫酸盐和钒钠复合物熔化的可能性，从而减轻和防止过热器与再热器的高温积灰与腐蚀。

6）合理控制煤粉细度。在煤粉较粗时燃尽困难，火焰延长冲刷水冷壁管，会造成水冷壁管壁局部磨损和结渣，引起高温腐蚀。

7）采用烟气再循环，可以降低炉膛内火焰温度和烟气中的 SO_3 含量，减轻高温腐蚀。

8）建立有效的吹灰制度。设置高效的吹灰装置，建立健全吹灰制度，定时对过热器与再热器进行吹灰，清除含有碱金属氧化物、复合硫酸盐以及钒钠复合物等的积灰层，从而保持受热面清洁，阻止高温腐蚀的发生。然而当过热器与再热器管壁上已经存在高温腐蚀时，如果再强行吹灰去清除灰渣层，会加速高温腐蚀。

9）对于腐蚀严重的受热面，表面喷涂耐蚀材料，或采用耐蚀金属材料。

10）对于出现高温腐蚀的受热面要及时更换，避免爆管。

（二）低温腐蚀

1. 低温腐蚀及其危害

当受热面壁温低于烟气露点时，烟气中的硫酸蒸气在受热面上凝结所造成的腐蚀称为低温腐蚀。低温腐蚀常发生在低温空气预热器的冷段（冷空气进口段），甚至会扩展到烟道、除尘器和引风机。其主要危害有：导致空气预热器穿孔，使大量空气漏入烟气，一方面引风机的负荷增大，电耗增加；另一方面炉内空气不足，燃烧恶化，致使锅炉效率降低。腐蚀严重时，将导致大量受热面更换，造成经济损失。在低温腐蚀的同时，烟气中的灰粒黏附在潮湿的受热面上，并与硫酸发生化学反应，积灰硬化生成硬质灰层，称为低温黏结性积灰。低温黏结性积灰不仅影响传热，使排烟温度升高，严重时还将堵塞烟气通道，使流动阻力增大，风机过载，造成锅炉出力降低，甚至被迫停炉清灰。低温腐蚀与低温黏结灰是相互促进的。积灰使传热减弱，受热面壁温降低，促使硫酸凝结得更多，加剧腐蚀与积灰的进程。

2. 低温腐蚀的机理

当燃用含硫燃料时，硫燃烧后生成二氧化硫（SO_2），其中少部分 SO_2（体积分数为 0.5%~5%）在一定条件下会进一步氧化成三氧化硫（SO_3），SO_3 与烟气中的水蒸气（H_2O）结合成硫酸蒸气，当受热面壁温低于烟气露点（硫酸蒸气开始凝结的温度）时，硫酸蒸气会凝结在受热面上造成酸腐蚀。目前对于烟气中 SO_3 的形成原因还没有一致的看法，但多数研究资料认为主要有以下两种方式：

1）燃烧反应。在炉膛燃烧中心区，部分氧分子会离解成氧原子，氧原子（[O]）与二氧化硫（SO_2）反应生成三氧化硫（SO_3），即 $SO_2+[O]\rightarrow SO_3$。炉膛中火焰温度越高，氧分子越容易分解成氧原子。过量空气系数过大也会增加氧的浓度。原子氧越多，烟气中形成的三氧化硫（SO_3）越多。

2）催化反应。烟气中二氧化硫（SO_2）在流经高温对流受热面，遇到氧化铁

（Fe_2O_3）或氧化钒（V_2O_5）等催化剂时，将与烟气中的剩余氧（O_2）反应生成三氧化硫（SO_3）。

虽然烟气中只有极少量的三氧化硫，但极少的三氧化硫也会使烟气露点提高到很高的程度。如硫酸蒸气的含量（体积分数）为0.005%时，烟气露点可达130～150℃。

3. 影响低温腐蚀速度的主要因素

研究表明，低温腐蚀速度与受热面上凝结的硫酸量、硫酸浓度和管壁温度等因素有关。凝结硫酸量越多，腐蚀速度越快，但当凝结硫酸量大到一定程度时，对腐蚀的影响减弱，即再增加硫酸凝结量，对腐蚀的速度影响则很小。

腐蚀处金属壁温越高，化学反应速度越快，低温腐蚀速度也越快；反之，壁温越低，化学反应速度越慢，腐蚀速度也越慢，如图5-4-7所示。

硫酸浓度对腐蚀速度的影响比较复杂。试验表明，随着硫酸浓度增加，腐蚀速度先是增加，当浓度达到56%左右时，腐蚀速度达到最大值，超过这一浓度后，腐蚀速度急剧下降，到浓度为60%～80%时，腐蚀速度基本不变并保持在一个相对较低的数值。图5-4-8所示为碳的质量分数为0.19%的碳钢腐蚀速度与硫酸浓度的关系。对于其他钢材，可能数值上会有所不同，但规律是一致的。

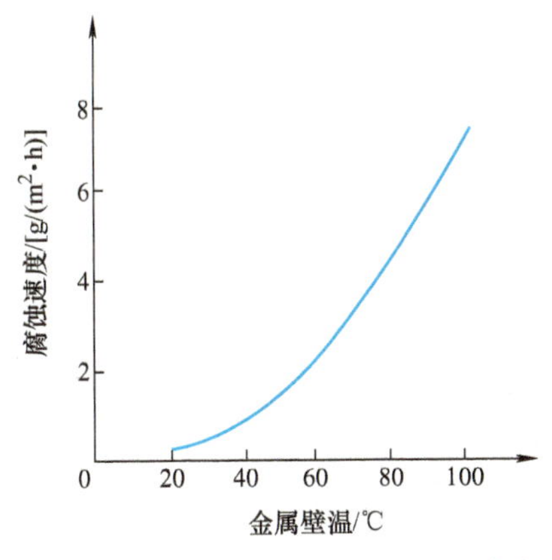

图5-4-7 腐蚀速度和金属壁温的关系

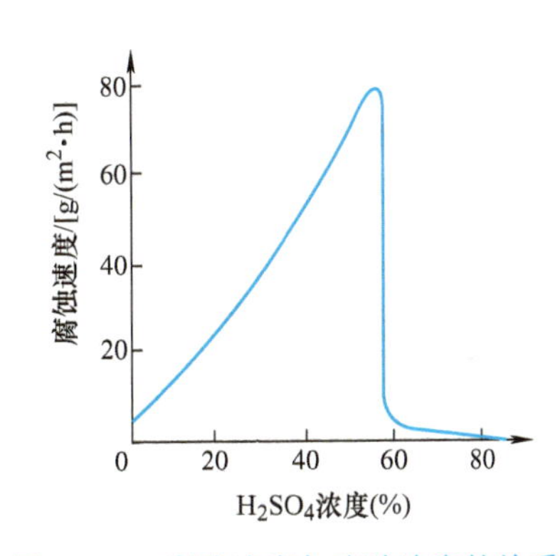

图5-4-8 腐蚀速度与硫酸浓度的关系

实际上，当尾部低温受热面发生低温腐蚀时，腐蚀速度将同时受到金属壁温、硫酸凝结量和硫酸浓度以及其他因素的共同影响。因此，沿烟气流向腐蚀速度的变化比较复杂。图5-4-9所示为沿烟气流向受热面腐蚀速度变化情况。

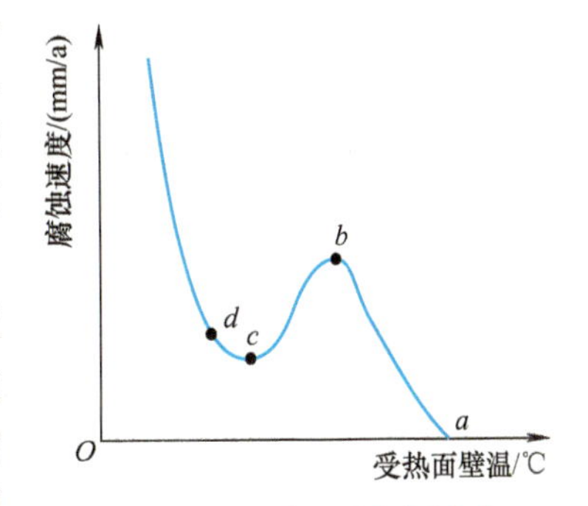

图5-4-9 受热面金属沿烟气流向的低温腐蚀速度

当受热面金属壁温达到烟气露点（酸露点）*a*附近时，烟气中的硫酸蒸气开始凝结并发生腐蚀。但由于此处凝结下来的硫酸浓度很高（80%以上），且硫酸凝结量少，虽然金属壁温较高，但腐蚀速度却较低。沿着烟气流向，随着金属壁温逐渐降低，凝结的硫酸量逐渐增多，虽然此时的硫酸浓度仍然较高（大于60%），但硫酸凝结量增多对腐蚀速度的影响超过了金属壁温下降的影响，使腐蚀速度很快上升，到*b*

点达到最大值。此后，硫酸的浓度仍较高，腐蚀速度主要受到金属壁温的影响，故随着金属壁温的降低，腐蚀速度也逐渐下降，直到 c 点达到最低值。沿烟气流向再往后，金属壁温继续下降，但硫酸浓度也逐渐下降并逐渐接近 56%，因此腐蚀速度又开始上升。到 d 点金属壁温达到水蒸气露点（简称水露点），烟气中的水蒸气大量凝结成水，烟气中二氧化硫（SO_2）直接溶于水膜中，生成亚硫酸（H_2SO_3）溶液，亚硫酸对金属的腐蚀也很严重。此外，烟气中的 HCl 也会溶于水膜中，并对金属造成腐蚀，故在 d 点后，腐蚀速度急剧上升。

图中的 a、b、c、d 点金属壁温值及相应的腐蚀速度，随着具体条件的不同而各不相同。通常，最大腐蚀点的壁温比烟气露点低 20 ~ 50℃。

在锅炉实际运行中，受热面的金属壁温不可能低于水露点，但可能低于硫酸露点，因此，为了防止尾部受热面发生严重的低温腐蚀，金属壁温应避开酸露点以下的腐蚀速度高的区域。

4. 影响低温腐蚀的主要因素

从低温腐蚀发生的过程来看，发生低温腐蚀的条件是管壁温度低于烟气露点。若烟气露点很低，则不易发生腐蚀；若烟气露点很高，则腐蚀严重。而烟气露点高低又取决于烟气中硫酸蒸气的含量。随着烟气中硫酸蒸气含量的增加，烟气露点急剧升高，但硫酸蒸气含量（体积分数）达到 0.01% 以上时，烟气露点基本不再变化。

烟气中的硫酸蒸气是三氧化硫与水蒸气反应而来的，因此影响低温腐蚀的主要因素是烟气中三氧化硫的含量。

烟气中的三氧化硫含量与燃料中的硫分、火焰温度、过量空气系数、飞灰性质及数量、催化剂等有关。

1）燃料中的硫分越多，反应生成的三氧化硫也就越多。

2）火焰温度越高，过量空气系数越大，烟气中的原子氧越多，三氧化硫的生成量越多。

3）飞灰中氧化铁（Fe_2O_3）和氧化钒（V_2O_5）等催化剂的含量增加时，烟气中生成的三氧化硫增加。

4）飞灰中的钙镁氧化物和磁性氧化铁以及未燃尽的焦炭粒等能吸收烟气中的二氧化硫和三氧化硫，故烟气中的飞灰含量越多且飞灰含上述成分又较多时，则烟气中三氧化硫的含量往往越少。

由上述分析可知，锅炉燃油时的低温腐蚀严重。因为油中的钒氧化物多，且燃烧强度大，飞灰少，硫含量高，所以，生成的 SO_3 较多，烟气露点高，腐蚀严重。

5. 减轻低温腐蚀的措施

防止或减轻低温腐蚀的主要途径是：减少烟气中 SO_3 的生成量，这样不但能降低烟气露点温度，还能减少硫酸蒸气的凝结量；提高空气预热器冷段壁温，使之高于烟气露点温度；采用耐蚀材料。具体措施如下：

1）减少烟气中 SO_3 的生成量。

① 燃料脱硫是减少 SO_3 最根本的办法，煤中的黄铁矿可利用重力分离方法分离出一部分，但去除有机硫目前尚无经济合理的技术方案。

② 采用低氧燃烧。在保证完全燃烧或不降低锅炉燃烧效率的条件下，适当降低燃烧

所用的空气量，即低过量空气系数的燃烧，可使烟气中的剩余氧减少，从而减少 SO_3 的生成量。减少锅炉各处的漏风也是减少烟气中剩余氧的重要措施。

2）采用降低露点或抑制腐蚀的添加剂。用粉状石灰石或白云石混入燃料中直接吹入炉内燃烧，使烟气中 SO_3 与石粉（$MgCO_3$ 或 $CaCO_3$）发生反应生成 $MgSO_4$ 或 $CaSO_4$，从而减少烟气中 SO_3 的含量。但反应生成的硫酸盐为松散粉尘，会使受热面污染加重，应采取相应的吹灰和防磨措施。

3）提高空气预热器冷段壁温。

① 在空气预热器和送风机之间加装暖风器作为前置式空气预热器。暖风器是利用汽轮机抽汽来加热空气的面式加热器，蒸汽在管内流过，空气在管外横向冲刷管束。一般暖风器可将冷空气加热到 70～80℃。采用暖风器后，将使锅炉排烟温度升高，锅炉效率降低，但由于利用了汽轮机低压抽汽，减少了凝汽器中蒸汽冷凝损失，提高了循环热效率。综合比较，全厂的热经济性下降不多。

② 将空气预热器出口的部分热空气通过管道送回空气预热器入口，以提高其入口风温，从而提高了预热器冷段壁温。实现热风再循环有两种方式：一是利用送风机再循环，二是利用再循环风机再循环。该方法可使冷空气温度达到 50～65℃。

无论采用暖风器，还是采用热风再循环均会使送风机的电耗增加。

4）选用回转式空气预热器。在相同条件（烟气温度和冷空气温度）下，回转式预热器比管式预热器壁温高 10～15℃。

5）空气预热器冷段采用耐蚀材料。在燃用高硫分燃料的锅炉中，管式空气预热器的低温置换段可用耐蚀的玻璃管、搪瓷管或其他耐蚀材料制作的管子。回转式空气预热器的冷端受热面可采用耐蚀的搪瓷、蜂窝陶瓷砖等。采用引进技术制造的回转式空气预热器大多采用耐蚀的低合金钢材 CORTEN 钢制造冷端受热面，并将底部框架制成可拆除式，以便于更换或检修冷端受热面。采用耐蚀材料，虽然可减轻低温腐蚀，但不能防止低温黏结积灰，因而必须加强吹灰。

1. 结渣有什么危害？如何防止结渣？
2. 什么是受热面烟气侧高温烧结性积灰？它是怎么形成的？
3. 影响尾部受热面积灰的因素有哪些？如何防止和减轻积灰？
4. 受热面磨损有什么危害？影响磨损的因素有哪些？如何防止和减轻磨损？
5. 水冷壁的高温腐蚀有哪些类型？
6. 什么是低温腐蚀？如何减轻低温腐蚀？

任务五　锅炉受热面整体布置分析

任务描述：借助锅炉图片、视频、模型和课件，了解锅炉各受热面的相对位置及锅炉整体布置型式和特点。

教学目标：

知识目标	能说出影响锅炉布置的因素 能说出锅炉的主要布置型式及特点 了解各大锅炉厂商典型锅炉布置
能力目标	能辨识锅炉整体布置型式 能指出各受热面的锅炉部位名称
素养目标	培养获取信息的能力 培养学习新知识、新技能的能力 培养理论与实践相结合的能力 培养经济、节能、环保的意识 培养社会责任担当的意识 培养良好的表达和沟通能力

任务组织：利用锅炉模型、多媒体课件、视频、图片学习，识读锅炉整体布置图，辨识锅炉各系统设备对应的锅炉位置。

锅炉整体布置辨识实训请学习配套资源后开展。

锅炉整体布置辨识任务工单

知识点一 锅炉整体布置的影响因素

锅炉整体布置是指炉膛、对流烟道以及各级受热面之间的相对位置。影响锅炉整体布置的主要因素有蒸汽参数、锅炉容量和燃料性质。此外，蒸汽温度的调节方法、管道的布置对整体布置也有影响。

一、蒸汽参数

给水进入锅炉后吸收烟气热量，最终成为具有一定温度的过热蒸汽。工质在锅炉受热面中的加热过程由水的加热、蒸发和蒸汽的过热三部分组成，对于超高压（13.7MPa）及以上压力的锅炉还有蒸汽再热。其中，加热热主要在省煤器内吸收，蒸发热主要在水冷壁内吸收，过热热在过热器中吸收，再热热则在再热器中吸收。由热工学理论可知，不同蒸汽参数下各部分热量的分配比例是不同的，见表5-5-1。

表5-5-1 不同蒸汽参数下工质吸热量的分配比例

蒸汽参数和给水温度			吸热量比例（%）			
蒸汽压力/MPa	过热汽温/再热汽温/℃	结水温度/℃	加热热	蒸发热	过热热	再热热
3.8	450	172	13.5	66.1	20.4	—
9.81	540	215	18.7	52.1	29.2	—
13.7	540/540	240	21.2	33.8	29.8	15.2
16.7	540/540	270	23.5	23.7	36.4	16.4
25.5	600	260	33	0	67	

由表可见，随着蒸汽参数的提高，水的加热吸热量比例增大，蒸发吸热量比例减小，蒸汽过热吸热量比例增大，再热吸热量的比例也增大。因此，对于不同参数的锅炉，加热受热面、蒸发受热面、过热受热面和再热受热面的面积和布置不相同。

对于中压锅炉，水的加热热所占比例较小，而蒸发热占总热量的比例较大。这样，水在水冷壁内的吸热量可能满足不了蒸发的需要，因此要由省煤器来完成部分蒸发任务，即采用沸腾式省煤器。省煤器多为双级布置。由于蒸汽过热热的分配比例也较小，故只需采用对流式过热器。

对于高压锅炉，加热热和过热热的分配比例增加，蒸发热的分配比例减小。水冷壁的吸热量可能大于蒸发热。此外，高压锅炉的过热蒸汽温度也有所提高。为了使炉膛出口烟气温度冷却到灰熔点以下，避免炉膛出口受热面结渣，同时为了使过热器获得较高的传热温差，节省过热器的金属用量，将一部分过热器受热面移到炉膛内，如炉膛顶部的顶棚过热器和炉膛出口的屏式过热器，并采用了非沸腾式省煤器。

对于超高压及亚临界压力的锅炉，为了提高循环热效率，均采用再热器，工质加热热、过热热和再热热的分配比例更大，对流烟道需有一部分空间布置再热器，因而有必要将更多的加热、过热以及再热受热面移到炉膛内。除了炉膛出口处和炉膛顶部布置的屏式过热器及顶棚过热器外，还布置了前屏过热器、墙式过热器等辐射式过热器、半辐射式后屏过热器和对流过热器相结合的“辐射-半辐射-对流”组合式系统，以解决过热器和再热器受热面较大、不易布置的问题，并可节省钢材和改善汽温调节特性。

对于超临界压力锅炉，汽、水的密度相同，工质为单相流体，且给水的蒸发热已不复存在，炉膛内辐射受热面的吸热量用于工质的加热和过热，因而只能采用直流锅炉。

二、锅炉容量

锅炉容量和蒸汽参数具有对应关系。容量大的锅炉，蒸汽参数也高。采用大容量锅炉，可以降低电厂单位容量造价，缩短建设工期，减少运行维护人员和费用，提高经济性。

锅炉容量增大时，锅炉的燃料消耗量相应增加，炉膛容积和炉膛内壁表面积也随之增大，但它们增大的幅度不同。炉膛容积与锅炉容量呈正比关系，即锅炉容量增大，炉膛容积呈比例增大。而炉膛内壁表面积与锅炉容量则不是正比关系，锅炉容量增大，炉膛内壁表面积增加较少。这是因为容积与边长呈三次方关系，而面积与边长则呈二次方关系。所以，锅炉容量增大时，炉膛内布置水冷壁的表面积相对减少，炉膛出口的烟温升高，炉膛出口受热面有可能产生结渣。为了限制炉膛出口烟温，就必须把部分过热器和再热器受热面布置到炉膛内，即采用辐射式的过热器和再热器，或者采用双面曝光水冷壁，以增加炉内受热面。

锅炉容量增大时，烟道烟气流速也增大。为降低烟气流速以及过热器、再热器管内的蒸汽流速，过热器和再热器应采用多管圈结构，省煤器采用纵向布置或横向布置、双面进水及多管圈结构以保证正常水速，空气预热器采用结构紧凑的回转式预热器。

三、燃料性质

燃料的种类和性质对锅炉的整体布置有很大影响。对于不同种类的燃料，锅炉的布置方式不同，且差异较大。对于燃煤锅炉，煤的挥发分、灰分、水分及硫分的含量，灰的性质和发热量的影响较为显著。

1. 挥发分

挥发分含量低的煤，不容易着火和燃尽，燃烧所形成的火炬长，燃尽需要更多的时间。为保证煤粉的完全燃烧，炉膛容积热负荷 q_v 取小些，炉膛容积应大些。为有利于着火，炉膛断面热负荷 q_A 和燃烧区域壁面热负荷 q_R 应取大些，炉膛断面小些，炉膛高些，即采用瘦高型炉膛。在燃烧器区域敷设卫燃带，以减少燃烧器区域水冷壁的吸热量，维持燃烧器区域的较高温度。采用较高的热风温度，就要增加空气预热器的受热面面积。

燃烧挥发分含量低的煤，为减少不完全燃烧热损失，还需要较大的过量空气系数，这就使得炉内温度降低，烟气流量增大，从而改变了辐射传热和对流传热的比例，使辐射受热面与对流受热面的大小和布置发生变化。

2. 灰分

灰分含量的高低将直接影响煤的发热量大小，并且还会影响受热面的结渣、磨损和积灰等。当锅炉燃用灰分含量高的煤时，应适当降低烟气流速，以减轻受热面的飞灰磨损。烟气流速的降低又会使传热减弱，并加重受热面积灰。这些都将影响受热面的结构及布置。

灰分的熔融特性将影响炉膛出口温度的选择，而炉膛出口烟温的高低将引起锅炉辐射和对流传热的比例改变。当灰熔点较低时，为防止炉膛出口处结渣，炉膛出口温度应低些。要降低炉膛出口温度，就要增加辐射受热面，相应减少对流受热面，从而影响到受热面的布置。

3. 水分

煤中的水分含量既影响锅炉辐射和对流传热的比例，也影响锅炉排烟温度的选择，从而影响到锅炉的整体布置。

煤中水分含量增大时，炉内温度降低，烟气量增大，导致炉内辐射传热量减少，烟道对流受热面的对流传热量增加。因此，辐射受热面与对流受热面的比例就应相应变化，即增加辐射受热面，减少对流受热面。此外，煤的水分增多时，需要采用较高的热风温度，因而空气预热器的面积就要增大。

煤中水分增多时，为了减轻锅炉尾部的低温腐蚀，应选用较高的排烟温度，加之烟气体积的增大，使得排烟热损失增加，锅炉热效率降低。

4. 发热量

发热量的高低将影响锅炉辐射吸热量和对流吸热量的比例，从而影响受热面的布置。例如，当燃煤的发热量较低时，为保证锅炉蒸发量，就必须增加煤的消耗量。相应地带入炉内的水分、灰分等杂质就会增多，使炉内的温度降低，辐射传热量减少。煤的消耗量增加，使烟气量增多，烟气流速增大，对流传热加强。因此，应增加辐射受热面，减小对流受热面。

5. 含硫量

煤中硫分会造成锅炉受热面烟气侧的高温腐蚀、低温腐蚀以及低温黏结性积灰等。因此，当燃用高硫分的煤时，对高温受热面，应保证其壁温不超过600℃，以防止或减轻高温腐蚀；对低温受热面（主要是空气预热器冷段），应采取措施减轻其低温腐蚀及低温黏结性积灰。

知识点二　锅炉典型布置型式

国内外采用的比较典型的大中型锅炉的布置方案如图 5-5-1 所示。其中以“Π”形和塔型布置方案采用最多，下面介绍几种主要布置型式的一些特点。

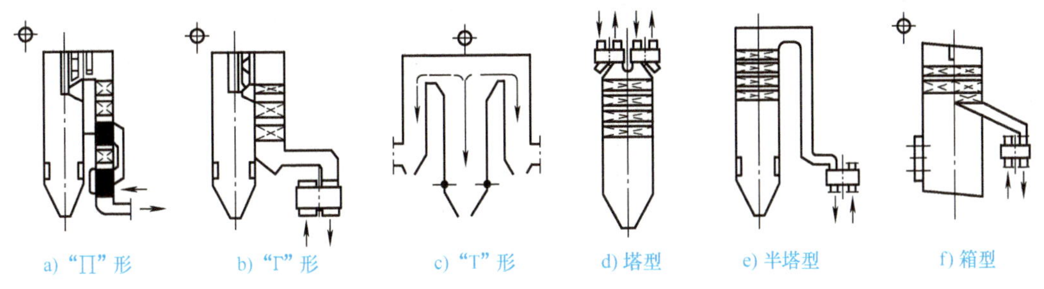

图 5-5-1　锅炉整体的典型布置

一、“Π”形布置

Π 形布置是国内外电厂锅炉最广泛采用的布置型式，如图 5-5-1a 所示。“Π”形布置锅炉由炉膛、水平烟道和垂直对流烟道三部分组成。

其主要优点是：①锅炉结构和厂房都较低，便于锅炉的安装与检修；②锅炉排烟口在下部，送风机、引风机和除尘器等设备均可在地面布置，烟囱建立在地面上，减轻了厂房和锅炉构架的荷重；③烟气在垂直烟道中向下流动，有烟气自行吹灰作用，并有利于吹灰器清除积灰；④垂直对流竖井烟道中的受热面易于布置成逆流传热方式，即烟气向下流动，被加热工质自下而上流动，加强了对流传热；⑤水平烟道中受热面可以采用比较简便的悬吊方式，且受热面膨胀系统合理；⑥锅炉与汽轮机之间的连接管道较短，节省了金属用量。

“Π”形布置的主要缺点是：①占地面积较大；②烟气从炉膛转弯进入水平烟道和垂直烟道时要改变流动方向，从而造成烟气速度和烟气温度以及飞灰浓度分布的不均匀性，使受热面的热负荷不均匀而影响传热，并且将加剧受热面的局部磨损，另外，转向室的空间也无法充分利用；③垂直烟道的高度受到炉膛高度的限制，对于大容量锅炉尾部受热面布置较困难，甚至可能布置不下；④锅炉构架比较复杂。

二、“Γ”形布置

“Γ”形布置与“Π”形布置相似，只是取消了水平过渡烟道，如图 5-5-1b 所示。这种布置方案减小了锅炉占地面积，缩短了锅炉钢架的纵向长度，节省了钢材，但锅炉尾部受热面检修不方便。

三、“T”形布置

“T”形布置如图 5-5-1c 所示。该布置是将尾部烟道对称地一分为二，主要目的是解决“Π”形布置大容量锅炉尾部受热面布置困难的问题，也可使炉膛出口烟窗高度降低，改善过渡烟道流动工况，减少烟气沿高度方向的热偏差。但是，炉膛和尾部烟道在截面和高度上需要协调配合，两侧烟气流量易出现不均匀现象。“T”形布置锅炉占地面积更大，管道连接系统复杂，金属耗量增加，一般只有在燃用劣质煤的超大容量锅炉才考虑采用。

四、塔型布置

塔型布置（图5-5-1d）的对流烟道在炉膛上方连成一个塔型整体，对流受热面全部布置在炉膛上方的对流烟道内。

塔型布置的优点是：①占地面积小，锅炉外表面面积也小；②烟气垂直向上流动，不改变流动方向，对流受热面受烟气冲刷较均匀，烟气中飞灰浓度较均匀，减轻了局部磨损；③烟道中受热面全部水平布置，易于疏水；④风、烟、煤粉管道及燃烧器布置简单、紧凑；⑤炉膛和烟道都具有自身通风作用，烟气流动阻力有所降低（和“Π”形布置相比）。

其缺点是：①空气预热器、送风机、引风机、除尘器等都布置于炉顶，不但加重了炉膛构架和厂房的负载，也使锅炉的安装检修增大了难度；②锅炉很高，过热器、再热器及省煤器都在高位布置，使汽、水管道较长。

为了减轻转动机械和笨重设备装在锅炉顶部而给锅炉构架和厂房增加的负荷，把空气预热器布置在较低位置，送风机和引风机、除尘器、烟囱等布置在地面，再用烟道连通塔体上部的省煤器和低温空气预热器，这种布置称为半塔型锅炉，如图5-5-1e所示。半塔型锅炉中烟气从炉膛出口垂直向上，依次流过过热器、再热器、省煤器后，转弯在烟道内垂直向下流过低位布置的空气预热器，再流过布置在地面的除尘器等，经引风机送往烟囱，最后排入大气。

五、箱型布置

箱型布置的烟道位于炉膛上面，从中间分隔为前、后两个烟道，如图5-5-1f所示。炉膛出口的烟气先垂直向上流过前烟道，再经过180°转弯进入后烟道垂直向下流动。箱型布置的优点是结构紧凑、占地面积小，锅炉构架简单，密封性能好。其缺点是悬吊复杂，结构要求高，烟气流速高且转弯后局部磨损严重，因此不适宜煤粉炉，主要用于燃油和燃气锅炉。

知识拓展：锅炉技术派系及经典布置案例

锅炉各个技术派系炉型选用差别很大，通过经典布置案例可充分说明。

复习思考题

1. 说明蒸汽参数、燃料特性、容量大小对锅炉受热面布置的影响。
2. 与“Π”形布置相比，塔型布置有什么优点和不足？
3. 超超临界参数锅炉采用“Π”形布置，说明其主要受热面布置位置和原因。

项目六 锅炉运行

项目描述： 了解锅炉整体运行的理论及操作，从启动到运行调节，到停炉维护及锅炉事故的处理，熟悉各个阶段的操作步骤及注意事项。

项目目标： 能描述锅炉运行各阶段的操作要领，能进行各种运行的操作。

教学条件： 多媒体课件、锅炉视频、电厂仿真运行实训室、电厂锅炉运行规程。

电厂锅炉的运行任务是指在安全和经济的条件下，保证锅炉出力随时满足电网负荷的需要。而电网负荷是随着时间变化的，锅炉负荷也要随之变化。

对于正常运行的锅炉，要求能快速稳定完成负荷调节任务。

任务一 锅炉启动

任务描述： 了解锅炉启动的类型、特点、注意事项，熟悉锅炉启动操作。

教学目标：

知识目标	能描述锅炉启动的特点 能说出锅炉启动的主要步骤 能辨别锅炉启动过程中的危险点及应对措施
能力目标	能识读锅炉相关系统图 能进行锅炉启动操作 能分析判断启动运行中出现的问题，并能及时处理
素养目标	培养获取信息的能力 培养学习新知识、新技能的能力 培养理论与实践相结合的能力 培养经济、节能、环保的意识 培养良好的表达和沟通能力 培养团队协作能力

任务组织： 利用多媒体课件、视频、图片学习，识读锅炉各系统图，仿真实训锅炉启动操作。

锅炉全冷态启动仿真实训请学习配套资源后开展。

锅炉启动

相关知识点

锅炉由停止状态转变为运行状态的过程称为锅炉启动，锅炉启动的实质就是投入燃料对锅炉加热。锅炉在启动中既有安全问题又有经济问题，原则上应在确保安全的条件下，尽可能缩短启动时间，节约燃料和工质，使锅炉尽早投入运行。

一、锅炉启动方式

根据机组的状态，锅炉启动方式可分为冷态启动和热态启动。锅炉在常温常压状态下的启动称为冷态启动。锅炉较短时间内停用，内部保持一定压力和温度状态下的启动称为热态启动。

根据机组中锅炉和汽轮机的启动顺序或启动时的蒸汽参数，锅炉启动方式可分为恒压启动（又称顺序启动）和滑参数启动（又称联合启动）。恒压启动常用于母管制系统。在恒压启动时，先启动锅炉，待锅炉参数达到或接近额定值时，再启动汽轮机。单元制锅炉机组均采用滑参数启动。滑参数启动又称机炉联合启动，就是在启动锅炉的同时启动汽轮机。汽轮机在蒸汽参数逐渐升高的情况下完成暖管、冲转、暖机、升速和带负荷，同时，由于汽轮机冲转和带负荷是在蒸汽参数较低的情况下进行的，又称为低参数启动。

二、汽包锅炉启动

（一）单元机组的滑参数启动

滑参数启动时，蒸汽管道的暖管、汽轮机的启动过程与锅炉的升压过程同时进行，使整个机组的启动时间得以缩短。同时，整个机组的加热过程是从较低参数开始的，所以各部件的受热膨胀比较均匀，减少了机组的热应力水平，减少了启动的燃料消耗和工质损失，可使机组尽早发电，提高了机组的经济性。

滑参数启动一般可以分为真空法和压力法两种方式。

1. 真空法启动

采用真空法滑参数启动时，应先将锅炉与汽轮机之间的主蒸汽管道上的锅炉主汽门、汽轮机主汽门、调速汽门等全部打开，将主蒸汽管道上的空气门、疏水门、汽包和过热器上的放汽门全部关闭。然后，汽轮机投入油系统、盘车系统和抽气器。当汽包内真空度达到300～400mmHg（1mmHg＝133.322Pa）时，锅炉开始点火并产生蒸汽，蒸汽进入汽轮机后排入凝汽器。从锅炉开始点火、产生蒸汽时，就开始暖管和暖机。

当主蒸汽管道内压力达到正压时，打开疏水门进行疏水；在蒸汽压力不到0.2MPa时，开始冲转汽轮机并停止盘车装置；当汽轮机转速接近临界转速时，应关小电动主汽门；等阀门前压力上升到可以使汽轮机很快越过临界转速时，再全开电动主汽门，使汽轮机迅速通过临界转速，并逐步达到额定转速。当汽轮机达到全速后，发电机已同步，可以并网和带负荷。此后，锅炉按汽轮机要求继续升温、升压至额定参数，直到汽轮机带满负荷或预定负荷，启动完成。

采用真空法滑参数启动，可以用低参数蒸汽暖管、暖机、升速和带负荷，所以允许通汽量大，有利于暖管和暖机，并能充分冷却过热器，促进水循环和减少汽包热偏差，减少工质和热量损失。但汽轮机冲转压力低，当停用盘车后，有可能发生汽轮机转速降低现象，而且低参数蒸汽容易引起水冲击。中间再热的单元机组采用真空法滑参数启动时，进入汽轮机的蒸汽温度很低，不易保证必要的蒸汽过热度。同时，由于高压缸排汽温度低，而再热器又处在烟温较低区域，使再热蒸汽温度无法提高，汽轮机低压缸最后几级的蒸汽湿度过大，影响汽轮机的安全。因此，目前已很少采用真空法滑参数启动。

2. 压力法启动

所谓压力法滑参数启动，是指当锅炉点火后产生的蒸汽具有一定的压力和温度以后才冲转汽轮机。通常，当汽轮机前蒸汽压力达到额定蒸汽压力的15%左右、蒸汽过热度在50℃以上时，开始冲转汽轮机。

压力法滑参数启动的要点是先启动锅炉，待蒸汽参数升至一定值后冲转汽轮机，并网后滑参数升压升负荷。按照汽轮机冲转进汽方式不同，压力法滑参数启动可分为高中压缸联合启动和中压缸启动两种方法。高中压缸联合启动是指汽轮机冲转时，蒸汽同时进入高压缸和中压缸冲动汽轮机转子。中压缸启动是指在汽轮机启动时，高压缸不进汽，用压力较低的再热蒸汽从中压缸进汽冲动汽轮机转子，待并网后才逐渐向高压缸进汽。采用中压缸启动，在冲转及低负荷运行期间切断高压缸进汽以增加中低压缸的进汽量，有利于中压缸的均匀和较快加热、减小热应力和汽轮机胀差，同时，也可以提高再热器压力和流量，有利于启动初期迅速提升再热汽温，但采用此种方式的汽轮机系统较复杂。

与真空法启动相比，压力法滑参数启动的主要特点是：启动前凝汽器抽真空时，汽轮机主汽门处于关闭状态；锅炉点火后，产生的蒸汽除暖管外，其余的通过旁路系统经减温减压后进入凝汽器，当汽轮机主汽门前的蒸汽压力和蒸汽温度达到预定的冲转参数时，再冲转汽轮机；然后，按汽轮机的要求，随着蒸汽参数不断提高逐步升速、暖机、全速、并网带负荷直至达到额定值。采用压力法启动，由于蒸汽参数较高并且有一定的过热度，对汽轮机的升速及防止低压缸蒸汽湿度过大有好处。但是，由于汽轮机冲转前锅炉的蒸汽通过旁路系统排入凝汽器，因而将产生一定的启动热损失。

（二）汽包锅炉冷态启动

自然循环汽包锅炉的冷态启动包括启动前准备、锅炉点火、升温升压、汽轮机冲转升速、并网及带初负荷、机组升负荷至额定值等几个阶段。

所谓启动曲线是指启动过程中锅炉出口蒸汽温度、压力及汽轮机的转数和机组的负荷等参数随时间变化的曲线。图6-1-1中的曲线是从锅炉点火开始直到机组带负荷之间的汽温、汽压、负荷的典型变化曲线。从曲线可以看出，机组的启动过程大约分为三个阶段。第一阶段是从点火开始逐渐升温升压直至汽轮机冲转；第二阶段是从汽轮机开始冲转到并网；第三阶段是锅炉升温升压，汽轮机增加负荷，直至带满负荷。在第三阶段，检修后的机组要做的一项主要工作就是洗硅。洗硅是通过连续排污或定期排污，将含盐浓度高的锅炉水排掉，以保证蒸汽含硅量在规定范围内的过程。

1. 启动前的检查与准备

启动前应对锅炉的内外、汽水系统、辅助设备、热工仪表、自动调节设备等进行全面、详细的检查，使其完好并处于准备启动状态。还必须做好燃料供应的准备工作，燃料存量应充分。煤粉炉的制粉系统也应处于准备启动状态。

2. 上水

锅炉在冷态启动前，各部件金属温度与环境温度应相差不多，当高温水进入汽包时，

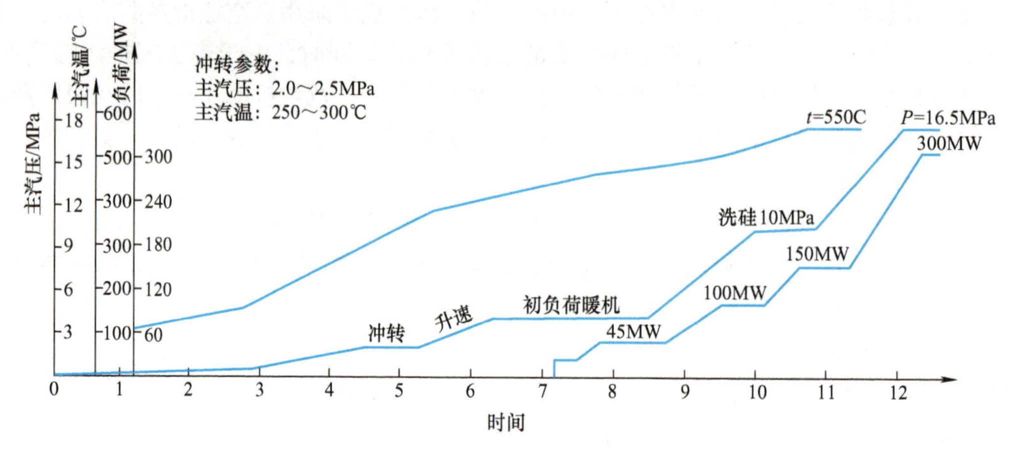

图 6-1-1 某 300MW 机组锅炉冷态启动曲线

汽包内壁同热水接触，温度很快升高，而汽包外壁温度升高缓慢，汽包壁越厚，内外壁温差越大，因而产生的热应力越大。

提高进水温度和加快进水速度均将增大汽包的内外温差，产生更大的热应力，严重时会使汽包表面发生塑性变形，甚至出现裂纹。因此，一般规定：冷炉的进水温度不得超过90℃，进水持续时间夏季不少于2h，冬季不少于4h，在实际启动中多用104℃的除氧水作为进水，当水经省煤器和连接管道进入汽包时，温度约为70℃。

考虑到点火后，水受热后会汽化膨胀，因而点火前进水量要少些，一般只进到水位计可见的最低水位，以免启动过程中因水位太高而大量排水。进水结束后，如果水位有上升和下降现象，则应检查给水和放水阀的开关状态及各处严密性。对于不正常现象应加以消除。

3. 点火

点火前对炉膛和烟道要进行吹扫，清除残存的可燃气体，防止点火时发生爆燃。吹扫时间不少于5min。对于煤粉炉的一次风管也要吹扫。对于燃油锅炉的油管和油喷嘴，要用蒸汽吹扫，保证油路畅通。

目前不少电厂用轻油点火。轻油点火容易燃烧，较少污染受热面，但价格较重油高得多。轻油点燃后，炉温逐渐升高，经过30~40min才可投入煤粉燃烧器，以保证煤粉能稳定着火。无论是用油喷嘴还是煤粉燃烧器，最初投入时最好不少于两支，以使燃烧稳定。如果燃料进入炉膛5s后尚未点燃或发生灭火，则应立即切断燃料，并按点火前的要求对炉膛和烟道进行吹扫后方能重新点火，否则往往会发生炉内爆炸事故。

4. 升温和升压

锅炉点火后，炉水温度逐渐升高并产生蒸汽，汽压逐渐升高。从锅炉点火到汽压升至工作压力的过程称为升压过程。由于水和蒸汽在饱和状态下温度和压力之间存在一定的对应关系，所以蒸发设备的升压过程也就是升温过程。锅炉启动时的升温升压速度主要借助于调节燃烧率来控制。通常以控制升压速度来控制升温速度，升温和升压速度不能太快，否则会使汽包壁产生过大的热应力。一般电厂把每台锅炉根据试验和经验制定的升压曲线作为启动的依据。图6-1-2所示为锅炉启动时汽包内工质升压和升温的曲线示意，图中p_b

和 t_b 分别为饱和压力及饱和温度。

5. 冲转升速、并网

锅炉蒸汽达到一定参数后，汽轮机开始冲转升速，并网发电。

（三）汽包锅炉热态启动

热态启动是指锅炉在保持一定压力，且温度高于环境温度下的启动。

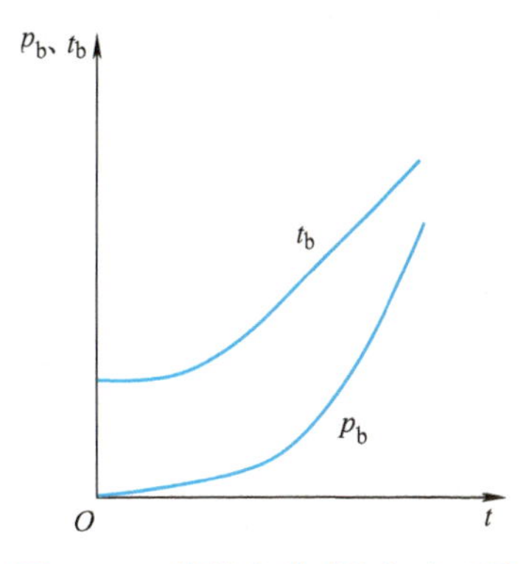

图 6-1-2 锅炉启动时汽包内工质升压升温的曲线示意

大型锅炉又将热态启动划分为温态启动、热态启动和极热态启动三种。划分的依据是汽轮机启动时的温度。

国内外各制造厂所取的温度界限不尽相同。下面是 GEC－ALSTHOM 公司的一种划分方法：以汽轮机高压内缸第一级金属温度为依据，190～300℃为温态启动，300～430℃为热态启动，430℃以上为极热态启动。

锅炉的热态启动过程与冷态启动过程基本相同，但热态启动时锅内存有锅水，只需少量进水调整水位，蒸汽管道与锅内都有余压与余温，升压升温与暖管等在现有的压力、温度水平上进行，因而可更快些。锅炉点火后要很快启动旁路系统，以较快的速度调整燃烧，避免因锅炉通风吹扫等原因使汽包压力有较大幅度降低。冲转时的进汽参数要适应汽轮机的金属温度水平，冲转前须先使制粉系统投入运行，以满足汽轮机较高冲转参数的要求。冲转时应避免因燃烧原因使机组在冲转、并网、低负荷运行等工况下运行时间拖延造成的汽缸温度下降。机组极热态启动时必须谨慎，启动过程的关键在于协调好锅炉蒸汽温度和汽轮机的金属温度，尽可能避免热偏差，减少汽轮机寿命损耗。

（四）启动过程中设备的保护

1. 汽包的保护

汽包为单向受热的厚壁部件，在启动过程中将产生很大的应力，考虑到汽包的安全，故在锅炉启停过程中要严格控制压力的变化，并进行有效监控。

（1）汽包启动应力　锅炉在启动、停运与变负荷过程中将出现下述几种应力：

1）汽包机械应力。汽包机械应力是指由汽包内的工质压力引起的金属应力，此应力在任意点的三个方向均为拉应力，且均与汽包内压力成正比。随着汽压的升高，汽包机械应力将越来越大。

2）热应力。热应力又称温度应力，是由于不同部位金属在不同温度下其体积变化受到限制而产生的应力。启动热应力主要由汽包的上、下壁温差和内外壁温差引起。汽包内、外壁和上、下壁存在着温差，温度高的部位金属膨胀量大，温度低的部位金属膨胀量小，而汽包是一个整体，其各部位间无相对位移的自由，因而汽包内侧和下半部受到压缩，外侧和上半部受到拉伸。压缩部位产生压缩热应力，拉伸部位产生拉伸热应力，且温差越大，所产生的热应力也越大，如图 6-1-3 所示。

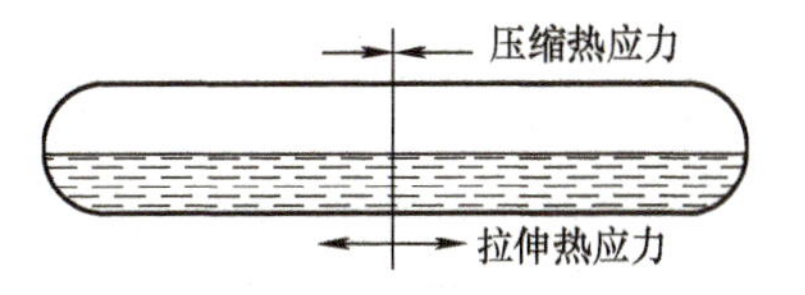

图 6-1-3 汽包上、下壁应力示意图

3）附加应力。附加应力是指汽包与内部介质质量引起的应力，其数值与以上两种应力比要小得多。

4）峰值应力。锅炉启停过程中汽包内压力产生机械应力，汽包壁温不均产生热应力及附加应力，叠加以后产生总应力，最大局部总应力点称为峰值应力。汽包峰值应力是局部应力，在稳定压力下对强度无害，但在交变应力作用下，可能产生疲劳裂纹，导致部件泄漏。

（2）低周疲劳破坏　汽包金属在远低于其抗拉强度的循环应力作用下，经过一定的循环次数后会产生疲劳裂纹以致破裂，这种现象称为低周疲劳破坏。达到低周疲劳破坏的应力循环总次数称为寿命。运行中应力循环次数占寿命的百分数称为寿命损耗。一般通过控制壁温差和峰值应力幅值来减小启停过程中汽包低周疲劳寿命损耗。

（3）启动过程中汽包壁温的监视　为保护汽包，汽包上、下壁温差和内、外壁温差在启动中的最大允许值，应控制在50℃以内。

2. 汽包启动应力控制

启动应力控制的重要标志是汽包的上、下壁温差和内、外壁温差。目前，国内各高压和超高压锅炉的汽包上、下壁温差及汽包筒体任意两点的温差均控制在35℃以下。实际操作中以控制压力的变化率作为控制壁温差的基本手段。锅炉启停中防止汽包壁温差过大的措施如下：

1）启动中严格控制升压速度，尤其在低压阶段时，升压速度要尽量缓慢，因为在低压时，压力升高对应的饱和温度上升较快。一般规定汽包内工质温度升高的平均速度不应超过2℃/min。在升压过程中，除严格按照规定的升压曲线进行外，还应保持蒸汽压力稳定变化，蒸汽压力波动不能太大，因为蒸汽压力波动时会引起饱和温度的波动，从而引起汽包温差增大。

2）应采取各种措施促进水冷壁的正常循环，以加强汽包内水的流动，从而减小汽包温差。可在各水冷壁下联箱内设置邻炉蒸汽加热装置，在点火前先预热带压，不仅有利于水循环的建立，而且有利于缩短启动时间。还可通过疏放水系统加强下联箱放水，以加快汽包内水的流动。

3）初投燃料量不能太少，炉内燃烧、传热应均匀，通过正确选用和适当轮换点火油枪或燃烧器，可使水冷壁受热趋于均匀。

4）严格控制锅炉进水参数。行业标准的锅炉运行规程中规定，启动过程中进水温度不超过90℃，在实际启动中多用104℃的除氧水作为进水，当水经省煤器和连接管道进入汽包时，温度约为70℃。热态上水时，水温与汽包壁的温差不得大于40℃。进水时间根据季节不同控制在2～4h，夏季2h，冬季4h。为安全起见，用常温水向锅炉上水时，上水温度必须高于汽包材料性能所规定的脆性转变温度（FATT）33℃以上。

5）控制降压速度。降压过程中由于上、下壁面换热系数不一样，仍会出现上壁温度大于下壁温度的情况，因此应注意严格控制降压速度（特别是在低压时）。一般在最初的4～8h内应关闭锅炉各处挡板，避免大量冷空气进入。此后如有必要，可逐渐打开烟道挡板及炉膛各门孔进行自然通风冷却，同时进行一次放水，促进内部水的流动，使各部分冷却均匀。在8～10h内如有必要加强冷却，可开启引风机通风，并可适当增加进水、放水次数。

3. 过热器的保护

锅炉在冷态启动前，直立的过热器管内一般都有停炉时留下的积水，点火后，这些积水将逐渐蒸发。锅炉起压后，部分积水也会被蒸汽流排除。在积水全部蒸发或排除前，某些管内没有蒸汽流过，管壁温度不会比烟气温度低很多，如果不采取措施，将发生金属超温现象。

因此，一般规定在锅炉蒸发量小于10%额定值时，必须限制过热器入口烟温，将炉膛出口烟温探针置为自动状态。控制烟温的方法主要是限制燃烧率（控制燃料）或调整火焰中心的位置（控制炉膛出口温度）。

4. 再热器的保护

中间再热单元机组启动时，采用串联高、低压二级旁路，控制升温升压速度。高压旁路可避免再热器在汽轮机冲转前干烧。

5. 省煤器的保护

锅炉升温升压及汽轮机冲转至额定转速甚至机组并网带初始负荷（5%）时，锅炉不能连续进水，须投入省煤器再循环管。省煤器保护的常用方法有省煤器再循环法和连续进水法。连续进水法一般采用小流量给水连续经省煤器进入汽包的方式，同时通过连续排污或定期排污系统放水维持汽包水位，克服了省煤器再循环法循环压头低等缺点。

6. 燃烧器的保护

锅炉点火后，未投入的燃烧器要注意冷却。一般只要送额定风量的5%的风量就可以保证燃烧器喷口不被破坏。对于已投入运行的燃烧器，通过对一次风和二次风的调整，使煤粉气流的着火点在喷口的适宜距离，防止将燃烧器烧坏。

三、滑参数启动的特点

1）锅炉与汽轮发电机同时启动，由于在低参数下启动，机组金属温度低，允许有较大的工作应力，可提高升温速度。因此，机组启动时间缩短，利用率提高。

2）机组充分利用了锅炉在启动过程中产生的低参数蒸汽热量，减少了启动热损失。

3）启动过程中要求锅炉、汽轮机的工况互相配合，同时还要满足各自的安全、经济运行要求。

4）低参数蒸汽容积、流量大，用其加热部件可使汽包、管道、气缸、转子等加热比较均匀，温升平稳，能较好地控制各部件的热应力与热变形。

5）锅炉低负荷运行时间长，不利于燃烧，炉膛热负荷也不均匀。

6）对于定速给水泵或调速范围较小的给水泵，滑参数启动过程中给水调节阀、减温水调节阀压差过大，调节特性差，阀门也易损坏。

由上述可知，滑参数启动有优点，也有缺点。现在通过对设备、系统与运行操作等的改进，在不同程度上克服了缺点，使滑参数启动日益完善。

四、直流锅炉启动

（一）直流锅炉启动的特点

1. 启动前清洗

与汽包锅炉不同，直流锅炉给水中的杂质不能通过排污加以排除，其中少部分溶解于过热蒸汽被带出锅炉，其余部分都沉积在锅炉的受热面上。因此，直流锅炉除了对给水品质要求严格以外，启动阶段还要进行冷水和热水的清洗，以确保受热面内部的清洁和传热安全。

2. 启动流量的建立

直流锅炉启动时，由于没有自然循环回路，所以直流锅炉水冷壁冷却的唯一方式是从锅炉开始点火就不断地向锅炉进水，并保持一定的工质流量，以保证受热面良好的冷却。该流量应一直保持到蒸汽达到相应负荷（称启动流量），然后随负荷的增加而增加。超临界直流锅炉的启动流量通常为（25%～30%）BMCR。

3. 启动中的工质膨胀

直流锅炉点火以后，随着炉膛热负荷的增加，水冷壁的工质温度逐渐升高，在不稳定加热过程中，中部某点工质首先汽化，体积突然增大，引起局部压力突然升高，急剧地将后面的工质推向出口，造成水冷壁排出进入启动分离器的工质流量大大超过锅炉给水量，这种现象称为工质膨胀。此现象将持续一段时间，直至分离器前受热面出口为湿饱和蒸汽时为止。

直流锅炉的工质膨胀现象给启动时的安全带来不利影响，膨胀量过大，将使锅炉内的工质压力和启动分离器水位都一时难以控制。

4. 热量与工质回收

锅炉启动过程中排放水汽量很大，为避免工质和热量的损失，必须对排放工质和热量进行回收。水根据水质状况进行回收，蒸汽可回收入除氧器或加热器，用以加热给水，多余部分排入凝汽器。启动过程热量回收除了具有经济意义外，还可提高给水温度，改善除氧效果。

5. 启动时间短、速度快

直流锅炉没有汽包，受热部件中厚壁部件较少，承压部件大部分由小直径薄壁管组成，即使是内置式启动分离器，其直径、壁厚比汽包小得多。因此，在启停过程中工质部件受热、冷却容易达到均匀，升温、冷却可加速，与汽包锅炉相比将大大缩短启停时间。

（二）直流锅炉的启动程序

直流锅炉的启动也可分为冷态、温态、热态、极热态等几种方式。下面分别介绍外置式分离器直流锅炉启动基本程序和内置分离器直流锅炉启动基本程序。

1. 外置式分离器直流锅炉启动程序

外置式分离器直流锅炉冷态启动曲线如图 6-1-4 所示。锅炉启动程序主要为锅炉进水、循环清洗，建立启动压力和启动流量；锅炉点火，建立初始燃料量，升温升压，回收工质和热量；配合汽轮机冲转、升速、并网、升负荷；工质进行膨胀；切除启动分离器，开过热器隔绝阀；直流运行升压升负荷。

热态启动程序与冷态启动基本相同，区别主要有两点：

1）停机时间短，可不进行冷热态清洗。

2）汽轮机金属温度较高，为了获得较高的冲转蒸汽温度，工质膨胀放在汽轮机冲转前进行。

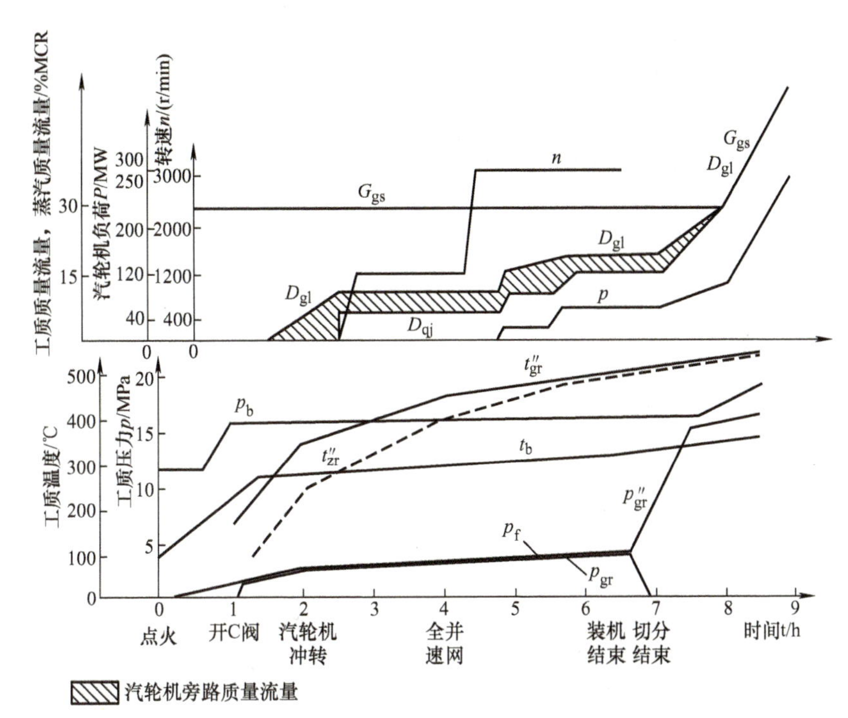

图 6-1-4 300MW 外置分离器直流锅炉机组冷态启动曲线

p_b—锅炉本体压力 p_f—启动分离器压力 p''_{gr}—主蒸汽压力 t_b—锅炉本体温度 t''_{gr}—主蒸汽温度
t''_{zr}—再热蒸汽温度 D_{gl}—锅炉蒸汽质量流量 D_{qj}—汽轮机进汽蒸汽质量流量 G_{gs}—锅炉给水量

2. 内置分离器直流锅炉启动基本程序

配600MW机组的CE－Sulzer 1900超临界压力螺旋管圈型直流锅炉（内置分离器启动系统）冷态启动曲线如图6-1-5所示。其冷态启动基本程序是：锅炉启动准备、锅炉进水前给水系统循环清洗；锅炉点火，升温升压；汽轮机冲转、暖机、升速至3000r/min，发电机并网带初负荷；当负荷增至40% MCR时，锅炉分离器由湿态转为干态运行（即纯直流运行），此时锅炉启动旁路系统退出运行；按滑压方式继续增加锅炉负荷至89% MCR，然后定压升负荷，直至满负荷运行。

锅炉热态和极热态启动前应具备的条件与冷态启动大致相同，启动顺序也基本相同，在此只做简单介绍，不再详细叙述。

1）锅炉进水，维持35%的给水流量，启动旁路系统投入运行。

2）启动锅炉烟风系统及其他辅机，按要求进行轻油及重油泄漏试验和炉膛吹扫工作。

3）锅炉点火，增加燃料量，升温升压。锅炉点火、增加燃料的全过程和冷态启动时操作步骤相同，升温升压速度可比冷态启动时快得多，但要将锅炉应力控制在允许范围内。待锅炉蒸汽参数满足条件后，维持蒸汽参数稳定，配合汽轮机冲转和发电机并网。

4）汽轮机冲转，发电机并列带初负荷，然后按10MW/min的速度逐渐增加机组负荷至600MW。在负荷增加至40%左右时，锅炉由湿态转为干态运行，此时，启动旁路系统退出运行。

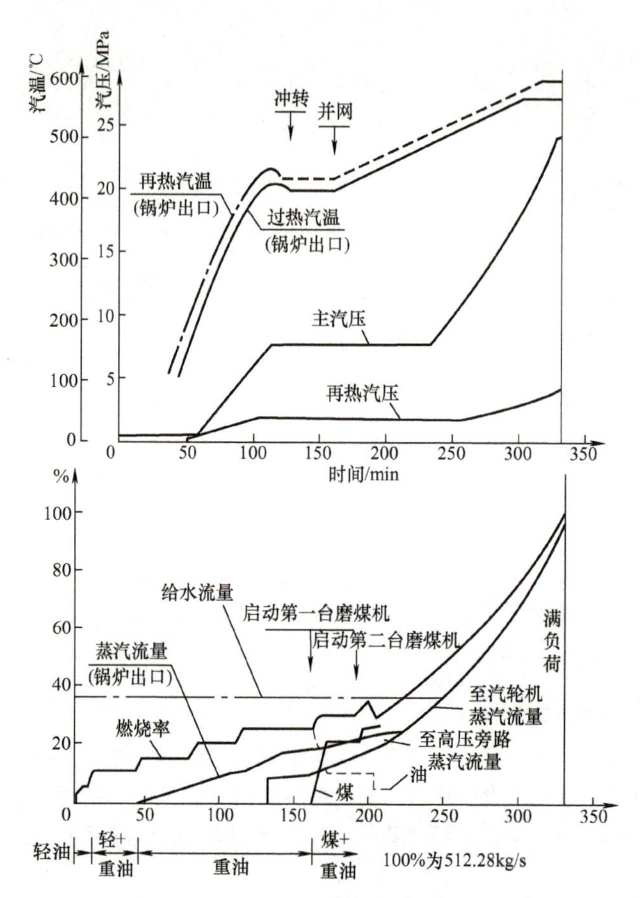

图 6-1-5　600MW 机组冷态启动曲线

任务二　锅炉运行调节

任务描述：了解锅炉正常运行中的主要调节，熟悉操作维护过程。

教学目标：

知识目标	能描述锅炉给水、汽温、汽压及燃烧操作任务及方法 能说出锅炉调节操作的主要步骤 能复述锅炉调节过程中的危险点及应对措施
能力目标	能识读锅炉相关系统图 能进行锅炉调节操作 能分析判断调节运行中出现的问题，并能及时处理
素养目标	培养获取信息的能力 培养学习新知识、新技能的能力 培养理论与实践相结合的能力 培养经济、节能、环保的意识 培养良好的表达和沟通能力 培养团队协作能力

任务组织：利用多媒体课件、视频、图片学习，识读锅炉各系统图，仿真实训锅炉负荷调节操作。

过热再热蒸汽温度调节仿真实训及锅炉燃烧调节仿真实训请学习配套资源后开展。

过热再热蒸汽温度调节指导书

锅炉燃烧调节指导书

知识点一 给水运行调节

一、给水调节控制系统的任务

给水系统的主要功能是将除氧器水箱中的主凝结水通过给水泵提高压力，经过高压加热器进一步加热之后，输送到锅炉的省煤器入口，作为锅炉的给水。汽包锅炉和直流锅炉的给水调节控制系统各有其不同的任务。汽包锅炉给水调节系统的主要任务是控制汽包水位为给定值。直流锅炉的给水调节实质上是汽温调节。

二、汽包锅炉的给水调节

（一）给水调节的必要性

汽包水位正常是保证锅炉和汽轮机安全运行的重要条件之一。汽包正常水位按规定在汽包中心线下50～100mm，允许波动范围为±50mm。汽包水位过高和过低都会导致锅炉运行事故。

汽包水位急剧上升，使汽包蒸汽空间减少，汽水分离装置工作异常，导致蒸汽带水，蒸汽携带含盐量较高的炉水量增多，蒸汽品质恶化。蒸汽带水中盐分会导致过热器管壁、汽轮机通流部分沉积盐垢，长时间积盐将引起过热器管壁过热损坏，减小汽轮机通流面积，增大汽轮机轴向推力。当汽包严重满水时，可能引起过热汽温急剧下降，不仅会降低机组效率，而且会使蒸汽管道和汽轮机发生水击，造成破坏性事故。

汽包水位下降时，会引起下降管带汽，破坏水冷壁正常水循环，导致自然循环停滞甚至倒流。严重时，可能造成烧干锅的重大事故。随着锅炉容量增大、锅炉参数增高，大型单元机组的锅炉中汽包存水量相对减少，允许变动的水量就更少。如果给水中断而继续运行，在10～30s汽包水位计中的水位就会消失。若给水流量与锅炉蒸发量不平衡，在几分钟内将发生满水或缺水事故。

（二）影响汽包水位变化的因素

1. 根本原因

汽包是锅炉汽水系统中加热、蒸发、过热三个过程的连接枢纽和大致分界点。汽包中存有一定量的汽、水，不断接收经省煤器来的给水，同时向过热器输出汽包压力下的饱和蒸汽，由此构成物质平衡。当物质平衡（给水量和蒸发量）遭到破坏，给水量与蒸发量不等时，必然引起水位的变化。若给水量大于蒸发量，汽包水位将上升，反之，汽包水位将下降。

此外，汽包内汽水两相平衡不仅与质量有关，还与工质的状态（如压力）有关。当工质状态改变时，即使能保持物质平衡，水位仍可能变化。

2. 虚假水位

蒸汽是给水进入锅炉后逐渐受热汽化而产生的。因此，汽包水位的变化，首先取决于负荷的变化量和变化速度。

负荷变化缓慢，锅炉的燃烧调整和给水调整与锅炉负荷及其变化速度相适应，水位波动就小，反之就大。这是因为它不仅影响蒸发设备中水的消耗量，还会引起蒸汽压力的变化。

例如，锅炉负荷陡增，如果给水量不变或不能及时地相应增加，则蒸发量减少，汽压下降。压力下降，一是导致蒸汽比体积增大，水中汽泡所占的体积增大导致水位上升，二是导致工质所对应的饱和温度体积下降，锅水和蒸发部件金属放出它们的蓄热量产生附加蒸汽，从而使锅水中汽泡数量急剧增多，汽水混合物体积膨胀也导致水位上升，两者叠加形成水位急剧升高的虚假水位。虚假水位是暂时的，因为锅炉负荷增加，锅水消耗增加，锅水中的汽泡逐渐逸出水面后，汽水混合物体积又将收缩，所以负荷变化时，在给水量和燃烧率尚未做相应调节之前，汽包水位先升高后降低，此时若不及时增加给水，汽包水位将急剧下降到正常水位以下，甚至出现缺水事故。反之，锅炉负荷陡降，汽包水位先下降后上升。

图 6-2-1 所示为汽包水位变化示意图。图中的曲线 1 表示给水量小于蒸发量时的水位变化趋势，曲线 2 表示汽压突降时水位变化的趋势，曲线 3 表示曲线 1 和 2 叠加影响时水位变化的趋势。运行中应对虚假水位有思想准备，如负荷突然增加时，首先增加风、煤，强化燃烧，恢复汽压，然后再适当加大给水，以满足蒸发量的需要。但如果虚假水位严重，不加限制可能造成满水事故。这时，可适当减少给水，同时强化燃烧，待水位开始下降时，再加强给水，恢复正常水位。

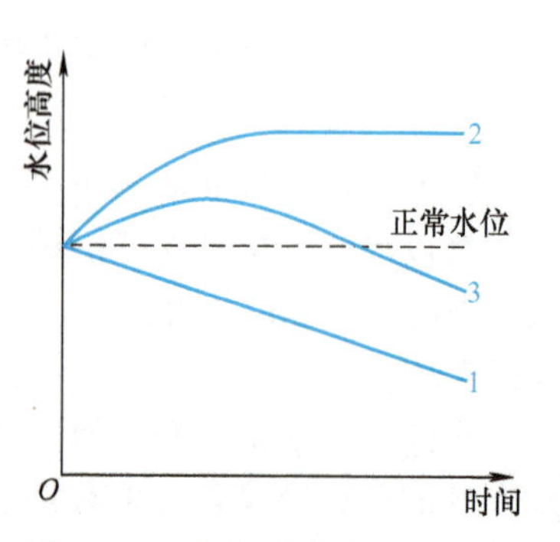

图 6-2-1 汽包水位变化示意图

燃料量突然增加，燃烧加强，水冷壁吸热量增加，锅水体积膨胀，汽泡增多，使水位暂时上升。由于产汽量增加，汽压也将升高，饱和温度相应升高，锅水中汽泡数量将减少，水位又会下降。对于单元机组，汽压上升使蒸汽做功能力增加，若保持机组负荷（电负荷）不变，汽轮机调速汽门将关小，减少进汽量。在锅炉给水量不变的情况下，汽包水位又将继续升高。因此，在其他工况不变时，燃烧加强则汽包水位先上升后下降，最终水位还是上升。相反，燃烧减弱时水位先下降后上升，最终结果还是下降。

3. 给水压力

为了提高火电厂的循环热效率，大容量单元机组都采用汽动给水泵（变速），即用主机（又称大汽机）的中间抽汽来带动汽动给水泵的小汽机运行。机组运行中由于抽汽压力的变化，而改变小汽机的转速，从而使给水压力发生变化，引起给水量变化，以适应蒸发量与给水量的平衡。在其他条件不变的情况下，给水压力升高，给水量增加，汽包水位上升。反之，给水压力降低，汽包水位下降。

4. 汽包的相对水容积

汽包尺寸越大，汽包水位变化速度越慢。由于单元机组容量大，汽包相对水容积小，所以汽包水位变化较快。

此外，承压部件泄漏、排污、安全门启回座事故等对汽包水位也有影响。

（三）汽包水位的调节

锅炉运行中，可利用给水泵转速和投停台数调节给水流量。

投入给水自动调节后，应加强对有关表计和自动调节器工作情况的监视，一旦发现自动调节失灵或锅炉工况剧烈变化，应迅速切换为手动操作。避免对调节门采用大开或大关的调节方式，以保持水位相对稳定。

当使用手动操作调节水位时，注意操作应尽可能平稳均匀，以防止造成水位的大幅度波动。

三、直流锅炉的启动系统及给水调节

（一）启动系统

直流锅炉启动旁路系统主要由过热器旁路、汽轮机旁路两大部分组成。启动旁路系统的功能是辅助锅炉启动、协调机炉工况、保护设备及回收工质和热量。直流锅炉的汽轮机旁路系统与汽包锅炉相同，但过热器旁路则完全是针对直流锅炉的启动特点而专门设计的。

过热器旁路的关键设备是启动分离器，其作用是在启动过程中分离汽水以维持水冷壁启动流量的循环，同时向过热器系统提供蒸汽并回收疏水的热量和工质。按照启动分离器的布置，可以把直流锅炉启动系统分为内置式分离器启动系统（ISSS）和外置式分离器启动系统（ESSS）两种类型。

1. 外置式分离器启动系统

外置式分离器类似一个中压或低压分离器，只在机组启动和停运过程中使用，正常运行时与系统隔绝，处于备用状态，故又称为启动分离器。图6-2-2所示为简化的ESSS，该启动分离器位于蒸发受热面与过热器之间。启动时，过热器进口隔绝阀A关闭，启动分离器蒸汽出口隔绝阀C打开，启动分离器进口节流调节阀B进行节流调节，节流管束J用来减小B阀的压力降，改善阀门的工作条件。蒸发受热面工质通过B阀节流减压后进入启动分离器，在启动分离器中扩容、产汽和汽水分离，蒸汽通过C阀进入过热器，其余的汽和水可分别回收。这样，蒸发受热面可保持较高的启动压力，启动分离器处于低压或中压状态，其压力根据汽轮机的进汽参数要求和工质排放能力确定。启动分离器使蒸发受热面与过热器受热面之间的界限固定下来，具有与汽包锅炉类似的汽温特性。启动进行到一定阶段，启动分离器要从系统中分离出来，工质直接通过A阀进入过热器，锅炉转入纯直流运行方式，称为“切除启动分离器”，简称“切分”。

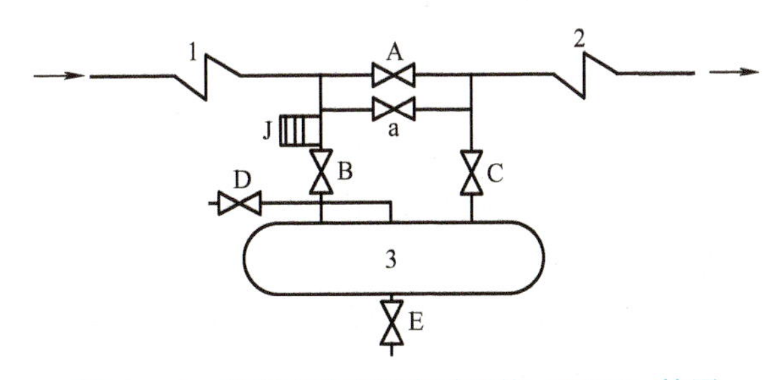

图6-2-2 外置式分离器启动系统（ESSS）简图

1—省煤器与水冷壁 2—过热器 3—启动分离器

A—过热器进口隔绝阀 B—启动分离器进口节流调节阀

C—启动分离器蒸汽出口隔绝阀 D、E—回收阀 J—节流管束

图6-2-3所示为1025t/h一次上升型直流锅炉配置的ESSS系统。该系统启动分离器位于低温过热器与高温过热器之间，并装设过热器隔绝阀。低温过热器进出口各有一管路通

至启动分离器，并设有节流调节阀，节流管束只装在低温过热器进口至启动分离器管路上。该系统又称为过热器两级旁路系统。

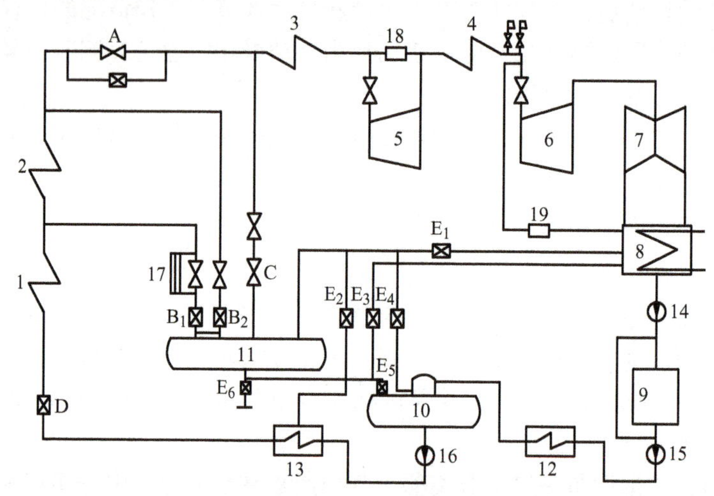

图 6-2-3　1025t/h 一次上升型直流锅炉 ESSS 系统

1—省煤器与水冷壁　2—低温过热器　3—高温过热器　4—再热器　5—汽轮机高压缸　6—汽轮机中压缸　7—汽轮机低压缸　8—凝汽器　9—凝结水除盐装置　10—除氧器　11—启动分离器　12—低压加热器　13—高压加热器　14—凝结水泵　15—凝结水提升泵　16—给水泵　17—节流管束　18—Ⅰ级旁路　19—Ⅱ级旁路　A—过热器隔绝阀及旁路调节阀　B_1、B_2—启动分离器进口调节阀　C—启动分离器出口隔绝阀　D—给水调节阀　$E_1 \sim E_6$—工质、热量回收系统各阀门

2. 内置式分离器启动系统

螺旋管圈型直流锅炉配置内置式分离器启动系统（ISSS）分离器与水冷壁、过热器之间的连接无任何阀门。一般在 35% MCR 负荷以下时，由水冷壁进入分离器的为汽水混合物，在分离器内进行汽水分离，分离器出口蒸汽直接进入过热器，疏水通过疏水系统回收工质和热量或排放至大气、地沟。当负荷大于 35% MCR 时，由水冷壁进入分离器的工质为干蒸汽，分离器只起联箱的作用，蒸汽通过分离器直接进入过热器。分离器疏水系统有扩容型、疏水热交换器型和辅助循环泵型三种类型。

CE - Sulzer 1900t/h 超临界压力螺旋管圈型直流锅炉配置内置式分离器扩容型启动系统，如图 6-2-4 所示。该锅炉设有 100% MCR 汽轮机高压缸旁路和 65% MCR 中低压缸旁路，过热器出口不装安全阀，再热器进口装置 100% MCR 安全阀。分离器疏水系统有 AA、AN 与 ANB 三个控制阀。AA 阀可保证工质膨胀峰值流量的排放，AN 阀可辅助 AA 阀排放疏水。AA 阀关闭，AN 阀与 ANB 阀共同控制分离器水位。通过 ANB 阀，疏水排入除氧器，可回收工质和热量。

（二）采用内置式汽水分离器的超临界直流锅炉的启动控制

直流锅炉给水控制系统用给水量来控制锅炉负荷。直流运行时，用燃水比粗调给水流量，利用中间点（通常取自汽水分离器出口）温度精细修正给水流量。

采用内置式汽水分离器的超临界直流锅炉，其启动旁路系统有不带炉水循环泵（又称再循环泵）和带炉水循环泵两种。其中，不带炉水循环泵的启动系统由汽水分离器、

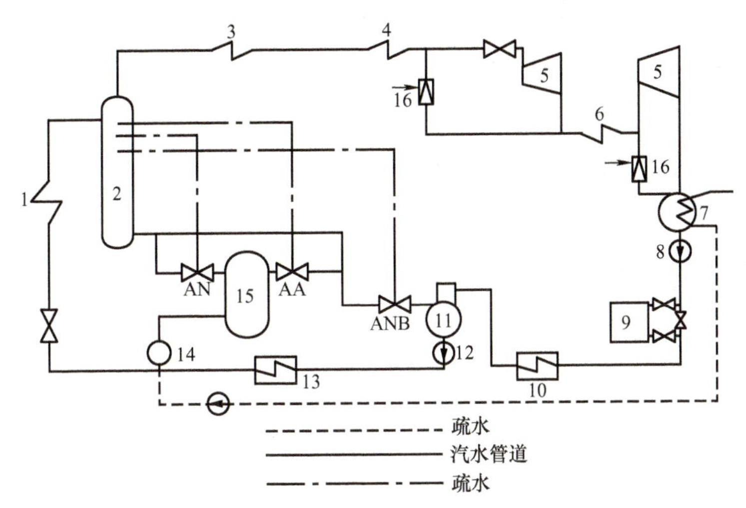

图 6-2-4 CE-Sulzer 1900t/h 超临界螺旋管圈型直流锅炉启动系统

1—水冷壁 2—汽水分离器 3—低温过热器 4—高温过热器 5—汽轮机 6—再热器 7—凝汽器 8—凝结水泵 9—凝结水除盐装置 10—低压加热器 11—除氧器给水箱 12—给水泵 13—高压加热器 14—疏水箱 15—疏水扩容器 16—汽轮机旁路，高压缸旁路 100% MCR，中低压缸旁路 65% MCR

疏水扩容器（箱）、疏水控制阀等组成，如图 6-2-5 所示。汽水分离器为内置式的，布置在蒸发受热面与过热器之间，是启动系统中的一个关键部件。在启动过程中和低于直流负荷运行时（<35% MCR），启动分离器就相当于汽包锅炉的汽包，起汽水分离作用，分离出来的疏水进入疏水扩容器或除氧器加以回收。在高于直流负荷运行时，汽水分离器为干态运行，起蒸汽联箱作用。与外置式分离器的最大不同点是，内置式汽水分离器在运行时为全压，与锅炉的运行压力相同。汽水分离器是厚壁部件，它既要实现从亚临界压力到超临界压力的启动，又要能适应快速负荷变动和各种状态启动。因此，它采用高强度的耐高温钢材，并装置了许多温度测点，可进行热应力的控制。

因此，在低于直流负荷运行时，与汽包锅炉类似，应控制汽水分离器的水位为适当值。通常采用给水旁路调节阀控制或给水主路水泵转速控制，并且配合汽水分离器下部的储水箱的疏水控制阀，将疏水导入疏水扩容器或凝汽器回收。

带再循环泵的启动系统由汽水分离器、分离器储水箱、炉水循环泵及其辅助系统组成。炉水循环泵的辅助系统包括暖管系统、过冷水系统、最小流量再循环管路、冷却水系统、炉水泵冲洗系统（包括高压和低压水冲洗系统）等，如图 6-2-6 所示。

锅炉负荷小于 35% BMCR 时，汽水分离器起汽水分离作用，分离出的蒸汽进入过热器系统，水则通过连接管进入储水箱，根据储水箱中的水位由再循环泵排到省煤器前的给水管道中或经溢流管排到疏水扩容器中。锅炉负荷在 35% BMCR 以上时，分离器呈干态运行，只作为蒸汽的流通部件。从储水箱下部引出的溢流管分成两路，一路冲洗管路，另一路溢流管路，两路均与疏水扩容器相接。在炉水泵吸入管上布置有来自给水操纵台后给水管道引出的过冷水管路，当循环泵运行时，用来自给水管道的给水与储水箱中的近饱和水混合，避免循环泵入口发生汽蚀。在再循环管路上引出一根最小流量管路接至储水箱底部，用于保证循环泵运行所需的最小流量。

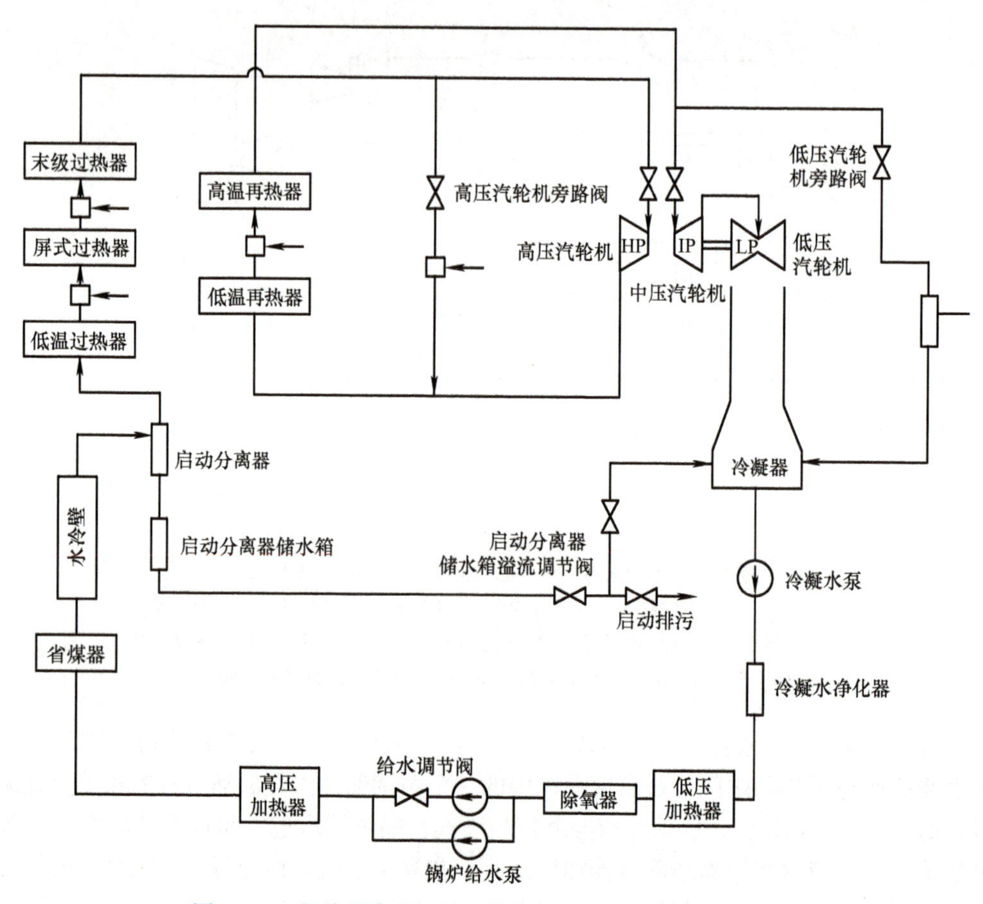

图 6-2-5 超临界直流锅炉不带炉水循环泵启动系统示意图

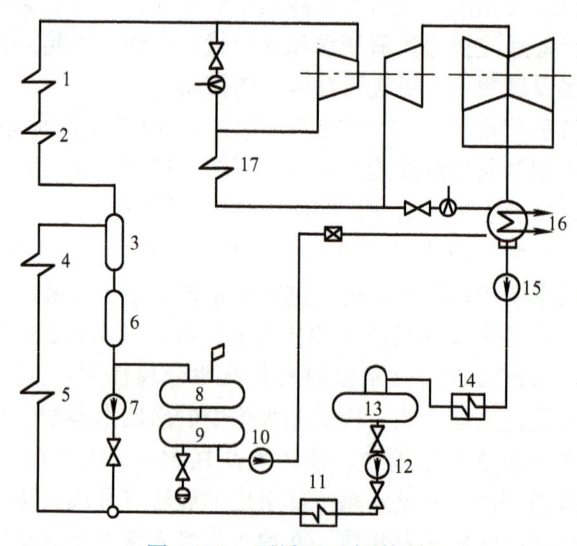

图 6-2-6 再循环泵启动系统

1—高温过热器 2—低温过热器 3—启动分离器 4—水冷壁 5—省煤器 6—储水箱 7—再循环泵 8—疏水扩容器 9—疏水箱 10—疏水泵 11—高压加热器 12—给水泵 13—除氧器 14—低压加热器 15—凝结水泵 16—凝汽器 17—再热器

锅炉冷态启动时，先要进行系统注水、冷态清洗，清洗后的炉水通过大溢流阀排出系统，水质合格后，关闭大溢流排污阀。储水箱水位正常后，启动循环泵（首次启动要排气），锅炉点火，进行热态清洗，通过炉水质量来确定是否升温升压。省煤器入口最低流量主要通过炉水循环泵出口调节阀和锅炉给水泵相互协调配合来满足要求。随着升温升压的进行，汽水分离器分离的水逐渐减少，在汽水分离器进口的水全部变为蒸汽时，汽水分离器为干态运行，此时锅炉进入直流运行状态，炉水循环泵停运，炉水循环泵出口调节阀关闭，机组进入直流运行状态。

（1）控制方案一　给水旁路调节阀控制给水流量，炉水循环泵出口调节阀控制储水箱水位，此时省煤器进口给水流量等于给水旁路调节阀给水流量和炉水循环泵出口调节阀循环流量之和。在各种扰动的影响下，储水箱水位将发生变化，此时储水箱水位如果超过炉水循环泵出口调节阀控制范围，则炉水循环泵出口调节阀将开始调节储水箱水位，后果是使省煤器进口给水量发生变化，从而给水旁路调节阀也开始动作，以保证省煤器入口最小流量。所以锅炉在受到扰动时，只要该扰动使储水箱水位变化幅度超过炉水循环泵出口调节阀控制范围，整个启动系统将不可避免地发生振荡。

（2）控制方案二　炉水循环泵出口调节阀主要控制本生流量，其开度根据省煤器入口流量设定值与实际流量的偏差来调节，用储水箱水位加以流量修正。而给水旁路调节阀则控制储水箱水位，给水泵控制旁路调节阀前后的压差，相当于汽包三冲量调节方式。该方案的优点是给水泵出口调节阀动作较快，给水流量变化幅度大，储水箱水位容易保证。其缺点是给水流量变化时，炉水泵出口调节阀跟踪慢，容易引起省煤器入口流量低保护动作。

机组负荷一般在35% BMCR（这与汽温、汽压、真空等参数有关）左右即转入直流滑压运行方式，此时为亚临界直流锅炉。随着负荷的升高，主汽压力逐渐升高，在80% BMCR左右达到临界压力后转入超临界状态。

机组进入直流状态，给水控制与汽温调节和前一阶段控制方式有明显的不同，给水不再控制分离器水位，而是和燃料一起控制汽温，即汽温调节主要是通过给水量和燃料量的比值来调整。但在实际运行中，由于不能精确测定送入锅炉的燃料量，所以仅仅依靠燃水比来调节过热汽温，不能完全保证汽温的稳定。一般来说，在汽温调节中，将燃水比作为汽温的一个粗调，然后用减温水作为汽温的细调。所以，通常选取汽水分离器出口汽温作为汽温调节回路的前馈信号，并将此点的温度称为中间点温度。可利用该点温度的变化对锅炉的燃料输入量和给水量进行微调。燃水比因燃料、燃烧状况、受热面脏污程度不同而变化，大致范围是6.8～7.5，按每10MW负荷对应约30t/h水、4t/h煤的比例控制。

知识点二　汽温调节

一、影响汽温变化的因素

影响汽温的因素有很多，而且这些因素还可能同时产生影响。

1. 锅炉负荷

大型锅炉的过热器和再热器系统一般具有对流汽温特性，即锅炉负荷升高（或下降），汽温也随之上升（或降低）。

2. 给水温度

给水温度降低，产生一定蒸汽量所需的燃料量增加，燃烧产物的体积也随之增加，同时炉膛出口烟温升高，所以，过热汽温将升高。在电厂运行中，高压加热器的投停会使给水温度有很大的变化，从而使过热汽温发生显著的变化。

3. 燃料种类和成分

当燃煤锅炉改为燃油时，由于炉膛辐射热的份额增大，过热汽温将下降。燃料性质的变化是指燃煤水分、灰分、挥发分和碳含量以及煤粉细度的改变。随着燃料量变动，炉膛出口烟温、烟气量、烟速发生变化，传热量改变，引起过热器内工质吸热量改变，使过热汽温变化。燃煤水分增加，导致实际供给的燃煤量增加，烟气量增加，汽温升高。燃煤挥发分减少，导致燃煤着火推迟，烟气在炉膛内停留时间缩短，烟气辐射换热量减少，炉膛出口烟温升高，烟气对流换热量增加，通常对流式过热器的面积较大，因此汽温升高。同理，煤粉越粗，越不易着火，也会导致过热汽温升高。

4. 火焰中心位置

火焰中心位置升高，会导致炉膛出口烟温升高，对流换热量增强，过热蒸汽温度升高。因此，摆动燃烧器喷口向上倾斜时，对流过热汽温升高，但是对流受热面距炉膛越远，喷嘴倾角对其吸热量和出口温度的影响就越小。对于沿炉膛高度方向有多排燃烧器的锅炉，运行中不同标高的燃烧器组的投用，也会影响过热蒸汽的温度。燃烧器从上组切至下组运行时，对流过热汽温下降。在总风量不变的情况下，对四角布置切圆燃烧的直流燃烧器，上层二次风减小，火焰中心上移，对流过热汽温升高。送、吸风机配合不当使炉膛负压增大，也会使对流过热汽温升高。

5. 过量空气系数

送风量和漏风增加而使炉内过量空气系数增加，将导致炉膛温度降低，辐射传热减弱，同时，燃烧生成的烟气量增多，烟气流速增大，对流传热增强，引起对流过热汽温升高，辐射过热器的汽温降低。

6. 受热面的污染情况

炉膛受热面的结渣或积灰会使炉内辐射传热量减少，过热器区域的烟气温度升高，从而使过热汽温上升。而过热器本身的结渣或积灰将导致汽温下降。

7. 饱和蒸汽用量

当锅炉采用饱和蒸汽进行吹灰时，为保证锅炉负荷，必须增加燃料量，导致过热汽温和再热汽温升高。锅炉的排污量对汽温也有影响，但因排污水的焓值低，故影响不大。

8. 饱和蒸汽湿度

从汽包出来的饱和蒸汽总是含有少量水分，在正常情况下，进入过热器的饱和蒸汽湿度一般变化甚小。当运行工况不稳，尤其是水位过高或锅炉负荷突增时，会使饱和蒸汽湿度大大增加，引起汽温降低。若蒸汽大量带水，则汽温将急剧下降。

9. 减温水变化

当减温水温度降低或减温水量增加时，过热汽温下降。

10. 过热蒸汽压力

运行中由于某个扰动因素，致使汽压较大幅度降低，也会引起汽温相应降低。

表6-2-1所列为部分因素对过热汽温的影响。

表6-2-1 部分因素对过热汽温的影响

影响因素	过热汽温变化/℃
锅炉负荷变化±10%	±10
过量空气系数变化±10%	±(10~20)
给水温度变化±10℃	±(4~5)
燃煤水分变化±1%	±1.5
燃煤灰分变化±10%	±5

二、汽温的调节方法

汽包锅炉汽温调节方法已在前面介绍，这里介绍直流锅炉的汽温调节。

汽包锅炉由于汽包的存在，在汽包与水冷壁之间形成循环回路，其循环动力不是依靠给水泵的压头，而是依靠下降管中炉水密度与蒸发受热面间汽水混合物的密度差形成的压力差。汽包锅炉中的汽包将整个汽水循环过程分隔成加热、蒸发和过热三个阶段，并且使三个阶段受热面积和位置固定不变。汽包在三段受热面间起隔离和缓冲作用。汽包水位的正常变化不会影响三段受热面积的改变。

对于直流锅炉，给水在给水泵的作用下一次性地流过加热、蒸发和过热段。其加热、蒸发和过热三个阶段之间没有明显的分界线。当燃料量与给水流量的比例发生变化时，三个受热面积都发生变化，吸热比例也随之变化。其结果势必直接影响出口蒸汽参数，尤其是出口蒸汽温度。通常，当燃烧率增加时，加热与蒸发过程缩短，过热阶段加热面积增加，致使过热器出口蒸汽温度升高。

当直流锅炉燃水比失去平衡时，将引起出口蒸汽温度发生较大的波动。

为了减小维持过热器出口蒸汽温度的困难，应注意通过保持燃水比来控制汽水流程中某一点（即中间点）温度或焓值，稳定了该点的温度或焓值，即可间接控制过热器出口蒸汽温度，以喷水减温为辅助调温。

直流锅炉在运行过程中，锅炉负荷的变化及给水量、燃料量、过量空气系数、受热面结渣等情况的变化，都会引起蒸汽温度在较大的范围内波动，通常要求直流锅炉在70%~100%额定负荷时保持汽温稳定，允许波动范围为额定汽温的-10~+5℃。

在稳定工况下，对于无再热器的直流锅炉，过热器出口蒸汽所具有的焓可用式(6-2-1）表示：

$$h''_{gr}=h_{gs}+(B/G)Q_r\eta_{gl} \tag{6-2-1}$$

式中，h_{gs}——锅炉给水焓；

B——燃料消耗量；

G——锅炉给水量；

η_{gl}——锅炉效率；

Q_r——锅炉输入热量。

有再热器的直流锅炉，还要考虑热量在过热、再热系统各受热面分配的影响。

在式(6-2-1）中，锅炉效率η_{gl}、输入热量Q_r、给水焓h_{gs}一般保持不变，过热蒸汽温度只取决于燃料消耗量 B 和给水量 G 的比值 B/G。如果比值 B/G 保持一定，h''_{gr} 可不变，即过热汽温不变。反之，比值 B/G 变化，则是造成过热汽温波动的基本原因。因此，在直流锅炉中，汽温的调节主要通过给水量和燃料消耗量的调节来实现。考虑到其他原因对过热汽温的影响，在实际运行中要精确地保持比值 B/G 也是不容易的。这就迫使除了采用比值 B/G 作为粗调节手段外，还必须采用汽水通道上装置几级喷水减温器作为细调节手段。

直流锅炉在带稳定负荷时，由于压力波动很小，所以主要调节任务是汽温调节。在变负荷时，则汽温与汽压的调节过程必须同时进行。当汽轮机负荷增加而引起汽压降低时，就必须加大给水量来提高压力。此时若燃料消耗量又未相应增加，则引起汽温的下降。因此，在调压的同时必须调温，燃料消耗量必须随给水量相应增加，才能在调压的过程中同时稳定汽温。即给水调压，燃料配合给水调温，抓住中间点，喷水微调。采用这种调节方法可实现直流锅炉蒸汽参数的稳定。

直流锅炉再热汽温调节的方法与汽包锅炉的调节方法相同。

知识点三　汽压及燃烧调节

一、蒸汽压力调节的意义

蒸汽压力是蒸汽质量的重要指标之一，汽压波动过大会直接影响机组的安全和经济运行。

1. 汽压过高

汽压过高，机械应力大，可能引起调速级叶片过负荷，将危及锅炉、汽轮机及蒸汽管道安全。蒸汽温度正常而压力升高时，机组末几级叶片的蒸汽湿度要增大，使末几级动叶片工作条件恶化，水冲击严重。因汽压过高引起安全门起座，会造成大量排汽损失，而且由于磨损和污物沉积在阀座上，还会影响阀座的严密性。

2. 汽压过低

汽压过低，蒸汽做功能力下降，汽耗增加，将使机组效率下降。若要维持机组负荷，则进汽量增大，汽轮机轴向推力增加，会导致推力瓦烧坏。汽压下降过大，会迫使机组减负荷。

3. 汽压波动幅度过大

汽压大幅度波动会导致锅炉缺水和满水事故。如负荷突然增加使汽压下降，会使汽包水位升高，造成蒸汽大量带水，导致蒸汽品质恶化和过热汽温降低。对于高压以上大型机组，不致引起水循环破坏的允许汽压下降速度为≤0.3MPa/min；机组在中等负荷以上时，允许汽压上升速度为≤0.25MPa/min。若汽压频繁波动，机组承压部件经常处于交变应力作用下，会导致受热面金属的疲劳损坏。

因此，锅炉正常运行压力为额定压力，规定了过热蒸汽压力允许的变化范围，一般为±(0.05~0.2) MPa。

二、影响汽压变化速度的因素

1. 负荷变化速度

外界负荷变化速度越快，汽压变化的速度越快。

2. 锅炉的蓄热能力

锅炉的蓄热能力是指当外界负荷变化而燃烧工况不变时，锅炉能够放出和吸收热量的大小。锅炉蓄热能力越大，汽压的变化速度越小。

3. 燃烧设备的惯性

燃烧设备的惯性是指从燃料开始变化到炉内建立起新的热平衡所需要的时间。燃烧设备的惯性大，当负荷变化时，汽压变化的速率就快，变化幅度也大。燃烧调节系统灵敏，则惯性小。由于油的着火、燃烧比煤粉迅速，因而燃油较燃煤惯性小。中储式制粉系统较直吹式惯性小。

三、汽压调节方法

1. 汽包锅炉蒸汽压力的调节

压力调节的任务，实质上就是要经常保持锅炉蒸发量和汽轮机所需蒸汽量相等。只要时刻保持这个平衡，过热蒸汽压力就能稳定在额定数值上。汽压的变化反映了锅炉蒸发量与外界负荷所需蒸汽量之间的不平衡关系。而蒸发量的大小取决于燃料燃烧的放热情况。因此，在一般情况下，均用调节燃烧的办法调节汽压。汽压降低，加强燃烧；汽压升高，减弱燃烧。在异常的情况下，当汽压急剧升高，只靠调节燃烧来不及时，则可开启过热器疏水门或向空排汽，以尽快降压。

只有当锅炉蒸发量超限或锅炉出力受限时，才采用改变机组负荷的方法来调节汽压。

2. 直流锅炉蒸汽压力的调节

在汽包锅炉中，要调节蒸发量，先是依靠调节燃烧来实现，与给水量无直接关系，给水量是根据汽包水位来调节的。

在直流锅炉中，炉内放热量的变化并不直接引起蒸发量的改变，只有当给水量改变时才会引起锅炉蒸发量的变化，这是因为直流锅炉的蒸汽量等于进入锅炉的给水量（包括减温水量）。因此，直流锅炉的蒸发量首先应由给水量来保证，然后相应调节燃料量以保持其他参数。当手动操作时，因为改变燃烧还涉及风量的调节等而较复杂，所以往往先用给水量作为调节手段稳住汽压，而后调节减温水量保持汽温。

四、燃烧调节

锅炉燃烧直接关系到锅炉及发电机组的安全、经济、环保运行。可通过监视氧量、风压及炉膛火焰加以判断。

原则上，调节负荷时，调节燃烧，使蒸汽量和参数变化。增加负荷时，先加大引风量，再加送风，最后加燃料。减负荷顺序刚好相反，首先减少燃料量，再减送风和引风量。

燃烧调节时，应保持炉膛负压和氧量在正常范围。

燃料调节可参见制粉系统运行部分的内容，送引风调节可参见风烟系统部分的内容。

炉内燃烧工况的好坏，与燃烧器的负荷分配及投停方式有关。锅炉运行中，为保证火焰中心位置，防止火焰偏斜，应使各运行燃烧器承担均匀的负荷，即各燃烧器的给粉量和风量应保持一致。有时为适应锅炉负荷和改变煤种的情况，减少过热器、再热器的热偏差，需要有意识地改变各运行燃烧器间的负荷分配。

对四角布置的直流燃烧器，为防止火焰偏斜和结焦，当四角气流不对称时，可适当将一侧或相对两侧的风粉降低，也可通过改变上下排燃烧器的给粉量或二次风量来调节火焰中心的位置，以满足燃烧和汽温调节的需要。低负荷时，一般是少投燃烧器，采用较高的煤粉浓度，以保持燃烧稳定并防止灭火，同时避免风速过大的变动，加强对燃烧工况的监视。高负荷时，一般是多投燃烧器，采用较低的煤粉浓度，以保持炉内均匀的热负荷和稳定燃烧，还应设法降低火焰中心位置或缩短火焰长度，同时尽力避免或消除结渣。正常运行时，应尽可能将最大数量的燃烧器投入运行。为了保持燃烧器一次、二次风出口速度，有时要停用部分燃烧器，尤其在低负荷时。

燃烧器的投运一般可参考下述原则：

1）只有在为了稳定燃烧以适应锅炉负荷需要和保证锅炉参数的情况下才停用燃烧器。

2）停上投下，可降低火焰中心位置，以利于完全燃烧。

3）四角布置的燃烧方式，宜分层停用。必要时可对角停用，定时切换，以利于水冷壁的均匀受热。此外，不允许缺角运行。

4）需要切换燃烧器时，应先投入备用的，以防止中断或减弱燃烧。

5）在投、停或切换燃烧器时，必须全面考虑其对燃烧、汽温等方面的影响，不可随意进行切换。

在投、停燃烧器或改变燃烧器负荷的过程中，应同时注意风量与粉量的配合。

对于停用的燃烧器，要通以少量空气进行清扫和冷却，以保证喷口的安全。

运行中，当需要投入备用燃烧器时，应先开启一次风门至所需开度，对一次风管进行吹扫，待风压正常后，再送粉。

当需停用燃烧器时，应先停用其相应的给粉机及二次风，一次风吹扫数分钟后再关闭。燃烧器停用后，有时需保持其一、二次风有适当的开度，以冷却其喷口。

任务三 锅炉停运

任务描述：了解锅炉停运类型、特点及注意事项，了解停炉后的保养方法，熟悉停炉操作。

教学目标：

知识目标	能描述锅炉停运类型及特点 能说出锅炉停运步骤 能识别锅炉停运过程中的危险点及应对措施 知晓停炉保养方法
能力目标	能识读锅炉相关系统图 能进行锅炉停运操作 能分析判断锅炉停运过程中出现的问题，并能及时处理
素养目标	培养获取信息的能力 培养学习新知识、新技能的能力 培养理论与实践相结合的能力 培养经济、节能、环保的意识 培养良好的表达和沟通能力 培养团队协作能力 培养沉着冷静、果敢、细致的能力

任务组织： 利用多媒体课件、视频、图片学习，识读锅炉各系统图，仿真实训锅炉停运操作。

锅炉停运仿真实训请学习配套资源后开展。

相关知识点

锅炉由运行状态转变为停止状态的过程称为锅炉停运，是停投燃料使锅炉冷却的过程。此过程中，要注意设备部件的安全问题，避免冷却速度过快，产生危险的热应力，损坏设备。

一、锅炉停运方式

1. 热备用停运和非热备用停运

热备用停运是指停止向汽轮机供热和锅炉熄火后，关闭锅炉主蒸汽阀和烟气侧的各个门孔，进入热备用状态。非热备用停运包括冷备用停运和检修停运。冷备用停运的最终状态是彻底冷却后放尽炉水，进行保养。检修停运则是冷却后放尽炉水，进行检修。

2. 正常停运和故障停运

机组运行一定时间后，为恢复或提高机组的运行性能、预防事故的发生，必须停止运行，进行有计划的检修。另外，当外界电负荷减少时，考虑整个发电厂运行的安全性和经济，经过计划调度，要求一部分机组停止运行，转入备用。这两种情况下的停运为正常停运。由于机组外部或内部原因发生事故，机组不停运将会造成设备损坏或危及运行人员安全，必须停止机组的运行，称为故障停运或事故停运。

3. 额定参数停运和滑参数停运

单元机组在正常停运中，根据降负荷时汽轮机前的蒸汽参数，可分为额定参数停运和滑参数停运。所谓额定参数停运（又称高参数停运），是指在机组停运过程中汽轮机前蒸汽的压力和温度不变或基本不变的停运。如果机组是短期停运，进入热备用状态，可用额定参数停运，因为锅炉熄火时蒸汽的温度和压力很高，有利于下一次启动。

现在大型机组均采用滑参数停运，即所谓的机炉联合停运。滑参数停运是在整个停运过程中，锅炉负荷及蒸汽参数的降低按照汽轮机要求进行，待汽轮机负荷快减完时，蒸汽参数已经很低，锅炉即可停止燃烧，进入冷却阶段。

二、汽包锅炉的停运

大型汽包锅炉不同停运方式的操作步骤如下：

1. 额定参数停运

额定参数停运时，锅炉减少燃料量、风量，尽量维持汽温、汽压在正常范围内，逐渐降低机组负荷，当汽轮机负荷减到最低时，发电机解列、汽轮机停机、锅炉熄火。停运后空气预热器应继续运行，直至出口烟温低于规定值后停止。

2. 滑参数停运

滑参数停运时，逐步调节燃烧，减少燃煤量、风量，降低蒸汽参数，降负荷，发电机解列、汽轮机停机、锅炉熄火。然后以总风量 35% 的吹扫风量对炉膛和烟道进行充分通风，然后停用送、引风机。

完成锅炉停运后的工作，保持回转式空气预热器继续运行，待其出口烟温低于某规定值后方可停用。

滑参数停运特点如下：

1）滑参数降负荷过程中汽轮机调速汽门全开，全周进汽，各部件冷却均匀。特别是利用锅炉余热空转冷却汽轮机的停机，可以立即开缸检修。

2）停运过程中利用机组蓄热发电，减少了停机热损失。

3）低负荷、低压运行时间长，对锅炉燃烧和直流锅炉水动力特性不利。

3. 故障停运

故障停运又称为事故停运，可分为一般事故停运和紧急事故停运两种。设备故障需要及时停运检修，可采用一般事故停运；若发生重大事故，可能会严重损坏设备或危及人身安全时，应采取紧急事故停运。

一般事故停运可采用额定参数停运方法。

紧急事故停运时，应立即停止投入燃料，停止送、引风机，关闭主汽阀，开启旁路。如果是锅炉爆管事故，应保持引风机运行，抽吸炉内烟气和蒸汽。如果是锅炉满水或缺水事故，应关闭给水隔绝阀，停止给水泵，严禁向锅炉进水。

三、超临界锅炉的停运

超临界锅炉在正常方式下滑参数停运的操作步骤如下：

1. 停运前的准备工作

1）接到停运命令后，做好相关的操作准备，通知燃料、化学及集控各岗位做好停机准备。

2）停运前应对机、炉、电设备及系统全面检查一次，记录缺陷。

3）大、小修停运前，了解煤仓煤位，为磨煤机停运做好准备，停炉过程中尽量将原煤仓烧空。

4）通知油库值班员，检查燃油系统，逐个试投油枪。

5）将仪用空压机等公用系统冷却水源切至运行机组。

6）检查轴封辅助汽源、除氧器、给水泵汽轮机备用汽源暖管是否正常，保证辅助汽源充足，参数正常，处于热备用状态。对空气预热器辅助汽源管暖管。

7）试验汽轮机交直流润滑油泵，氢、空侧密封交直流油泵，高压启动油泵，顶轴油泵及盘车电动机均应工作正常；油泵投入联锁，并做润滑油压低连锁试验；各油泵联动正常。

8）电动给水泵组良好备用。

9）停炉前对锅炉受热面全面吹灰一次。

10）通知除渣除灰、电除尘及脱硫值班人员做好准备。

2. 停运操作

1）机组减负荷至300MW，暖机20min，汽源切换至再热冷段或邻机带，开启辅汽至给水泵汽轮机供汽电动门，并进行下列操作：

① 停止电除尘器运行。

② 将锅炉主控切换至手动模式，汽轮机主控置于自动模式，将机组控制方式置于汽

轮机跟随模式。

③ 检查机组轴封冷段供汽是否正常，开启电泵备用。

④ 保留 3 台制粉系统运行，此时如果继续降负荷，应投油助燃。投油后空气预热器吹灰改为连续吹灰。

⑤ 解除凝结水泵变频自动，提高凝结水泵转速，维持除盐装置后凝结水压力为 1.0 ~ 1.5MPa。

2）保证主、再热蒸汽压力及蒸汽温度平稳下降，且保证调节级温降率不大于 165℃/h，保证主、再热蒸汽温度为 50℃以上的过热度。

3）负荷降至 270MW 时，检查给水自动是否正常，先将给水旁路调节门开至 80% 以上，关闭主给水门。

4）切除给水自动，并入电泵运行，停止一台气泵。维持燃水比、给水流量和过热度稳定，缓慢减小给水旁路调节门，提高给水泵转速，将给水差压升至 5MPa 左右。

5）负荷降至 240MW 时，检查炉水循环泵是否满足启动条件，启动炉水循环泵。

6）开启储水罐小溢流阀前电动门和小溢流 10% ~20%，观察储水罐水位是否下降，如不下降，应缓慢增大炉水循环泵出口流量，减小主给水流量。调整过程中应保证省煤器入口流量大于 700t/h。

7）储水罐水位降至 7000mm 左右时，投入溢流阀自动和炉水循环泵出口调节门自动。

8）负荷降至 210MW，省煤器入口流量调整到 700t/h 左右，投入给水旁路调节门自动。最后一台磨煤机停运后，停止一次风机，密封风机运行。

9）快速减负荷至 0MW，手动启动交流润滑油泵运行，汽轮机打闸，检查发电机程跳逆功率保护动作，发电机解列。

3. 停运后操作

1）在锅炉最后一只油燃烧器停运后，打开省煤器排气阀，锅炉熄火后检查燃油速断阀是否关闭，所有油枪均退出，解列炉前油系统。

2）检查炉膛内是否已熄火，相关阀门联动关闭是否正常。

3）停炉后保持 30% MCR 风量。维持的负压在 -150 ~ -50Pa。对炉及主烟风道进行 5 ~10min 的吹扫，吹扫完成后先停止一侧送、引风机，然后停止另一侧。对锅炉空气侧和烟气侧进行封闭，并闭锁所有二次风调节挡板。经验表明，氧化皮一般更容易在降温过程中发生剥落，在 350℃附近发生剧烈剥落。由于停炉过程及停炉后的冷却对氧化皮的脱落有着重大影响，应及时采取“闭炉”方式，关闭上水门，停运给水泵，停运引、送风机，严密关闭各烟风挡板。

4）分离器压力为 1.5MPa，锅中带压放水。放水后 8h，可破坏炉底水封，微开引风机出入口挡板，自然通风。

5）省煤器出口烟温降到 125℃时停运空气预热器。对于温态或热态再启动的停炉，空气预热器仍继续转动，直至下一次启动。

6）锅炉温度低于 70℃时停止火检冷却风机。对于长期停炉，当锅炉压力低于 1.5MPa 时，对锅炉进行全面放水。

7）锅炉开始放水前对炉水循环泵进行停电，继续保持炉水循环泵冷却水系统运行。

8）停炉后严密监视排烟温度，防止尾部烟道二次燃烧或两侧排烟温度偏差大，空气预热器电流大幅度波动。

四、锅炉停运后的保养

锅炉停运后，外界空气就会大量进入锅炉水系统中。此时，锅炉虽已放水，但在锅炉金属表面上总是附着一层水膜，空气中的氧便溶解在此水膜中，以致达到饱和状态，所以很容易引起溶解氧的腐蚀，其腐蚀速度一般要比运行期间快得多。如果锅炉金属表面有能溶于水膜的盐垢，则腐蚀性更强。实践证明，锅炉产生的严重腐蚀大都是停炉期间形成，而在运行中又发展所造成的。

因此，在停炉期间采用适当的保护方法，对防止锅炉腐蚀、确保安全运行、延长锅炉的使用寿命有着重要的意义。

(1) 停炉保护的方法　防止锅炉停炉腐蚀的方法较多，但基本原则是不让外界空气进入停用锅炉的水系统，保持停用锅炉水系统金属表面干燥，使金属内表面浸泡在含有除氧剂或其他保护剂的溶液中，在金属表面涂上防锈层。

停炉保护方法可分为干法和湿法两大类。

1) 干法。

①干燥剂法。此方法就是在锅炉停用后，当锅炉水的温度降至100～120℃时，将锅炉内的水全部放掉，利用炉内余热将金属表面烘干，并清除沉积在锅炉水系统内的水垢和水渣，然后在锅炉内放入干燥剂，保持金属表面干燥，防止腐蚀。常用的干燥剂有无水氯化钙、生石灰和硅胶。

②烘干法。此方法就是在停炉时，当锅炉水的温度降至100～120℃时进行放水，当水放尽后，利用炉内余热或自然炉膛热风将锅炉内表面烘干。此法只适用于锅炉在检修期间的防腐。

③充氮法。此方法就是将氮气充入锅炉水系统内，并保持一定的正压，以阻止空气进入。由于氮气很不活泼、无腐蚀性，因此可以防止锅炉的停炉腐蚀。

充氮保护期间，要经常监督水系统中氮气的压力和锅炉的严密性。若发现耗氮气量过大，应查找泄漏的地方并立即消除。当锅炉启动时，在上水和升压过程中可将氮气排入大气。此法适用于短期停用锅炉的保护。

④充氨法。此方法就是锅炉停用放水后，在锅炉全部容积内充满氨气。氨溶解在金属表面的水膜中，使金属表面形成耐腐蚀性保护膜。氨还能使氧在水膜中的溶解度降低，防止解氧的腐蚀。

2) 湿法。这类方法是指将具有保护性的水溶液充满锅炉，防止空气进入炉内。根据水溶液的组成不同，分为以下几种：

①碱液法。此法是采用加碱的方法，使锅炉中充满pH值在10以上的水，使金属表面生成耐蚀性保护膜，以防止溶解氧对金属的腐蚀。所用碱液为NaOH、Na_3PO_4或者两者的混合液。

常用碱液配制方法：将NaOH（$4kg/m^3$）和Na_3PO_4（$1.5kg/m^3$）放入容器内，用软水溶解后，再用泵从锅炉下部集箱送入炉内，注意要保持溶液碱浓度均匀。

②亚硫酸钠保护法。亚硫酸钠是一种还原剂，能和水中溶解氧作用生成硫酸钠，从而防止金属表面遭受溶解氧腐蚀。另外还可以采用磷酸三钠、亚硝酸钠混合溶液的保护方法。这种混合液能在金属表面形成保护膜，从而防止金属的腐蚀。

采用这两种湿法保护时，锅炉启动前应将溶液排放干净，并进行彻底清洗。

（2）保护方法选择　锅炉停炉后，为防止受热面腐蚀，应根据锅炉结构、停用时间、各种方法的效果、应用条件、经济适用性和现场实际情况选择保护方法。将停炉后的保护分为短期保护和长期保护。停用期在一周以内为短期，一周以上为长期。短期保护采用干法防腐，长期保护采用湿法防腐。

1）锅炉短期停运，停用时间小于72h。停炉后严密关闭锅炉汽水系统各空气门、疏水门，在电动给水泵停止前调整给水pH值为9.4～9.5，确保储水罐水位正常，省煤器和启动分离器前受热面充水保养，过热器、再热器密封保养。

2）锅炉受压部件检修或停运时间较长，停用时间不小于72h但小于2周。锅炉压力为1.5MPa时，开启省煤器、水冷壁、过热器、再热器各疏、放水门，对锅炉进行全面、快速放水。压力为0.2MPa时，全开锅炉各空气门进行余热烘干。

3）锅炉停用时间不小于2周。省煤器、水冷壁、过热器进行充氮置换水后密封（开启锅炉放水门，关闭排空门，开启充氮门进行炉水置换，炉水排空后关闭疏水门和充氮门进行密封保养）。充氮置换时，主蒸汽压力不高于0.35MPa，充氮压力为0.03～0.06MPa。再热蒸汽系统在再热蒸汽压力降低到0.06MPa后进行充氮并密封保养。

（3）停炉后的防冻

1）停炉后检查投入有关设备的电加热或汽加热装置，由热工投入有关仪表加热装置。

2）停炉检查锅炉的人孔门、检查孔及有关风门、挡板是否关闭严密，防止冷风侵入。

3）机组各辅助设备和系统的所有管道均应保持管内介质流动，对无法流动的部分要将介质彻底放尽。

任务四　锅炉事故处理

任务描述：了解锅炉各类事故现象、原因及处理方法，熟悉事故处理操作。

教学目标：

知识目标	能描述锅炉各类事故现象 能分析事故原因 能表述事故处理方法和步骤
能力目标	能识读锅炉相关系统图 能进行锅炉事故判断，分析危险点 能进行事故处理操作
素养目标	培养获取信息、分析判断的能力 培养学习新知识、新技能的能力 培养理论与实践相结合的能力 培养安全生产意识 培养良好的表达和沟通能力 培养团队协作能力 培养沉着冷静、胆大心细的能力

任务组织：利用多媒体课件、视频、图片学习，识读锅炉各系统图，仿真实训锅炉事故处理。

锅炉事故处理仿真实训请学习配套资源后开展。

一、炉膛灭火放炮

当炉膛内的放热小于散热时，炉膛的燃烧将向减弱的方向发展，如果此差值很大，炉膛内燃烧反应就会急剧下降，当达到最低极限时就会出现灭火。300MW机组的锅炉均为平衡通风，在正常工作时，引风机与送风机协调工作，维持炉内压力略低于大气压。一旦锅炉突然灭火，炉内烟气的平均温度在2s内从1200℃以上降到400℃以下，将造成炉内压力急剧下降，使炉墙受到由外向内的挤压而损伤，这种现象称为内爆。如果燃料在炉内大量积聚，经加热点燃后出现同时燃烧，炉内烟温瞬时升高，引起炉内压力急剧增高，使炉堵受到自内向外的推力损伤，这种现象称为爆炸或外爆，俗称放炮和打炮。锅炉发生灭火放炮时，对炉膛产生的危害性最大，可造成整个炉膛倾斜扭曲，炉墙拉裂，轻者也会缩短炉膛寿命，对结构较弱的烟道也可能造成损坏。一般来说，锅炉容量越大，事故造成的危害也越大。

锅炉的灭火和放炮是两种截然不同的燃烧现象。炉膛发生灭火时，只要处理恰当，一般不会发生放炮。但是，如果炉膛发生灭火时，燃料供应切断延迟10s以上，或者切断不严仍有燃料漏入炉膛，或者多次点火失败，使得炉内存积大量燃料，而在点火前又未将积存燃料清扫干净，此时炉内出现火源或重新点火，就可能发生锅炉放炮事故。

1. 灭火原因与预防措施

1）燃煤质量太差或煤种突变。燃煤水分和杂质过多，易出现堵煤，造成燃料供应不足或中断，引起灭火。煤种突变，如挥发分减少，水分与灰分增多，则燃料的着火热增加，着火延迟或困难，如果跟不上火焰扩散速度就会发生灭火。煤粉过粗，着火困难，也可能引起灭火。

因此，在燃烧劣质煤时必须采取相应的措施，如提高煤粉干燥程度和细度，定期将燃煤工业分析的结果及时通知运行人员，以便及时做好燃烧调节工作等。

2）炉膛温度低。炉膛温度低，容易造成燃烧不稳或灭火。燃用多灰分、高水分的煤，送入炉内的过量空气过大或炉膛漏风增大等都不利于燃烧，并且会导致散热增加，使炉温下降。低负荷运行时，炉膛热负荷降低，炉温降低，而且炉内温度场不均匀性增加，因此，燃烧不稳定。开启放灰门或其他门孔时间过长使漏风增大，也会引起炉温降低。这些情况均可能造成炉膛灭火。

要提高炉膛温度，首先要保证着火迅速，燃烧稳定。为此，在运行中应关闭炉膛周围所有的门孔，在吹灰和打渣时应速度快，时间不能过长，以减少漏风。在吹灰和打渣时，可适当减少送风量，若发现燃烧不稳定，应暂时停止吹灰和打渣。锅炉运行时，炉膛负压不能太大，避免增大漏风。保证检修质量，维持锅炉的密封性能。锅炉低负荷火焰不稳定时，可投入油喷嘴运行以稳定火焰。如果锅炉正常运行时炉温过低，可适当增设卫燃带，减少散热，以提高炉膛温度。

3）燃烧调整不当。一次风速过高可导致燃烧器根部脱火，一次风速过低可导致风道堵塞，这两种情况都会造成灭火。一次风率的大小，过量空气的多少，也会影响燃烧火焰的稳定性。同时，二次风和分级风的多少、旋流强度的大小都会影响火焰的稳定。所以，应根据煤种和运行负荷的情况，正确调整燃烧工况，防止灭火。

4）机械设备故障。由于设有自动控制联锁系统，所以，当引风机、送风机、排粉风机、制粉系统发生故障或电源中断时，以及制粉系统中的给煤机、磨煤机、粗粉分离器等设备发生故障时，都会造成燃料供应中断，引起锅炉灭火。

5）其他原因。水冷壁发生严重泄漏，大量汽水喷出，可能将炉膛火焰扑灭。炉膛上部巨大的结渣落下，也可能将炉膛火焰压灭。所以，应及时打渣和预防结渣，防止大渣块的形成。

2. 灭火现象及处理

（1）灭火现象　炉膛灭火时有以下现象可供判断：炉膛负压突然增大许多，一、二次风压减小；炉膛火焰发黑；发出灭火信号、灭火保护动作；汽压、汽温下降；在灭火初期汽轮机尚未减负荷前，锅炉蒸发量增大，然后减少。若为机械事故或电源中断引起灭火时，还将出现事故鸣叫、故障信号灯闪亮等。

（2）灭火处理　炉膛灭火以后，应立即切断所有的炉内燃料供应，停止制粉系统，并进行通风吹扫，清扫炉内积粉，严禁“增加燃料供给挽救灭火”的错误处理，以免导致事态扩大，引起锅炉放炮。将所有自动操作改成手动操作，切断减温水和给水。将送、引风机减至最低值。可适当加大炉膛负压。查明灭火原因并予以消除，然后投入油枪点火，着火后逐渐带负荷至满负荷。若查明灭火原因不能短时消除或锅炉损坏需要停炉检修，则应按停炉程序停炉。若某一机械电源中断，其联锁系统将自动使响应的机械跳闸，此时应将机械开关拉回停止位置，对中断电源机械重新合闸，然后逐步启动相应机械，恢复运行。如果重新合闸无效，应查找原因并修复。

如果出现锅炉放炮，应立即停止向锅炉供应燃料和空气，并停止引风机，关闭挡板和所有爆炸打开的锅炉门、孔，修复防爆门。经仔细检查，烟道内确无火苗时，可小心启动引风机并打开挡板，通风5~10min后，重新点火恢复运行。如果烟道有火苗，应先灭火，后通风、升火。如果放炮造成管子弯曲、泄漏、炉墙裂缝、横梁弯曲等，应停炉检修。

二、尾部烟道再燃烧

烟气中的可燃物离开炉膛后在对流烟道中再燃烧的现象称为烟道再燃烧（或称为二次燃烧）。

1. 烟道再燃烧的原因

未燃尽的可燃物大量沉积或黏附在烟道或受热面上，在烟道不严密处有空气漏入时，使其得到足够的氧量达到着火条件而复燃，引起烟道再燃烧。其主要原因如下：

1）燃烧调整不当，油燃烧器雾化不良，煤粉过粗，使未燃尽的可燃物在尾部烟道受热面沉积；点火初期投粉过早，部分煤粉未燃尽，沉积在尾部烟道内。

2）启、停炉过程中或低负荷运行时炉膛温度过低，风、煤、油配比不当，配风不合适或风速过低，造成可燃物积存在烟道内。

3）紧急停炉未能及时切断燃料。

4）尾部烟道和空气预热器吹灰器长期故障或吹灰不及时，可燃物未及时清除。

2. 烟道再燃烧的现象

烟道和炉膛负压剧烈变化，烟气含氧量减小，烟囱冒黑烟；再燃烧处的烟气温度、工质温度以及排烟温度不正常地升高；引风机或烟道的不严密处向外冒烟或喷火星；若空气预热器处再燃烧，其外壳发热发红，电流指示摆动。

3. 烟道再燃烧的处理

当发现尾部烟温不正常地升高时，应首先查明原因，加强燃烧调整，增加空气量，对受热面进行蒸汽吹灰。当确认烟道再燃烧时，应紧急停炉，同时联跳汽轮机和发电机，停止吸风机、送风机，严密关闭各烟、风门及挡板，严禁通风，并投入烟道蒸汽灭火，必要时进行喷水灭火。回转式空气预热器应继续转动。待尾部烟道各段烟温正常后，再打开检查孔，检查设备损坏情况，确认无火源后，谨慎启动吸风机进行通风。同时对着火侧和未着火侧回转式空气预热器进行彻底检查、清理。符合条件后，可重新点火启动。

三、受热面损坏事故

1. 受热面损坏的原因

1）管壁金属超温。受热面工质流量分配不均或管内有杂物堵塞，造成局部管壁过热。

2）金属管壁温度长期波动。管子材质不良，安装、检修质量不好。

3）锅炉给水、锅水品质长期不合格，造成管内结垢，垢下腐蚀。

4）管外磨损。飞灰冲刷使受热面磨损。

5）启动、停炉工作不符合要求。

6）运行中负荷变动过大。

7）运行调整不当。

过热器和再热器通常都布置在锅炉烟气温度较高的区域。由于工质吸热量大，受热面多，部分受热面还布置在炉膛的上部，承受炉膛火焰的直接辐射，因此，其工作条件比较恶劣。特别是屏式过热器的外圈管，它不但受到炉膛火焰的直接辐射，热负荷较高，而且由于屏管结构的差别，其受热面积大，流动阻力大，流量小，工质焓增通常比平均值大40% ~50%，易超温爆管。再热器与过热器类似，再热器中蒸汽压力较低，再热蒸汽对再热器管的冷却能力较低。另外，再热器由于受到流动阻力的限制，一般不宜采用过多的蒸汽交叉和混合措施，因此，再热器的工作条件比过热器还要差。

过热器管和再热器管损坏主要有高温腐蚀和超温破坏等。

2. 受热面损坏的现象

受热面泄漏时，炉膛或烟道有爆破响声和汽水喷出声，烟气温度降低，两侧烟气温差增大，排烟温度降低。

省煤器管泄漏时，其下部灰斗可见湿灰和湿蒸汽。泄漏严重时，炉膛负压表指示变正，吸风机出力增加，给水流量不正常地大于蒸汽流量。

过热器或再热器管子泄漏时，局部管子可能出现超温。过（再）热器、省煤器管子爆破，从烟道不严密处向外冒白汽或渗水，可听到明显的泄漏响声，蒸汽压力下降，蒸汽温度不稳定。再热器管爆破时，汽轮机中压缸进汽压力下降。

水冷壁管爆破时，炉内发出强烈响声，燃烧极不稳定甚至灭火，汽包水位下降，大量增加给水也难以保持正常水位，汽温、汽压下降较快。

图片资料
受热面管道爆破

3. 受热面损坏的处理

(1) 水冷壁及省煤器损坏的处理　若泄漏不严重，可以维持锅炉运行时，给水从自动切至手动操作，汽包锅炉维持汽包水位，直流锅炉维持煤、水比例正常，降低锅炉蒸汽压力及负荷，请示停炉。若损坏严重，给水量大量增加也难以维持汽包正常水位，或虽能维持正常水位，但汽包壁温差超过允许值或汽温大幅度降低时，应紧急停止锅炉运行。停炉后保留一台吸风机运行，维持炉膛压力，排出炉膛和烟道内的烟气和蒸汽，待炉内蒸汽基本消失后，停止吸风机运行。停炉后汽包锅炉应继续上水。不能维持汽包正常水位时应停止上水，禁止开启省煤器再循环阀。停炉后停止电气除尘器运行。

(2) 过热器、再热器管损坏的处理　过热器管损坏应降压运行，再热器管损坏应降低机组负荷，并维持各参数稳定。加强监视，请示停炉。严重泄漏或爆管时，应紧急停炉。保留一台吸风机运行，维持炉膛压力，待炉内蒸汽消失，再停止吸风机。

四、锅炉水位事故

锅炉汽包中，水位表示蒸发面的位置。维持锅炉汽包水位正常是保证锅炉和汽轮机安全运行的重要条件之一。自然循环锅炉的汽包水位一般规定在汽包中心线下 50 ~ 100mm，允许波动范围为 ±50mm。

1. 锅炉满水

锅炉满水是指汽包水位不但高于规定的最高水位，且水位计已无读数的现象。

(1) 锅炉满水的现象　所有水位指示均超过正常值，给水流量不正常地大于蒸汽流量；水位高一、二、三值信号相继发出报警，超过最高值时保护装置自动停止机组运行，关闭汽轮机自动主汽门；严重满水时过热汽温下降，蒸汽管道发生水冲击，自法兰阀门等处向外冒白汽，蒸汽含盐量增大。

(2) 锅炉满水的原因　汽包水位计故障或水位计指示不准，造成误判断和误操作；给水自动调节装置失灵，给水调节阀或变速给水泵的调节机构故障，使给水流量增大；机组负荷突然变化，控制调整不当。如锅炉启、停或外界负荷增加时，未能严格控制负荷增加速度而大幅度地增加炉内燃料量，导致水冷壁内汽水混合物的温升很快，体积迅速膨胀而使水位上升，造成满水；由于汽轮机调节汽门突然开大或锅炉安全门动作，造成锅炉汽压突然降低，出现虚假水位，再加上给水流量受压差增大的影响迅速大量增加，如果调整控制不及时水位上升很快；运行人员对水位监视不严、控制不当、误判断或误操作造成锅炉满水。

(3) 锅炉满水的处理　锅炉正常运行中应注意对照汽、水流量，监视各水位计指示的准确性。当汽包水位升至高一值时，运行人员应查明水位高的原因，及时进行相应调整和处理，必要时将自动操作改为手动操作，适当减小给水量，恢复正常运行。当汽包水位达到高二值时，将给水从自动切至手动，关小给水调节阀或调整给水泵转速，开启事故放水阀，水位正常后关闭。若汽包水位达到高三值且超过规定的延时时间后，保护装置应自动停止机组运行，关闭汽轮机自动主汽门，防止事故扩大。若保护拒动，则应立即手动紧急停止锅炉运行，同时应全开事故放水阀并关闭给水、减温水阀，必要时开启过热器集汽联箱疏水阀。当汽包水位降至正常水位时，关闭事故放水阀，维持汽包水位正常，请示值长后可重新点火接带负荷。

2. 锅炉缺水

（1）锅炉缺水现象　轻微缺水：水位低于规定的最低水位，但水位计上仍有读数。严重缺水：水位不但低于规定的最低水位，而且水位计上已无读数。

（2）锅炉缺水原因　汽包水位计故障或水位计指示不准；给水自动调节装置失灵，给水调节阀或变速给水泵的调节机构故障，使给水流量减少；给水压力下降；水冷壁和省煤器泄漏；机组负荷、汽压、燃烧工况扰动，控制调整不当。运行人员对水位监视不严、控制不当、误判断或误操作造成锅炉缺水。锅炉缺水导致的水冷壁爆管如图 6-4-1 所示。

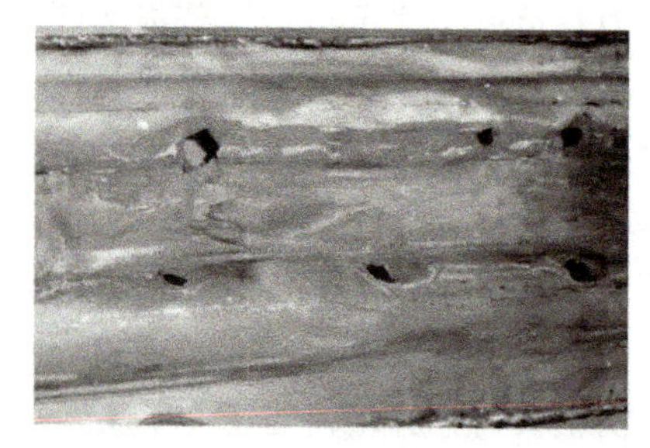

图 6-4-1　水冷壁缺水爆管

（3）锅炉缺水处理　锅炉缺水应停止排污，增加给水，严重缺水时应紧急停炉。

五、汽水分离器出口温度高

1. 异常现象

1）锅炉汽水分离器温度高。

2）汽水分离器温度高于报警值，传来报警信号。

3）汽水分离器温度高于保护动作值，MFT 保护动作。

2. 异常原因

1）机组协调运行不正常，值班员手动调整不及时造成燃水比严重失调。

2）给水泵跳闸或其他原因造成 RUN BACK（辅机故障减负荷），控制系统自动跟踪不良或手动调整不好造成燃水比严重失调。

3）机组升、降负荷速度过快，协调跟踪不良或手动调整不好。

4）投入油枪数量过多、过快。

5）炉膛严重结焦、积灰，煤质严重偏离设计值，燃烧系统非正常工况运行。

3. 异常处理

1）因机组协调故障造成燃水比失调时应立即解除协调，根据汽水分离器温度上升速度和当前需求负荷，迅速降低燃料量或增加给水量。为防止加剧系统扰动，当燃水比失调后应尽量避免煤和水同时调整，当燃水比调整相对稳定后再进一步调整负荷。

2）给水泵跳闸或其他原因造成 RUN BACK，控制系统在协调状态工作不正常，造成分离器温度高时，应立即解除协调，迅速将燃料量降低至 RUN BACK 要求值，待分离器温度开始降低时，再逐渐减少给水流量至燃料对应值。

3）机组升、降负荷速度过快时，应适当将升、降负荷速度降低。在手动状态下升、降负荷，为防止分离器温度过高，应注意监视分离器温度变化并控制燃料投入和降低的速度。大范围升、降应分阶段进行调整，当一阶段调整结束，受热面和分离器温度相对稳定后再进行下一步的调整。

4）锅炉启动过程中或因制粉系统跳闸等原因需投入油枪时，应注意油枪投入的速度不能过快，防止分离器温度高。

5）若炉膛严重结焦、积灰，煤质严重偏离设计值，燃烧系统非正常工况运行等，造成炉膛辐射传热和对流传热比例发生变化，超出协调系统设计适应范围，可对给水控制系统的中间点温度进行修正，将给水控制切为手动控制。及早清理炉膛和受热面的结焦和积灰。当燃煤发生变化时，要提前通知运行部门制订相应的措施调整燃烧，及早恢复制粉系统正常工况运行。

知识拓展：危险点分析

因为锅炉运行时处于高温高压状态，如果有跑冒滴漏就会有高温高压的汽、水、灰、油、煤等工质冒出，所以锅炉运行时现场的声音、温度的感知是很重要的。锅炉在异常工况下出现正压也很危险，火焰会从不严密的地方冒出来，容易损伤人和设备。所以，从业人员对于锅炉日常运行的状态和不同工况要熟练掌握，以保证人身安全和设备安全。

复习思考题

1. 什么是单元机组的滑参数启动？它有何优点？真空法和压力法各有何特点？
2. 汽包锅炉启动过程中哪些设备需要注意保护？如何保护？
3. 试分析影响汽温变动的因素，并说明调节过热汽温和再热汽温的方法。
4. 蒸汽压力的变动受何因素影响？怎样调节汽压？
5. 说明水位调节的重要意义。汽包水位的变动受何因素影响？
6. 汽包虚假水位是如何产生的？锅炉水位应如何调节？
7. 锅炉燃烧调节的任务是什么？当负荷变动时如何调节燃料量和送、引风量？
8. 锅炉负荷增加，炉膛出口烟温怎样变化？为什么？
9. 直流锅炉燃料与给水调节间的关系是什么？
10. 直流锅炉的启停有何特点？
11. 直流锅炉有哪两种常见的启动系统？
12. 直流锅炉的参数调节和自然循环锅炉比较，有什么特点？
13. 锅炉运行中可能发生的严重事故有哪些？它们表现的特征如何？怎样处理和预防？

参 考 文 献

[1] 华东六省一市电机工程（电力）学会．锅炉设备及其系统［M］.2版．北京：中国电力出版社，2006.

[2] 胡荫平．电站锅炉手册［M］．北京：中国电力出版社，2005.

[3] 樊泉桂．超超临界及亚临界参数锅炉［M］．北京：中国电力出版社，2007.

[4] 张永涛．锅炉设备及系统［M］．北京：中国电力出版社，1998.

[5] 樊泉桂．锅炉原理［M］．北京：中国电力出版社，2008.

[6] 丁立新．电厂锅炉原理［M］.2版．北京：中国电力出版社，2008.

[7] 李恩辰，徐贤曼．锅炉设备及运行［M］．北京：水利电力出版社，1991.

[8] 周菊华，操高城，郝杰．电厂锅炉［M］.2版．北京：中国电力出版社，2009.

[9] 朱全利．锅炉设备及系统［M］．北京：中国电力出版社，2006.

[10] 望亭发电厂.660MW超超临界火力发电机组培训教材：化学分册［M］．北京：中国电力出版社，2011.

[11] 范从振．锅炉原理［M］．北京：水利电力出版社，1986.

[12] 樊泉桂．火电厂锅炉设备及运行［M］．北京：中国电力出版社，2001.

[13] 叶江明．电厂锅炉原理及设备［M］．北京：中国电力出版社，2004.

[14] 姜锡伦，屈卫东．锅炉设备及运行［M］．北京：中国电力出版社，2006.

[15] 陈曲进，周慧．电厂锅炉设备［M］．北京：中国电力出版社，2013.

[16] 宁夏电力公司教育培训中心．锅炉设备及运行［M］．北京：中国电力出版社，2013.

[17] 望亭发电厂．火力发电机组运行人员现场规范操作指导书：锅炉分册［M］．北京：中国电力出版社，2015.

[18] 国电太原第一热电厂．除灰除尘系统和设备［M］．北京：中国电力出版社，2008.

[19] 杨宏民，石晓峰．锅炉设备及其系统［M］．北京：中国电力出版社，2014.

[20] 曾旭华，郝杰．电厂锅炉设备［M］．北京：中国电力出版社，2015.

[21] 周强泰．锅炉原理［M］.3版．北京：中国电力出版社，2013.

[22] 电力工程质量监督总站．电力工程质量监督专业资格考试教材：锅炉分册［M］．北京：中国电力出版社，2015.

[23] 樊泉桂．超超临界锅炉设计及运行［M］．北京：中国电力出版社，2010.

[24] 广东电网公司电力科学研究院．锅炉设备及系统［M］．北京：中国电力出版社，2011.

[25] 江苏方天电力技术有限公司．锅炉［M］．北京：中国电力出版社，2016.

[26] 西安热工研究院．超临界、超超临界燃煤发电技术［M］．北京：中国电力出版社，2008.

[27] 陈丽霞，周菊华．电厂锅炉学习指导及习题集［M］．北京：中国电力出版社，2009.